Matemáticas

Opción A

4 ESO

Este libro es una obra colectiva concebida, diseñada y creada en el Departamento de Ediciones de Santillana, bajo la dirección de **Teresa Grence Ruiz**.

En su elaboración han participado:
Sonia Alejo Sánchez
José Antonio Almodóvar Herráiz
Miguel Álvaro Pérez
Clara Inés Lavado Campos
Silvia Marín García
Lourdes Pérez González
Carlos Pérez Saavedra
Federico Rodríguez Merinero
Domingo Sánchez Figueroa

EDICIÓN
Sonia Alejo Sánchez
Clara Inés Lavado Campos
Silvia Marín García

EDICIÓN EJECUTIVA
Carlos Pérez Saavedra

DIRECCIÓN DEL PROYECTO
Domingo Sánchez Figueroa

Las actividades de este libro no deben ser realizadas en ningún caso en el propio libro. Las tablas, esquemas y otros recursos que se incluyen son modelos que deberán ser trasladados a un cuaderno.

PROYECTO
construyendo mundos

Santillana

Índice

	Practica las competencias específicas	
Procedimientos básicos	**Matemáticas en el mundo real**	**Situación de aprendizaje**
• Cómo se halla el mínimo conjunto numérico al que pertenece un número • Cómo se calcula la unión y la intersección de intervalos • Cómo se resuelven problemas de porcentajes encadenados • Como se representa una raíz cuadrada aplicando el teorema de Pitágoras sucesivas veces	**MATEMÁTICAS Y...** • Historia • Astronomía • Química • Farmacia ***FAKE NEWS.*** Reflexión sobre porcentajes encadenados	¿Sin comisiones? (Cobro de comisiones bancarias)
• Cómo se resuelven ecuaciones logarítmicas • Cómo se extraen factores de un radical • Cómo se realizan operaciones combinadas con radicales • Cómo se resuelven operaciones con potencias factorizando las bases • Cómo se calcula un logaritmo mediante un cambio de base	**MATEMÁTICAS Y...** • Informática • Medicina • Ciencia • Biología ***FAKE NEWS.*** Análisis de números expresados en notación científica	¡Hasta el infinito y más allá! (Logros humanos y características del universo)
• Cómo se extrae factor común en un polinomio • Cómo se divide un polinomio entre $(x - a)$ mediante la regla de Ruffini • Cómo se factoriza un polinomio	**MATEMÁTICAS Y...** • Energías renovables • Nutrición ***FAKE NEWS.*** Estudio de ciertas teorías sobre la salud	Carnaval vs. Halloween (Cuantificación de aspectos de algunas fiestas populares)
• Cómo se resuelve una ecuación bicuadrada • Cómo se resuelve una ecuación mediante factorización • Cómo se resuelven inecuaciones con dos incógnitas	**MATEMÁTICAS Y...** • Consumo • Atletismo • Medioambiente • Deporte ***FAKE NEWS.*** Estrategias para minimizar costes	Bueno, ecológico y de verdad (Análisis de costes y beneficios de una cosecha)
• Cómo se determina gráficamente el número de soluciones de un sistema de ecuaciones • Cómo se resuelve un sistema de ecuaciones lineales • Cómo se resuelve un sistema de inecuaciones con una y dos incógnitas • Cómo se resuelve un sistema de ecuaciones en función de un parámetro • Cómo se resuelve un sistema de ecuaciones compatible indeterminado	**MATEMÁTICAS Y...** • Sanidad • Divisas • Tecnología ***FAKE NEWS.*** Variaciones en los coeficientes de un sistema	Escapada *low cost* (Elección de un viaje considerando ofertas y descuentos)
• Cómo se realizan traslaciones y giros • Cómo se realizan simetrías en figuras geométricas • Cómo se calculan distancias en un mapa • Cómo se calculan el área y el volumen de figuras semejantes	**MATEMÁTICAS Y...** • Geografía • Arte • Alimentación ***FAKE NEWS.*** Análisis de figuras semejantes	A todo tren (Cálculo de medidas reales a partir de maquetas)

Índice

	Practica las competencias específicas	
Procedimientos básicos	**Matemáticas en el mundo real**	**Situación de aprendizaje**
• Cómo se calculan las razones trigonométricas de un ángulo agudo, conocida una de ellas • Cómo se reducen los ángulos al primer cuadrante • Cómo se resuelven problemas mediante trigonometría • Cómo se calcula el área de un triángulo conocidos dos ángulos y un lado y de un polígono regular • Cómo se calculan longitudes mediante el método de la doble tangente	MATEMÁTICAS Y… • Deporte • Pintura • Astronomía ***FAKE NEWS.*** Análisis del concepto de inclinación	Gigantes de ciudad (Estudio de las medidas de los rascacielos más grandes del mundo)
• Cómo se representa gráficamente una función • Cómo se calcula el dominio de una función • Cómo se calculan los puntos de corte con los ejes de una función • Cómo se estudia el crecimiento y el decrecimiento de una función • Cómo se estudia una función • Cómo se representa una función definida a trozos • Cómo se calcula la tasa de variación relativa de una función • Cómo se representa una función conociendo algunas de sus características	MATEMÁTICAS Y… • Automovilismo • Medicina • Videojuegos • Circulación ***FAKE NEWS.*** Obtención de resultados sorprendentes	Distintos países, distintas monedas (Investigación sobre la fluctuación del valor de las divisas)
• Cómo se representan funciones polinómicas de primer grado • Cómo se representan funciones cuadráticas • Cómo se representan funciones racionales • Cómo se representan funciones exponenciales • Cómo se hallan los puntos de intersección de las gráficas de dos funciones	MATEMÁTICAS Y… • Química • Circulación • Ayuda humanitaria ***FAKE NEWS.*** Comprobación de hipótesis en funciones	¡Acelera! (Estudio sobre los factores que influyen en las marcas de los atletas)
• Cómo se calcula el límite de una función en un punto • Como se calcula la derivada de un producto y un cociente de funciones • Cómo se resuelve el límite de las funciones racionales • Cómo se calcula la recta tangente a una función en un punto	MATEMÁTICAS Y… • Física • Población ***FAKE NEWS.*** Análisis de evolución de datos	Vivir al límite (Estudio de la evolución de una población)
• Cómo se calculan e interpretan las medidas de centralización • Cómo se calculan e interpretan las medidas de posición • Cómo se calculan e interpretan conjuntamente las medidas de centralización y dispersión • Cómo se representan e interpreta una nube de puntos • Cómo se añaden o se suprimen datos para obtener una media o una mediana determinadas	MATEMÁTICAS Y… • Inclusión • Transporte público • Finanzas • Sanidad ***FAKE NEWS.*** Estudio de relaciones entre variables	Enredos sociales (Interpretación de gráficos relativos a estudios sociológicos)
• Cómo se calculan probabilidades utilizando sus propiedades • Cómo se calculan probabilidades en experimentos compuestos • Cómo se calcula la probabilidad de algunos sucesos no equiprobables	MATEMÁTICAS Y… • Juegos • Biología • Sociedad ***FAKE NEWS.*** Análisis combinatorio	Televisión a la carta (Estudio sobre hábitos de consumo)

Itinerario didáctico

Aprender es un camino de largo recorrido que durará toda tu vida. Analizar el mundo que te rodea, comprenderlo e interpretarlo te permitirá intervenir en él para recorrer ese camino **CONSTRUYENDO MUNDOS** más equitativos, más justos y más sostenibles. Por ello, hemos pensado en:

1 EL PUNTO DE PARTIDA: **EL DESAFÍO MATEMÁTICO**

Acepta el DESAFÍO, utiliza tu ingenio y tu razonamiento para resolver el **DESAFÍO MATEMÁTICO** que te proponemos al inicio de la unidad.

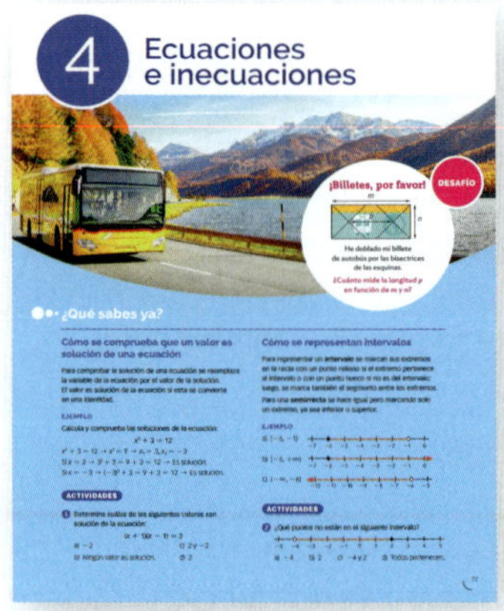
4 Ecuaciones e inecuaciones
¡Billetes, por favor!
¿Qué sabes ya?

Recuerda los contenidos que ya sabes y que te serán útiles para la unidad. **Evalúa** esos conocimientos resolviendo las actividades propuestas.

2 CONSTRUYE TU CONOCIMIENTO: **LOS SABERES BÁSICOS**

Aprende a partir de textos claros y estructurados.

Afianza esos saberes mediante los **EJEMPLOS** incluidos para cada contenido.

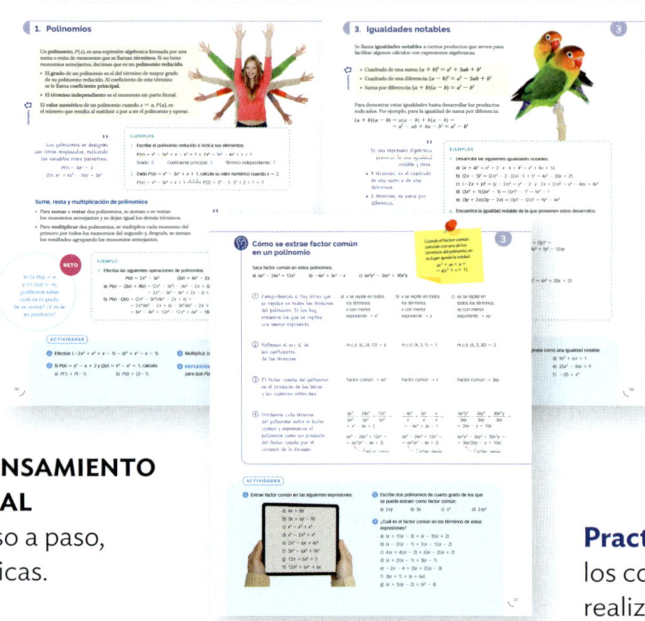
1. Polinomios
3. Igualdades notables
Cómo se extrae factor común en un polinomio

Pon a prueba tus conocimientos y ayúdate de tu razonamiento matemático para resolver el **RETO**. ¡Llegarás a resultados inesperados!

Desarrolla tu **PENSAMIENTO COMPUTACIONAL** aprendiendo, paso a paso, las destrezas básicas.

Practica, aplica y reflexiona sobre los conocimientos que has adquirido realizando las **ACTIVIDADES**.

3 CONSOLIDA LO APRENDIDO: **ACTIVIDADES FINALES**

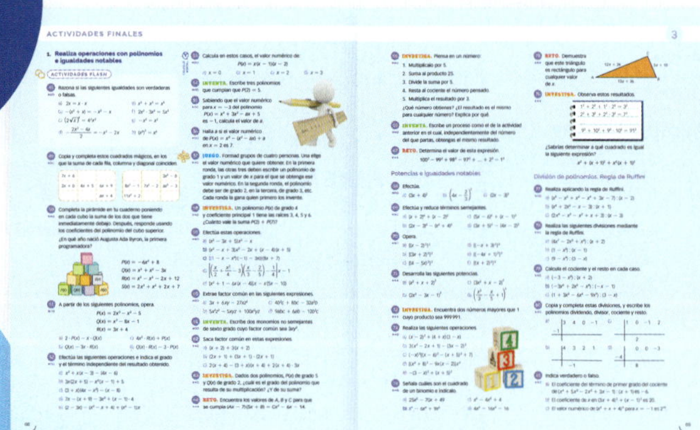
ACTIVIDADES FINALES

Trabaja los contenidos que has aprendido resolviendo actividades de todo tipo: **JUEGOS, INVENTA, INVESTIGA, RETOS, ACTIVIDADES FLASH**... Puedes resolver estas actividades mediante **CÁLCULO MENTAL**, utilizando **GEOGEBRA**, buscando algún tipo de información en **INTERNET**...

4 PRACTICA TUS DESTREZAS: **RESUELVE PROBLEMAS REALES**

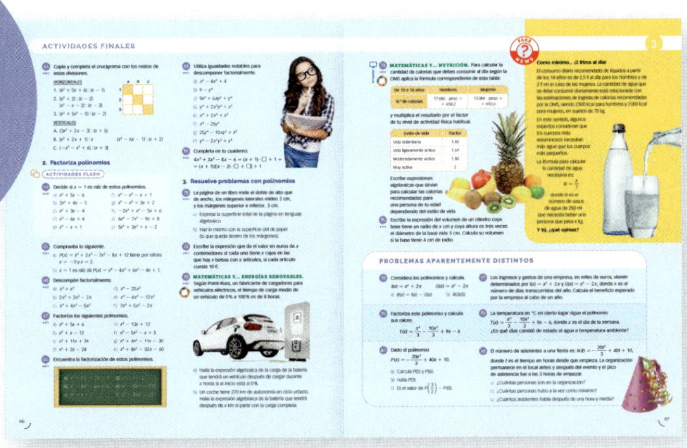

Enfréntate a las ***FAKE NEWS***. Utiliza los contenidos aprendidos para analizar la veracidad de noticias, comentarios y opiniones generalizadas en nuestro mundo.

Aplica los contenidos que has estudiado a situaciones de tu vida cotidiana relacionadas con los **ODS** y con distintos ámbitos del saber: **MATEMÁTICAS Y... NATURALEZA**, **ARQUITECTURA**, **CONSUMO**, **VIDA SALUDABLE**...

5 PASA A LA ACCIÓN: **SITUACIÓN DE APRENDIZAJE**

Comprende y analiza con sentido crítico situaciones reales en los contenidos que has aprendido para abordarlas de manera global.

6 EVALÚA LO QUE HAS APRENDIDO: **AUTOEVALUACIÓN**

Repasa los saberes básicos de la unidad.

Evalúa lo que has aprendido resolviendo las actividades que se proponen en la **AUTOEVALUACIÓN**. Identifica y gestiona tus emociones aceptando el error como parte de tu aprendizaje.

1 Números reales. Proporcionalidad

DESAFÍO

De cajas

Coloca las cajas para que haya una entre los unos, dos entre los doses y tres entre los treses.

¿Sabes cómo hacerlo?

¿Qué sabes ya?

Cómo se calcula el término desconocido en una proporción

Una proporción es una igualdad entre dos razones: $\frac{a}{b} = \frac{c}{d}$, donde a, b, c y d son números y se cumple que $a \cdot d = b \cdot c$.

EJEMPLO

Para elaborar 3 bizcochos de plátano se necesitan 7 plátanos y medio. Si queremos preparar 4 bizcochos, ¿cuántos plátanos usaremos?

N.º de plátanos		N.º de bizcochos
7,5	→	3
x	→	4

$\frac{7,5}{x} = \frac{3}{4} \rightarrow x = \frac{7,5 \cdot 4}{3} = \frac{30}{3} = 10$ plátanos.

ACTIVIDADES

1 Si un apartamento vacacional tiene un precio de 750 € por una semana, ¿cuánto costará alquilar el apartamento 10 días?

a) 950 € b) 975 € c) 1071,43 € d) 1050,50 €

Cómo se pasa de decimal a fracción

- Número decimal exacto:

$$3,71 = \frac{371}{100}$$

371 ← Parte entera y decimal sin coma
100 ← Tantos ceros como cifras decimales

- Número decimal periódico puro:

$$6,\widehat{21} = \frac{621 - 6}{99}$$

621 ← Parte entera y decimal sin coma
6 ← Parte entera
99 ← Tantos nueves como cifras tiene el periodo

- Número decimal periódico mixto:

$$1,4\widehat{32} = \frac{1432 - 14}{990}$$

1432 ← Parte entera y decimal sin coma
14 ← Parte entera y decimal no periódica
990 ← Tantos nueves como cifras tiene el periodo y tantos ceros como cifras tiene el anteperiodo

ACTIVIDADES

2 Representa $1,0\widehat{29}$ en forma de fracción.

a) $\frac{1029}{100}$ b) $\frac{1028}{99}$ c) $\frac{1019}{99}$ d) $\frac{1019}{990}$

1. Números racionales

El conjunto de los **números racionales**, $\mathbb{Q}$, está formado por todos los números que se pueden expresar en forma de fracción $\frac{a}{b}$, donde a y b son números enteros y $b \neq 0$.

Todos los números naturales, enteros, decimales exactos y periódicos son números racionales.

- Números racionales
  - Números enteros
    - Naturales: 1, 2, 3, ...
    - El número cero: 0
    - Enteros negativos: −1, −2, −3, ...
  - Números decimales
    - Exactos: 0,2; 0,34; ...
    - Periódicos: $0,\widehat{6}$; $2,2\widehat{63}$; ...

Todos los números racionales se pueden representar de manera exacta en la recta numérica.

Los números naturales y enteros se pueden expresar como fracción con denominador 1.

EJEMPLO

1. Indica si estos números son racionales y, si lo son, represéntalos.

a) $-3 = -\frac{3}{1}$ → Se puede expresar como fracción. Es un número racional.

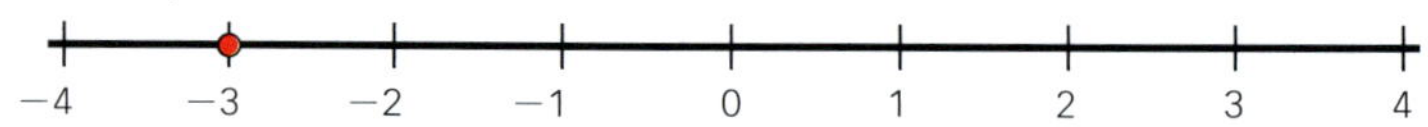

b) $2,3 = \frac{23}{10}$ → Se puede expresar como fracción. Es un número racional.

c) $3,\widehat{6} = \frac{36-3}{9} = \frac{33}{9} = \frac{11}{3}$ → Se puede expresar como fracción. Es un número racional.

$\frac{11}{3} = 3 + \frac{2}{3}$

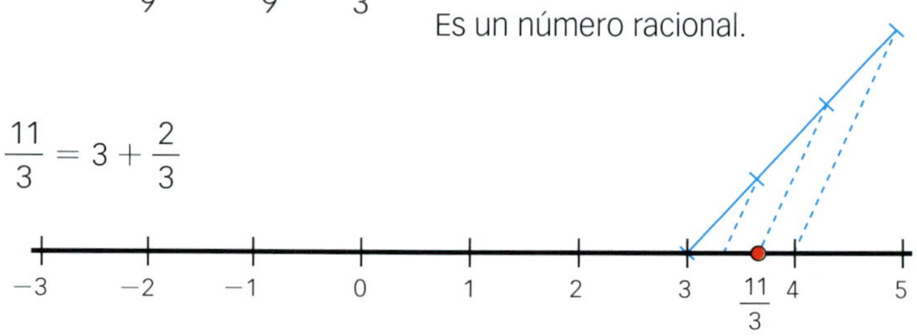

ACTIVIDADES

1 Empareja los números que tengan el mismo valor e indica a qué conjunto numérico pertenece cada uno.

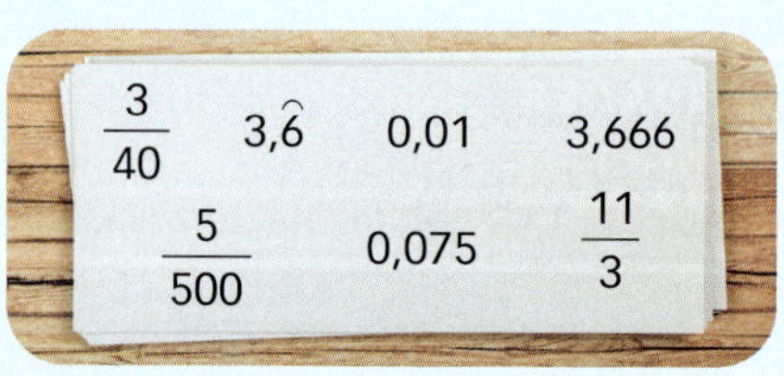

2 Ordena y representa.

a) 2,33 $2,\widehat{3}$ 2,3 $2,\widehat{36}$

b) −4,2 $-4,\widehat{2}$ −4,22 $-4,\widehat{27}$

3 **REFLEXIONA.** Representa estos números racionales.

a) $\frac{5}{3}$ b) $\frac{48}{16}$ c) $\frac{15}{7}$

2. Números irracionales

El conjunto de los **números irracionales**, $\mathbb{I}$, está formado por los números que no se pueden expresar en forma de fracción.
Su expresión decimal tiene un número infinito de cifras decimales que no se repiten de forma periódica.

RETO

Si sumamos un número irracional y un número racional, ¿a qué conjunto numérico pertenece el resultado?

EJEMPLO

2. Decide si estos números son racionales o irracionales.

a) $\pi = 3{,}1415926535\ldots$

Su expresión decimal tiene un número ilimitado de cifras que no se repiten de forma periódica. Es irracional.

b) $-2 = \frac{-2}{1}$

Se puede expresar en forma de fracción. Es racional.

c) $\frac{2\pi}{3} = 2{,}094395102\ldots$

Su expresión decimal tiene un número ilimitado de cifras que no se repiten de forma periódica. Es irracional.

d) $\sqrt{5} = 2{,}236067977\ldots$

Su expresión decimal tiene un número ilimitado de cifras que no se repiten de forma periódica. Es irracional.

e) $\sqrt{\frac{9}{4}} = \frac{3}{2}$

Se puede expresar en forma de fracción. Es racional.

Existen infinitos números irracionales, por ejemplo:

- Cualquier raíz no exacta: $\sqrt{5}, -\sqrt{7}, \sqrt{24}, \ldots$
- Determinados números obtenidos combinando sus cifras decimales, por ejemplo: 0,010010001…; 0,1234567891011…; …
- Algunos números especiales: π, e, φ, …
  Los números irracionales $\pi = 3{,}141592\ldots$, $e = 2{,}71828\ldots$ y $\varphi = 1{,}61803\ldots$ tienen un papel fundamental en geometría, arquitectura, estudios sobre poblaciones, estructuras naturales…

ACTIVIDADES

4 Considera las raíces cuadradas de los números naturales desde 1 hasta 20 e indica cuáles de ellas son números racionales y cuáles son números irracionales.

5 Indica de qué tipo son los números.

a) 1,232323…
b) −0,246810
c) $\sqrt{13}$
d) 0,135791113

6 Escribe cuatro números irracionales, explicando por qué lo son.

7 **REFLEXIONA.** Clasifica en racionales e irracionales.

3,121122111222…	3,444…
3,123123123…	3,12121212…
3,48163264…	2π

3. Números reales

El conjunto de los **números reales**, $\mathbb{R}$, está formado por todos los números racionales y todos los irracionales.

- Números reales ($\mathbb{R}$)
  - Racionales ($\mathbb{Q}$)
    - Enteros ($\mathbb{Z}$)
      - Naturales ($\mathbb{N}$)
      - El número 0
      - Enteros negativos
    - Decimales exactos y periódicos
  - Irracionales ($\mathbb{I}$)

Recta real

La recta numérica en la que se representan los números reales se denomina **recta real**.

Todos los números reales se pueden representar de manera exacta o aproximada en la recta real.

EJEMPLO

GEOGEBRA

3. Representa estos números en la recta real.

a) $\sqrt{5}$

a) Si a es un número natural, los números del tipo $\sqrt{a}$ se pueden representar de forma exacta sobre la recta real.

Escribimos el radicando como suma de dos cuadrados: $5 = 2^2 + 1^2$.

Construimos sobre la recta el triángulo rectángulo correspondiente y trasladamos la hipotenusa sobre la recta con el compás.

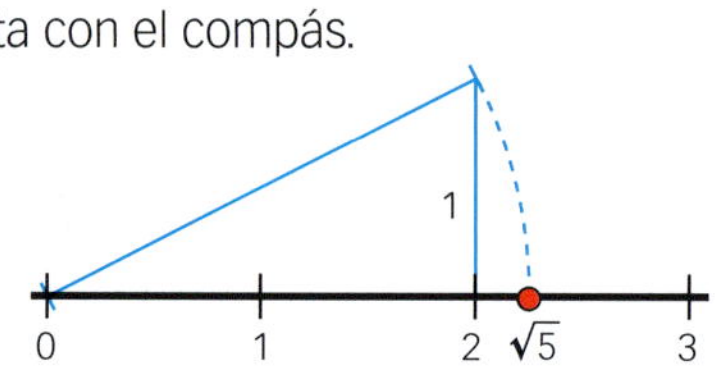

b) π

b) Generalmente los números irracionales no se pueden representar de forma exacta en la recta real.

Los números irracionales que no son del tipo $\sqrt{a}$ los representamos de forma aproximada a partir del cálculo previo de su expresión decimal: $\pi = 3{,}141592\ldots$

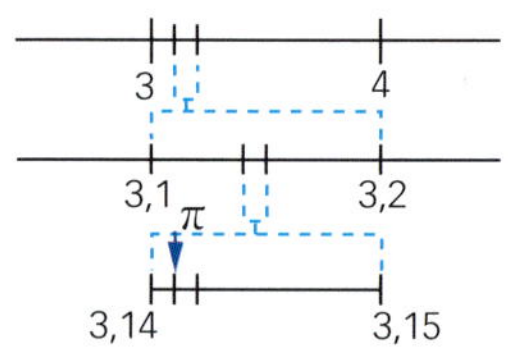

ACTIVIDADES

8 Representa los siguientes números reales.

a) $\sqrt{10}$
b) $1{,}\widehat{3}$
c) $\sqrt{13}$
d) $-2{,}334445555\ldots$
e) 2π
f) $1{,}25$

9 Halla con la calculadora los números $\sqrt{6}$, $\sqrt{7}$ y $\sqrt{8}$, y represéntalos de manera aproximada en la recta.

10 **REFLEXIONA.** Observa esta recta real y escribe.

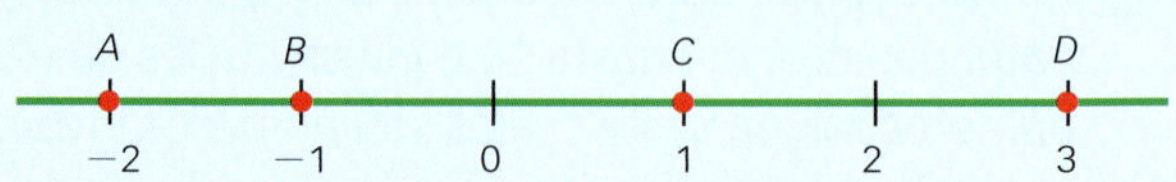

a) Dos números enteros entre A y C.

b) Tres números racionales no enteros entre B y C.

c) Tres números irracionales entre C y D.

Cómo se halla el conjunto numérico al que pertenece un número

Cuando operamos con raíces solo tomamos su valor positivo.
$\sqrt{4} = 2 \quad -\sqrt{4} = -2$

Indica todos los conjuntos numéricos a los que pertenecen estos números:

$\sqrt{25} \quad -\sqrt{9} \quad -\sqrt{\frac{16}{9}} \quad \sqrt{7} \quad 2{,}3\widehat{7} \quad 1{,}1223334444... \quad -\frac{18}{9} \quad -\frac{3}{4} \quad 19 \quad -5$

① Si el número es entero:

- Si es positivo, es natural. — 19 → Es un número **natural**, entero, racional y real.
- Si es negativo, es entero. — −5 → Es un número **entero**, racional y real.

② Si el número es una fracción:

- Cuando el numerador es múltiplo del denominador, si la fracción es positiva, es natural y, si es negativa, entero. — $-\frac{18}{9} = -2$ → Es un número **entero**, racional y real.
- En caso contrario, es racional. — $-\frac{3}{4}$ → Es un número **racional** y real.

③ Si el número contiene una raíz cuadrada:

- Si el radicando es un cuadrado perfecto, se calcula la raíz. — $\sqrt{25} = 5$ → Es **natural**, entero, racional y real.
  - Si el resultado es un número entero, es natural si es positivo y entero si es negativo. — $-\sqrt{9} = -3$ → Es **entero**, racional y real.
  - Si el resultado es una fracción, es racional cuando el numerador no es múltiplo del denominador. — $-\sqrt{\frac{16}{9}} = -\frac{4}{3}$ → Es un número **racional** y real.

  Se mantiene el signo.
- Si el radicando no es un cuadrado perfecto, es irracional. — $\sqrt{7} = 2{,}64575131...$ → Es un número **irracional** y real.

④ Si el número es decimal:

- Si es exacto o periódico, es racional. — $2{,}3\widehat{7}$ → Es un número **racional** y real.
- En otro caso, es irracional. — 1,1223334444... → Es un número **irracional** y real.

ACTIVIDADES

11 Indica el conjunto numérico al que pertenece cada número.

a) 8,0999...	d) $-\frac{1}{5}$	g) $\sqrt{15}$
b) −11	e) $6{,}\widehat{126}$	h) $\frac{8}{7}$
c) 2,5	f) 1,223334444...	i) π

12 Decide el menor conjunto numérico al que pertenece cada uno de los números que aparecen a continuación.

a) −5
b) $\sqrt{2}$
c) $\frac{3}{5}$
d) $\sqrt{625}$
e) 3π
f) −37
g) $\sqrt{\frac{1125}{5}}$
h) $21{,}4\widehat{63}$

4. Aproximación de números reales

Aproximar un número decimal consiste en sustituirlo por otro número con menos cifras decimales. El valor de la aproximación puede ser tan cercano al número como queramos.

Decimos que una aproximación se realiza por **exceso** si la aproximación es mayor que el número original y decimos que se realiza por **defecto** si la aproximación es menor que él.

El **truncamiento** es una aproximación que consiste en eliminar todas las cifras a partir de un orden establecido.

Aproximar números decimales resulta útil a la hora de simplificar los datos para realizar algunos cálculos.

EJEMPLO

4. Aproxima a las centésimas por el método de truncamiento y determina si la aproximación que has hecho es por exceso o por defecto.

a) 13,2754 → Truncamiento: 13,27 → Aproximación por defecto

b) −21,4785 → Truncamiento: −21,47 → Aproximación por exceso

c) $\sqrt{2} = 1{,}414213\ldots$ → Truncamiento: 1,41 → Aproximación por defecto

El **redondeo** es una aproximación que consiste en eliminar las cifras a partir de un cierto orden, aumentando una unidad a la última cifra si la primera eliminada es mayor o igual que 5.

EJEMPLO

5. Aproxima estos números a las décimas mediante truncamiento y redondeo.

a) 57,423 → Truncamiento: 57,4 Redondeo: 57,4

b) 3,578 → Truncamiento: 3,5 Redondeo: 3,6

c) −2,357 → Truncamiento: −2,3 Redondeo: −2,4

d) 9,971 → Truncamiento: 9,9 Redondeo: 10,0

e) $\sqrt{3} = 1{,}7320508\ldots$ → Truncamiento: 1,7 Redondeo: 1,7

El truncamiento y el redondeo coinciden cuando la primera cifra eliminada es menor que 5.

RETO

Redondea $1,\overset{\frown}{9}$ a las centésimas.

ACTIVIDADES

13 Trunca y redondea a las centésimas.

a) 24,1587 c) 24,9215 e) 24,1617

b) 24,1507 d) 24,1582 f) 24,1627

14 Una profesora decide redondear las notas de 10 estudiantes. ¿Qué notas les pondrá?

3,8 6,4 9,7 4,3 5,8 8,4 9,7 2,3 3,8 6,4

15 Aproxima 0,121212...; 5,23888... y $\frac{11}{9}$ por redondeo y por truncamiento con dos cifras decimales.

16 **REFLEXIONA.** Calcula la diagonal de un rectángulo cuyos lados miden 8 cm y 10 cm. ¿Qué clase de número se obtiene? Redondea el resultado a las milésimas.

5. Errores de aproximación

El **error absoluto** de una aproximación es el valor absoluto de la diferencia entre el valor real y el valor de la aproximación.

$$E_a = |V_{\text{Real}} - V_{\text{Aproximación}}|$$

A veces damos por buena cualquier aproximación cuyo error sea menor que una cierta cantidad; esa cantidad se llama **cota de error**.

EJEMPLO

6. Calcula el error absoluto cometido al aproximar $\sqrt{5}$ por 2,23. ¿Qué tipo de aproximación se ha realizado?

$\sqrt{5} = 2{,}236067977... \rightarrow E_a = |2{,}236067977... - 2{,}23| = 0{,}006067977...$

Se ha realizado un truncamiento. Es una aproximación por defecto.

El **error relativo** de una aproximación es el valor absoluto del cociente entre el error absoluto y el valor real.

$$E_r = \left|\frac{E_a}{V_{\text{Real}}}\right| = \frac{|V_{\text{Real}} - V_{\text{Aproximación}}|}{|V_{\text{Real}}|}$$

El error relativo puede expresarse en tanto por ciento, multiplicándolo por 100. En este caso, recibe el nombre de **porcentaje de error**.

GEOGEBRA

EJEMPLO

7. Obtén el error absoluto y relativo al considerar:
   a) 3,5 m como la longitud de un listón que mide realmente 3,59 m.
   b) 60 m como la distancia entre dos postes situados a 59,91 m.

a) $E_a = |3{,}59 - 3{,}5| = 0{,}09$ m

$E_r = \left|\frac{E_a}{V_{\text{Real}}}\right| = \left|\frac{3{,}59 - 3{,}5}{3{,}59}\right| = 0{,}025 \rightarrow 2{,}5\%$

b) $E_a = |59{,}91 - 60| = 0{,}09$ m

$E_r = \left|\frac{E_a}{V_{\text{Real}}}\right| = \left|\frac{59{,}91 - 60}{59{,}91}\right| = 0{,}0015 \rightarrow 0{,}15\%$

El error absoluto es el mismo en ambos casos, pero el error relativo es considerablemente mayor en el primer caso y, por tanto, la aproximación es menos precisa.

ACTIVIDADES

17 Obtén el error absoluto y relativo cometidos:
- a) Al redondear 3,125 a las centésimas.
- b) Al truncar $1{,}\widehat{65}$ a las diezmilésimas.
- c) Al redondear $\sqrt{13}$ a las centésimas.
- d) Al truncar $\frac{2}{3}$ a las décimas.
- e) Al aproximar por defecto 1,3476 a las milésimas.
- f) Al redondear $\frac{11}{7}$ a las milésimas.

18 La cantidad de antibiótico en una cápsula es de 1,5 g ± 0,2%.
- a) ¿Qué significa esta afirmación?
- b) ¿Entre qué valores oscila la cantidad de antibiótico en cada cápsula?

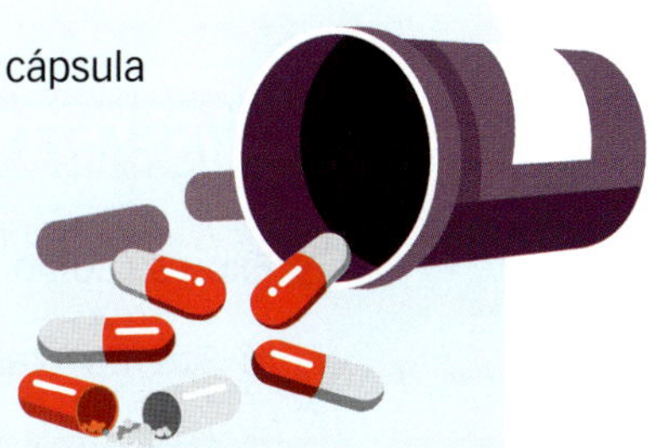

19 **REFLEXIONA.** ¿Qué error absoluto y relativo cometemos al aproximar 1,468 por 1,5? ¿Y por 1,4? ¿Cuál es la mejor aproximación?

6. Intervalos

6.1. Intervalos

GEOGEBRA

Un **intervalo** de extremos a y b es el conjunto de todos los números reales comprendidos entre a y b, siendo $a < b$.

Los intervalos se clasifican según contengan o no a sus extremos.

Intervalo abierto	(a, b)	$\{x \in \mathbb{R} \,/\, a < x < b\}$	a b
Intervalo cerrado	$[a, b]$	$\{x \in \mathbb{R} \,/\, a \leq x \leq b\}$	a b
Intervalo semiabierto	$(a, b]$	$\{x \in \mathbb{R} \,/\, a < x \leq b\}$	a b
Intervalo semiabierto	$[a, b)$	$\{x \in \mathbb{R} \,/\, a \leq x < b\}$	a b

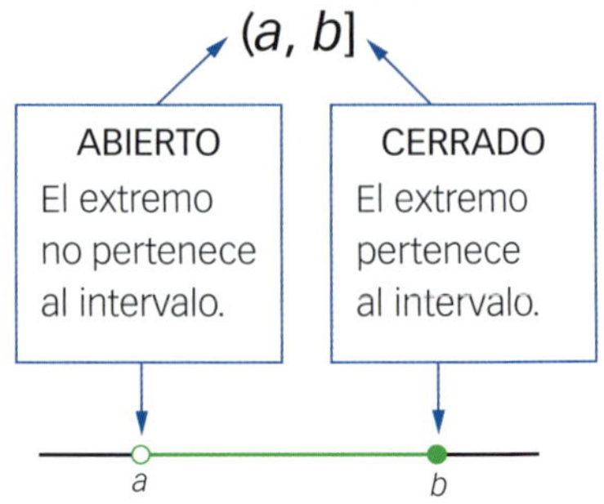

6.2. Semirrectas

Una **semirrecta** de extremo a es el conjunto de todos los números reales entre $-\infty$ y a, o bien entre a y $+\infty$.

Las semirrectas son cerradas o abiertas según si contienen o no a su extremo.

En la expresión de una semirrecta, uno de los extremos es siempre $+\infty$ o $-\infty$.

Semirrecta abierta	$(a, +\infty)$	$\{x \in \mathbb{R} \,/\, a > x\}$	a
Semirrecta cerrada	$[a, +\infty)$	$\{x \in \mathbb{R} \,/\, a \geq x\}$	a
Semirrecta abierta	$(-\infty, b)$	$\{x \in \mathbb{R} \,/\, x < b\}$	b
Semirrecta cerrada	$(-\infty, b]$	$\{x \in \mathbb{R} \,/\, x \leq b\}$	b

EJEMPLO

8. Escribe en forma de intervalos y semirrectas, y representa.

a) $-3 \leq x < 2 \rightarrow [-3, 2)$

b) $x \leq -4 \rightarrow (-\infty, -4]$

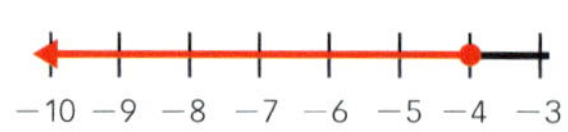

c) $5 \geq x > 0 \rightarrow (0, 5]$

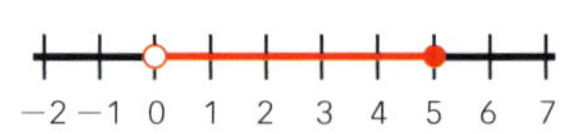

ACTIVIDADES

20 Expresa como intervalos los números reales que:

a) Son menores que $\frac{3}{4}$.

b) Son menores o iguales que $-\frac{2}{5}$.

c) Son mayores que 0.

d) Son mayores o iguales que $-\frac{2}{5}$.

21 Escribe y representa sobre la recta real.

a) $\{x \in \mathbb{R} \,/\, x \leq 3\}$

b) $\{x \in \mathbb{R} \,/\, x > 1\}$

c) $\{x \in \mathbb{R} \,/\, 4 \leq x < 7\}$

d) $\{x \in \mathbb{R} \,/\, 6 < x < 9\}$

22 **REFLEXIONA.** Expresa como intervalos.

a) $|x| < 3$ b) $|x| < -3$ c) $|x| \geq -3$

Cómo se calcula la unión y la intersección de intervalos

> La intersección de intervalos puede ser vacía, un punto o un intervalo.
>
> La unión de intervalos distintos no puede ser un punto y solo es el vacío si todos los intervalos lo son.

Halla la unión y la intersección de los siguientes pares de intervalos.

a) $A = [-4, 2]$, $B = (-2, 4]$

b) $A = [-3, 5]$, $B = (-3, +\infty)$

c) $A = (-\infty, -4]$, $B = [-4, 2)$

d) $A = (-\infty, 2]$, $B = (2, 4]$

① Representamos los intervalos sobre la misma recta real.

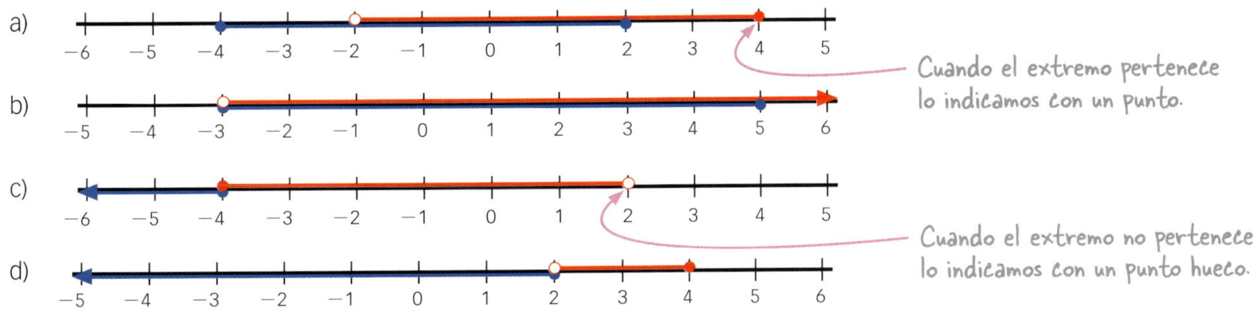

② La unión de los intervalos será toda la parte de la recta que ocupan los intervalos.

La intersección está formada tan solo por la parte de la recta en la que los intervalos coinciden.

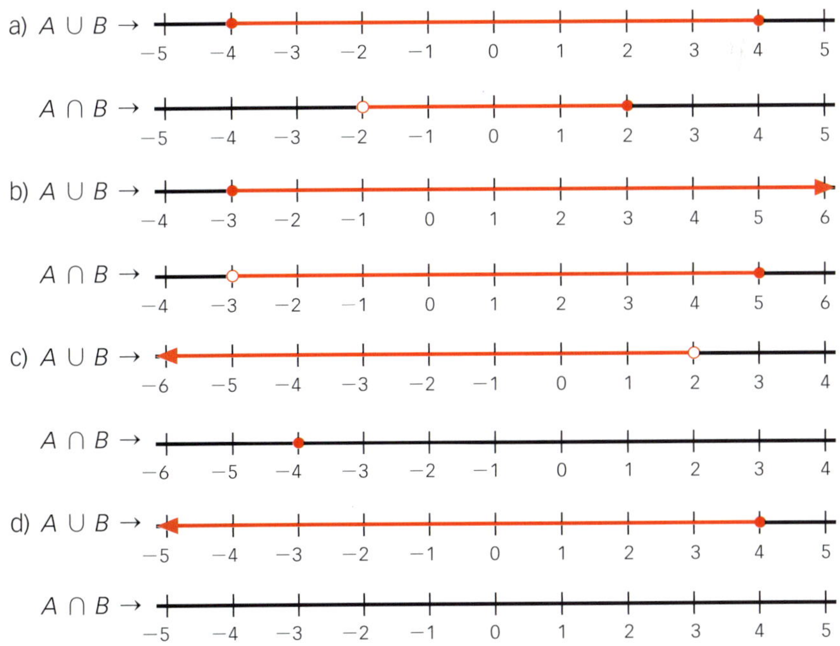

③ Expresamos en forma numérica el resultado obtenido gráficamente.

a) $A \cup B = [-4, 4]$ $\quad A \cap B = (-2, 2]$

b) $A \cup B = [-3, +\infty)$ $\quad A \cap B = (-3, 5]$

c) $A \cup B = (-\infty, 2)$ $\quad A \cap B = \{-4\}$

d) $A \cup B = (-\infty, 4]$ $\quad A \cap B = \varnothing$

ACTIVIDADES

23 Halla la unión y la intersección de estos intervalos.

a) $(-5, 1]$ y $[0, 2]$

b) $(-1, 5)$ y $[1, 2]$

c) $[2, 4]$ y $(3, 5)$

d) $(-3, 0]$ y $(-1, 4)$

24 Indica si lo siguiente es verdadero o falso.

a) $(-2, 3) \cap [-1, 4) = [-1, 4)$

b) $(-2, 3) \cup (-1, 4) = [-2, 3]$

7. Proporcionalidad directa

Dos magnitudes, A y B, son **directamente proporcionales:**

Magnitud A	a_1	a_2	a_3	...	m
Magnitud B	b_1	b_2	b_3	...	n

cuando los valores de ambas magnitudes cumplen que:

$$\frac{a_1}{b_1} = \frac{a_2}{b_2} = \frac{a_3}{b_3} = ... = \frac{m}{n} = k$$

k es la **constante** o **razón de proporcionalidad directa.**

EJEMPLO

9. Una heladería muestra las siguientes listas de precios. Averigua en cada caso si la relación entre la cantidad de producto y su precio es directamente proporcional.

N.º de bolas de helado	1	2	3
Precio (€)	2,50	3,40	5,30

$$\frac{1}{2{,}50} \neq \frac{2}{3{,}40} \neq \frac{3}{5{,}30}$$

No son directamente proporcionales.

N.º de vasos de horchata	1	2	3
Precio (€)	2,20	4,40	6,60

$$\frac{1}{2{,}20} = \frac{2}{4{,}40} = \frac{3}{6{,}60}$$

Son directamente proporcionales.

La **regla de tres simple directa** es una técnica que nos permite calcular, en magnitudes directamente proporcionales, el valor de una cantidad, conociendo otras tres cantidades relacionadas.

En general, para resolver una regla de tres directa, aplicaremos el siguiente cálculo:

$$\left.\begin{array}{l} a \longrightarrow b \\ c \longrightarrow x \end{array}\right\} \rightarrow \frac{a}{c} = \frac{b}{x} \rightarrow x = \frac{c \cdot b}{a}$$

EJEMPLO

10. Calcula cuánto valen 5 vasos de horchata en el ejemplo anterior.

N.º de vasos Precio (€)

$$\left.\begin{array}{l} 1 \longrightarrow 2{,}20 \\ 5 \longrightarrow x \end{array}\right\} \rightarrow \frac{1}{5} = \frac{2{,}20}{x} \rightarrow x = \frac{5 \cdot 2{,}20}{1} = 11 €$$

Cinco vasos de horchata cuestan 11 €.

ACTIVIDADES

25 Una impresora 3D tarda 20 minutos en imprimir 4 piezas iguales. ¿Cuánto tiempo será necesario para obtener 22 piezas iguales a las impresas anteriormente?

26 **REFLEXIONA.** En un restaurante, el precio de un menú degustación es 3 veces y medio el del menú del día. ¿Cuántos menús del día se pueden consumir por el precio de 14 menús degustación?

8. Proporcionalidad inversa

Dos magnitudes, A y B, son **inversamente proporcionales:**

Magnitud A	a_1	a_2	a_3	…	m
Magnitud B	b_1	b_2	b_3	…	n

cuando los valores de ambas magnitudes cumplen que:

$$a_1 \cdot b_1 = a_2 \cdot b_2 = a_3 \cdot b_3 = \ldots = m \cdot n = k$$

k es la **constante** o **razón de proporcionalidad inversa.**

EJEMPLO

11. Una empresa especializada en reformas presenta a un cliente tres presupuestos para reformar una cocina.

Determina si la relación entre el número de albañiles y el número de horas trabajadas, y entre las horas de trabajo y el precio es inversamente proporcional.

N.º de albañiles	1	2	4
N.º de horas	12	6	3

$1 \cdot 12 = 2 \cdot 6 = 3 \cdot 4$

Son inversamente proporcionales.

N.º de horas	12	6	3
Precio (€)	1000	1300	1600

$12 \cdot 1000 \neq 6 \cdot 1300 \neq 3 \cdot 1600$

No son inversamente proporcionales.

La **regla de tres simple inversa** es una técnica que nos permite calcular, en magnitudes inversamente proporcionales, el valor de una cantidad, conociendo otras tres cantidades relacionadas.

En general, para resolver una regla de tres inversa, aplicaremos el siguiente cálculo:

$$\left.\begin{array}{l} a \longrightarrow b \\ c \longrightarrow x \end{array}\right\} \rightarrow \frac{a}{c} = \frac{x}{b} \rightarrow x = \frac{a \cdot b}{c}$$

EJEMPLO

12. Calcula cuántas horas necesitan trabajar 6 albañiles para hacer la reforma del ejemplo anterior.

N.º de albañiles N.º de horas

$$\left.\begin{array}{l} 1 \longrightarrow 12 \\ 6 \longrightarrow x \end{array}\right\} \rightarrow \frac{1}{6} = \frac{x}{12} \rightarrow x = \frac{1 \cdot 12}{6} = 2 \text{ h}$$

Seis albañiles necesitan trabajar 2 h para hacer la reforma.

ACTIVIDADES

27 Tengo dinero suficiente para 12 días, gastando 8 € diarios. Si quiero que me dure 15 días, ¿cuánto dinero puedo gastar cada día?

28 **REFLEXIONA.** En embotellar un pedido, 16 máquinas tardan 6 horas. ¿Cuántas máquinas se necesitan para embotellar este pedido en 4 horas?

9. Porcentajes

El **porcentaje** o **tanto por ciento**, ***a***, de una cantidad, *C*, indica que tomamos *a* partes de cada 100 en las que dividimos *C*.

$$a\,\%\ \text{de}\ C = \frac{a}{100} \cdot C$$

Aumentos y disminuciones porcentuales

El porcentaje se puede expresar con el símbolo %, como proporción o como número decimal.

$$4{,}2\,\% = \frac{4{,}2}{100} = 0{,}042$$

Realizamos un **aumento porcentual** cuando aumentamos una cantidad *C* un *a* %. Esto equivale a calcular el $(100 + a)\%$ de *C*.

Hacemos una **disminución porcentual** cuando disminuimos una cantidad *C* un *a* %. Esto equivale a calcular el $(100 - a)\%$ de *C*.

Llamamos **porcentajes encadenados** a los sucesivos aumentos o disminuciones porcentuales aplicados a una misma cantidad.

Si aplicamos los porcentajes de aumento o disminución $t_1, t_2, \ldots, t_n$ a *C*, la cantidad resultante es $\left(\frac{t_1}{100} \cdot \frac{t_2}{100} \cdot \ldots \cdot \frac{t_n}{100}\right) \cdot C$.

EJEMPLO

13. Durante la campaña de Navidad, una tienda de electrónica sube los precios un 21 %. En enero, con las rebajas, hace un descuento del 19 % en todos los artículos. Un artículo que costaba 645 € antes de Navidad:

a) ¿Cuánto cuesta durante la campaña de Navidad?

b) ¿Cuánto costará en enero?

a) El precio sube un 21 % → Aumento porcentual

$$(100 + 21)\%\ \text{de}\ 645 = 121\%\ \text{de}\ 645 = \frac{121}{100} \cdot 645 = 780{,}45\ €$$

b) Aumenta un 21 % y disminuye un 19 % → Porcentajes encadenados

Aumento del 21 % = (100 + 21) % del precio

Disminución del 19 % = (100 − 19) % del precio aumentado

81 % del 121 % de 645 = 0,81 · 1,21 · 645 = 632,16 €

RETO

Si disminuimos porcentualmente una cantidad C en un 10 %, ¿qué aumento porcentual habrá que aplicarle a la nueva cantidad para volver a obtener la cantidad inicial?

ACTIVIDADES

29 Calcula el porcentaje de los estudiantes de un total de 432 que realizan las siguientes actividades extraescolares:

a) 54 estudiantes juegan al baloncesto.

b) 144 estudiantes tocan un instrumento musical.

c) 62 estudiantes participan en el club de lectura.

30 Calcula el precio de un televisor que valía 360 € si se ha aumentado su precio un 5,8 %.

31 **REFLEXIONA.** Inés cosecha 70 toneladas de cereal, que vende a 323 € la tonelada de grano y a 15 € la tonelada de paja. Si la paja supone el 60 % del peso total del cereal, calcula el dinero que obtiene.

Cómo se resuelven problemas de porcentajes encadenados

GEOGEBRA

Los precios que figuran en los productos de una tienda de informática aparecen sin IVA. Si se compra a través de su web, se aplica una rebaja del 20 % y se añade después el 21 % de IVA.

Rosa ha comprado una impresora láser a través de la web y le ha costado 352,25 € con IVA. ¿Cuál es el precio de la impresora que figuraba en la tienda?

Recuerda que para aplicar la fórmula de los porcentajes encadenados primero hay que calcular los porcentajes de aumento y disminución.

Aumenta $a\%$ → $(100 + a)\%$

Disminuye $a\%$ → $(100 - a)\%$

① **Identificamos los aumentos y disminuciones porcentuales.**

Rebaja del 20 % en web → 100 − 20 = 80 %

Las disminuciones se restan al 100 %.

Aumento del 21 % de IVA → 100 + 21 = 121 %

Los aumentos se suman al 100 %.

② **El precio final del artículo viene dado por**

$$\left(\frac{t_1}{100} \cdot \frac{t_2}{100} \cdot \ldots \cdot \frac{t_n}{100}\right) \cdot C$$

donde $t_1, t_2, \ldots, t_n$ son los porcentajes de aumento o disminución que aplicamos y C es el precio inicial del artículo.

Precio final → 352,25 €

Porcentajes de aumento y disminución → 121 % y 80 %

Precio inicial → Es la cantidad que buscamos.

$$\text{Precio final} = \left(\frac{t_1}{100} \cdot \frac{t_2}{100} \cdot \ldots \cdot \frac{t_n}{100}\right) \cdot C$$

$$352{,}25 = \left(\frac{80}{100} \cdot \frac{121}{100}\right) \cdot C$$

③ **Resolvemos la ecuación resultante.**

$$352{,}25 = (0{,}8 \cdot 1{,}21) \cdot C$$

$$352{,}25 = 0{,}968 \cdot C$$

$$C = \frac{352{,}25}{0{,}968} = 363{,}89$$

El precio que figuraba en la tienda, sin rebaja y sin IVA, era de 363,89 €.

ACTIVIDADES

32 La natalidad en una población ha descendido un 12,5 %. Si este año han nacido 98 bebés, ¿cuántos nacieron el año pasado?

33 Después de aumentar una cantidad un 12 %, se calcula su 20 % y se obtiene 112. Calcula la cantidad.

34 Raúl compró un coche que costaba 18 000 €, y le hicieron un descuento del 20 %. A este precio se le sumó un 21 % de IVA. ¿Qué precio pagó Raúl finalmente por el coche?

35 Al aumentar el precio de un producto un 28 % y después rebajarlo un 12 % obtenemos un precio final de 527,85 €. ¿Cuál era el precio inicial?

36 El 94 % de los estudiantes que se presentan a las pruebas de acceso a la universidad las superan.

a) Si se presentan 26 000 estudiantes, ¿cuántos pasarán las pruebas?

b) El 25 % de los estudiantes decide abandonar la carrera tras el primer año de estudio. ¿Cuántos estudiantes abandonan la carrera el primer año?

c) Durante el segundo año de carrera, el 10 % abandona sus estudios. Suponiendo que el resto finaliza la carrera, ¿cuántos estudiantes la terminan?

37 Si el precio inicial de un producto se aumenta un 15 % y después, sobre ese precio aumentado, se disminuye un 15 %, ¿obtenemos el precio inicial?

1. Reconoce los distintos tipos de números y los representa en la recta real

Números racionales

ACTIVIDADES FLASH

38 Clasifica estos números racionales.

a) 2,333... c) 2,435555... e) $8,\widehat{91}$

b) 2,345 d) -45 f) $57,4\widehat{32}$

39 Escribe, en cada caso, dos números que sean:

a) Naturales. d) Enteros pero no naturales.

b) Periódicos. e) Racionales pero no enteros.

c) Exactos. f) Irracionales.

40 Ordena estos números con su letra de menor a mayor y, después, de mayor a menor. Elimina una letra de los números iguales para encontrar el palíndromo.

O	R	R	O	E
5,595	5,5	$5,5\hat{9}$	$5,59\hat{5}$	$5,\hat{5}$
C	V	E	C	N
5,59	$5,5\widehat{95}$	$5,\widehat{59}$	$5,\widehat{595}$	5,5955

41 **INVENTA.** Escribe tres números racionales comprendidos entre los siguientes.

a) $\frac{5}{4}$ y $\frac{6}{4}$ c) $\frac{4}{5}$ y $\frac{5}{6}$

b) $7,16$ y $7,\widehat{16}$ d) $0,6\widehat{32}$ y $0,6\hat{3}$

42 **MATEMÁTICAS E... HISTORIA.**

El matemático Fibonacci descubrió que se puede convertir cualquier fracción en una suma de fracciones con numerador 1.

Por ejemplo, $\frac{4}{5} = \frac{1}{2} + \frac{1}{4} + \frac{1}{20}$.

Para ello:

- Escogemos la mayor fracción con numerador 1, menor que el número que queremos convertir.
- Restamos el número y la fracción con numerador 1.
- Convertimos el resultado en una suma de fracciones con numerador 1 repitiendo estos pasos.

¿Puedes escribir $\frac{19}{20}$ de esta forma?

43 **RETO.** Si $\frac{m}{m+2n} = -3$, ¿cuánto vale $\frac{m}{n}$?

44 Comprueba si estas igualdades son ciertas.

a) $1,\hat{9} = 2$ b) $1,\hat{3} : 3 = 0,\hat{4}$ c) $1,8\hat{9} + 0,\hat{1} = 2$

45 **INVESTIGA.** La fracción $\frac{61}{40}$ se escribe en cascada como: $\frac{61}{40} = 1 + \cfrac{1}{1 + \cfrac{1}{1 + \cfrac{a}{b}}}$, donde $\frac{a}{b}$ es irreducible.

¿Cuál es el valor de $a + b$?

Números irracionales

CÁLCULO MENTAL

46 Di cuáles de las raíces cuadradas desde el 1 hasta el 20 son números racionales y cuáles irracionales.

47 Averigua cuáles de estos números son racionales y cuáles irracionales.

a) 24,232323... c) $\sqrt{1+8}$ e) $\left(\sqrt[4]{4}\right)^2$

b) $1 + \sqrt{8}$ d) $2\sqrt[4]{4}$ f) π^2

Cómo se representa una raíz cuadrada con el teorema de Pitágoras sucesivas veces

48 Representa $\sqrt{12}$.

PRIMERO. Se considera la suma de dos números elevados al cuadrado hasta obtener el radicando.

$$2^2 + 2^2 = \left(\sqrt{8}\right)^2 \qquad \left(\sqrt{8}\right)^2 + 2^2 = \left(\sqrt{12}\right)^2$$

SEGUNDO. Se construyen triángulos rectángulos cuyos catetos tengan como longitudes esos números hallados y se traslada la hipotenusa sobre la recta real tantas veces como sea necesario.

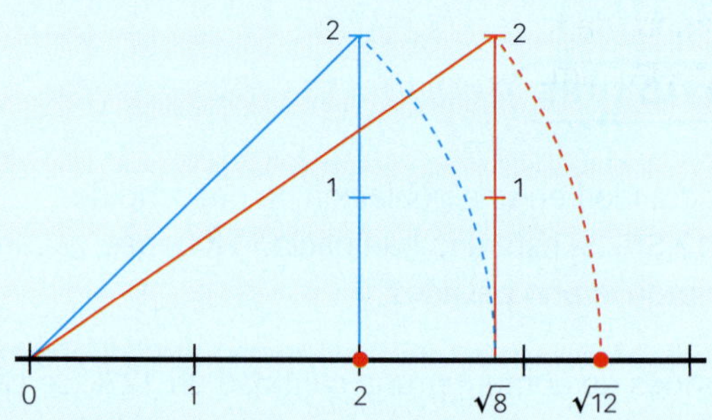

49 Representa las raíces en la recta real.

a) $\sqrt{3}$ b) $\sqrt{6}$ c) $\sqrt{38}$ d) $1 + \sqrt{37}$

50 Representa estos números irracionales de forma exacta a partir de dos descomposiciones diferentes, y comprueba que el resultado coincide.

a) $\sqrt{50}$ b) $\sqrt{72}$

51 Utiliza la calculadora y ordena de menor a mayor.

a) $\sqrt{3}, \frac{\sqrt{6}}{2}, \frac{\sqrt{3}}{3}$ b) $\sqrt{65}, 5\sqrt{3}, \frac{\sqrt{265}}{2}$

52 Calcula y determina qué tipo de número es, en un triángulo equilátero:

a) La altura, si el lado mide 10 cm.

b) El área, si el lado mide 3 cm.

c) La altura y el área, si el lado mide $\sqrt{3}$ cm.

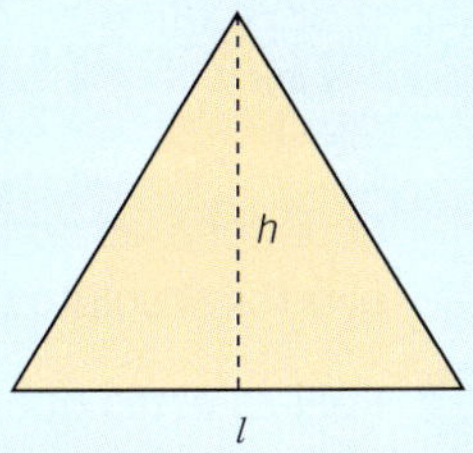

53 **INVESTIGA.** Razona si las afirmaciones son ciertas.

a) La suma de dos números irracionales es siempre un número irracional.

b) La raíz cuadrada de una fracción es irracional.

54 **INVENTA.** Escribe un número irracional entre estos pares de racionales.

a) $1{,}\widehat{5}$ y 1,6 b) 1,2 y 1,6 c) $1{,}\widehat{5}$ y $1{,}5\widehat{3}$

INTERNET

55 **MATEMÁTICAS Y... NATURALEZA.** Existen relaciones en la naturaleza, como la disposición de los pétalos de algunas flores o de las hojas en un tallo, o la distancia entre el ombligo y la planta de los pies de una persona respecto a su altura total, en las que aparece el número áureo $\varphi = \frac{1 + \sqrt{5}}{2}$.

¿Se puede representar este número de forma exacta en la recta numérica?

Números reales

ACTIVIDADES FLASH

56 Completa el crucigrama clasificando cada número con el menor conjunto numérico al que pertenece.

HORIZONTALES

1. π
2. -7

VERTICALES

3. $6{,}\widehat{72}$
4. 418

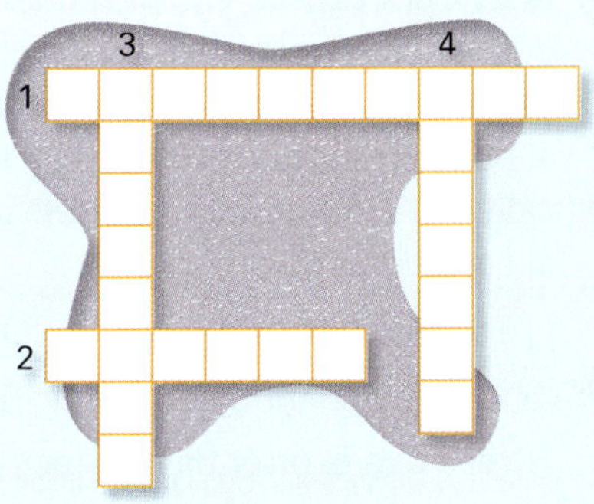

57 **JUEGO.** Formad grupos de 4 personas. Cada persona elige un conjunto numérico (naturales, enteros, racionales, reales). Barajad las tarjetas, colocadlas bocabajo e id sacándolas de una en una. Quien tenga el menor conjunto numérico al que pertenece la tarjeta se la queda. Gana la persona que consiga primero 3 tarjetas.

5	2	7	-2	-1	-3
1,7	$-5{,}4$	2/3	$\sqrt{10}$	2π	$-\sqrt{2}$

58 Indica todos los conjuntos numéricos a los que pertenecen estos números.

a) $\sqrt{17} + 8$
b) $\sqrt{17 + 8}$
c) $8 - \sqrt{17}$
d) $\sqrt{17 - 8}$
e) $4 - \sqrt{20}$
f) $20 - \sqrt{4}$
g) $\sqrt{20 - 4}$
h) $4 + \sqrt{20}$

59 Clasifica estos números reales. Exprésalos en forma decimal y ordénalos de menor a mayor.

a) $5; \frac{7}{3}; 2\sqrt{5}; \frac{7}{9}; \frac{8}{5}$ b) $\sqrt{8}; 6 - \sqrt{3}; \frac{35}{90}; \frac{\sqrt{12}}{2}$

INTERNET

60 Investiga lo que son las palabras bifronte. Ordena de mayor a menor y de menor a mayor los números con sus letras para encontrar dos de ellas.

P	R	A	A	A	T
$1 + \sqrt{2}$	$\sqrt{8}$	$\sqrt{10} - 1$	$\sqrt{6}$	$\sqrt{10}$	$\sqrt{2} + \sqrt{3}$

61 Indica si son verdaderas o falsas las afirmaciones. Razona tu respuesta.

a) Todos los números decimales se pueden escribir en forma de fracción.

b) Todos los números reales son racionales.

c) Un número irracional es real.

d) Existen números enteros que son irracionales.

e) Hay números reales que son racionales.

f) Cualquier número decimal es racional.

g) Un número racional es entero.

h) Los números irracionales tienen infinitas cifras decimales.

i) Todos los números racionales tienen infinitas cifras decimales que se repiten.

62 **RETO.** Si a y b son dos números reales y $a < b$, ¿qué sucede con sus opuestos? ¿Y con sus inversos? Contesta razonadamente.

63 ●●○ **INVESTIGA.** Si a es un número racional, indica qué tipo de número es cada uno de los siguientes.

a) $2a$ b) $\frac{a}{2}$ c) $\sqrt{2}a$ d) πa

64 ●●○ **INVESTIGA.** Si a es un número irracional, indica qué tipo de número es cada uno de los siguientes.

a) $2a$ b) $\frac{a}{2}$ c) πa d) $\frac{1}{a}$

65 ●●○ Razona si las afirmaciones son verdaderas o falsas.

a) Existen números enteros que no son racionales.
b) Hay números irracionales que no son números reales.
c) Un número real es racional o irracional.
d) Cualquier número decimal es un número real.

66 ●●● Opera e indica qué tipo de número real resulta.

a) $\sqrt{2,\widehat{7}}$ c) $5,4\widehat{3} \cdot 1,\widehat{2}$

b) $4,0\widehat{9} - 1,3\widehat{9}$ d) $\sqrt{\frac{1,\widehat{3}}{3}}$

2. Realiza cálculos aproximados y calcula los errores cometidos

ACTIVIDADES FLASH

67 ●○○ Completa el crucigrama redondeando en las horizontales y truncando en las verticales. La coma decimal ocupa una casilla.

HORIZONTALES

1. A las unidades: 5232,49
2. A las décimas: 7,372
3. A las décimas: 31,451
4. A las unidades: 678,21

VERTICALES

A. A las unidades: 573,12
B. A las centésimas: 2,167
C. A las décimas: 34,724
D. A las unidades: 2,25; a las unidades: 58,34

	A	B	C	D
1				
2				■
3				
4	■			

68 ●○○ Redondea a las diezmilésimas $\sqrt{10}$. Luego, calcula sus aproximaciones por exceso y por defecto, y comenta lo que observas.

69 ●●○ ¿Existe algún caso en el que las aproximaciones por exceso y por defecto coincidan? Y si consideramos el redondeo, ¿puede coincidir con la aproximación por exceso y por defecto?

70 ●○○ **MATEMÁTICAS E... HISTORIA.** Observa en la tabla distintas aproximaciones de $\pi = 3,14159265\ldots$

Cultura	Antiguo Egipto (1800 a.C.)	Grecia (s. III a.C.) Arquímedes	Egipto (s. II d.C.) Ptolomeo	China (s. V d.C.) Tsu Chung Chih
Valor	$\left(\frac{4}{3}\right)^4$	$\frac{22}{7}$	$\frac{377}{120}$	$\frac{355}{113}$

Redondea las aproximaciones a las millonésimas y halla el error absoluto y relativo. ¿Cuál es la más precisa?

71 ●○○ Realiza estas operaciones y redondea los resultados a las décimas. Después, redondea cada número a las décimas y resuelve la operación. ¿Por qué procedimiento se comete menor error?

a) $3,253 + 8,45$ c) $13,5 \cdot 2,7$
b) $53,32 - 18,93$ d) $40,92 : 5,3$

INTERNET **72** ●●○ **MATEMÁTICAS Y... ASTRONOMÍA.** El año solar dura exactamente 365 días, 5 horas, 48 minutos y 47 segundos, es decir, 365,2422016... días. Expresa el error absoluto y relativo cometidos en cada caso:

a) Al tomar como aproximación del año 365 días.
b) Al intercalar un año bisiesto cada cuatro, añadiendo un día, es decir, 365 días más 1/4 de día.

73 ●●○ Obtén el error absoluto y relativo cometidos al redondear y truncar:

a) 10,4798 a las milésimas. c) $\frac{2}{3}$ a las décimas.
b) $\sqrt{12}$ a las diezmilésimas. d) 3,125 a las milésimas.

74 ●●○ Aproxima el número 8,9761 de forma que el error absoluto sea menor que 0,001.

INTERNET **75** ●●○ **MATEMÁTICAS Y... CIENCIA.** En muchas ocasiones el redondeo facilita los cálculos, pero pequeñas variaciones en los datos pueden suponer grandes diferencias en los resultados. Obtén el error absoluto y relativo al considerar que:

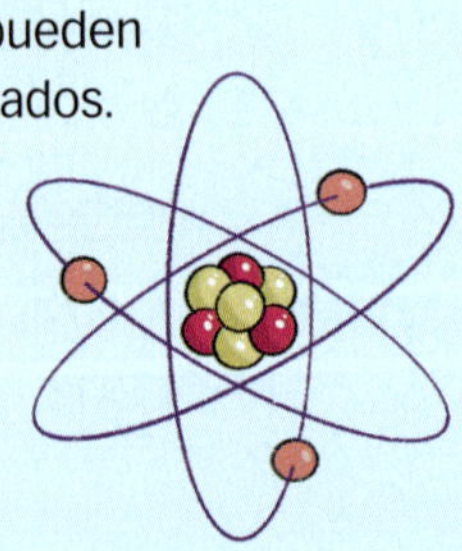

a) La masa de un protón es $2 \cdot 10^{-24}$ g.
b) La masa de un electrón es $9 \cdot 10^{-28}$ g.

¿Crees que el error ha sido muy grande?

76 **INVESTIGA.** Escribe dos aproximaciones diferentes de 1,45 que tengan el mismo error relativo.

77 **RETO.** Se sabe que dos aproximaciones tienen el mismo error relativo. Decide cómo será el error absoluto sabiendo que los valores reales son iguales en los dos casos.

¿Se puede asegurar que los errores absolutos serán diferentes si los valores reales no coinciden?

3. Representa intervalos de números reales y realiza operaciones con ellos

ACTIVIDADES FLASH

78 Expresa mediante intervalos estas situaciones.

a) La capacidad de los envases es menor que 5 ℓ.

b) La altura de las cortinas debe ser menor o igual que 2,8 m.

c) El descuento se aplica a compras superiores a 40 €.

d) Los precios van desde los 30 € hasta los 60 €.

79 Escribe en qué intervalo se encuentra un número:

a) Mayor que 3.

b) Menor que 5 y mayor que 1.

c) Menor o igual que -2.

d) Mayor que -4.

80 **INVENTA.** Escribe tres números de cada intervalo.

a) $(2, 4)$ b) $(-5, -1]$ c) $[-1, 3)$

81 **MATEMÁTICAS Y... SOCIEDAD.** Un grupo de investigadores de la escuela de Medicina Albert Einstein de Nueva York determinaron que el límite de edad de una persona era de 125 años. Escribe la posible edad de una persona en forma de intervalo.

82 **JUEGO.** Jugad al *memory*. Unid las tarjetas que representen el mismo intervalo en la recta real.

$(3, 7)$	$(-7, 3)$	$\{x \in \mathbb{R} / -7 < x < 3\}$
$[3, 7)$	$[-7, -3)$	$\{x \in \mathbb{R} / 3 \leq x < 7\}$
$(3, 7]$	$[-3, 7)$	$\{x \in \mathbb{R} / 3 \leq x \leq 7\}$
$[3, 7]$	$[-3, 7]$	$\{x \in \mathbb{R} / -3 \leq x \leq 7\}$
$\{x \in \mathbb{R} / 3 \leq x < 7\}$		$\{x \in \mathbb{R} / -7 \leq x < -3\}$
$\{x \in \mathbb{R} / -3 \leq x < 7\}$		$\{x \in \mathbb{R} / 3 < x < 7\}$

83 Escribe un número racional del intervalo $[0, 1]$, otro del intervalo $\left[0, \frac{1}{2}\right]$ y otro de $\left[0, \frac{1}{8}\right]$. ¿Cuántos números racionales hay entre 0 y 1? ¿Y entre 0 y $\frac{1}{2}$?

84 Indica si es verdadero o falso.

a) $1 \in \left(0, \frac{1}{3}\right)$

b) $1 + \sqrt{8} \in (1, 3]$

c) $\frac{-5}{4} \in [-2, 1)$

d) $\frac{4}{9} \in \left(-1, \frac{1}{2}\right]$

e) $\frac{\sqrt{2}}{2} \in (-1, 1)$

f) $\frac{-3}{2} \in \left[\frac{-5}{4}, 0\right]$

85 Siendo $A = (-\infty, 3]$, $B = (-2, 0]$ y $C = [2, 5)$, calcula:

a) $A \cup B$ b) $A \cup B \cup C$ c) $A \cap C$ d) $A \cap B \cap C$

86 Completa con paréntesis, corchetes o números.

a) $\square\, 0, 2) \cap [-2, 1 \square = [0, 1)$

b) $(1, 2 \square \cup \square -2, 1 \square = [-2, 2]$

c) $\square -3, -1) \cup \square -1, 4) = (-3, 4 \square$

d) $[-4, 1 \square \cap \square -2, 3) = [-2, \square)$

87 **INVESTIGA.** Si dos números reales, x e y, pertenecen a los intervalos $(-1, 3)$ y $[0, 2]$ respectivamente, ¿a qué intervalo pertenece el resultado de estas operaciones?

a) $x + y$ b) $x - y$ c) $y - x$ d) $x \cdot y$

88 Expresa como intervalo estos conjuntos numéricos.

a) $|x| < 5$

b) $|x| < -5$

c) $|x| \geq -5$

89 **RETO.** Halla las edades, consecutivas y distintas, de cada persona.

- $10 <$ Javier < 14
- $10 \leq$ Ismael < 12
- Elisa $<$ Pilar $<$ Javier
- Cristina $>$ Javier
- Milena $<$ Elisa

4. Aplica proporcionalidad y porcentajes a problemas de la vida cotidiana

90 En una receta para 6 personas se necesitan 240 g de salmón. Averigua lo que necesito para 8 personas.

91 ¿Cuántas personas se precisan para terminar una obra en 20 días, si 28 lo hacen en 10 días?

92 Carlos pintó su habitación con 6 botes de 4 kg de pintura, pero ahora solo venden botes de 3 kg. ¿Cuántos botes necesita para volver a pintarla?

93 **MATEMÁTICAS Y... CUERPO HUMANO.** La densidad media del cuerpo humano es de 1,15 kg/ℓ.

a) ¿Cuál es el volumen de una persona que pesa 65 kg?

b) ¿Cuánto pesará una persona que tiene un volumen de 42 ℓ?

94 La dueña de una pensión dispone de comida para alimentar a sus 18 huéspedes durante 12 días. Si el número de huéspedes aumenta en 6 personas, ¿para cuántos días tendrá comida?

95 **MATEMÁTICAS Y... MEDIOAMBIENTE.** El humo de leña contiene muchos contaminantes tóxicos. Estos afectan a la calidad del aire y en mayor medida a las personas alérgicas o asmáticas. Pero aún son muchas las casas que no tienen otra forma de calentarse.

El precio de la leña ronda los 0,25 €/kg. Se estima que para calentar una casa se debe utilizar alrededor de 1 kg de leña cada 45 minutos y mantener encendida la chimenea durante 6 h al día.

a) ¿Cuánto costará, aproximadamente, mantener una casa caliente durante todo el invierno?

b) ¿Cuántas horas al día se podrá encender la chimenea con un presupuesto de 380 € para todo el invierno?

96 Entre dos poblaciones hay 61 farolas, separadas 15 m entre sí. Si estuvieran a 25 m de separación:

a) ¿Cuántas farolas habría?

b) ¿Qué distancia hay entre las poblaciones?

97 Una embotelladora funciona 8 horas diarias y en 9 días ha embotellado 1 500 cajas de botellas de refresco. Para embotellar 10 000 cajas, trabajando 6 horas al día, ¿cuántos días deberá funcionar la máquina?

98 Si leo 15 páginas por hora durante 4 horas diarias tardo 10 días en leer un libro. Leyendo 12 páginas por hora, tardo 20 días. ¿Cuántas horas debo leer al día?

99 En las fiestas del barrio se colocan 1 200 faroles que se conectan 8 horas al día, ocasionando un gasto de 1 440 €. ¿Cuál será el gasto si se colocan 600 faroles más, pero se conectan 2 horas menos?

100 ¿Qué porcentaje hay en estas expresiones?

a) 3 de cada 20 personas se duermen en los viajes.

b) 8 de cada 12 establecimientos cierran a las 20:00 h.

c) 9 de cada 14 coches tienen más de 10 años.

d) 1 de cada 6 turistas viaja solo.

e) 2 de cada 7 pasteles llevan chocolate.

f) 7 de cada 40 pacientes no se recuperan con el primer tratamiento.

101 Para hacer una paella se necesitan 2 vasos de agua por cada vaso de arroz. Si se echan 4 vasos y medio de agua, ¿cuántos vasos de arroz harán falta?

102 ¿Cuánto dinero hay que aumentar el precio de estos artículos para que tengan una subida del 24 %?

a) Pan: 0,60 €/unidad.

b) Leche: 1,10 €/ℓ.

c) Huevos: 1,42 €/docena.

d) Manzanas: 2,30 €/kg.

103 **INVESTIGA.** Razona si es verdadero o falso.

a) El 25 % de 200 es lo mismo que el 50 % de 100.

b) El 40 % de 48 coincide con el 20 % de 24.

c) El 20 % de 50 es lo mismo que el 50 % de 20.

d) El 20 % de 70 junto con el 30 % de 70 es el 50 % de 140.

104 **MATEMÁTICAS E... IGUALDAD.** La brecha salarial entre hombres y mujeres es una preocupación de la población, como ha constatado el INE. Según informes del Ministerio de Hacienda, el salario de las mujeres en el año 2020 fue un 28,6 % inferior al del salario de los hombres. ¿En qué porcentaje fue superior el salario de los hombres al de las mujeres durante ese año?

105 **MATEMÁTICAS Y... SANIDAD.** Esta es una noticia que apareció en un periódico nacional.

> **Aumentan un 10 % las listas de espera con más de 740 000 personas esperando una cirugía**
>
> La sanidad pública alcanza su máximo histórico de pacientes en lista de espera para una intervención quirúrgica no urgente en el conjunto del Sistema Nacional de Salud con 742 518 pacientes, hasta 81 356 personas más que hace un año. Además, se sitúa el tiempo medio de espera en 113 días, 8 menos que hace un año.

¿Es cierto el titular de la noticia? ¿En qué porcentaje ha disminuido el tiempo medio de espera?

106 **RETO.** El 80 % de los accidentes suceden al aire libre y el 20 % dentro de los edificios.

Si el número de accidentes al aire libre se redujera en un 40 %, ¿en qué porcentaje disminuiría el número total de accidentes?

FAKE NEWS

¡El calor está por las nubes!

En la última reunión, la presidenta de la comunidad nos avisó de que este año el precio del gasoil para la caldera de calefacción ha subido:

- Un 10 % en enero.
- Un 10 % en febrero.
- Un 10 % en marzo.

Es decir, en lo que llevamos de año, el precio del gasoil ha subido un 30 %, y de seguir así habrá subido un 120 % al finalizar el año. Por tanto, para el mes de octubre estaríamos pagando el doble que en enero y, en diciembre, más del doble.

En la próxima junta habrá que decidir si seguimos encendiendo la calefacción, pues es posible que algunos de los vecinos no puedan hacer frente a este nuevo gasto.

Y tú, ¿qué opinas?

PROBLEMAS APARENTEMENTE DISTINTOS

107 Escribe en forma de intervalo los números comprendidos entre 147 000 000 y 152 000 000, ambos incluidos.

108 La distancia de la Tierra al Sol depende del momento del año en el que nos encontramos. Puede oscilar desde unos 147 millones de kilómetros hasta unos 152 millones de kilómetros. Indica, en forma de intervalo, la posible distancia de la Tierra al Sol.

109 Copia y completa la tabla de proporcionalidad directa.

A	150	30
B	200	

110 Dos camareros se reparten proporcionalmente el dinero de las propinas de forma que el primero cobra 150 € y el segundo 200 €.

Si el primero trabajó 30 horas semanales, ¿cuántas horas trabajó el segundo?

111 Copia y completa la tabla de proporcionalidad inversa.

A	6	8
B	12	

112 Un grupo de 6 jóvenes va de excursión provisto de comida para 12 días. Si se unen dos personas más al grupo, ¿para cuántos días tendrán comida?

¿Sin comisiones?

Las entidades bancarias ofertan distintos tipos de cuentas. Podemos elegir contratar una u otra en función de nuestras necesidades y de las ventajas que nos ofrezcan.

Actualmente todos los bancos permiten operar online e incluso bonifican a los clientes por realizar sus trámites online ofreciendo productos «sin comisiones», pero ¿realmente lo son?

Estas son las condiciones de una de las cuentas ofertadas por un banco.

0 €

Cuenta sin comisiones

Si traes tu nómina desde 800 €, pensión desde 300 € o recibes al menos 2 500 € al trimestre.

Si no cumples estas condiciones, la comisión de mantenimiento de la cuenta será de 160 € al año (con una liquidación trimestral de 40 €).

Tarjeta de crédito: límite: 1 500 €.

Podrás fraccionar cualquier pago superior a 50 € en plazos mensuales.

N.º de plazos	3	4	5	6	12
TAE (%)	0	19,09	19,08	19,07	19,52

Comisión en cajeros de otros bancos: 4,5 % (mínimo 3 €).
Comisión operaciones en el extranjero: 3 %.

La Tasa Anual Equivalente o TAE es el interés producido por 1 euro en un año.

Para calcular el interés mensual, hay que dividir la TAE entre 12.

1 Ingresos regulares

Para no pagar comisiones con esta cuenta, el banco exige tener unos ingresos mínimos regularmente.

- ¿Qué cantidad tiene que ingresar una persona jubilada para que no le cobren comisión?
- Una persona con una nómina de 1200 € abre la cuenta en enero. Si pierde su trabajo en agosto, ¿cuánto dinero tendrá que pagar a final de año?
- Si una persona posee dos locales, alquilados por una mensualidad de 1500 € por cada uno, y al cuarto mes de contratar la cuenta deja de alquilar uno de ellos, ¿cuánto tendrá que pagar de comisión después de un año de tener la cuenta abierta?
- ¿Cuál será la comisión por sacar 100 € de un cajero de otro banco en el extranjero?

2 Débito vs. crédito

Las tarjetas de crédito se utilizan principalmente para pagar compras de importes grandes, que preferimos pagar poco a poco o no podemos permitirnos pagar de una sola vez. Teniendo en cuenta la Tasa Anual Equivalente (TAE) del banco, calcula en cada caso el total a pagar.

- Un automóvil de 35490 € a pagar en 12 meses.
- Un televisor de 1729 € a pagar en 4 meses.
- Un viaje de 3799 € a pagar en 6 meses.

Por hacer una transferencia el banco cobra el 0,40 % del importe, siendo el mínimo de 6 €.

- ¿Cuánto nos costará si deseamos pagar el viaje por transferencia bancaria?
- ¿Y si lo pagamos al contado, sacando el dinero de un cajero de otro banco?

3 Números rojos

Los descubiertos o *números rojos* se producen al retirar dinero de tu cuenta sin que haya saldo suficiente. En este caso, el banco adelanta el dinero necesario, cobrando al cliente una comisión por descubierto del 4,5 % (mínimo 15 €) y además un interés del 29 % anual sobre el saldo y días transcurridos en esta situación.

- Si se produce un descubierto de 125 € en una cuenta cuyo titular tarda un mes en solventar, ¿cuánto dinero tendrá que pagar?
- ¿Y si el descubierto es de 1200 € durante 1 día?

RESUMEN DE UNIDAD

NÚMEROS REALES $\mathbb{R}$

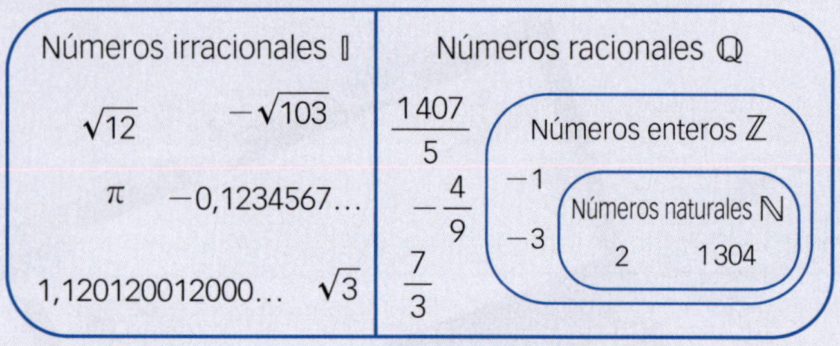

INTERVALOS Y SEMIRRECTAS

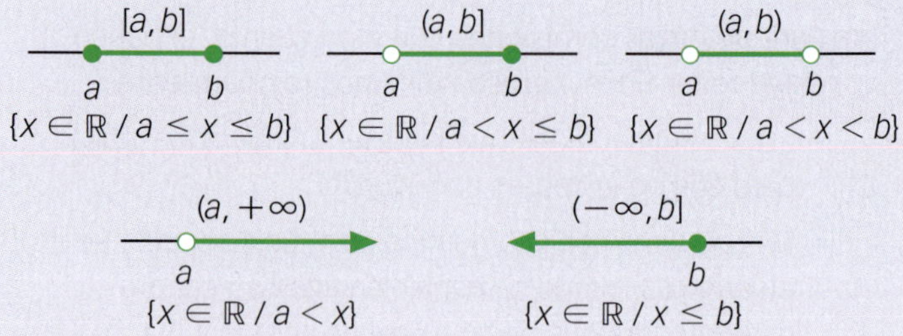

APROXIMACIONES Y ERRORES

6,4

Truncamiento a las unidades: 6

Redondeo a las unidades: 6

Error absoluto: $E_a = |V_{Real} - V_{Aprox.}| = |6{,}4 - 6| = 0{,}4$

Error relativo: $E_r = \dfrac{E_a}{V_{Real}} = \dfrac{0{,}4}{6{,}4} = 0{,}0625$

PORCENTAJES

$a\,\%$ de $C = \dfrac{a}{100} \cdot C$

Aumentos: $(100 + a)\,\%$ de C

Disminuciones: $(100 - a)\,\%$ de C

Porcentajes encadenados: si aplicamos los porcentajes de aumento o disminución $t_1, t_2, \ldots, t_n$ a C, la cantidad resultante es $\left(\dfrac{t_1}{100} \cdot \dfrac{t_2}{100} \cdot \ldots \cdot \dfrac{t_n}{100}\right) \cdot C$

AUTOEVALUACIÓN

1. Reconoce los distintos tipos de números y los representa en la recta real

1 El número $\sqrt{19}$ pertenece al conjunto de los números:

a) Racionales.

b) Irracionales.

c) Enteros.

d) Naturales.

2 Ordena de menor a mayor los siguientes números:

$5{,}\widehat{9}$ $\quad 5{,}9\widehat{7}$ $\quad 5{,}\widehat{97}$ $\quad 5{,}\widehat{79}$

a) $5{,}\widehat{79} < 5{,}\widehat{97} < 5{,}9\widehat{7} < 5{,}\widehat{9}$

b) $5{,}\widehat{79} < 5{,}9\widehat{7} < 5{,}\widehat{9} < 5{,}\widehat{97}$

c) $5{,}\widehat{79} < 5{,}9\widehat{7} < 5{,}\widehat{97} < 5{,}\widehat{9}$

d) $5{,}\widehat{9} < 5{,}\widehat{97} < 5{,}9\widehat{7} < 5{,}\widehat{79}$

2. Realiza cálculos aproximados y calcula los errores cometidos

3 Aproxima el número 7,345 a las centésimas mediante redondeo y truncamiento.

a) Redondeo: 7,4 Truncamiento: 7,34

b) Redondeo: 7,34 Truncamiento: 7,34

c) Redondeo: 7,35 Truncamiento: 7,35

d) Redondeo: 7,35 Truncamiento: 7,34

3. Representa intervalos de números reales y realiza operaciones con ellos

4 Indica a qué intervalo corresponde el siguiente dibujo:

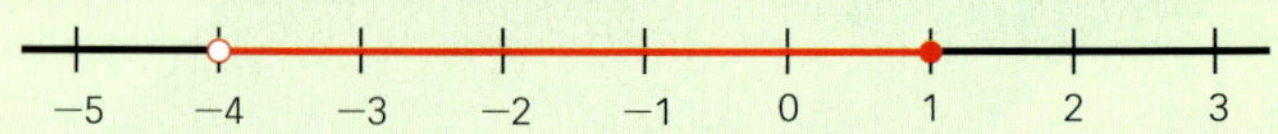

a) $[-4, 1)$ b) $(-4, 1]$ c) $(-\infty, 1]$ d) $[-4, 1]$

4. Aplica proporcionalidad y porcentajes a problemas de la vida cotidiana

5 Un refugio con capacidad para 30 personas proporciona comida durante 10 días. ¿Para cuántos días tendrá comida si hay 10 personas menos del aforo completo?

a) 60 b) 7 c) 6 d) 15

6 Un grupo de 5 amigos ha pagado 960 € por 6 noches de hotel. ¿Cuánto habrían pagado por 4 noches?

a) 640 € b) 860 € c) 1 280 € d) 768 €

VALORA TU APRENDIZAJE

- ¿Utilizas los errores como fuente de aprendizaje?
- ¿Colaboras con tus compañeros y compañeras?

2 Potencias y radicales. Logaritmos

DESAFÍO

Un perfecto cuadrado

Con n baldosas cuadradas se ha cubierto una superficie cuadrada.

¿Cuál es el número mínimo de baldosas necesarias para cubrir una superficie cuadrada mayor?

¿Qué sabes ya?

Cómo se calculan potencias de base 10 y exponente entero

- Una potencia de base 10 y exponente entero positivo es igual a la unidad seguida de tantos ceros como indique su exponente.
- Una potencia de base 10 y exponente entero negativo es igual a la unidad dividida entre dicha potencia con exponente positivo.

EJEMPLO

$10^3 = 1000$

$10^{-4} = \frac{1}{10^4} = \frac{1}{10\,000} = 0{,}0001$

ACTIVIDADES

1 Halla la potencia 10^5.

a) 10 000 b) 100 000 c) 0,00001 d) 0,0001

Cómo se calculan las raíces de un radical

Las raíces de un radical, $\sqrt[n]{a}$, son todos los números, b, tales que $b^n = a$. El número de raíces depende de n y de a.

- n impar y $a > 0 \rightarrow$ Una única raíz positiva.
- n par y $a > 0 \rightarrow$ Dos raíces: una positiva y su opuesta.
- n impar y $a < 0 \rightarrow$ Una única raíz negativa.
- n par y $a < 0 \rightarrow$ No existe raíz real.

EJEMPLO

Calcula las raíces de $\sqrt{-64}$.

$\left.\begin{array}{l} n = 2 \rightarrow n \text{ par} \\ a = -64 < 0 \end{array}\right\} \rightarrow$ No existe raíz real.

ACTIVIDADES

2 Calcula las raíces de $\sqrt[3]{-343}$.

a) 7 b) −7 c) 7 y −7 d) No existe raíz real.

1. Potencias de exponente entero

GEOGEBRA

Si a es un número real y n es un número natural:

$$a^n = \underbrace{a \cdot \ldots \cdot a}_{n \text{ veces}}$$

$$a^{-n} = \frac{1}{a^n} = \frac{1}{\underbrace{a \cdot \ldots \cdot a}_{n \text{ veces}}}, \text{ con } a \neq 0$$

Además, para cualquier valor de $a \neq 0$ y $b \neq 0$, se tiene que:

$$a^0 = 1 \qquad a^1 = a \qquad a^{-1} = \frac{1}{a^1} = \frac{1}{a} \qquad \left(\frac{a}{b}\right)^{-1} = \frac{b}{a}$$

Si $a > 0$ y $n > 0$:

- $(-a)^n > 0$ si n es par.
- $(-a)^n < 0$ si n es impar.
- $-a^n < 0$ para cualquier valor de n.

RETO

Calcula el valor de $\left(\left(\left((-1)^{-1}\right)^{-1}\right)^{\cdots}\right)^{-1}$.

EJEMPLOS

1. Resuelve estas potencias.

a) $2^{-3} = \frac{1}{2^3} = \frac{1}{8}$

b) $(-5)^3 = (-5) \cdot (-5) \cdot (-5) = -125$

c) $(-3)^{-2} = \frac{1}{(-3)^2} = \frac{1}{9}$

d) $(-5)^{-3} = \frac{1}{(-5)^3} = \frac{1}{-125} = -\frac{1}{125}$

e) $(-3)^4 = (-3) \cdot (-3) \cdot (-3) \cdot (-3) = 81$

f) $-(-2)^{-3} = -\frac{1}{(-2)^3} = -\frac{1}{-8} = \frac{1}{8}$

g) $7^{-1} = \frac{1}{7}$

h) $(-5)^0 = 1$

i) $\left(\frac{2}{-3}\right)^{-1} = \frac{-3}{2} = -\frac{3}{2}$

j) $-3^{-2} = -\frac{1}{3^2} = -\frac{1}{9}$

k) $-4^0 = -1$

l) $-4^{-2} = -\frac{1}{4^2} = -\frac{1}{16}$

2. Expresa las fracciones que aparecen a continuación como potencias de exponente negativo.

a) $\left(\frac{1}{3}\right)^3 = 3^{-3}$

b) $\left(\frac{1}{4}\right)^2 = 4^{-2}$

c) $\left(\frac{-1}{5}\right)^{10} = \left(\frac{5}{-1}\right)^{-10} = \left(-\frac{5}{1}\right)^{-10} = (-5)^{-10}$

d) $\left(\frac{2}{-7}\right)^5 = \left(\frac{-7}{2}\right)^{-5} = \left(-\frac{7}{2}\right)^{-5}$

ACTIVIDADES

1 Indica el signo de estas potencias.

a) 5^{-2}

b) $(-3)^3$

c) 2^{-1}

d) -2^{-1}

e) $(-1)^{-4}$

f) 5^2

g) $(-5)^{-2}$

h) 2^{-4}

2 Calcula las siguientes potencias.

a) $\left(\frac{4}{3}\right)^{-1}$ b) $\left(-\frac{2}{4}\right)^{-4}$ c) $\left(-\frac{4}{7}\right)^{-1}$ d) $\left(\frac{10}{7}\right)^2$

3 Resuelve estas potencias atendiendo al signo y a la paridad del exponente.

a) $\frac{1}{3^2}$

b) -5^2

c) $(-3)^2$

d) $(-1)^5$

4 **REFLEXIONA.** Expresa como un producto de potencias de exponente negativo.

a) $\frac{4}{9}$ b) $\frac{-8}{27}$ c) $-\frac{16}{243}$

Propiedades de las potencias

Si a y b son dos números reales, y m y n son dos números enteros:

- **Producto y cociente de potencias de la misma base.**

$$a^n \cdot a^m = a^{n+m} \qquad \frac{a^n}{a^m} = a^n \cdot a^{-m} = a^{n-m}, \text{ con } a \neq 0$$

- **Potencia de un producto y potencia de un cociente.**

$$(a \cdot b)^n = a^n \cdot b^n \qquad \left(\frac{a}{b}\right)^n = \frac{a^n}{b^n} = a^n \cdot b^{-n}, \text{ con } b \neq 0$$

- **Potencia de una potencia.**

$$(a^n)^m = a^{n \cdot m} \qquad \left[\left(\frac{a}{b}\right)^n\right]^m = \left(\frac{a}{b}\right)^{n \cdot m} = \frac{a^{n \cdot m}}{b^{n \cdot m}}, \text{ con } b \neq 0$$

Una fracción se puede expresar como un producto de potencias.

$$\frac{a}{b} = a \cdot b^{-1}$$

$$\frac{3}{5} = 3 \cdot 5^{-1}$$

EJEMPLO

3. Opera y expresa en forma de potencia de exponente positivo.

a) $(-2)^2 \cdot (-2)^3 = (-2)^{2+3} = (-2)^5 = -32$

b) $(-2)^2 \cdot (-2)^{-3} = (-2)^{2+(-3)} = (-2)^{-1} = \frac{1}{-2} = -\frac{1}{2}$

c) $\left(\frac{2}{5}\right)^{-4} \cdot \left(\frac{2}{5}\right)^3 = \left(\frac{2}{5}\right)^{-4+3} = \left(\frac{2}{5}\right)^{-1} = \frac{5}{2}$

d) $(-3)^4 : (-3)^{-2} = (-3)^{4-(-2)} = (-3)^6 = 729$

e) $\left(\frac{3}{4}\right)^{-2} : \left(\frac{3}{4}\right)^3 = \left(\frac{3}{4}\right)^{-2-3} = \left(\frac{3}{4}\right)^{-5} = \left(\frac{4}{3}\right)^5 = \frac{1024}{243}$

f) $\left[\left(\frac{3}{2}\right)^{-2} \cdot \left(\frac{3}{4}\right)^2\right]^{-1} = \left(\frac{3}{2}\right)^{(-2)\cdot(-1)} \cdot \left(\frac{3}{4}\right)^{2\cdot(-1)} =$

$= \left(\frac{3}{2}\right)^2 \cdot \left(\frac{3}{4}\right)^{-2} = \frac{\cancel{3^2}}{2^2} \cdot \frac{4^2}{\cancel{3^2}} = \frac{4^2}{2^2} =$

$= \left(\frac{4}{2}\right)^2 = 2^2 = 4$

Si $a > 0$ y $n > 0$:

- $(-a)^{-n} = \frac{1}{(-a)^n}$

  Si n es par $\rightarrow (-a)^{-n} > 0$

  Si n es impar $\rightarrow (-a)^{-n} < 0$

- $-a^{-n} = \frac{1}{-a^n}$

  Para cualquier $n \rightarrow -a^{-n} < 0$

ACTIVIDADES

5 Aplica las propiedades de las potencias y expresa el resultado con una potencia de exponente positivo.

a) $8^{-3} \cdot 8^{-6}$

b) $\left(\frac{5^{-8}}{5^{-2}}\right)^{-2}$

c) $(8 \cdot 4)^{-4}$

d) $\left(\frac{15}{72}\right)^{-3}$

e) $\left(-\frac{5}{2}\right)^{-1}$

f) $(24^{-21})^2$

Indica qué propiedad has utilizado en cada caso.

6 Simplifica expresando como una única potencia.

a) $2^{-5} \cdot 2^3 \cdot 2^{-4}$

b) $(-3)^{-6} : (-3)^5 \cdot (-3)^{-7}$

c) $(-4)^{-4} : (-4)^5 : (-4)^{-6}$

d) $7^{-2} \cdot 7^{-3} : 7^{-5}$

7 Efectúa las operaciones.

a) $4^6 : 2^4$

b) $(-3)^4 \cdot (-3^4)$

c) $(-2^6) : (-2^{-6})$

d) $(-2^3)^4 \cdot (-2^4)^{-7}$

e) $2^{-3} : (-2^{-3})$

f) $\left[(-5)^3\right]^2 \cdot 5^{-4}$

g) $\left[(2^4 \cdot 2^{-8})^{-1}\right]^{-4}$

h) $-(-2^3) : (-2^4)$

2. Notación científica

Para expresar de forma abreviada números muy grandes o muy pequeños, se utilizan las potencias de 10. A esta manera de expresar un número se le llama notación científica.

Un número escrito en **notación científica** es un número de la forma $a \cdot 10^k$ donde:

- El valor absoluto de a es un número del intervalo $[1, 10)$.
- k es un número entero llamado **orden de magnitud**.

Una potencia de base 10 y exponente negativo es igual a la unidad dividida entre dicha potencia con exponente positivo.

$$10^{-3} = \frac{1}{10^3} = \frac{1}{1\,000} = 0{,}001$$

Para introducir en la calculadora números escritos en notación científica se utiliza la tecla $\boxed{\times 10^x}$.

$3{,}2 \cdot 10^{-5}$

$3{,}2 \boxed{\times 10^x} \boxed{(-)} 5 = \boxed{0.000032}$

EJEMPLO

4. Expresa en notación científica.

a) La distancia de la Tierra al Sol es 150 000 000 km.

b) El diámetro de un microbio es 0,0000081 m.

c) La superficie de la Tierra es 510,1 millones de km^2.

d) El peso de un estafilococo es 100 nanogramos (1 nanogramo $= 10^{-9}$ g).

a) La distancia de la Tierra al Sol es:

$$\underbrace{150\,000\,000}_{\text{8 cifras enteras}} = 1{,}5 \cdot \underbrace{100\,000\,000}_{\text{8 ceros}} = 1{,}5 \cdot 10^8 \text{ km}$$

b) El diámetro de un microbio es:

$$\underbrace{0{,}0000081}_{\text{6 cifras decimales}} = 8{,}1 : 1\underbrace{000\,000}_{\text{6 ceros}} = 8{,}1 \cdot 10^{-6} \text{ m}$$

c) La superficie de la Tierra es:

$$\underbrace{510}_{\text{2 cifras enteras}},1 \cdot 10^6 = 5{,}101 \cdot 10^{\underbrace{2}_{\text{2 ceros}}} \cdot 10^6 = 5{,}101 \cdot 10^8 \text{ km}$$

d) El peso de un estafilococo es:

$$\underbrace{100}_{\text{2 cifras enteras}} \cdot 10^{-9} = 1 \cdot \underbrace{100^2}_{\text{2 ceros}} \cdot 10^{-9} = 1 \cdot 10^{-7} \text{ g}$$

ACTIVIDADES

8 Expresa en notación científica los siguientes números e indica su orden de magnitud.

a) 9 340 000

b) 0,000125

c) 789 200

d) 1 billón

e) Media decena

f) 4

g) 67 décimas

h) 0,0089

i) 137

j) 1 diezmilésima

k) 5 centésimas

l) 9 milésimas

m) 6 trillones

n) 75 millones

9 Expresa en notación científica estas medidas dadas en metros.

a) Diámetro de un electrón: 0,0000000003 m.

b) Longitud de un virus (gripe): 0,0000000022 m.

c) Radio del protón: 0,00000000005 m.

10 **REFLEXIONA.** Estos números no están correctamente escritos en notación científica. Corrígelos.

a) $0{,}7 \cdot 10^6$

b) $10 \cdot 10^{-7}$

c) $11{,}2 \cdot 10^{-3}$

d) $20 \cdot 10^4$

2.1 Suma y resta en notación científica

Para sumar o restar números en notación científica, es necesario que el exponente de la potencia de 10 sea igual en todos los sumandos. Cuando esto es así, se suman o se restan los números, dejando la potencia de 10 que tenemos.

EJEMPLO

5. Realiza estas operaciones.

a) $3{,}5 \cdot 10^4 + 2{,}5 \cdot 10^3 = 3{,}5 \cdot 10^4 + 0{,}25 \cdot 10^4 = (3{,}5 + 0{,}25) \cdot 10^4 =$
$= 3{,}75 \cdot 10^4$

Transformamos $2{,}5 \cdot 10^3$ en $0{,}25 \cdot 10^4$ para que el exponente de la potencia de 10 de ambos sumandos sea el mismo, 4.

b) $3 \cdot 10^{-3} + 9{,}8 \cdot 10^{-2} = 0{,}3 \cdot 10^{-2} + 9{,}8 \cdot 10^{-2} =$
$= (0{,}3 + 9{,}8) \cdot 10^{-2} = 10{,}1 \cdot 10^{-2} = 1{,}01 \cdot 10^{-1}$

Transformamos $3 \cdot 10^{-3}$ en $0{,}3 \cdot 10^{-2}$ para que el exponente de la potencia de 10 de ambos sumandos sea el mismo, -2.

“Si el resultado de la operación no aparece en notación científica, hay que transformarlo.

2.2 Multiplicación y división en notación científica

GEOGEBRA

Para multiplicar o dividir números en notación científica, se multiplican o se dividen, por un lado, las potencias de 10 y, por otro, los números que las preceden. Después, expresamos el resultado en notación científica, si es necesario.

EJEMPLO

6. Calcula.

a) $(3{,}5 \cdot 10^4) \cdot (7 \cdot 10^3) = (3{,}5 \cdot 7) \cdot (10^4 \cdot 10^3) = 24{,}5 \cdot 10^{4+3} = 24{,}5 \cdot 10^7 =$
$= 2{,}45 \cdot 10^8$

b) $(3 \cdot 10^{-3}) : (6 \cdot 10^{-2}) = (3 : 6) \cdot (10^{-3} : 10^{-2}) = 0{,}5 \cdot 10^{-3-(-2)} =$
$= 0{,}5 \cdot 10^{-1} = 5 \cdot 10^{-2}$

RETO

Calcula.

$10^n + 10^{-n}$

ACTIVIDADES

11 Opera y expresa el resultado en notación científica.

a) $9{,}34 \cdot 10^4 + 7{,}6 \cdot 10^2$
b) $7{,}8 \cdot 10^{-3} + 8 \cdot 10^{-5}$
c) $3 \cdot 10^{-7} - 7 \cdot 10^{-4}$
d) $(9 \cdot 10^4) \cdot (8{,}5 \cdot 10^2)$
e) $(5{,}2 \cdot 10^{-4}) \cdot (8 \cdot 10^{-5})$
f) $(4 \cdot 10^{-6}) : (2 \cdot 10^{-8})$
g) $(7 \cdot 10^4) : (1{,}4 \cdot 10^5)$
h) $(4 \cdot 10^5) \cdot (2 \cdot 10^3) : (8 \cdot 10^{-2})$

12 Un microorganismo mide 3,5 micras. Sabiendo que 1 micra es la millonésima parte de 1 metro, expresa, en metros y en notación científica, la longitud de 4 millones de microorganismos dispuestos en fila.

13 **REFLEXIONA.** Realiza, utilizando la calculadora y también sin ella, esta suma: $9{,}23 \cdot 10^{99} + 1{,}78 \cdot 10^{99}$. ¿Qué diferencias observas entre las dos formas de realizar la suma?

3. Logaritmos

GEOGEBRA

Dados dos números reales positivos, a y b, con $a \neq 1$, el **logaritmo en base a de b**, $\log_a b$, es el exponente al que hay que elevar a para obtener b.

$$\log_a b = c \text{ si se cumple que } a^c = b.$$

Si el logaritmo tiene base 10, se llama **logaritmo decimal**. En este caso, la base no se escribe.

$\log 10 = 1$ porque $10^1 = 10$.

$\log 100 = 2$ porque $10^2 = 100$.

$\log \frac{1}{10} = -1$ porque $10^{-1} = \frac{1}{10}$.

$\log \frac{1}{100} = -2$ porque $10^{-2} = \frac{1}{10^2} = \frac{1}{100}$.

Si la base es el número $e = 2{,}71828...$, se llama **logaritmo neperiano**, y se representa por $\ln b$.

No existe $\log_a 0$ porque a elevado a cualquier número nunca es 0.

La calculadora científica permite obtener logaritmos decimales con la tecla [log] y logaritmos neperianos con la tecla [ln].

RETO

¿Puedes calcular estos logaritmos?

$\log_a (-2)$

$\log_{-2} b$

Para expresar un número decimal exacto como una fracción hay que dividir entre una potencia de 10.

EJEMPLO

7. Calcula los siguientes logaritmos.

a) $\log_2 16$ → Expresamos 16 como una potencia de 2.

$16 = 2 \cdot 2 \cdot 2 \cdot 2 = 2^4 \rightarrow \log_2 16 = 4$

b) $\log_6 36$ → Expresamos 36 como una potencia de 6.

$36 = 2^2 \cdot 3^2 = (2 \cdot 3)^2 = 6^2 \rightarrow \log_6 36 = 2$

c) $\log 0{,}01$ → Expresamos 0,01 como una potencia de 10.

$0{,}01 = 10^{-2} \rightarrow \log 0{,}01 = -2$

d) $\log_3 \frac{1}{9}$ → Expresamos $\frac{1}{9}$ como una potencia de 3.

$\frac{1}{9} = \frac{1}{3^2} = 3^{-2} \rightarrow \log_3 \frac{1}{9} = -2$

e) $\ln \frac{1}{e^3}$ → Expresamos $\frac{1}{e^3}$ como una potencia de e.

$\frac{1}{e^3} = e^{-3} \rightarrow \ln \frac{1}{e^3} = -3$

f) $\log_2 0{,}5$ → Expresamos 0,5 como una potencia de 2.

$0{,}5 = \frac{5}{10} = \frac{1}{2} = 2^{-1} \rightarrow \log_2 0{,}5 = -1$

ACTIVIDADES

14 Resuelve.

a) $\log_7 49$ d) $\log_2 32$ g) $\log_4 64$

b) $\log_5 125$ e) $\log_2 512$ h) $\log_3 81$

c) $\log_3 243$ f) $\log_{15} 3375$ i) $\log_6 216$

15 Halla los siguientes logaritmos.

a) $\log 0{,}000001$ b) $\ln e^3$ c) $\ln \frac{1}{e^5}$

16 **REFLEXIONA.** Calcula $\log_6 0{,}02\widehat{7}$.

4. Propiedades de los logaritmos

Los logaritmos tienen las siguientes propiedades:

- $\log_a 1 = 0$ porque $a^0 = 1$.
- $\log_a a = 1$ porque $a^1 = a$.
- El **logaritmo de un producto** es la suma de los logaritmos de cada uno de los factores.

$$\log_a (b \cdot c) = \log_a b + \log_a c$$

- El **logaritmo de un cociente** es la diferencia entre el logaritmo del numerador y el logaritmo del denominador.

$$\log_a \frac{b}{c} = \log_a b - \log_a c$$

- El **logaritmo de una potencia** es el producto del exponente por el logaritmo de la base de la potencia.

$$\log_a b^n = n \cdot \log_a b$$

- Para **cambiar de base** un logaritmo, se utiliza esta fórmula.

$$\log_a b = \frac{\log_c b}{\log_c a}$$

« Algunas calculadoras tienen la tecla $\log_{\square}\square$ para calcular logaritmos en otras bases. Si no, necesitamos hacer un cambio de base.

RETO

Encuentra el error.

$(-10)^2 = 100$

$\log(-10)^2 = \log 100$

$\log(-10)^2 = \log 10^2$

$2\log(-10) = 2\log(10)$

$\log(-10) = \log(10)$

$-10 = 10$

Al hacer un cambio de base se suelen tomar logaritmos en base 10. »

EJEMPLOS

8. Resuelve las siguientes operaciones con logaritmos.

a) $\log_5 1 + 2\log_5 5 = 0 + 2 \cdot 1 = 2$

b) $\log 25 + \log 4 = \log(25 \cdot 4) = \log 100 = 2$

c) $\log_2 24 - \log_2 6 = \log_2\left(\frac{24}{6}\right) = \log_2 4 = 2$

d) $\log_4 32 = \log_4(4^2 \cdot 2) = \log_4 4^2 + \log_4 2 = 2\log_4 4 + \log_4 2 =$

$= 2 \cdot 1 + \log_4 2 = 2 + \log_4 \sqrt{4} = 2 + \log_4 4^{\frac{1}{2}} =$

$= 2 + \frac{1}{2}\log_4 4 = 2 + \frac{1}{2} \cdot 1 = \frac{5}{2}$

9. Calcula $\log_4 12$ sabiendo que $\log 12 = 1{,}079$ y $\log 4 = 0{,}602$.

$$\log_4 12 = \frac{\log 12}{\log 4} = \frac{1{,}079}{0{,}602} = 1{,}792$$

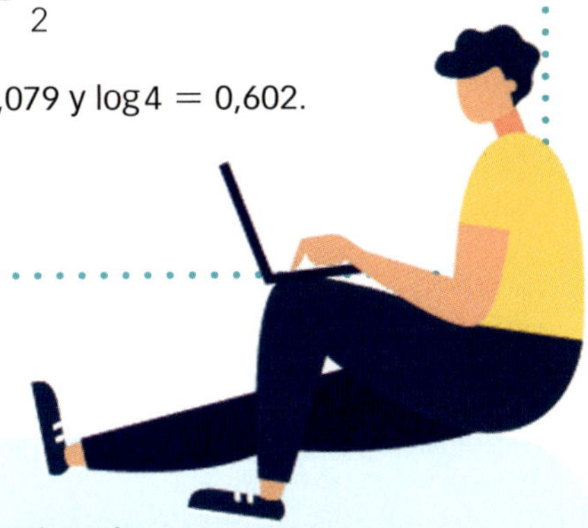

ACTIVIDADES

17 Halla el resultado de estas operaciones.

a) $\log_5 1 + \log_5 25$
b) $\log_3 1 + \log_2 2 - \log 10$
c) $\log_{12} 18 + \log_{12} 4 + \log_{12} 2$
d) $\log 2 + \log 25 - \log 5$

18 Expresa como un único logaritmo.

a) $3\log_2 5 + \log_2 7$
b) $\log_4 9 - 2\log_4 5$
c) $2\log_5 3 + \log_5 10$
d) $3\log_7 1 + \log_7 6$

19 **REFLEXIONA.** Calcula el valor de $\log_5 20$ sabiendo lo siguiente.

$\log 4 = 0{,}602$ $\log 5 = 0{,}699$

Cómo se resuelven ecuaciones logarítmicas

Halla el valor de la incógnita en cada caso.

a) $\log_4 64 = x$

b) $\log_9 x = \frac{1}{4}$

c) $\log_x \frac{1}{8} = -3$

d) $\log(x-1) + \log x = \log 2$

Siempre que podamos aplicamos la definición de logaritmo: $\log_a b = c$ si se cumple que $a^c = b$.

① Aplicamos la definición de logaritmo y sus propiedades.

a) $\log_4 64 = x \to 4^x = 64$

b) $\log_9 x = \frac{1}{4} \to 9^{\frac{1}{4}} = x$

c) $\log_x \frac{1}{8} = -3 \to x^{-3} = \frac{1}{8}$

d) $\log((x-1)\cdot x) = \log 2 \to (x-1)\cdot x = 2 \to$
$\to x^2 - x - 2 = 0$

$\log_a b = \log_a c \to b = c$

② Expresamos la ecuación como una igualdad de potencias factorizando los números, si es posible.

a) $4^x = 64 \to (2^2)^x = 2^6 \to 2^{2x} = 2^6$

b) $9^{\frac{1}{4}} = x \to (3^2)^{\frac{1}{4}} = x \to 3^{\frac{1}{2}} = x$

c) $x^{-3} = \frac{1}{8} \to x^{-3} = \frac{1}{2^3} \to x^{-3} = 2^{-3}$

d) No es posible expresar la ecuación como una igualdad de potencias.

③ Resolvemos la ecuación.

a) $2^{2x} = 2^6 \to 2x = 6 \to x = 3$

$a^b = a^c \to b = c$

b) $3^{\frac{1}{2}} = x \to x = \sqrt{3}$

c) $x^{-3} = 2^{-3} \to x = 2$

$a^b = c^b \to a = c$

d) $x^2 - x - 2 = 0 \to x = \frac{1 \pm 3}{2} \to \begin{cases} x = 2 \\ x = -1 \end{cases}$

④ Comprobamos las soluciones.

a) $\log_4 64 = 3 \to 4^3 = 64$

b) $\log_9 \sqrt{3} = \frac{1}{4} \to 9^{\frac{1}{4}} \sqrt{3}$

c) $\log_2 \frac{1}{8} = -3 \to 2^{-3} = \frac{1}{8}$

d) $x = 2 \to \log(2-1) + \log 2 = \log 2 \to$
$\to \log 1 + \log 2 = \log 2 \to 0 + \log 2 = \log 2$

$x = -1 \to \log(-1-1) + \log 2 = \log 2 \to$
$\to \log(-2) + \log(-1) = \log 2 \to$ La solución no es válida.

$\log_a b,\ a, b > 0$

ACTIVIDADES

20 ¿Cuál es la base de cada logaritmo?

a) $\log_x 25 = 2$

b) $\log_x 32 = 5$

c) $\log_x 25 = \frac{1}{2}$

d) $\log_x \frac{1}{32} = -10$

21 Resuelve estas ecuaciones con logaritmos.

a) $\log_3 2\,187 = x$

b) $\log_2 2048 = x$

c) $\log_5 \frac{1}{5^3} = x$

d) $\log_5 0{,}04 = x$

e) $\log_8 16 = x$

f) $\log_9 \frac{1}{3^4} = x$

22 Halla x para que estos resultados sean ciertos.

a) $\log_2 x = 4$

b) $\log_5 x = 2$

c) $\log_2 x = -3$

d) $\log_8 x = 3^{-1}$

23 Resuelve estas ecuaciones.

a) $\log x + \log 2 = \log 20$

b) $\log x + \log 2x = \log 50$

c) $\log 2x - 2\log 3 = \log 2$

5. Radicales

La operación inversa de la potenciación es la radicación.

Se llama **raíz n-ésima** de un número a, y se escribe $\sqrt[n]{a}$, a un número real b que cumple que $b^n = a$.

$$\sqrt[n]{a} = b \text{ si } b^n = a$$

Índice
Radical → $\sqrt[n]{a} = b$ ← Raíz
Radicando

EJEMPLO

10. Halla las siguientes raíces.

a) $\sqrt[3]{125} = 5$, ya que $5^3 = 125$.

b) $\sqrt[4]{256} = \pm 4$, ya que $4^4 = 256$ y $(-4)^4 = 256$.

Para calcular el valor numérico de un radical, debemos tener en cuenta el índice y el signo del radicando.

	Radicando	Índice	Número de raíces
$\sqrt[n]{a}$	$a > 0$	n impar	1 raíz: positiva.
		n par	2 raíces: una positiva y su opuesta.
	$a = 0$	n par o impar	1 raíz: $\sqrt[n]{0} = 0$.
	$a < 0$	n impar	1 raíz: negativa.
		n par	No tiene raíz real.

La calculadora científica nos permite hallar raíces con la tecla $\sqrt[x]{\square}$. Por ejemplo:

- $\sqrt[3]{-4}$:
  $\sqrt[x]{\square}$ 3 ► − 4 = −1.587401052
- $\sqrt[4]{20}$:
  $\sqrt[x]{\square}$ 4 ► 20 = 2.114742527

EJEMPLO

11. Di cuántas raíces tienen estos radicales y hállalas con la calculadora.

a) $\sqrt[3]{-5}$ $\left.\begin{matrix} a < 0 \\ n \text{ impar} \end{matrix}\right\} \rightarrow$ Una raíz negativa.
$\sqrt[3]{-5} = -1{,}71$

b) $\sqrt[7]{204}$ $\left.\begin{matrix} a > 0 \\ n \text{ impar} \end{matrix}\right\} \rightarrow$ Una raíz positiva.
$\sqrt[7]{204} = 2{,}14$

c) $\sqrt[4]{-81}$ $\left.\begin{matrix} a < 0 \\ n \text{ par} \end{matrix}\right\} \rightarrow$ No tiene raíz real.

d) $\sqrt[6]{10}$ $\left.\begin{matrix} a > 0 \\ n \text{ par} \end{matrix}\right\} \rightarrow$ Dos raíces: una positiva y su opuesta.
$\sqrt[6]{10} = \pm 1{,}47$

RETO

Calcula la raíz cuadrada de 0,000001.

ACTIVIDADES

24 Indica en estos radicales cuál es el índice y el radicando.

a) $\sqrt[6]{3}$ b) $\sqrt[7]{-3}$ c) $\sqrt[9]{5}$ d) $\sqrt[5]{-2}$

25 Aplica la definición de raíz a estas igualdades.

a) $16^3 = 4096$ b) $4^3 = 64$ c) $(-2)^5 = -32$ d) $(-2)^8 = 256$

26 Halla el número de raíces de los siguientes radicales.

a) $\sqrt[4]{16}$ b) $\sqrt[3]{-8}$ c) $\sqrt[4]{-100}$ d) $\sqrt[5]{243}$

27 **REFLEXIONA.** Pon dos ejemplos de radicales cuyas raíces sean 3 y −3. ¿Existe un radical con raíces 3 y −5?

6. Potencias de exponente fraccionario

Una potencia de exponente fraccionario $a^{\frac{m}{n}}$ es equivalente a un radical de índice n y radicando a^m.

$$a^{\frac{m}{n}} = \sqrt[n]{a^m}$$

$3^{-\frac{2}{5}} = \sqrt[5]{3^{-2}}$

Porque no existen raíces de índice negativo.

$3^{-\frac{2}{5}} =$ ~~$\sqrt[-5]{3^2}$~~

EJEMPLO

12. Completa la tabla y calcula un radical equivalente.

	Índice	Radicando	Potencia	Radical equivalente
$\sqrt[5]{3}$	5	3	$3^{\frac{1}{5}}$	$3^{\frac{1}{5}} = 3^{\frac{2}{10}} = \sqrt[10]{3^2} = \sqrt[10]{9}$
$\sqrt[3]{4}$	3	$4 = 2^2$	$\sqrt[3]{4} = \sqrt[3]{2^2} = 2^{\frac{2}{3}}$	$2^{\frac{2}{3}} = 2^{\frac{6}{9}} = \sqrt[9]{2^6} = \sqrt[9]{64}$

Dos **radicales** son **equivalentes** si se pueden expresar en forma de potencia de exponente fraccionario, de manera que sus bases coincidan y las fracciones de sus exponentes sean equivalentes.

$$a^{\frac{m}{n}} \text{ es equivalente a } b^{\frac{p}{q}} \text{ si } a = b \text{ y } \frac{m}{n} = \frac{p}{q}.$$

Dos radicales pueden ser equivalentes y no tener el mismo número de raíces.

$\sqrt[3]{-1} = -1 \qquad \sqrt[6]{(-1)^2} = \begin{cases} 1 \\ -1 \end{cases}$

EJEMPLO

13. Expresa en forma de potencia de exponente fraccionario estos radicales. ¿Son equivalentes?

a) $\sqrt[5]{-7}$ y $\sqrt[15]{(-7)^3}$

$$\left.\begin{array}{l} \sqrt[5]{-7} = (-7)^{\frac{1}{5}} \\ \sqrt[15]{(-7)^3} = (-7)^{\frac{3}{15}} \end{array}\right\} \xrightarrow{\frac{3}{15} = \frac{1}{5}} \text{Son equivalentes.}$$

b) $\sqrt[4]{3^3}$ y $\sqrt[8]{5^6}$

$$\left.\begin{array}{l} \sqrt[4]{3^3} = 3^{\frac{3}{4}} \\ \sqrt[8]{5^6} = 5^{\frac{6}{8}} \end{array}\right\} \xrightarrow{\text{Tienen distinta base.}} \text{No son equivalentes.}$$

c) $\sqrt[3]{(-2)^2}$ y $\sqrt[6]{4^2}$

$$\left.\begin{array}{l} \sqrt[3]{(-2)^2} = \sqrt[3]{2^2} = 2^{\frac{2}{3}} \\ \sqrt[6]{4^2} = 4^{\frac{2}{6}} = (2^2)^{\frac{2}{6}} = 2^{\frac{4}{6}} \end{array}\right\} \xrightarrow{\frac{2}{3} = \frac{4}{6}} \text{Son equivalentes.}$$

ACTIVIDADES

28 Expresa en forma de potencia.

a) $\sqrt[3]{3^2}$ b) $\sqrt[9]{(-6)^7}$ c) $\sqrt[4]{3^3}$ d) $\sqrt[3]{5^{-2}}$ e) $\sqrt[3]{7^2}$

29 Expresa las siguientes potencias como radicales y halla su valor numérico.

a) $5^{\frac{3}{2}}$ b) $(-2)^{\frac{1}{3}}$ c) $3^{\frac{4}{7}}$ d) $(-7)^{\frac{1}{6}}$ e) $4^{\frac{3}{4}}$

30 Razona si son equivalentes estos radicales.

a) $\sqrt[4]{3^6}$ y $\sqrt{3^3}$ b) $\sqrt[5]{2^{10}}$ y $\sqrt{2}$ c) $\sqrt[4]{5^{10}}$ y $\sqrt{5^4}$

31 **REFLEXIONA.** Expresa en forma de potencia.

a) $\sqrt[3]{x}$ b) $\frac{1}{\sqrt[3]{x}}$ c) $\sqrt[3]{6xy}$ d) $4\sqrt[3]{x^2}$

7. Operaciones con radicales

7.1. Reducción de radicales a índice común

En ciertas ocasiones es necesario que el índice de la raíz de varios radicales sea el mismo. Para ello buscamos radicales equivalentes que tengan el mismo índice.

Para **reducir radicales a un índice común**, se expresan como potencia de exponente fraccionario y se busca un denominador común de los exponentes.

EJEMPLO

14. Reduce a índice común los radicales $\sqrt{2}$, $\sqrt[3]{5}$ y $\sqrt[4]{8}$.

Los expresamos como potencia de exponente fraccionario y reducimos los exponentes a común denominador, utilizando el mínimo común múltiplo de los denominadores: m.c.m. (2, 3, 4) = 12.

$\sqrt{2} = 2^{\frac{1}{2}} = 2^{\frac{6}{12}} = \sqrt[12]{2^6}$ $\qquad \sqrt[3]{5} = 5^{\frac{1}{3}} = 5^{\frac{4}{12}} = \sqrt[12]{5^4}$ $\qquad \sqrt[4]{8} = \sqrt[4]{2^3} = 2^{\frac{3}{4}} = 2^{\frac{9}{12}} = \sqrt[12]{2^9}$

$\sqrt{2} = \sqrt[12]{2^6}$ $\qquad \sqrt[3]{5} = \sqrt[12]{5^4}$ $\qquad \sqrt[4]{8} = \sqrt[12]{2^9}$

7.2. Simplificar radicales

Para **simplificar** un radical, se expresa en forma de potencia de exponente fraccionario y se halla la fracción irreducible del exponente.

También podemos extraer factores de un radical para obtener una expresión más simple.

EJEMPLO

15. Escribe como potencia de exponente fraccionario y simplifica los radicales.

a) $\sqrt[10]{2^5} = 2^{\frac{5}{10}} = 2^{\frac{1}{2}} = \sqrt{2}$

b) $\sqrt[3]{7^4} = 7^{\frac{4}{3}} \xrightarrow{\frac{4}{3} = 1 + \frac{1}{3}} 7^{\frac{4}{3}} = 7^{\left(1+\frac{1}{3}\right)} = 7 \cdot 7^{\frac{1}{3}} = 7\sqrt[3]{7}$

Para introducir factores en un radical se eleva el factor al índice de la raíz y se introduce como producto dentro de la raíz.

$2\sqrt[3]{5} = \sqrt[3]{2^3 \cdot 5} = \sqrt[3]{40}$

Para expresar una fracción impropia como la suma de un número entero y una fracción se divide el numerador entre el denominador.

$4 \,|\, 3 \;\; \to \;$ resto 1, cociente 1 $\qquad \frac{4}{3} = 1 + \frac{1}{3}$

ACTIVIDADES

32. Reduce a índice común estos radicales.
a) $\sqrt{2}$ y $\sqrt[3]{3}$ b) $\sqrt[3]{5}$ y $\sqrt[4]{3}$ c) $\sqrt[4]{10}$ y $\sqrt[5]{3}$

33. Reduce a índice común los siguientes radicales.
$\sqrt{2}$ $\quad \sqrt[3]{3}$ $\quad \sqrt[5]{5}$

34. Simplifica los siguientes radicales.
a) $\sqrt[6]{5^2}$ b) $\sqrt[10]{3^4}$ c) $\sqrt[21]{3^7}$ d) $\sqrt[6]{7^3}$

35. Simplifica estos radicales.
a) $\sqrt[5]{a^{12}}$ b) $\sqrt[4]{b^{11}}$ c) $\sqrt[7]{c^{47}}$ d) $\sqrt[6]{d^{35}}$

Cómo se extraen factores de un radical

> Cuando factorizamos un número lo escribimos como producto de potencias de números primos.

Extrae todos los factores que puedas de estos radicales.

a) $\sqrt[3]{3888}$ b) $\sqrt[4]{x^9 \cdot y^4 \cdot z^3}$

① **Descomponemos el radicando en factores primos.**

a) $3888 = 2^4 \cdot 3^5$

b) Ya está expresado como producto de factores irreducibles.

② **Dividimos los exponentes de cada factor entre el índice de la raíz.**

- **El cociente es el exponente de la potencia que sale del radical.**
- **El resto es el exponente de la potencia que queda dentro del radical.**

Consideramos el factor 2^4:

$4 \div 3$: Se queda 2^1. ← 1 (resto), 1 (cociente) → Sale 2^1.

Consideramos el factor 3^5:

$5 \div 3$: Se queda 3^2. ← 2 (resto), 1 (cociente) → Sale 3^1.

Consideramos el factor x^9:

$9 \div 4$: Se queda x^1. ← 1 (resto), 2 (cociente) → Sale x^2.

Consideramos el factor y^4:

$4 \div 4$: Se queda y^0. ← 0 (resto), 1 (cociente) → Sale y^1.

Consideramos el factor z^3:

$3 \div 4$: Se queda z^3. ← 3 (resto), 0 (cociente) → Sale z^0.

③ **Reescribimos el resultado.**

$$\sqrt[3]{3888} = \sqrt[3]{2^4 \cdot 3^5} = 2^1 \cdot 3^1 \cdot \sqrt[3]{2^1 \cdot 3^2} = 6\sqrt[3]{18}$$

$a^1 = a$

$$\sqrt[4]{x^9 \cdot y^4 \cdot z^3} = x^2y^1z^0 \cdot \sqrt[4]{x^1 \cdot y^0 \cdot z^3} = x^2y\sqrt[4]{xz^3}$$

$z^0 = y^0 = 1$

ACTIVIDADES

36 Factoriza los radicandos y extrae los factores que puedas fuera de la raíz.

a) $\sqrt{8}$ d) $\sqrt{98}$ g) $\sqrt[3]{1000}$

b) $\sqrt{18}$ e) $\sqrt{12}$ h) $\sqrt[3]{40}$

c) $\sqrt{50}$ f) $\sqrt{75}$ i) $\sqrt[3]{320}$

37 Observa los exponentes de cada factor y extrae los que puedas de los siguientes radicales.

a) $\sqrt[3]{2^3a^5}$ d) $\sqrt[5]{a^6b^{10}}$

b) $\sqrt[3]{a^3b^5c^6}$ e) $\sqrt{2^6a^4b^8}$

c) $\sqrt[4]{2^4a^7}$ f) $\sqrt{2^2a^2b^4}$

38 Extrae factores de las raíces.

a) $\sqrt{6300}$ c) $\sqrt{160000}$

b) $\sqrt[3]{3000}$ d) $\sqrt[5]{5103}$

39 Divide los exponentes entre el índice de la raíz para sacar los factores de los radicales.

a) $\sqrt{2^{17} \cdot 5^{20} \cdot 13^{15}}$ e) $\sqrt[15]{2^{27} \cdot 3^{54} \cdot 5^{14}}$

b) $\sqrt[3]{3^{30} \cdot 11^{54} \cdot 17^{14}}$ f) $\sqrt[18]{3^5 \cdot 7^4 \cdot 11^{27}}$

c) $\sqrt[3]{2^{30} \cdot 17^2 \cdot 23^5}$ g) $\sqrt[21]{2^{32} \cdot 3^{17} \cdot 17^{42}}$

d) $\sqrt[4]{2^{14} \cdot 7^{21} \cdot 11^{54}}$ h) $\sqrt[41]{2^{95} \cdot 5^{82} \cdot 7^{16}}$

40 Saca de los siguientes radicales todas las variables y números que puedas.

a) $\sqrt{x^7y^{12}z^4}$ e) $\sqrt{108x^5y^6z^7}$

b) $\sqrt{x^{15}yz^3}$ f) $\sqrt[3]{16x^{21}y^4z^2}$

c) $\sqrt[3]{x^{10}y^7z^5}$ g) $\sqrt[4]{32x^{16}y^{21}z^{35}}$

d) $\sqrt[4]{x^{12}y^{71}z^{25}}$ h) $\sqrt[5]{288x^2y^{17}z^{27}}$

7.3. Suma, resta, producto y cociente de radicales

Para **sumar** o **restar** dos radicales es necesario que sean semejantes. Si es así, se suman o se restan los coeficientes y se dejan igual los radicandos.

Para **multiplicar** o **dividir** radicales, primero se reducen a índice común y luego se multiplican o dividen los radicandos.

Dos radicales son **semejantes** cuando tienen el mismo índice e igual radicando.

- Suma y resta de radicales

$$b\sqrt[n]{a} + c\sqrt[n]{a} = (b + c)\sqrt[n]{a}$$

$$b\sqrt[n]{a} - c\sqrt[n]{a} = (b - c)\sqrt[n]{a}$$

- Producto y cociente de radicales

$$\sqrt[n]{a} \cdot \sqrt[n]{b} = \sqrt[n]{a \cdot b}$$

$$\frac{\sqrt[n]{a}}{\sqrt[n]{b}} = \sqrt[n]{\frac{a}{b}}$$

EJEMPLO

16. Resuelve las siguientes operaciones con radicales.

a) $5\sqrt[3]{8} + 4\sqrt[3]{8} = (5 + 4)\sqrt[3]{8} = 9\sqrt[3]{8}$

b) $3\sqrt{7} - 5\sqrt{7} = (3 - 5)\sqrt{7} = -2\sqrt{7}$

c) $\sqrt[5]{2} \cdot \sqrt[5]{6} = \sqrt[5]{2 \cdot 6} = \sqrt[5]{12}$

d) $\dfrac{\sqrt[3]{12}}{\sqrt[3]{3}} = \sqrt[3]{\dfrac{12}{3}} = \sqrt[3]{4}$

e) $\sqrt{5} \cdot \sqrt[4]{8} = 5^{\frac{1}{2}} \cdot (2^3)^{\frac{1}{4}} = 5^{\frac{2}{4}} \cdot 2^{\frac{3}{4}} = (5^2 \cdot 2^3)^{\frac{1}{4}} = \sqrt[4]{200}$

7.4. Potencias y raíces de radicales

Para calcular la **potencia** o **la raíz** de un radical se expresa en forma de potencia de exponente fraccionario y, después, se utilizan las propiedades para operar con potencias.

Potencias y raíces de radicales

$$\left(\sqrt[n]{a}\right)^m = \sqrt[n]{a^m} \qquad \sqrt[m]{\sqrt[n]{a}} = \sqrt[n \cdot m]{a}$$

EJEMPLO

17. Realiza las siguientes operaciones.

a) $\left(\sqrt{5}\right)^3 = \left(5^{\frac{1}{2}}\right)^3 = 5^{\frac{1}{2} \cdot 3} = 5^{\frac{3}{2}} = \sqrt{5^3}$

b) $\sqrt{\sqrt[3]{14}} = \left(14^{\frac{1}{3}}\right)^{\frac{1}{2}} = 14^{\frac{1}{3} \cdot \frac{1}{2}} = 14^{\frac{1}{6}} = \sqrt[6]{14}$

ACTIVIDADES

41 Efectúa las siguientes operaciones.

a) $-4\sqrt{5} + 5\sqrt{5}$

b) $17\sqrt{2} - 9\sqrt{8}$

c) $3\sqrt{5} - \sqrt{20}$

d) $4\sqrt{2} + 3\sqrt{18}$

42 Realiza estas operaciones.

a) $5\sqrt{12} + 7\sqrt{27} - \sqrt{243} - \dfrac{1}{2}\sqrt{75}$

b) $4\sqrt{8} - 7\sqrt{50} + \dfrac{8}{3}\sqrt{18} + 4\sqrt{98}$

c) $12\sqrt[3]{16} - \dfrac{3}{5}\sqrt[3]{128} + 7\sqrt[3]{54}$

43 Calcula.

a) $3^{\frac{2}{3}} \cdot \sqrt[5]{9}$

b) $\left(2\sqrt[4]{7}\right)^5$

c) $\sqrt[5]{22} \cdot \sqrt[3]{11}$

d) $\sqrt[5]{3\sqrt[7]{4}}$

44 Opera y simplifica.

a) $\sqrt{2} \cdot \sqrt{3}$

b) $\sqrt{3} \cdot \sqrt{8}$

c) $\sqrt[3]{2} \cdot \sqrt[4]{3}$

d) $\sqrt[4]{3} \cdot \sqrt{5}$

e) $\sqrt[3]{3} : \sqrt{3}$

f) $\sqrt[5]{4} : \sqrt[4]{7}$

g) $\sqrt[6]{5} : \sqrt{5}$

h) $\sqrt[4]{2} : \sqrt[3]{2}$

Cómo se realizan operaciones combinadas con radicales

> Al realizar operaciones combinadas respetamos la jerarquía de las operaciones.
> 1. Potencias y raíces.
> 2. Multiplicaciones y divisiones.
> 3. Sumas y restas.

Resuelve la siguiente operación con radicales.

$$\sqrt{\sqrt[3]{128}} - \frac{\sqrt{18}}{\sqrt[3]{54}} + \sqrt{8} \cdot \sqrt[3]{4}$$

① Descomponemos todos los radicandos en factores primos.

$128 = 2^7$ $\quad 54 = 2 \cdot 3^3 \quad 4 = 2^2$

$18 = 2 \cdot 3^2 \quad 8 = 2^3$

② Sustituimos los radicandos por su descomposición factorial.

$$\sqrt{\sqrt[3]{128}} - \frac{\sqrt{18}}{\sqrt[3]{54}} + \sqrt{8} \cdot \sqrt[3]{4} = \sqrt{\sqrt[3]{2^7}} - \frac{\sqrt{2 \cdot 3^2}}{\sqrt[3]{2 \cdot 3^3}} + \sqrt{2^3} \cdot \sqrt[3]{2^2} =$$

③ Resolvemos primero las potencias y raíces de radicales.

$2 \cdot 3$

$$= \sqrt[6]{2^7} - \frac{\sqrt{2 \cdot 3^2}}{\sqrt[3]{2 \cdot 3^3}} + \sqrt{2^3} \cdot \sqrt[3]{2^2} =$$

④ Extraemos todos los factores posibles de cada radical y simplificamos, si se puede.

$\sqrt[6]{2^6} \cdot \sqrt[6]{2}$

$$= 2\sqrt[6]{2} - \frac{\cancel{3}\sqrt{2}}{\cancel{3}\sqrt[3]{2}} + 2\sqrt{2} \cdot \sqrt[3]{2^2} =$$

$$= 2\sqrt[6]{2} - \frac{\sqrt{2}}{\sqrt[3]{2}} + \underline{2\sqrt{2} \cdot \sqrt[3]{2^2}} =$$

⑤ Resolvemos las multiplicaciones y divisiones reduciendo a índice común. Volvemos a extraer los factores que podamos.

m. c. m. $(2, 3) = 6$

$$= 2\sqrt[6]{2} - \frac{\sqrt[6]{2^3}}{\sqrt[6]{2^2}} + 2\sqrt[6]{2^3} \cdot \sqrt[6]{2^4} =$$

$$= 2\sqrt[6]{2} - \sqrt[6]{\frac{2^3}{2^2}} + 2\sqrt[6]{2^3 \cdot 2^4} =$$

$$= 2\sqrt[6]{2} - \sqrt[6]{2} + 2\sqrt[6]{2^7} =$$

$2\sqrt[6]{2^7} = 2 \cdot 2\sqrt[6]{2}$

⑥ Realizamos las sumas y las restas de radicales semejantes.

$$= 2\sqrt[6]{2} - \sqrt[6]{2} + 4\sqrt[6]{2} = 5\sqrt[6]{2}$$

$(2 - 1 + 4)\sqrt[6]{2}$

ACTIVIDADES

45 Halla el resultado de las siguientes operaciones con radicales.

a) $\sqrt{18} - \sqrt[3]{\sqrt{16}} + \dfrac{\sqrt[3]{108} \cdot \sqrt{72}}{\sqrt{2}}$

b) $\dfrac{\sqrt{1200}}{\sqrt{3}} \cdot \dfrac{\sqrt{200}}{\sqrt[3]{2}} - \sqrt[6]{72} \cdot \sqrt[3]{1152}$

c) $\sqrt[3]{\sqrt{1000}} - \dfrac{\sqrt{135}}{\sqrt{50}} + \dfrac{5}{\sqrt{27}} : \dfrac{\sqrt{5}}{\sqrt{54}}$

46 Copia las siguientes operaciones en tu cuaderno y completa los huecos para que las igualdades se cumplan.

a) $2\sqrt[\square]{2^7} + \sqrt[6]{2^\square} \cdot \sqrt[6]{2^5} = 6\sqrt[\square]{2}$

b) $3^2 \cdot 2\sqrt[3]{7^\square} - \sqrt[\square]{\square^5} \cdot \sqrt[3]{7^5} = 11\sqrt[\square]{\square^2}$

47 Efectúa estas operaciones combinadas con radicales atendiendo a la jerarquía de las operaciones.

a) $\sqrt{2} \cdot (\sqrt{3} - \sqrt{2})$

b) $\sqrt{7} \cdot (\sqrt{3} + \sqrt{5})$

c) $\sqrt{3} \cdot \left(3\sqrt{2} + \dfrac{2\sqrt{2}}{5}\right)$

d) $-\sqrt{5} \cdot \left(2\sqrt{3} - \dfrac{\sqrt{3}}{3}\right)$

e) $\left(\sqrt{\sqrt[9]{16}}\right)^3 \cdot \sqrt{10}$

f) $\sqrt[6]{(\sqrt{15})^3 : (\sqrt{5})^3}$

g) $\sqrt[3]{2} \cdot \left(\dfrac{\sqrt[3]{48}}{\sqrt[6]{12}} + \dfrac{\sqrt[6]{3}}{3}\right)$

h) $\sqrt{4} : \left(\dfrac{\sqrt{20}}{\sqrt[3]{10}} - \dfrac{2}{3}\sqrt[6]{80}\right)$

48 Resuelve la operación combinada.

$$-2\sqrt{2} + \sqrt{2} \cdot \sqrt[3]{32} \cdot 6\sqrt[6]{2} - \left(\sqrt[3]{4} \cdot \sqrt[6]{8} + \frac{\sqrt[3]{16} - \sqrt[3]{2}}{\sqrt[3]{4} \cdot \sqrt{8}}\right)$$

8. Racionalización

GEOGEBRA

Racionalizar una fracción con radicales en el denominador es hallar una fracción equivalente sin radicales en el denominador.

8.1. Fracciones con un solo radical en el denominador

Para racionalizar una fracción del tipo $\dfrac{a}{\sqrt[n]{b^k}}$ multiplicamos el numerador y el denominador por $\sqrt[n]{b^{n-k}}$.

Para hallar fracciones equivalentes multiplicamos o dividimos el numerador y el denominador por el mismo número.

EJEMPLO

18. Elimina los radicales de los denominadores de estas fracciones.

a) $\dfrac{3}{\sqrt{5}} = \dfrac{3\cdot\sqrt{5}}{\sqrt{5}\cdot\sqrt{5}} = \dfrac{3\sqrt{5}}{\left(\sqrt{5}\right)^2} = \dfrac{3\sqrt{5}}{5}$

b) $\dfrac{3}{\sqrt[5]{6^2}} = \dfrac{3\cdot\sqrt[5]{6^{5-2}}}{\sqrt[5]{6^2}\cdot\sqrt[5]{6^{5-2}}} = \dfrac{3\cdot\sqrt[5]{6^3}}{\sqrt[5]{6^2}\cdot\sqrt[5]{6^3}} = \dfrac{3\sqrt[5]{6^3}}{\sqrt[5]{6^5}} = \dfrac{3\sqrt[5]{6^3}}{6} = \dfrac{\sqrt[5]{6^3}}{2}$

8.2. Fracciones con un binomio en el denominador

Sea una fracción de cualquiera de estos tipos:

$$\frac{a}{b+\sqrt{c}} \qquad \frac{a}{b-\sqrt{c}} \qquad \frac{a}{\sqrt{b}+\sqrt{c}} \qquad \frac{a}{\sqrt{b}-\sqrt{c}}$$

Para racionalizarlas, multiplicamos el numerador y el denominador por el conjugado del denominador, es decir, si el denominador es una suma $(A + B)$, multiplicamos por la resta $(A - B)$, y viceversa.

EJEMPLO

19. Racionaliza.

a) $\dfrac{3}{\sqrt{2}+4} = \dfrac{3\cdot(\sqrt{2}-4)}{(\sqrt{2}+4)(\sqrt{2}-4)} = \dfrac{3\sqrt{2}-12}{\left(\sqrt{2}\right)^2-4^2} = -\dfrac{3\sqrt{2}-12}{14}$

b) $\dfrac{1}{\sqrt{2}-\sqrt{3}} = \dfrac{1\cdot(\sqrt{2}+\sqrt{3})}{(\sqrt{2}-\sqrt{3})\cdot(\sqrt{2}+\sqrt{3})} = \dfrac{\sqrt{2}+\sqrt{3}}{\left(\sqrt{2}\right)^2-\left(\sqrt{3}\right)^2} = -\sqrt{2}-\sqrt{3}$

Suma por diferencia es igual a diferencia de cuadrados.

$(a + b)\cdot(a - b) = a^2 - b^2$

ACTIVIDADES

49 Encuentra una fracción equivalente a cada una de las siguientes para eliminar las raíces del denominador. Simplifica las fracciones resultantes, si se puede.

a) $\dfrac{4}{\sqrt{7}}$ b) $\dfrac{-3}{\sqrt{2}}$ c) $\dfrac{-6}{\sqrt[3]{2}}$ d) $\dfrac{10}{\sqrt[8]{5^3}}$

50 Racionaliza estas fracciones.

a) $\dfrac{-2}{2+\sqrt{6}}$ b) $\dfrac{1}{\sqrt{3}+\sqrt{5}}$

51 **REFLEXIONA.** Racionaliza la fracción $\dfrac{2}{3+\sqrt[4]{3}}$.

1. Realiza cálculos con potencias de exponente entero

ACTIVIDADES FLASH

52 Expresa en forma de única potencia.

a) $(-3)^3 \cdot 7^3$ c) $17^2 \cdot 17^{-3} \cdot 17^{-5}$

b) $5^{-7} \cdot 3^{-7}$ d) $(-6)^{-4} \cdot (-6)^5 \cdot (-6)^{-3}$

53 Escribe como potencia de exponente negativo.

a) $\dfrac{1}{2^5}$ b) $-\dfrac{1}{3^7}$ c) $\dfrac{1}{5^4}$ d) $\dfrac{1}{6^2}$

54 Opera y simplifica.

a) $(-2)^3 \cdot 2^{-4} \cdot (-2)^{-1}$ c) $7^{-3} \cdot 7^{-2} \cdot (-7)^4$

b) $(-5)^4 \cdot 5^5 \cdot 5^{-3}$ d) $(-6)^2 : 6^{-2} \cdot (-6)^6$

55 **INVENTA.** Escribe en cada caso dos operaciones con varias potencias que den como resultado:

a) 5^4 b) 7 c) 16^3 d) 1

Cómo se resuelven operaciones con potencias factorizando las bases

56 Resuelve esta operación con potencias, simplificando todo lo que puedas.

$$44^{-3} \cdot 22^5$$

PRIMERO. Se descomponen las bases de las potencias en factores primos.

$$44 = 2^2 \cdot 11 \qquad 22 = 2 \cdot 11$$

SEGUNDO. Se aplica esa descomposición a la operación.

$$44^{-3} \cdot 22^5 = (2^2 \cdot 11)^{-3} \cdot (2 \cdot 11)^5 = (2^{-6} \cdot 11^{-3}) \cdot (2^5 \cdot 11^5)$$

TERCERO. Se resuelve la operación.

$$(2^{-6} \cdot 11^{-3}) \cdot (2^5 \cdot 11^5) = 2^{-6+5} \cdot 11^{-3+5} = 2^{-1} \cdot 11^2 = \frac{121}{2}$$

57 Opera y simplifica el resultado.

a) $(30^{-5} : 10^{-5})^3$ c) $(9^0 : 9^{-3})^2$ e) $(10^{-10} \cdot 10^{-6})^{-2}$

b) $(6^{-2} \cdot 3^{-2})^{-1}$ d) $(12^3 : 2^3)^{-4}$ f) $(20^{-5} : 10^{-5})^{-3}$

58 Completa los huecos para que se cumpla la igualdad.

a) $2^{\square} \cdot 2^{\square} \cdot 2^{\square} = 2$ c) $6^{\square} : 2^{\square} \cdot 3^{\square} = 3^5$

b) $25^{\square} : 5^{\square} : 5^{\square} = 5^2$ d) $18^{\square} \cdot 3^{\square} : 9^{\square} = 6^2$

59 Realiza las operaciones y expresa como potencia.

a) $[9^5 : (-3)^5]^{-1}$ b) $(6^{-3} \cdot 8^{-3})^2$ c) $[60^4 : (-4)^4]^{-3}$

60 **INVESTIGA.** Explica si es verdadero o falso.

a) $a^3 + a^2 = a^5$ d) $a^x + b^y = (ab)^{xy}$

b) $6^3 - 2^3 = 4^3$ e) $6^3 : 2^3 = 2^3$

c) $\dfrac{3a^{-2}b^{-2}}{a^{-2}b^{-3}} = 3b$ f) $\dfrac{a}{b^{-1}} - \dfrac{b}{a^{-1}} = 0$

61 Completa el cuadrado mágico multiplicativo, donde el producto de las filas, columnas y diagonales coinciden.

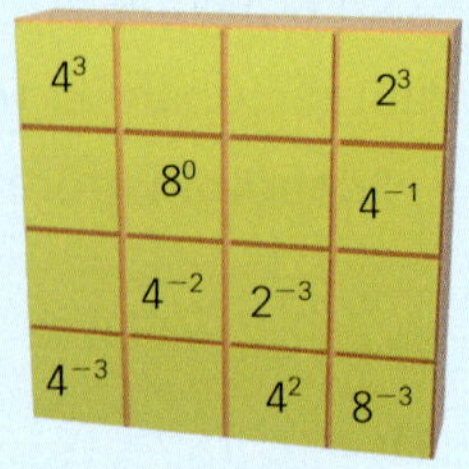

62 Calcula y simplifica el resultado.

a) $\left(\dfrac{5}{12}\right)^3 \cdot \left(\dfrac{2}{60}\right)^2$ d) $\left(\dfrac{16}{25}\right)^{-2} : \left(\dfrac{125}{64}\right)^4$

b) $\left(\dfrac{16}{9}\right)^{-6} \cdot \left(\dfrac{27}{8}\right)^{-2}$ e) $\left(\dfrac{32}{15}\right)^3 \cdot \left(\dfrac{20}{75}\right)^{-2}$

c) $\left(\dfrac{10}{7}\right)^4 : \left(\dfrac{14}{40}\right)^{-5}$ f) $\left(\dfrac{42}{25}\right)^{-3} : \left(\dfrac{49}{125}\right)^{-1}$

63 Opera de estas dos formas y compara el resultado.

- Calcula primero los productos y cocientes y luego las potencias.
- Halla primero las potencias y después los productos y los cocientes.

a) $[(-3) \cdot 8]^{-3}$ d) $[9^2 : (-3)^5]^{-1}$

b) $[4 : (-2)^3]^{-4}$ e) $[25^{-1} \cdot 10^3]^{-2}$

c) $[(-10)^2 : (-5)]^{-5}$ f) $[36^{-2} \cdot 2^5]^{-4}$

64 Expresa el resultado como una potencia.

a) $\dfrac{1}{5} : 5^4 : \dfrac{1}{5^3}$ c) $-2^{-5} \cdot \dfrac{1}{2^7} \cdot 2^{-2}$

b) $\left(\dfrac{-1}{6}\right)^4 \cdot 6^{-5} : \dfrac{1}{6^{-7}}$ d) $(-3)^8 : \left(\dfrac{-1}{3}\right)^4 : 3^5$

65 Une cada expresión y su resultado con caminos horizontales o verticales que no se crucen.

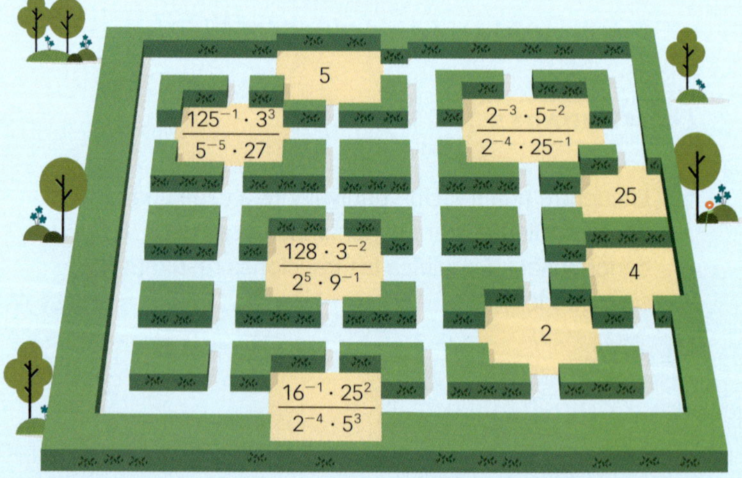

66 **INVESTIGA.** ¿En qué cifra termina 7^{7^7}?

67 Realiza esta operación.

$$\left(\frac{3}{5}+\frac{1}{3}\right)^{-2}\cdot\left(\frac{-7}{2}\right)^{-1}+2:\left(\frac{5}{2}-\frac{1}{6}\right)^{-2}$$

68 Calcula y simplifica el resultado de las siguientes operaciones.

a) $\left(\frac{-2}{5}\right)^{2}:\left(\frac{-4}{8}\right)^{3}$

b) $\left(\frac{9}{4}\right)^{-4}\cdot\left(\frac{6}{10}\right)^{-3}$

c) $\left(\frac{-3}{2}\right)^{2}\cdot\left(\frac{5}{4}\right)^{-2}$

d) $\left(\frac{-7}{2}\right)^{3}:\left(\frac{5}{-2}\right)^{-2}$

69 Realiza las operaciones y expresa el resultado en forma de potencia.

a) $\frac{14^{-3}:7^{-3}}{2^{-2}}$

b) $\frac{9^{4}:3^{4}}{3^{-5}}$

c) $\frac{8^{2}:(-4)^{2}}{2^{4}}$

d) $\frac{30^{5}:(-6)^{5}}{25^{-2}}$

70 Calcula.

a) $\frac{14^{-3}:2^{3}\cdot 3^{4}}{21^{-5}}$

b) $\frac{32^{-1}:18^{2}}{9^{-3}\cdot 16^{-4}}$

71 **RETO.** Si $4^{x_1}=5$; $5^{x_2}=6$; $6^{x_3}=7$; … ; $127^{x_{124}}=128$, ¿cuánto vale $x_1\cdot x_2\cdot \ldots \cdot x_{124}$?

72 Opera y expresa el resultado en forma de potencia de exponente entero.

a) $\left[\left(\frac{3}{2}\right)^{-4}\cdot\left(\frac{2}{3}\right)^{3}\cdot\left(\frac{2}{3}\right)^{6}\right]^{-1}$

b) $\left[\left(\frac{-1}{4}\right)^{-4}:4^{3}:\left(\frac{1}{4}\right)^{-5}\right]^{-2}$

c) $\left[\left(\frac{5}{6}\right)^{-1}\cdot\left(\frac{5}{6}\right)^{-3}\cdot\left(\frac{6}{5}\right)^{5}\right]^{3}$

d) $\left[\left(\frac{25}{2}\right)^{-2}:\left(\frac{25}{2}\right)^{-6}\cdot\left(\frac{2}{25}\right)^{8}\right]^{2}$

73 Resuelve y expresa el resultado con potencias de exponente positivo.

a) $\frac{21^{4}\cdot 2\cdot 196^{-2}\cdot 49^{-1}}{7^{-5}\cdot 3\cdot 14^{-2}\cdot 63\cdot 21^{2}}$

b) $\frac{25^{2}\cdot 15^{-2}:125^{3}}{50^{4}\cdot 625^{-2}}$

74 **INVESTIGA.** Indica qué igualdades son verdaderas y escribe el resultado correcto en las falsas.

a) $\frac{a^{3}\cdot b^{-4}\cdot c^{4}}{a^{-3}\cdot b^{4}\cdot c^{-4}}=1$

b) $\left(\frac{1}{3}\right)^{-2}\cdot 3^{-3}\cdot\left(\frac{-1}{3}\right)^{5}=1$

c) $\frac{3^{-3}\cdot 2^{-4}\cdot 5^{-2}}{3^{-4}\cdot 2^{-5}\cdot 5^{-3}}=\frac{1}{3\cdot 2\cdot 5}$

d) $\left[\left(\frac{-2}{3}\right)^{-2}\right]^{-3}=\left[\left(\frac{2}{3}\right)^{2}\right]^{3}$

75 **RETO.** Sabiendo que $9^n+9^n+9^n=3^{2011}$, determina el valor de n.

2. Expresa números en notación científica y opera con ellos

ACTIVIDADES FLASH

76 Escribe en notación científica los siguientes números e indica su orden de magnitud.

a) 15 000 000 000

b) 0,00000051

c) 31 940 000

d) 0,0000000009

e) 4 598 000 000

f) 0,0967254

g) 329 000 000

h) 111 000

77 Indica los números escritos en notación científica.

a) $54\cdot 10^{12}$

b) $0,75\cdot 10^{-11}$

c) 243 000 000

d) 0,00001

e) $7,2\cdot 10^{-2}$

f) $0,5\cdot 10^{14}$

g) $0,01\cdot 10^{-30}$

h) $18,32\cdot 10^{4}$

78 Calcula.

a) $9,5\cdot 10^{4}-3,72\cdot 10^{4}+1,2\cdot 10^{4}$

b) $7,9\cdot 10^{-4}-1,3\cdot 10^{-6}-3,75\cdot 10^{-5}$

c) $4,6\cdot 10^{6}+5,3\cdot 10^{4}-3,9\cdot 10^{2}$

79 Haz estas operaciones.

a) $7,3\cdot 10^{4}\cdot 5,25\cdot 10^{-3}$

b) $8,91\cdot 10^{-5}\cdot 5,7\cdot 10^{14}$

c) $8,3\cdot 10^{6}:(5,37\cdot 10^{2})$

d) $9,5\cdot 10^{-6}:(3,2\cdot 10^{3})$

80 Obtén la mínima distancia entre el Sol y Plutón en kilómetros, sabiendo que cada casilla se obtiene sumando las dos que tiene debajo.

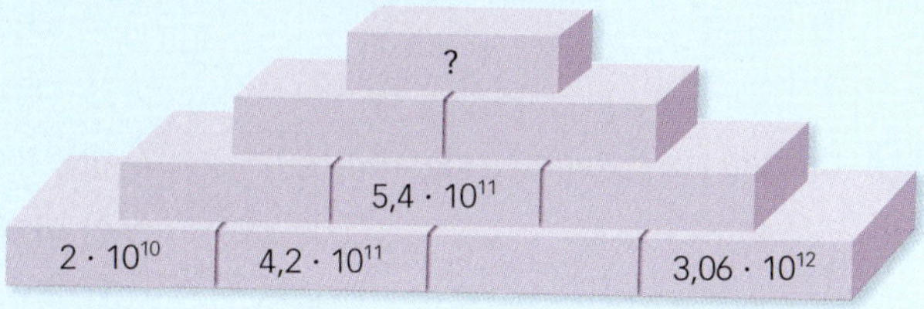

81 Simplifica.

a) $\frac{6,147\cdot 10^{-2}\cdot 4,6\cdot 10^{3}}{7,9\cdot 10^{8}\cdot 6,57\cdot 10^{-5}}$

b) $\frac{3,92\cdot 10^{4}\cdot 5,86\cdot 10^{-6}}{7\cdot 10^{-8}\cdot 9,2\cdot 10^{13}}$

82 Realiza las operaciones en notación científica.

a) $2,3\cdot 10^{3}\cdot(1,3\cdot 10^{-4}-2,4\cdot 10^{-5})$

b) $3,2\cdot 10^{-7}:(2,8\cdot 10^{3}-3,5\cdot 10^{4})$

c) $(2,3\cdot 10^{3})^{2}\cdot(2,55\cdot 10^{-8}-3,21\cdot 10^{-9})$

d) $(1,7\cdot 10^{6}-1,3\cdot 10^{5}):(6,5\cdot 10^{5}-1,6\cdot 10^{6})$

83 **RETO.** Expresa en notación científica.

a) 2^{-30} b) 5^{-10} c) 3^{-20} d) 7^{-15}

84 **MATEMÁTICAS E... INFORMÁTICA.** Las unidades de medida de información son:

1 byte = 2^3 bits
1 kilobyte = 10^3 bytes
1 megabyte = 10^3 kilobytes
1 gigabyte = 10^3 megabytes
1 terabyte = 10^3 gigabytes

Expresa, en forma de potencia y en notación científica, estas cantidades de información en bits y bytes.

a) Un disco duro de 1,5 TB.

b) Un archivo de audio de 22 MB.

c) Un pendrive de 12 GB.

85 **MATEMÁTICAS Y... MEDICINA.** En los análisis de sangre, el volumen de leucocitos, plaquetas y glóbulos rojos se expresa en notación científica.

La cantidad de leucocitos, plaquetas y glóbulos rojos por milímetro cúbico es de 425 mil, 137 mil y 4,5 millones, respectivamente.

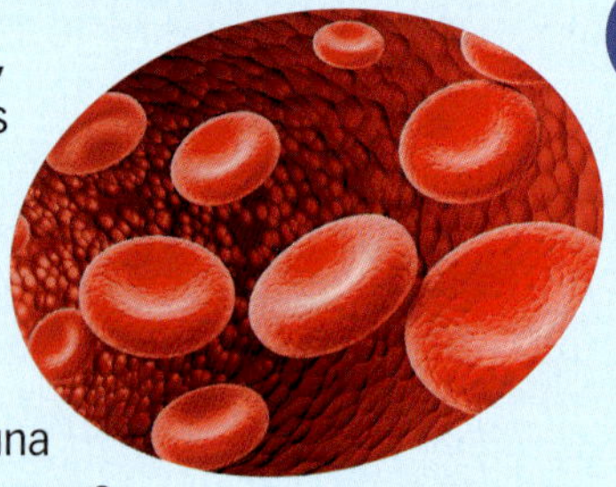

¿Qué cantidades tendrá una persona con 5 litros de sangre? Expresalo en notación científica.

3. Calcula logaritmos a partir de su definición y resuelve problemas con ellos

CÁLCULO MENTAL

86 Resuelve.

a) $\log_2 64$ c) $\ln e^7$ e) $\log_{16} 4$

b) $\log_3 9$ d) $\log_{25} 125$ f) $\log_{100} 10$

87 Calcula los siguientes logaritmos.

a) $\log_3 243$ c) $\log 1\,000\,000$ e) $\ln e^2$

b) $\log_9 81$ d) $\log_4 0{,}0625$ f) $\ln e^{-14}$

88 Copia y completa el crucigrama con el valor de x.

HORIZONTALES

1. $\log_x 2\,500 = 2$
2. $\log_3 x = 4$
3. $\log_5 x = 2$

VERTICALES

A. $\log_2 x = 3$
B. $\log_8 x = 3$
C. $\log_3 1 = x$
$\log_x 5 = 1$

	A	B	C
1			
2			
3			

89 Calcula $\log_4 256$ aplicando las propiedades de los logaritmos y da un resultado exacto.

90 **INVESTIGA.** Si $p = 4$ y $q = \dfrac{5}{4}$, ¿se cumple que $\log(p + q) = \log p + \log q$? Da otros dos valores que cumplan la igualdad.

91 Resuelve estas operaciones con logaritmos.

a) $\log_{15} 9 + \log_{15} 25$ c) $3 \log_4 2 + \log_4 2$

b) $\log_6 108 - \log_6 3$ d) $\log 5 + 2 \log 5 + \log 8$

92 Halla $\log_3 24$ utilizando las propiedades de los logaritmos y conociendo que $\log_3 2 = 0{,}6309$.

93 Calcula $\log 7$ sabiendo que $\log 0{,}7 = -0{,}1549$.

94 Si el valor del logaritmo decimal de 2 es 0,3010, calcula el valor de los siguientes logaritmos decimales.

a) $\log 20$ b) $\log 0{,}125$ c) $\log 1\,250$ d) $\log 0{,}2$

Cómo se calcula un logaritmo mediante un cambio de base

95 Calcula $\log_3 4$, sabiendo que $\log_2 3 = 1{,}5850$.

PRIMERO. Se realiza un cambio de base.

$$\log_3 4 = \frac{\log_2 4}{\log_2 3}$$

SEGUNDO. Se sustituyen el numerador y el denominador por sus valores.

$$\log_3 4 = \frac{\log_2 4}{\log_2 3} = \frac{\log_2 2^2}{\log_2 3} = \frac{2}{1{,}5850} = 1{,}2618$$

96 Si $\log e = 0{,}4343$, ¿cuánto vale $\ln 10$?

97 Expresa en función de logaritmos neperianos y obtén el resultado con la calculadora.

a) $\log_5 36^2$ b) $\log_2 \sqrt{31}$ c) $\log_6 100$ d) $\log_4 31^5$

98 Realiza un cambio de base adecuado y simplifica.

a) $\log_3 8 \cdot \log_2 3$ b) $\log_3 5 \cdot \log_5 27$ c) $\log 8 \cdot \log_2 100$

99 **JUEGO.** Formad grupos de cuatro. Cada persona escribe un número del 1 al 10 y dice el resultado que cree que se obtendrá al hacer $\log_2 N$, donde N es la suma de los 4 números. Gana quien más se aproxime al resultado. ¿Hay alguna estrategia ganadora?

100 Resuelve.

a) $\log x^2 - \log x = 3(x - 1)$

b) $\log(x^2 + 5) = \log(7x - 1)$

c) $\log(25 - x^2) = 2 \log(x - 1)$

d) $5 \log x = 3 \log x + \log 5 + 3$

101 **RETO.** ¿Cuántas cifras tiene el número 4^{16} escrito en el sistema decimal? ¿Y 5^{25}?

102 **MATEMÁTICAS Y... CIENCIA.** Un método muy utilizado para averiguar la edad de un objeto es el del carbono 14. Se basa en el proceso de desintegración de los elementos radiactivos (el carbono 14 es uno de ellos), por el cual estos elementos se descomponen espontáneamente en otros.

La desintegración radiactiva del carbono 14 viene dada por la fórmula $C = C_0 \cdot 2{,}72^{-0{,}12094t}$, donde:

C_0 → Cantidad inicial de carbono 14 del objeto.

C → Cantidad actual de carbono 14.

t → Tiempo transcurrido en miles de años.

a) Transcurridos 5 730 años, ¿qué relación hay entre la cantidad de carbono 14 de un objeto y la cantidad inicial que poseía?

b) ¿Cuántos años tienen que pasar para que la cantidad de carbono 14 inicial se reduzca a la cuarta parte?

c) Si sabemos que la cantidad de carbono 14 de un cuerpo es la tercera parte de la que tenía inicialmente, ¿cuántos años han transcurrido?

4. Establece relaciones entre radicales y potencias y opera con ellos

ACTIVIDADES FLASH

103 Estudia el número de raíces que tienen los siguientes radicales y calcúlalas.

a) $\sqrt[3]{-125}$ b) $\sqrt[4]{81}$ c) $\sqrt[4]{-16}$ d) $\sqrt[5]{1024}$

104 Indica el índice y el radicando de estos radicales y, a partir de ellos, decide cuántas raíces tiene cada uno.

a) $\sqrt[17]{2489}$ b) $\sqrt[22]{356}$ c) $\sqrt[15]{-1458}$ d) $\sqrt[98]{-3566}$

105 Comprueba si estos pares de radicales son equivalentes y halla las soluciones de cada uno.

a) $\sqrt[3]{-27}$ y $\sqrt[6]{(-27)^2}$

b) $\sqrt[4]{625}$ y $\sqrt[8]{25^4}$

c) $\sqrt[3]{-1000}$ y $\sqrt{(-100)^2}$

d) $\sqrt[3]{16}$ y $\sqrt[6]{(-2)^8}$

106 Factoriza y extrae los factores que puedas.

a) $\sqrt{75}$ b) $\sqrt{175}$ c) $\sqrt{540}$ d) $\sqrt{352}$

107 Extrae factores de las siguientes raíces.

a) $\sqrt{8000}$ b) $\sqrt{1183}$ c) $\sqrt[3]{200}$ d) $\sqrt[3]{6615}$

108 Copia y completa el crucigrama. Para ello, introduce los factores dentro del radical y calcula el radicando.

HORIZONTALES

1. $7\sqrt[3]{5}$
2. $5 \cdot 7\sqrt{5}$
3. $3 \cdot 2\sqrt[4]{2}$

VERTICALES

A. $5\sqrt[4]{2}$

B. $3 \cdot 5 \cdot 7\sqrt{5}$

C. $3 \cdot 5\sqrt[3]{3}$

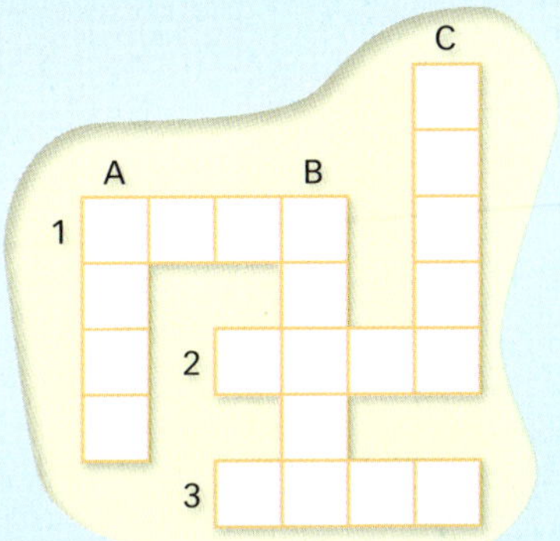

109 Saca todos los factores que puedas de cada radical.

a) $\sqrt[3]{a^8b^3c^5}$

b) $\sqrt[5]{a^{17}b^{14}c^{25}}$

c) $\sqrt[10]{a^{27}b^{14}c^{33}}$

d) $\sqrt[8]{a^{42}b^{25}c^{18}}$

110 Extrae factores del radical y ordena de menor a mayor los números con sus letras. ¿Qué palabra obtienes?

R	V	B	O	A
$\sqrt{18}$	$3\sqrt{18}$	$2\sqrt{2}$	$5\sqrt{8}$	$2\sqrt{32}$

111 Realiza las siguientes operaciones.

a) $3\sqrt{12} + 5\sqrt{27} - 3\sqrt{243} - \sqrt{75}$

b) $-8\sqrt[3]{2} + 6\sqrt[3]{16} + 9\sqrt[3]{128} - \sqrt[3]{54}$

c) $-\sqrt{8} + 5\sqrt{50} - \frac{4}{5}\sqrt{18} + \sqrt{98}$

d) $14\sqrt[4]{48} + 3\sqrt[4]{80} - \sqrt[4]{243} - 9\sqrt[4]{5}$

112 Efectúa las operaciones.

a) $16\sqrt{2} + \sqrt{2} - \frac{8}{7}\sqrt{2}$

b) $5\sqrt{2} + \frac{7}{2}\sqrt{2} - \sqrt{2}$

c) $\frac{6}{5}\sqrt{3} - 4\sqrt{3} - 9\sqrt{3}$

d) $-3\sqrt{5} + \frac{9}{4}\sqrt{5} - 6\sqrt{5}$

113 Halla el resultado de estas multiplicaciones.

a) $3 \cdot (\sqrt{2} + \sqrt{5})$

b) $-6 \cdot (\sqrt{3} + \sqrt{7})$

c) $(\sqrt{7} + \sqrt{5}) \cdot (-5)$

d) $(\sqrt{6} + \sqrt{13}) \cdot 2$

114 Completa en tu cuaderno.

a) $\sqrt[\square]{256} = 2\sqrt[\square]{2}$

b) $\sqrt[5]{\square} = 3\sqrt[5]{3}$

c) $\sqrt[\square]{3125} = \square\sqrt[\square]{5}$

115 Halla el resultado de estas operaciones con radicales.

a) $\frac{1}{2}\sqrt{\frac{25}{18}} + \frac{2}{3}\sqrt{\frac{1}{2}} + 2\sqrt{\frac{121}{288}}$

b) $5\sqrt{\frac{8}{75}} - 4\sqrt{\frac{2}{3}} + 2\sqrt{\frac{98}{363}}$

116 Elige la respuesta correcta.

	A	B	C	D
$25^{\frac{3}{4}} = ?$	$5^{\frac{3}{8}}$	$5^{-\frac{3}{8}}$	$5^{\frac{3}{8}}$	$5^{\frac{6}{4}}$
$16^{\frac{5}{2}} = ?$	$\frac{1}{2^{-10}}$	$4^{\frac{10}{4}}$	$8^{\frac{7}{2}}$	$5^{\frac{10}{2}}$
$32^{-3} = ?$	2^{15}	$\left(\frac{1}{2^3}\right)^5$	-2^{15}	$(2^{-5})^{\frac{1}{3}}$
$\left(\frac{1}{27}\right)^2 = ?$	$\left(\frac{1}{9}\right)^{-3}$	3^6	$\left(\frac{1}{3}\right)^{-6}$	3^{-6}

117 Opera y simplifica.

a) $4\sqrt{3}\cdot(\sqrt{3} + \sqrt{11})$

b) $(\sqrt{2} + \sqrt{5})\cdot 9\sqrt{5}$

c) $-\sqrt{2}\cdot(\sqrt{6} + \sqrt{2})$

d) $(\sqrt{13} + \sqrt{3})\cdot(-\sqrt{3})$

118 **RETO.** Calcula la raíz cúbica de 3^{3^3}.

119 Haz las operaciones y simplifica.

a) $(3\sqrt{2} - 5)\cdot(4\sqrt{2} - 3)$

b) $(2\sqrt{7} + 3\sqrt{2})\cdot(5 - 2\sqrt{2})$

c) $(7\sqrt{5} + 4)\cdot(5\sqrt{5} - 3\sqrt{6})$

d) $(7\sqrt{2} - 3)\cdot(5\sqrt{3} + 2)$

120 Resuelve estas identidades notables.

a) $(\sqrt{2} + \sqrt{5})^2$

b) $(3\sqrt{3} - \sqrt{7})^2$

c) $(2\sqrt{6} - 8\sqrt{10})^2$

d) $(\sqrt{11} + 5\sqrt{6})^2$

121 Calcula.

a) $(5\sqrt{3} + \sqrt{6})^2 + (\sqrt{2} - \sqrt{6})^2$

b) $(-\sqrt{3} - \sqrt{2})^2 - (2\sqrt{3} + \sqrt{2})^2$

c) $(3\sqrt{5} - \sqrt{10})^2 - (\sqrt{10} + \sqrt{2})^2$

d) $(\sqrt{7} + 5\sqrt{2})^2 + (4\sqrt{2} - \sqrt{7})^2$

122 Efectúa y expresa el resultado como potencia.

a) $(\sqrt[3]{5}\cdot\sqrt{5})^6$

b) $\sqrt[5]{3}\cdot\sqrt[5]{3^2\sqrt{3}}$

c) $\sqrt{\sqrt[3]{2^2}}\cdot\sqrt{\sqrt{\sqrt{2}}}$

d) $\sqrt[3]{8\sqrt[5]{81}}$

123 Realiza la siguiente operación combinada con radicales.

$$\sqrt[6]{576} - \frac{\sqrt[3]{3000}}{\sqrt{400}} + \frac{3}{2}\sqrt[3]{24} - \sqrt[3]{6}\cdot\sqrt[6]{1024} + 2\sqrt[3]{\sqrt{6561}}$$

124 Simplifica y expresa el resultado como un producto de potencias de exponente natural.

a) $\frac{7^{\frac{3}{2}}\cdot\sqrt{35}\cdot 15^{-5}}{21^4\cdot\sqrt{7^{-1}}}$

b) $\frac{12^{\frac{3}{2}}\cdot\sqrt[3]{16}\cdot(\sqrt{18})^{-5}}{\sqrt[3]{96^2}\cdot 27^{-2}}$

c) $\frac{\sqrt[4]{10}\cdot 15^{\frac{3}{2}}\cdot\sqrt[4]{30^5}}{(\sqrt{20})^{-4}\cdot 27^{-2}}$

d) $\frac{(\sqrt{14})^{\frac{5}{2}}\cdot\sqrt[8]{98^{-2}}\cdot\sqrt[4]{7}}{16^{-\frac{5}{4}}\cdot\sqrt[3]{14^6}}$

125 **RETO.** Calcula.

a) $\sqrt{1 + \sqrt{3 + \sqrt{30 + \sqrt{16} + \sqrt{4}}}}$

b) $\sqrt{\sqrt{\frac{1}{\sqrt{400} + \sqrt{625} + 10\sqrt{400}}} - \frac{1}{25}}$

Racionalización

126 CÁLCULO MENTAL Opera para quitar las raíces del denominador.

a) $\frac{5}{\sqrt{7}}$ b) $\frac{2}{\sqrt{17}}$ c) $\frac{-25}{\sqrt{2}}$ d) $\frac{-8}{\sqrt{5}}$

127 Encuentra fracciones equivalentes de forma que no haya radicales en el denominador.

a) $\frac{-3}{7\sqrt{2}}$ b) $\frac{6}{2\sqrt[3]{3}}$ c) $\frac{-15}{4\sqrt[5]{9}}$ d) $\frac{5}{3\sqrt[7]{4}}$

128 Racionaliza y simplifica.

a) $\frac{6 + \sqrt{5}}{\sqrt{2}}$ b) $\frac{4 - \sqrt{6}}{\sqrt{5}}$ c) $\frac{-2 - \sqrt{7}}{\sqrt{13}}$

129 Busca una fracción equivalente que no contenga raíces en el denominador.

a) $\frac{2}{\sqrt{2} - \sqrt{5}}$ b) $\frac{\sqrt{3} + \sqrt{2}}{\sqrt{3} - \sqrt{2}}$ c) $\frac{\sqrt{7} + \sqrt{5}}{\sqrt{7} - \sqrt{5}}$

130 Realiza las siguientes operaciones racionalizando previamente.

a) $\frac{2}{\sqrt{3}} - \frac{3}{\sqrt{5}}$ b) $\frac{4}{\sqrt{7}} - \frac{\sqrt{3}}{\sqrt{11}}$ c) $\frac{-1}{3\sqrt{5}} + \frac{8}{\sqrt{3}}$

131 Racionaliza y, a continuación, haz las operaciones.

a) $\frac{2}{3\sqrt{3} + 4} + \frac{1}{\sqrt{3} - 2}$

b) $\frac{-\sqrt{6}}{\sqrt{3} - \sqrt{11}} - \frac{5}{2 + \sqrt{3}}$

c) $\frac{2\sqrt{5}}{\sqrt{3} + 4\sqrt{2}} + \frac{\sqrt{2}}{\sqrt{2} - \sqrt{6}}$

d) $\frac{2}{\sqrt{2} + \sqrt{3}} - \frac{6}{\sqrt{3} - \sqrt{5}}$

5. Resuelve problemas con potencias y raíces

132 Calcula en este tangram:

a) La longitud de $\overline{AC}$ y $\overline{MG}$.

b) La longitud de $\overline{HD}$ y $\overline{HE}$.

c) La longitud de $\overline{FH}$ y $\overline{GH}$.

d) El área de cada una de las piezas.

e) ¿Qué figuras tienen lados expresados por radicales?

f) ¿Hay alguna figura cuya área sea un radical?

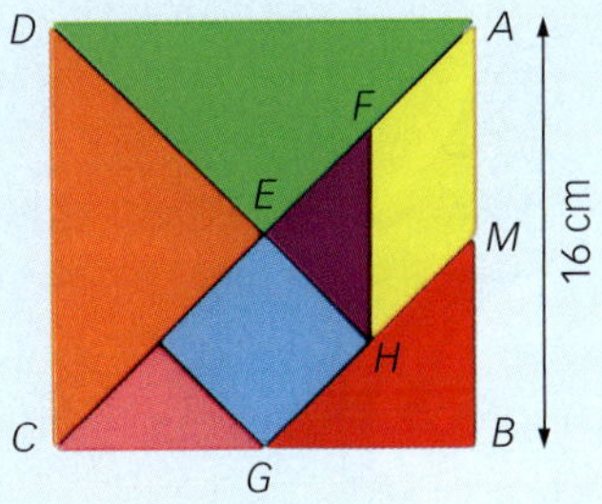

133 **MATEMÁTICAS Y... BIOLOGÍA.** El virus de la COVID-19 tiene forma esférica con un diámetro de entre 0,06 micras y 0,14 micras, y un promedio de 0,125 micras (1 micra $= 10^{-3}$ mm). Por otra parte, la longitud media de una bacteria suele ser de alrededor de 2000 nanómetros (1 nm $= 10^{-6}$ mm).

a) ¿Cuántos virus de COVID-19 se necesitan, de media, para formar una cadena de longitud igual a la de una bacteria?

b) ¿Cuántos necesitaremos para formar una cadena de 1 m de longitud? ¿Y bacterias?

c) Si formamos dos cadenas, una con virus y otra con bacterias, ¿cuántos organismos de cada tipo se necesitan para que las cadenas midan lo mismo? ¿Cuánto medirán dichas cadenas?

134 **MATEMÁTICAS Y... ASTRONOMÍA.** La masa de Plutón es $6{,}6 \cdot 10^{-9}$ veces la masa del Sol, y esta, a su vez, es $3{,}3 \cdot 10^{6}$ veces la masa de la Tierra. Si la masa de la Tierra es $6 \cdot 10^{24}$ kg, halla la masa de Plutón y del Sol.

FAKE NEWS

Distancias astronómicas

La estructura del átomo conserva las mismas proporciones que la de los planetas del sistema solar.

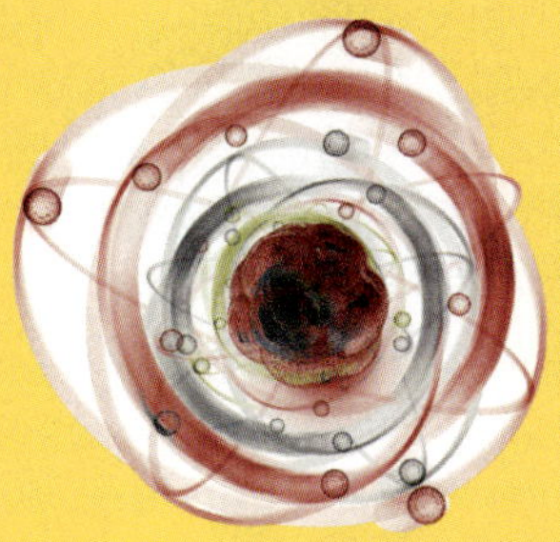

La relación entre el diámetro del núcleo del átomo y su distancia a la primera capa de electrones mantiene una proporción de $2 \cdot 10^{-5}$.

El diámetro del Sol es 1392000 km, mientras que la distancia de la Tierra al Sol es, de media, $149{,}7 \cdot 10^{6}$ km.

Y tú, ¿qué opinas?

PROBLEMAS APARENTEMENTE DISTINTOS

135 Calcula $\left(\dfrac{7 \cdot 10^5}{6{,}4 \cdot 10^3}\right)^3$.

136 El Sol tiene un radio de $7 \cdot 10^5$ km y la Tierra de $6{,}4 \cdot 10^3$ km. ¿Cuántas veces es mayor el volumen del Sol que el de la Tierra?

137 Determina el valor de P para $t = 7$.

$$P = 0{,}5 - 2^{-\frac{t}{3}}$$

138 El porcentaje de personas que responden a una encuesta comercial después de t días de haberla recibido viene dado por esta fórmula:

$$P = 0{,}5 - 2^{-\frac{t}{3}}$$

¿Qué porcentaje de personas responderán después de 7 días?

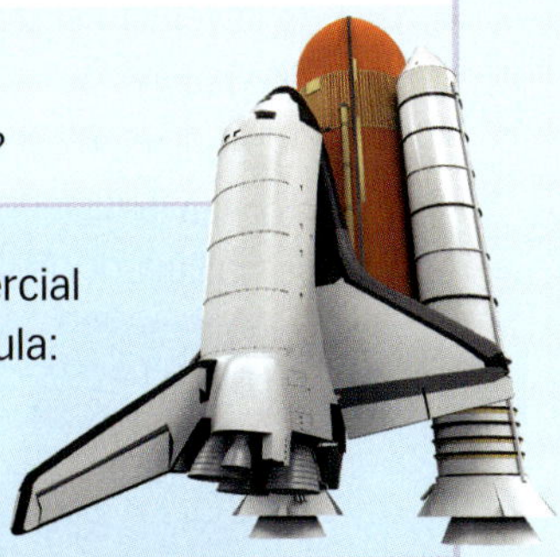

139 Calcula $\sqrt[3]{216}$ sin utilizar la calculadora.

140 Un carpintero va a hacer un cajón de forma cúbica con una capacidad de 216 cm³. Las aristas del cajón las reforzará con metal. ¿Cuánto medirá cada refuerzo?

¡Hasta el infinito y más allá!

El afán del ser humano por descubrir y aprender no se ha circunscrito a explorar nuestro mundo. Atrás quedan las grandes gestas de los descubrimientos que desde hace siglos se han llevado a cabo.

Ahora, mirando al cielo, pensamos qué habrá más allá de las estrellas que somos capaces de ver.

La tecnología actual y la distancia a la que se encuentran no nos permiten viajar físicamente a esos lugares del universo, por lo que nos limitamos a observarlos y dejamos volar nuestra imaginación.

Logros del ser humano

- 26/5/1969
  Mayor velocidad alcanzada por el ser humano: 39 896 km/h, el 0,000037 % de la velocidad de la luz.
- 14/4/1970
  La tripulación de la nave Apolo 13 alcanza la distancia máxima a la que se ha llegado, 100 171 km de la Tierra.

Estrellas lejanas

Las estrellas más lejanas observadas por el telescopio espacial Hubble son:

- Ícaro, a 9 000 millones de años luz.
- Godzilla, a 10 900 millones de años luz.
- Eärendel, a 12 900 millones de años luz.

Naves espaciales

- La nave no tripulada Orión viaja 64 000 km más allá de la cara oculta de la Luna.
- La nave New Horizons sobrevuela un objeto llamado Ultima Thule (a 3 500 km sobre él) a una distancia de la Tierra de unos 6 400 millones de kilómetros.

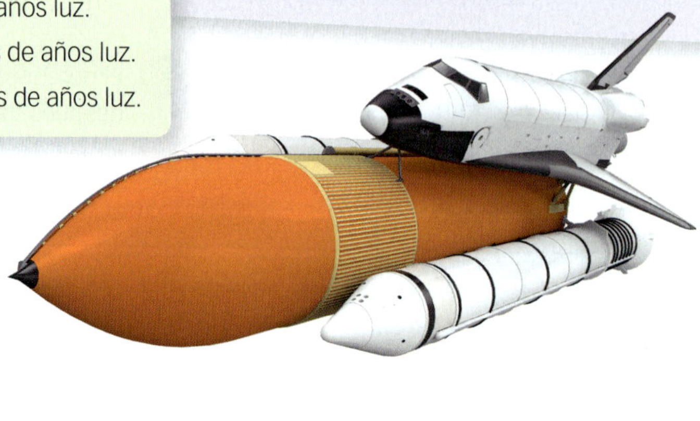

1 ¿Adónde hemos llegado?

El planeta habitable más cercano, Próxima Centauri b, se halla a 4,23 años luz de la Tierra. El siguiente es Ross 128 b, a 11 años luz.

- ¿A cuántos kilómetros de la Tierra está Próxima Centauri b? ¿Y Ross 128 b?
- Si pudiéramos ir hasta Próxima Centauri b a la máxima velocidad alcanzada por el ser humano, ¿cuánto tiempo se tardaría?
- ¿Cuánto tardaríamos en llegar a Ross 128 b?
- ¿Cuánto tiempo sería necesario para ir al punto más alejado al que ha llegado el ser humano si hubiera viajado a la velocidad de la luz?

2 Las máquinas llegan más lejos

Uno de los hitos en la historia fue la llegada del Apolo 11 a la Luna en 1969 y la última vez fue en 1972, desde su superficie pudieron ver la Tierra a 384 400 km de distancia.

- ¿Cuánto tiempo se tardaría en llegar a la Luna a la velocidad máxima alcanzada por el ser humano? ¿Y a la velocidad de la luz?
- Si estuvieran alineados, ¿qué distancia habría entre la sonda Orión y la nave New Horizons?
- Si se quisiera llegar con una nave tripulada a Ultima Thule, ¿para cuánto tiempo habría que tener provisiones a bordo?

3 Nada llega tan lejos como la imaginación

Viajar a los confines del universo es físicamente imposible, pero podemos observarlo. De hecho el telescopio Hubble ha visualizado la luz de una estrella que se formó 900 millones de años después del Big Bang y se cifra la edad del universo en 13 800 millones de años aproximadamente.

- ¿Qué distancia, en kilómetros, hay hasta las estrellas más lejanas observadas?
- Si estuvieran las tres en la misma línea recta, ¿qué distancia habría entre ellas?

Realmente, lo que vemos por un telescopio es la historia del universo, es decir, no es la situación actual, sino lo que pasó hace miles de millones de años.

- ¿A qué distancia en kilómetros está un objeto cuya imagen tarda en llegar a nosotros un segundo? ¿Y un minuto? ¿Y un día?
- Al mirarme en un espejo veo una imagen de mi pasado. ¿A qué distancia estaría el espejo si mi imagen reflejada fuera un año más joven?

RESUMEN DE UNIDAD

POTENCIAS DE EXPONENTE ENTERO

Si $n > 0$, $a^n = \underbrace{a \cdot a \cdot a \cdot \ldots \cdot a}_{n \text{ veces}}$

$a^0 = 1$ $\qquad a^1 = a$

Si $n > 0$, $a^{-n} = \left(\frac{1}{a}\right)^n = \underbrace{\frac{1}{a} \cdot \frac{1}{a} \cdot \frac{1}{a} \cdot \ldots \cdot \frac{1}{a}}_{n \text{ veces}}$

$a^{-1} = \frac{1}{a}$

PROPIEDADES DE LAS POTENCIAS

$a^n \cdot a^m = a^{n+m}$ $\qquad a^n : a^m = a^{n-m}$

$(a \cdot b)^n = a^n \cdot b^n$ $\qquad (a : b)^n = a^n : b^n$

$(a^n)^m = a^{n \cdot m}$

LOGARITMOS

$\log_a b = c \rightarrow a^c = b$

PROPIEDADES DE LOS LOGARITMOS

$\log_a 1 = 0$ $\qquad \log_a a = 1$

$\log_a (b \cdot c) = \log_a b + \log_a c$

$\log_a \frac{b}{c} = \log_a b - \log_a c$

$\log_a b^n = n \cdot \log_a b$

$\log_a b = \frac{\log_c b}{\log_c a}$

RADICALES

Índice

Radical → $\sqrt[n]{a} = b$ ← Raíz

Radicando

$\sqrt[n]{a} = b$ si $b^n = a$

POTENCIAS DE EXPONENTE FRACCIONARIO

$a^{\frac{m}{n}} = \sqrt[n]{a^m}$

AUTOEVALUACIÓN

1. Realiza cálculos con potencias de exponente entero

1 Calcula y expresa el resultado en forma de una sola potencia con exponente natural.

$$\left(\frac{5}{2}\right)^{-2} \cdot \left(\frac{5}{2}\right)^{0} : \left(\frac{5}{2}\right)^{4}$$

a) $\left(\frac{2}{5}\right)^5$ b) $\left(\frac{5}{2}\right)^{-6}$ c) $\left(\frac{2}{5}\right)^6$ d) $\left(\frac{5}{2}\right)^5$

2 Calcula $-(-5)^2 \cdot \frac{20^{-2}}{5}$.

a) $-\frac{1}{80}$ b) $\frac{1}{80}$ c) $-\frac{1}{125}$ d) $\frac{1}{125}$

2. Expresa números en notación científica y opera con ellos

3 Opera y expresa el resultado en notación científica.

$$2{,}25 \cdot 10^{-1} : (3 \cdot 10^5) \cdot (2 \cdot 10^2 + 1 \cdot 10^3)$$

a) $9 \cdot 10^{-3}$ b) $3 \cdot 10^4$ c) $3 \cdot 10^{-4}$ d) $9 \cdot 10^{-4}$

3. Calcula logaritmos a partir de su definición y resuelve problemas con ellos

4 Calcula $\log_4 \frac{1}{2} = x$.

a) $x = \frac{1}{2}$ b) $x = 2$ c) $x = -\frac{1}{2}$ d) $x = -2$

5 Opera en $\log_5 625 - \log_5 125 - 2\log_9 1 + \log_5 5 + \ln e^{-2}$.

a) -2 b) -1 c) 0 d) 1

4. Establece relaciones entre radicales y potencias y opera con ellos

6 Calcula y expresa el resultado en forma de radical.

$$\left(\sqrt{3} \cdot \sqrt[3]{6}\right)^{\frac{1}{2}} : \left(\sqrt{100} : \sqrt[3]{125}\right) \cdot \sqrt[4]{16}$$

a) $\sqrt[12]{972}$ c) $\sqrt[6]{972}$

b) $\frac{\sqrt[12]{972}}{4}$ d) $\frac{\sqrt[12]{972}}{25}$

5. Resuelve problemas con potencias y raíces

7 La población de ciertas bacterias se duplica cada media hora. ¿Cuántas bacterias habrá a las 3 horas si el número inicial de bacterias es $5 \cdot 10^{10}$?

a) $3{,}2 \cdot 10^{10}$ c) $3{,}2 \cdot 10^{12}$

b) $4 \cdot 10^{10}$ d) $4 \cdot 10^{11}$

VALORA TU APRENDIZAJE

- ¿Consideras que lo importante es adquirir conocimientos aunque no sea a la primera?
- ¿Contribuyes a que todo el mundo se sienta bien?

3 Polinomios

DESAFÍO

¡Más! ¿Mejor?

Fíjate en el patrón.

¿Cuántas piezas azules tendrá un cuadrado de lado 51? ¿Y naranjas? ¿Y uno de lado *n*?

¿Qué sabes ya?

Cómo se suman y restan monomios

Un **monomio** es una expresión algebraica formada por el producto de un número (coeficiente) y una o varias letras con o sin exponentes (parte literal). Dos monomios son **semejantes** si tienen la misma parte literal.

Para sumar (restar) dos monomios semejantes, se suman (restan) los coeficientes y se deja la misma parte literal.

EJEMPLO

Haz la suma y la resta de estos monomios.

a) $9xy^3$ y $4xy^3$ → Son semejantes. → $\begin{cases} 9xy^3 + 4xy^3 = 13xy^3 \\ 9xy^3 - 4xy^3 = 5xy^3 \end{cases}$

b) $9x^2y^3$ y $4xy^3$ → No son semejantes. → $\begin{cases} 9x^2y^3 + 4xy^3 \\ 9x^2y^3 - 4xy^3 \end{cases}$

ACTIVIDADES

1 Calcula $2x^2y - 3x - x^2y + 5x$.

a) $x^4y - 2x^2$

b) $3xy$

c) $x^2y + 2x$

d) $x^2y - 2x$

Cómo se multiplican y dividen monomios

Para multiplicar (dividir) monomios, se multiplican (dividen) por un lado sus coeficientes y por el otro sus partes literales, si se puede.

EJEMPLO

Resuelve estas operaciones con monomios.

a) $2x^2 \cdot 5x^5 = (2 \cdot 5)(x^2 \cdot x^5) = 10 \cdot x^{2+5} = 10x^7$

b) $-a^2b^3 \cdot 2b^2 = (-1 \cdot 2)(a^2b^3 \cdot b^2) =$
$= -2 \cdot a^2b^{3+2} = -2a^2b^5$

c) $-8a^4b^6 : (2ab^2) = (-8 : 2)(a^4b^6 : (ab^2)) =$
$= -4 \cdot a^{4-1}b^{6-2} = -4a^3b^4$

ACTIVIDADES

2 Resuelve la siguiente operación.

$$4x^4 \cdot x \cdot 5x^3 : (10x^5)$$

a) $2x^3$

b) $2x^2$

c) x^3

d) $4x^3$

1. Polinomios

Un **polinomio**, $P(x)$, es una expresión algebraica formada por una suma o resta de monomios que se llaman **términos**. Si no tiene monomios semejantes, decimos que es un **polinomio reducido**.

- El **grado** de un polinomio es el del término de mayor grado de su polinomio reducido. Al coeficiente de este término se le llama **coeficiente principal**.
- El **término independiente** es el monomio sin parte literal.

GEOGEBRA

El **valor numérico** de un polinomio cuando $x = a$, $P(a)$, es el número que resulta al sustituir x por a en el polinomio y operar.

Los polinomios se designan con letras mayúsculas, indicando las variables entre paréntesis.

$P(x) = 3x^2 - 3$

$Q(x, y) = 4x^2 - 3xy + 2y^2$

EJEMPLOS

1. Escribe el polinomio reducido e indica sus elementos.

$P(x) = x^5 - 3x^2 + x - x^2 + 7 + 2x^5 = 3x^5 - 4x^2 + x + 7$

Grado: 5 Coeficiente principal: 3 Término independiente: 7

2. Dado $P(x) = x^4 - 3x^2 + x + 1$, calcula su valor numérico cuando $x = 2$.

$P(x) = x^4 - 3x^2 + x + 1 \xrightarrow{x=2} P(2) = 2^4 - 3 \cdot 2^2 + 2 + 1 = 7$

Suma, resta y multiplicación de polinomios

- Para **sumar** o **restar** dos polinomios, se suman o se restan los monomios semejantes y se dejan igual los demás términos.
- Para **multiplicar** dos polinomios, se multiplica cada monomio del primero por todos los monomios del segundo y, después, se suman los resultados agrupando los monomios semejantes.

Cuando en un polinomio existe un factor que se repite en todos sus términos, se puede **extraer factor común**.

RETO

Si Gr $P(x) = n$ y Gr $Q(x) = m$, ¿podemos saber cuál es el grado de su suma? ¿Y el de su producto?

EJEMPLO

3. Efectúa las siguientes operaciones de polinomios.

$P(x) = 2x^4 - 3x^2$ $\quad Q(x) = 4x^2 - 2x + 6$ $\quad R(x) = x - 1$

a) $P(x) - Q(x) + R(x) = (2x^4 - 3x^2) - (4x^2 - 2x + 6) + (x - 1) =$
$= 2x^4 - 3x^2 - 4x^2 + 2x - 6 + x - 1 = 2x^4 - 7x^2 + 3x - 7$

b) $P(x) \cdot Q(x) = (2x^4 - 3x^2)(4x^2 - 2x + 6) =$
$= 2x^4(4x^2 - 2x + 6) - 3x^2(4x^2 - 2x + 6) =$
$= 8x^6 - 4x^5 + 12x^4 - 12x^4 + 6x^3 - 18x^2 = 8x^6 - 4x^5 + 6x^3 - 18x^2$

ACTIVIDADES

1. Efectúa: $(-2x^3 + x^2 + x - 1) - (x^3 + x^2 - x - 1)$.

2. Si $P(x) = x^2 - x + 2$ y $Q(x) = x^3 - x^2 + 1$, calcula:
   a) $P(1) + P(-1)$.
   b) $P(0) + Q(-1)$.

3. Multiplica: $(x^3 - x^2 + 3x - 1)(x - 1)$.

4. **REFLEXIONA.** ¿Cuánto tiene que valer a para que $P(a) = 0$ si $P(x) = 2x^2 - 3x + 1$?

Cómo se extrae factor común en un polinomio

Saca factor común en estos polinomios.

a) $6x^4 - 24x^3 + 12x^2$ b) $-4x^5 + 3x^2 - x$ c) $6x^2y^2 - 3xy^2 + 30x^2y$

> Cuando el factor común coincide con uno de los términos del polinomio, en su lugar queda la unidad.
> $ax^2 + ax + a =$
> $= a(x^2 + x + 1)$

① Comprobamos si hay letras que se repiten en todos los términos del polinomio. Si las hay, tomamos las que se repiten con menor exponente.

a) x se repite en todos los términos. x con menor exponente → x^2

b) x se repite en todos los términos. x con menor exponente → x

c) xy se repite en todos los términos. xy con menor exponente → xy

② Hallamos el m.c.d. de los coeficientes de los términos.

m.c.d. (6, 24, 12) = 6

m.c.d. (4, 3, 1) = 1

m.c.d. (6, 3, 30) = 3

③ El factor común del polinomio es el producto de las letras y los números obtenidos.

Factor común → $6x^2$

Factor común → x

Factor común → $3xy$

④ Dividimos cada término del polinomio entre el factor común y expresamos el polinomio como un producto del factor común por el cociente de la división.

$$\frac{6x^4}{6x^2} - \frac{24x^3}{6x^2} + \frac{12x^2}{6x^2} = x^2 - 4x + 2$$

$$6x^4 - 24x^3 + 12x^2 = 6x^2(x^2 - 4x + 2)$$

← Factor común

$$\frac{-4x^5}{x} + \frac{3x^2}{x} - \frac{x}{x} = -4x^4 + 3x - 1$$

$$-4x^5 + 3x^2 - x = x(-4x^4 + 3x - 1)$$

← Factor común

$$\frac{6x^2y^2}{3xy} - \frac{3xy^2}{3xy} + \frac{30x^2y}{3xy} = 2xy - y + 10x$$

$$6x^2y^2 - 3xy^2 + 30x^2y = 3xy(2xy - y + 10x)$$

← Factor común

ACTIVIDADES

5 Extrae factor común en las siguientes expresiones.

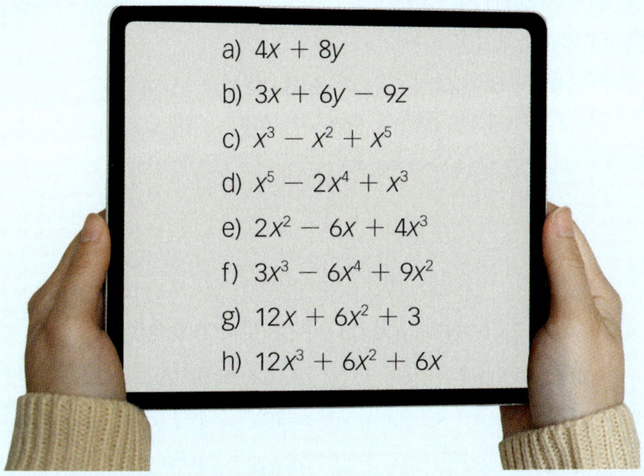

6 Escribe dos polinomios de cuarto grado de los que se pueda extraer como factor común:

a) $2xy$ b) $3x$ c) x^3 d) $2xy^2$

7 ¿Cuál es el factor común en los términos de estas expresiones?

a) $(x + 1)(x - 3) + (x - 3)(x + 2)$

b) $(x - 2)(x - 1) + 3(x - 1)(x - 2)$

c) $4(x + 4)(x - 2) + 6(x - 2)(x + 2)$

d) $(x + 2)(x - 1) + 3(x - 1)$

e) $-2x - 4 + 2(x + 2)(x - 3)$

f) $3(x + 1) + (6 + 6x)$

g) $(x + 5)(x - 2) + (x^2 - 4)$

2. Potencia de un polinomio

La **potencia** de un polinomio, $P(x)^n$, es una forma abreviada de escribir el producto del polinomio n veces.

$$P(x)^n = \underbrace{P(x) \cdot P(x) \cdot ... \cdot P(x)}_{n \text{ veces}}$$

Potencia de un binomio

Un **binomio** es un polinomio de dos términos. Estas son sus potencias.

Potencias de $(a + b)$	Potencias de $(a - b)$
$(a + b)^1 = a + b$	$(a - b)^1 = a - b$
$(a + b)^2 = (a + b)(a + b) =$ $= a^2 + ab + ba + b^2 =$ $= a^2 + 2ab + b^2$	$(a - b)^2 = (a - b)(a - b) =$ $= a^2 - ab - ba + b^2 =$ $= a^2 - 2ab + b^2$
$(a + b)^3 = (a + b)(a + b)^2 =$ $= (a + b)(a^2 + 2ab + b^2) =$ $= a^3 + 3a^2b + 3ab^2 + b^3$	$(a - b)^3 = (a - b)(a - b)^2 =$ $= (a - b)(a^2 - 2ab + b^2) =$ $= a^3 - 3a^2b + 3ab^2 - b^3$
...	...
$(a + b)^n = a^nb^0 + c_{n-1}a^{n-1}b^1 + ...$ $... + c_1a^1b^{n-1} + a^0b^n$	$(a - b)^n = (a + (-b))^n =$ $= a^n(-b)^0 + c_{n-1}a^{n-1}(-b)^1 + ...$ $... + c_1a^1(-b)^{n-1} + a^0(-b)^n$

Para calcular la potencia de un polinomio, se puede multiplicar el polinomio por sí mismo tantas veces como indica su exponente.

Triángulo de Tartaglia

$(a + b)^1 \rightarrow$ 1 1

$(a + b)^2 \rightarrow$ 1 2 1

$(a + b)^3 \rightarrow$ 1 3 3 1

$(a + b)^4 \rightarrow$ 1 4 6 4 1

...

Todas las filas comienzan y acaban con un 1, y los demás coeficientes se obtienen sumando los términos contiguos de la fila anterior.

Para obtener los coeficientes del desarrollo de un binomio elevado a la potencia n-ésima, podemos utilizar la fila n del triángulo de Tartaglia. En las potencias del binomio $(a - b)$, estos coeficientes van alternando el signo.

EJEMPLO

4. Realiza las siguientes potencias.

a) $(x + 2)^4$ Fila 4 del triángulo de Tartaglia.
Coeficientes: 1, 4, 6, 4 y 1

$$(x + 2)^4 = \mathbf{1} \cdot x^4 \cdot 2^0 + \mathbf{4} \cdot x^{4-1} \cdot 2^1 + \mathbf{6} \cdot x^{4-2} \cdot 2^2 + \mathbf{4} \cdot x^{4-3} \cdot 2^3 + \mathbf{1} \cdot x^{4-4} \cdot 2^4 = x^4 + 8x^3 + 24x^2 + 32x + 16$$

b) $(2x^2 - 4)^3$ Fila 3 del triángulo de Tartaglia
Coeficientes: 1, 3, 3 y 1

$$(2x^2 - 4)^3 = \mathbf{1} \cdot (2x^2)^3 \cdot 4^0 - \mathbf{3} \cdot (2x^2)^{3-1} \cdot 4^1 + \mathbf{3} \cdot (2x^2)^{3-2} \cdot 4^2 - \mathbf{1} \cdot (2x^2)^{3-3} \cdot 4^3 = 8x^6 - 48x^4 + 96x^2 - 64$$

ACTIVIDADES

8 Obtén el desarrollo de estas potencias.

a) $(x + y)^5$
b) $(x + 1)^4$
c) $(2x - 2)^3$
d) $(3x^2 - y)^4$
e) $(x^2 - y)^5$
f) $(-x + 3y)^3$

9 **REFLEXIONA.** Indica verdadero o falso.

a) $(6x + 5)^4 - (6x + 5)^2 = (6x + 5)^2(6x + 5)^2 - 1$
b) $(3x + 4)^4 - (3x + 4)^3 = (3x + 4)^3(3x + 3)$
c) $(2x - 3)^2 - (4x + 2)^2 = (6x - 1)(-2x - 5)$

3. Igualdades notables

Se llama **igualdades notables** a ciertos productos que sirven para facilitar algunos cálculos con expresiones algebraicas.

GEOGEBRA

- Cuadrado de una suma: $(a + b)^2 = a^2 + 2ab + b^2$
- Cuadrado de una diferencia: $(a - b)^2 = a^2 - 2ab + b^2$
- Suma por diferencia: $(a + b)(a - b) = a^2 - b^2$

Para demostrar estas igualdades basta desarrollar los productos indicados. Por ejemplo, para la igualdad de suma por diferencia:

$$(a + b)(a - b) = a(a - b) + b(a - b) = \\ = a^2 - ab + ba - b^2 = a^2 - b^2$$

Si una expresión algebraica proviene de una igualdad notable y tiene:

- 3 términos, es el cuadrado de una suma o de una diferencia.
- 2 términos, es suma por diferencia.

EJEMPLOS

5. Desarrolla las siguientes igualdades notables.

a) $(x + 4)^2 = x^2 + 2 \cdot x \cdot 4 + 4^2 = x^2 + 8x + 16$

b) $(2x - 5)^2 = (2x)^2 - 2 \cdot (2x) \cdot 5 + 5^2 = 4x^2 - 20x + 25$

c) $(-2x + y)^2 = (y - 2x)^2 = y^2 - 2 \cdot y \cdot 2x + (2x)^2 = y^2 - 4xy + 4x^2$

d) $(3x^2 + 1)(3x^2 - 1) = (3x^2)^2 - 1^2 = 9x^4 - 1$

e) $(3y + 2x)(3y - 2x) = (3y)^2 - (2x)^2 = 9y^2 - 4x^2$

6. Encuentra la igualdad notable de la que provienen estos desarrollos.

a) $4x^2 + 9y^2 - 12xy$

$a^2 = 4x^2 = (2x)^2 \rightarrow a = 2x$

$b^2 = 9y^2 = (3y)^2 \rightarrow b = 3y$

$$(2x - 3y)^2 = (2x)^2 - 2 \cdot (2x) \cdot (3y) + (3y)^2 = \\ = 4x^2 - 12xy + 9y^2 = 4x^2 + 9y^2 - 12xy$$

b) $4x^2 + 20x + 25$

$a^2 = 4x^2 = (2x)^2 \rightarrow a = 2x$

$b^2 = 25 = 5^2 \rightarrow b = 5$

$(2x + 5)^2 = (2x)^2 + 2 \cdot (2x) \cdot 5 + 5^2 = 4x^2 + 20x + 25$

c) $9x^4 - 1$

$a^2 = 9x^4 = (3x^2)^2 \rightarrow a = 3x^2$

$b^2 = 1 = 1^2 \rightarrow b = 1$

$(3x^2 + 1)(3x^2 - 1) = 9x^4 - 1$

RETO

Expresa como cuadrado de un binomio.

$$\sqrt{\frac{8}{3} + \frac{2}{x^2} + \frac{x^2}{3}}$$

ACTIVIDADES

10 Desarrolla mediante las igualdades notables.

a) $(x + 3y)^2$

b) $(3x + 2)(3x - 2)$

c) $(5x - 1)^2$

d) $(x + 5y)(x - 5y)$

e) $(-3x + y)^2$

f) $(-2x - y)^2$

11 **REFLEXIONA.** Expresa como una igualdad notable.

a) $x^2 + 6x + 9$

b) $4x^2 - 4x + 1$

c) $9x^2 - 16$

d) $9x^2 + 6x + 1$

e) $25x^2 - 30x + 9$

f) $-25 + x^4$

4. División de polinomios

Al dividir dos polinomios, $P(x) : Q(x)$, obtenemos otros dos polinomios, $C(x)$ y $R(x)$, que cumplen:

$$\underbrace{P(x)}_{\text{Dividendo}} = \underbrace{Q(x)}_{\text{Divisor}} \cdot \underbrace{C(x)}_{\text{Cociente}} + \underbrace{R(x)}_{\text{Resto}}$$

El grado del dividendo es la suma de los grados del cociente y el divisor, y el grado del polinomio resto es siempre menor que el del divisor.

RETO

Calcula el cociente y el resto sin efectuar la división.

$(-6x^2 - 6x) : (3x + 3)$

Cuando al dividendo le falta algún término de grado intermedio, se deja un espacio en su lugar para efectuar la división.

- Podemos dividir dos polinomios si el grado del dividendo es mayor o igual que el del divisor.
- El grado del polinomio resto tiene que ser menor que el grado del cociente.

EJEMPLO

GEOGEBRA

7. Calcula $(8x^3 - 4x^2 + 7)(2x^2 + x - 1)$.

El primer término del cociente resulta de dividir el monomio de mayor grado del dividendo entre el monomio de mayor grado del divisor:
$(8x^3) : (2x^2) = 4x$

Multiplicamos el primer término por el divisor y se lo restamos al dividendo:
$4x \cdot (2x^2 + x - 1) = 8x^3 + 4x^2 - 4x$

$$\begin{array}{rrrr|l} 8x^3 & -4x^2 & & +7 & 2x^2 + x - 1 \\ \hline -8x^3 & -4x^2 & +4x & & 4x \\ \hline & -8x^2 & +4x & +7 & \end{array}$$

Repetimos la operación hasta obtener en la resta un polinomio de grado menor que el divisor, que será el resto de la división.

$$\begin{array}{rrrr|l} 8x^3 & -4x^2 & & +7 & 2x^2 + x - 1 \\ \hline -8x^3 & -4x^2 & +4x & & \underbrace{4x - 4}_{\text{Cociente}} \\ \hline & -8x^2 & +4x & +7 & \\ & 8x^2 & +4x & -4 & \\ \hline & & 8x & +3 & \end{array}$$

Podemos comprobar que hemos operado correctamente mediante la prueba de la división:

$$P(x) = Q(x) \cdot C(x) + R(x) \rightarrow \underbrace{8x^3 - 4x^2 + 7}_{\text{Dividendo}} = \underbrace{(2x^2 + x - 1)}_{\text{Divisor}}\underbrace{(4x - 4)}_{\text{Cociente}} + \underbrace{(8x + 3)}_{\text{Resto}}$$

$$Q(x) \cdot C(x) + R(x) = (2x^2 + x - 1)(4x - 4) + (8x + 3) =$$
$$= (8x^3 - 4x^2 - 8x + 4) + (8x + 3) = \underbrace{8x^3 - 4x^2 + 7}_{\text{Dividendo}}$$

ACTIVIDADES

12 Realiza las siguientes divisiones de polinomios. Comprueba en cada una de ellas el resultado que obtienes.

a) $(2x^3 - 3x^2 - 5x - 5) : (x^2 - 2x - 1)$

b) $(2x^3 - 3x^2 + 4x - 3) : (x^2 - 1)$

c) $(x^4 + 1) : (x^2 + 1)$

d) $(x^5 + 2x^3 - 1) : (x^2 - 3)$

13 El divisor de una división de polinomios es $Q(x) = 2x^2 - 7$, el cociente es $C(x) = x^3 - 2x$ y el resto es $R(x) = x - 2$. Calcula el dividendo.

14 **REFLEXIONA.** El dividendo de una división de polinomios es $P(x) = x^5 - 2x^3 - x^2$, el cociente es $C(x) = x^2 - 2$ y el resto es $R(x) = -2$. ¿Cuál es el divisor?

Cómo se divide un polinomio entre $(x - a)$ mediante la regla de Ruffini

Este procedimiento solo se puede utilizar cuando el divisor es un polinomio de grado 1 y tiene término independiente, es decir, es del tipo $(x - a)$ o $(x + a)$.

GEOGEBRA

Realiza la siguiente división de polinomios mediante la regla de Ruffini.

$$(3x^3 + 4x - 2) : (x - 2)$$

① Escribimos los coeficientes de los términos del dividendo, estando sus monomios ordenados de mayor a menor grado y añadiendo un cero en el lugar de cada término que falte.

$3x^3 + 4x - 2 \rightarrow$ Coeficientes: 3, 0, 4, −2

	3	0	4	−2

Coeficiente del término de grado 2 (→ 0)

② A la izquierda colocamos el término independiente del divisor cambiado de signo y bajamos el primer coeficiente del dividendo.

	3	0	4	−2
2	↓			
	3			

Divisor: $(x - 2)$

③ Multiplicamos el primer coeficiente del dividendo por el número de la izquierda y se lo sumamos al siguiente coeficiente del dividendo.

	3	0	4	−2
2		·2 → 6		
	3	6		

$0 + 6 = 6$

④ Repetimos el proceso hasta llegar al último coeficiente.

	3	0	4	−2
2		·2 → 6	·2 → 12	32
	3	6	16	30

$-2 + 32 = 30$

$4 + 12 = 16$

⑤ Los primeros números que aparecen en la última fila corresponden a los coeficientes del polinomio cociente (que es siempre un grado menor que el dividendo) y el último número es el resto.

	3	0	4	−2
2		6	12	32
	3	6	16	30

Resto: $R(x) = 30$

Como el dividendo es de grado 3, el cociente es de grado 2. Cociente: $C(x) = 3x^2 + 6x + 16$

El resto siempre es un número.

ACTIVIDADES

15 Determina el cociente y el resto, aplicando la regla de Ruffini.

a) $(x^3 - x^2 + x - 3) : (x - 1)$

b) $(x^4 - x^3 - x + 9) : (x - 2)$

c) $(x^4 + x^2 - 10) : (x - 5)$

d) $(x^5 - 2x^3 + x - 7) : (x + 3)$

e) $(x^7 + x^4 - 7x^2) : (x + 4)$

16 Aplica la regla de Ruffini para dividir el polinomio $2x^3 - 4x^2 - 6x + 8$ entre:

a) $x + 1$ b) $x - 2$ c) $x - 1$

17 Si dividimos $4x^5 - 3x^4 + 2x^3 - x^2 - x + 1$ entre $x + 2$, ¿cuáles serán el resto y el cociente? ¿Podemos aplicar la regla de Ruffini?

18 Calcula el valor de m para que la división sea exacta.

$$(x^5 - 2x^3 - 8x^2 + mx + 3) : (x - 3)$$

19 Utilizando la regla de Ruffini, halla m para que el resto de esta división sea −4.

$$(7x^3 - 5mx - 2) : (x + 1)$$

20 Calcula m para que el resto de la siguiente división sea 13.

$$(2x^3 - 5x + 7) : (x - m)$$

5. Factorización de polinomios

Un número a es una **raíz** de un polinomio $P(x)$ si $P(a) = 0$

Factorizar un polinomio consiste en expresarlo como un producto de polinomios del menor grado posible.

Si un polinomio no se puede factorizar, decimos que es **irreducible.**

Si a es raíz de $P(x)$, entonces el polinomio $P(x)$ se puede factorizar como $P(x) = (x - a)\,C(x)$. Por tanto, para hallar los factores de grado 1 de un polinomio debemos buscar sus raíces.

Si un polinomio no tiene término independiente, uno de los factores de su factorización será x.

Para que un número entero, a, sea raíz de $P(x)$ es necesario que a sea divisor de su término independiente.

EJEMPLO

8. Factoriza este polinomio:

$$P(x) = x^3 - x^2 - x + 1$$

Para encontrar los factores de grado 1, buscamos las raíces de $P(x)$. Probamos con los divisores del término independiente utilizando la regla de Ruffini: Div (1) $= \pm 1$.

	1	−1	−1	1
1		1	0	−1
	1	0	−1	0

$\underbrace{1 \quad 0 \quad -1}_{x^2 - 1}$ | 0 → $(x - 1)$ es un factor.

Por tanto, podemos expresar el polinomio como:

$$P(x) = x^3 - x^2 - x + 1 = (x - 1)(x^2 - 1)$$

El segundo factor que hemos obtenido, $(x^2 - 1)$, es una identidad notable, que podemos expresar como producto de suma por diferencia.

$$x^2 - 1 = (x + 1)(x - 1)$$

De esta forma, el polinomio factorizado resulta:

$$P(x) = x^3 - x^2 - x + 1 = (x - 1)(x + 1)(x - 1) = (x + 1)(x - 1)^2$$

ACTIVIDADES

21 Factoriza estos polinomios.

a) $x^2 - 2x - 3$

b) $5x^2 + 14x - 3$

c) $x^3 - 2x^2 - 5x + 6$

d) $x^3 + 4x^2 + 5x + 2$

e) $2x^3 + x^2 - 8x - 4$

f) $x^4 + 2x^3 - 3x^2 - 2x + 2$

g) $x^3 - 4x^2 + 4x - 16$

h) $x^4 - 10x^3 + 35x^2 - 50x + 24$

22 Indica las raíces de estos polinomios factorizados.

a) $(2x + 1)(x - 2)$

b) $(x - 3)(x + 5)$

c) $x^2(x^2 + 2)(x + 3)$

d) $(x - 1)^3(3x + 2)(x + 4)$

e) $3(x + 5)(2x - 3)^2$

f) $x(2x - 1)^2(x^2 + 2)$

23 **REFLEXIONA.** Expresa este polinomio como producto de otros dos polinomios de dos formas diferentes.

$$P(x) = 6x^2 + 18x + 12$$

Cómo se factoriza un polinomio

Un polinomio de la forma $ax^2 + bx + c$ con raíces x_1 y x_2 se factoriza:

$ax^2 + bx + c = a(x - x_1)(x - x_2)$

Escribe este polinomio de forma factorizada.

$$P(x) = -2x^4 - 4x^3 + 14x^2 - 8x$$

① **Extraemos factor común, si es posible.**

x se repite en todos los términos.

x con menor exponente $\rightarrow x$
m.c.d. (2, 4, 14, 8) = 2 $\Big\} \rightarrow$ Factor común: $2x \rightarrow P(x) = 2x(-x^3 - 2x^2 + 7x - 4)$

② **Utilizamos la regla de Ruffini para buscar raíces enteras entre los divisores del término independiente.**

Probamos con 1, ya que $-1 - 2 + 7 - 4 = 0$.

	−1	−2	7	−4
1		−1	−3	4
	−1	−3	4	0

$\rightarrow -x^3 - 2x^2 + 7x - 4 = (-x^2 - 3x + 4)(x - 1)$

$-x^2 - 3x + 4$

$(x - 1)$ es un factor.

③ **Cuando obtenemos un polinomio de segundo grado podemos hallar sus raíces igualándolo a cero y calculando las soluciones de la ecuación resultante.**

Hallamos las soluciones de $-x^2 - 3x + 4 = 0$.

$$x = \frac{-(-3) \pm \sqrt{(-3)^2 - 4 \cdot (-1) \cdot 4}}{2 \cdot (-1)} \rightarrow \begin{cases} x_1 = -4 \\ x_2 = 1 \end{cases} \rightarrow -x^2 - 3x + 4 = -1(x + 4)(x - 1)$$

Coeficiente de x^2

Cambiamos el signo.

④ **Escribimos el polinomio factorizado.**

$P(x) = -2x^4 - 4x^3 + 14x^2 - 8x = 2x(x - 1)(-1)(x + 4)(x - 1) \rightarrow$
$\rightarrow P(x) = -2x(x - 1)^2(x + 4)$

$(x - 1)^2$

ACTIVIDADES

24 Descompón en factores estos polinomios.

a) $x^3 - 8$
b) $x^3 + 4x^2 + 4x$
c) $x^4 - 2x^3 - 3x^2 + 4x + 4$
d) $x^5 + 3x^4 - 9x^3 - 23x^2 - 12x$
e) $x^3 - 3x^2 - 25x - 21$
f) $x^5 - 9x^3$

25 Factoriza los siguientes polinomios.

a) $x^4 - 7x^3 - 6x^2 + 72x$
b) $x^4 - x^3 - 25x^2 + 25x$
c) $x^4 + x^3 - 36x^2 - 36x$
d) $x^4 + x^3 - 10x^2 + 8x$
e) $x^4 + 3x^3 - 4x$

26 Factoriza los siguientes polinomios y explica cómo lo haces.

a) $x^3 - 1$ b) $x^5 - 1$ c) $x^6 - 1$

27 Aplica las igualdades notables para factorizar estos polinomios.

a) $x^2 + 2x + 1$
b) $x^2 + 10x + 25$
c) $4x^4 - 16x^2 + 16$
d) $x^2 - 4$
e) $4x^2 - 16$
f) $x^3 - 9x^2 + 27x - 27$

28 Descompón factorialmente.

a) $x^3 + x^2 - 6x$
b) $x^4 - x^2$
c) $2x^2 - 3x^3$
d) $3x^2 + 12x + 12$
e) $x^4 - 2x^3 - 11x^2 + 12x$
f) $x^5 - x^4 - 19x^3 + 4x^2$
g) $18x^3 + 48x^2 + 32x$
h) $48x^2 + 24x + 3$

ACTIVIDADES FINALES

1. Realiza operaciones con polinomios e igualdades notables

ACTIVIDADES FLASH

29 Razona si las siguientes igualdades son verdaderas o falsas.

a) $2x = x \cdot x$

b) $-(x^2 + x) = -x^2 - x$

c) $\left(2\sqrt{x}\right)^4 = 4^2x^2$

d) $-\dfrac{2x^2 - 4x}{2} = -x^2 - 2x$

e) $x^2 + x^3 = x^5$

f) $2x^2 \cdot 3x^3 = 5x^5$

g) $-x^2 = x^2$

h) $(x^2)^3 = x^6$

30 Copia y completa estos cuadrados mágicos, en los que la suma de cada fila, columna y diagonal coinciden.

$7x + 6$		
$2x + b$	$4x + 5$	$6x + 9$
		$ax + 4$

		$3x^2 - b$
$8x^2 - 1$	$7x^2 - 2$	$ax^2 - 3$
$11x^2 + 2$		

31 Completa la pirámide en tu cuaderno poniendo en cada cubo la suma de los dos que tiene inmediatamente debajo. Después, responde usando los coeficientes del polinomio del cubo superior.

¿En qué año nació Augusta Ada Byron, la primera programadora?

$P(x) = -6x^3 + 8$
$Q(x) = x^3 + x^2 - 3x$
$R(x) = x^3 - x^2 - 2x + 12$
$S(x) = 2x^3 + x^2 + 2x + 7$

32 A partir de los siguientes polinomios, opera.

$P(x) = 2x^3 - x^2 - 5$
$Q(x) = x^2 - 8x - 1$
$R(x) = 3x + 4$

a) $2 \cdot P(x) - x \cdot Q(x)$

b) $Q(x) - 3x \cdot R(x)$

c) $4x^2 \cdot R(x) + P(x)$

d) $Q(x) \cdot R(x) - 3 \cdot P(x)$

33 Efectúa las siguientes operaciones e indica el grado y el término independiente del resultado obtenido.

a) $x^2 + x(x - 3) - (4x - 6)$

b) $3x(2x + 5) - x^2(x - 1) + 5$

c) $(3 + x)(4x - x^2) - (x - 8)$

d) $7x - (x + 9) - 3x^2 + (x - 1) \cdot 4$

e) $(2 - 3x) - (x^2 - x + 4) + (x^2 - 1)x$

CÁLCULO MENTAL

34 Calcula en estos casos, el valor numérico de:

$$P(x) = x(x - 1)(x - 2)$$

a) $x = 0$ b) $x = 1$ c) $x = 2$ d) $x = 3$

35 **INVENTA.** Escribe tres polinomios que cumplan que $P(2) = 5$.

36 Sabiendo que el valor numérico para $x = -3$ del polinomio $P(x) = x^3 + 3x^2 - ax + 5$ es -1, calcula el valor de a.

37 Halla a si el valor numérico de $P(x) = x^3 - (x^2 - ax) + a$ en $x = 2$ es 7.

38 **JUEGO.** Formad grupos de cuatro personas. Una elige el valor numérico que quiere obtener. En la primera ronda, las otras tres deben escribir un polinomio de grado 1 y un valor de x para el que se obtenga ese valor numérico. En la segunda ronda, el polinomio debe ser de grado 2, en la tercera, de grado 3, etc. Cada ronda la gana quien primero los invente.

39 **INVESTIGA.** Un polinomio $P(x)$ de grado 4 y coeficiente principal 1 tiene las raíces 3, 4, 5 y 6. ¿Cuánto vale la suma $P(2) + P(7)$?

40 Efectúa estas operaciones.

a) $(x^2 - 3x + 5)x^2 - x$

b) $(x^2 - x + 3)x^2 - 2x + (x - 4)(x + 5)$

c) $[(1 - x - x^2)(-1) - 3x)](8x + 7)$

d) $\left[\left(\dfrac{x}{2} + \dfrac{x^2}{4} - 3\right)\left(\dfrac{x}{3} - \dfrac{2}{5}\right) - \dfrac{1}{4}\right]x - 1$

e) $[x^2 + 1 - 6x(x - 4)]x - x(5x - 10)$

41 Extrae factor común en las siguientes expresiones.

a) $3x + 6xy - 27xz^2$

b) $5x^3z^2 - 5xyz + 100x^2yz$

c) $4b^2c + 8bc - 32a^2b$

d) $9abc + 6ab - 12b^2c$

42 **INVENTA.** Escribe dos monomios no semejantes de sexto grado cuyo factor común sea $3xy^2$.

43 Saca factor común en estas expresiones.

a) $(x + 2) + 3(x + 2)$

b) $(2x + 1) + (3x + 1) \cdot (2x + 1)$

c) $2(x + 4) - (3 + x)(x + 4) + 2(x + 4) \cdot 3x$

44 **INVESTIGA.** Dados dos polinomios, $P(x)$ de grado 5 y $Q(x)$ de grado 2, ¿cuál es el grado del polinomio que resulta de su multiplicación? ¿Y de su suma?

45 **RETO.** Encuentra los valores de A, B y C para que se cumpla $(Ax - 7)(5x + B) = Cx^2 - 6x - 14$.

46 **INVESTIGA.** Piensa en un número:

1. Multiplícalo por 5.
2. Suma al producto 25.
3. Divide la suma por 5.
4. Resta al cociente el número pensado.
5. Multiplica el resultado por 3.

¿Qué número obtienes? ¿El resultado es el mismo para cualquier número? Explica por qué.

47 **INVENTA.** Escribe un proceso como el de la actividad anterior en el cual, independientemente del número del que partas, obtengas el mismo resultado.

48 **RETO.** Determina el valor de esta expresión.

$$100^2 - 99^2 + 98^2 - 97^2 + \dots + 2^2 - 1^2$$

Potencias e igualdades notables

49 Efectúa.

a) $(3x + 4)^2$ b) $\left(4x - \frac{2}{3}\right)^2$ c) $(2x - 3)^3$

50 Efectúa y reduce términos semejantes.

a) $(x + 2)^4 + (x - 2)^2$
b) $(2x - 3)^3 - (x^2 + 4)^2$
c) $(5x - 6)^2 + (x - 1)^3$
d) $(3x + 5)^3 - (4x - 2)^3$

51 Opera.

a) $[(x - 2)^2]^2$
b) $[(3x + 2)^2]^2$
c) $[(4 - 5x)^2]^2$
d) $[(-x + 3)^2]^2$
e) $[(-4x + 1)^2]^2$
f) $[(x + 2)^2]^2$

52 Desarrolla las siguientes potencias.

a) $(x^2 + x + 2)^2$
b) $(2x^2 - 3x - 1)^2$
c) $(3x^2 + x - 2)^3$
d) $\left(\frac{x^2}{3} - \frac{x}{5} + 1\right)^3$

53 **INVESTIGA.** Encuentra dos números mayores que 1 cuyo producto sea 999 991.

54 Realiza las siguientes operaciones.

a) $(x - 2)^2 + (4 + x)(3 - x)$
b) $3(x^2 - 2x + 1) - (3x - 2)^2$
c) $(-x)^3[(x - 6)^2 - (x + 5)^2 + 7]$
d) $[(x^2 + 8)^2 - 9x(x - 2)]x^2$
e) $-(3 - x)^2 + (x + 5)^2$

55 Señala cuáles son el cuadrado de un binomio e indícalo.

a) $25x^2 - 70x + 49$
b) $x^4 - 6x^3 + 9x^2$
c) $x^6 - 4x^3 + 4$
d) $4x^4 - 16x^2 - 16$

56 **RETO.** Demuestra que este triángulo es rectángulo para cualquier valor de x.

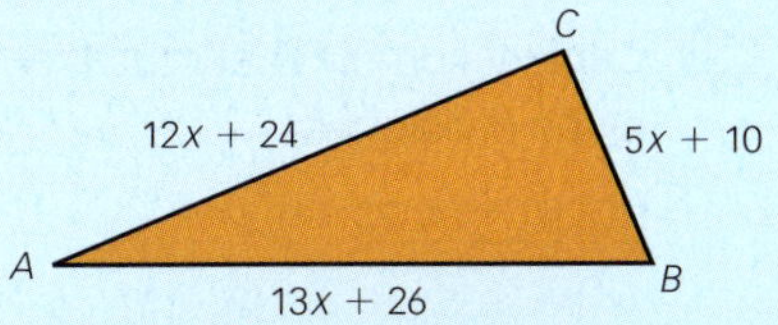

57 **INVESTIGA.** Observa estos resultados.

$1^2 + 2^2 + 1^2 \cdot 2^2 = 3^2$
$2^2 + 3^2 + 2^2 \cdot 3^2 = 7^2$
…
$9^2 + 10^2 + 9^2 \cdot 10^2 = 91^2$

¿Sabrías determinar a qué cuadrado es igual la siguiente expresión?

$$x^2 + (x + 1)^2 + x^2(x + 1)^2$$

División de polinomios. Regla de Ruffini

58 Realiza aplicando la regla de Ruffini.

a) $(x^5 - x^3 + x^2 - x^4 + 3x - 7) : (x - 2)$
b) $(x^4 + 2x^2 - x - 3) : (x + 1)$
c) $(2x^4 - x^3 - x^2 + x + 3) : (x - 3)$

59 Realiza las siguientes divisiones mediante la regla de Ruffini.

a) $(4x^7 - 2x^3 + x^5) : (x + 2)$
b) $(1 - x^5) : (x - 1)$
c) $(9 - x^9) : (3 - x)$

60 Calcula el cociente y el resto en cada caso.

a) $(-3 - x^5) : (x + 2)$
b) $(-3x^6 + 2x^5 - x^4) : (-x - 1)$
c) $(1 + 3x^3 - 6x^6 - 9x^9) : (3 - x)$

61 Copia y completa estas divisiones, y escribe los polinomios dividendo, divisor, cociente y resto.

a)

	3	4	0	−1
−1				

b)

	4	3	2	1
		−1		

c)

	1	0	−1	2
		2		

d)

		0	0	−3
−4				
		8		

62 Indica verdadero o falso.

a) El coeficiente del término de primer grado del cociente de $(x^4 + 5x^3 - 2x^2 + 3x - 1) : (x + 1)$ es -6.
b) El coeficiente de x en $(3x + 4)^2 + (x - 1)^2$ es 20.
c) El valor numérico de $(x^2 + x + 4)^5$ para $x = -1$ es 2^{10}.

63 ●○○ Copia y completa el crucigrama con los restos de estas divisiones.

HORIZONTALES

1. $(x^2 + 5x + 6) : (x - 1)$
2. $(x^2 + 2) : (x - 2)$
   $(x^2 - x - 2) : (x - 3)$
3. $(x^3 + 5x^2 - 5) : (x - 2)$

VERTICALES

A. $(3x^2 + 2x - 3) : (x + 5)$

B. $(x^2 + 2x + 1) : x$ $(x^3 - 6x - 1) : (x + 2)$

C. $(-x^3 - x^2 + 6) : (x + 3)$

	A	B	C
1			
2			
3			

2. Factoriza polinomios

ACTIVIDADES FLASH

64 ●○○ Decide si $x = 1$ es raíz de estos polinomios.

a) $x^2 + 5x - 6$
b) $2x^2 + 4x - 5$
c) $x^2 + 3x - 4$
d) $x^3 - 6x + 4$
e) $x^4 - x + 1$
f) $x^4 - x^3 - x + 1$
g) $x^5 - x^3 + 3x + 2$
h) $-2x^4 + x^3 - 5x + 6$
i) $6x^4 - 7x^2 - 9x + 8$
j) $5x^4 + 3x^3 + x - 2$

65 ●○○ Comprueba lo siguiente.

a) $P(x) = x^4 + 2x^3 - 7x^2 - 8x + 12$ tiene por raíces $x = -3$ y $x = 2$.

b) $x = 1$ es raíz de $P(x) = x^4 - 4x^3 + 6x^2 - 4x + 1$.

66 ●●○ Descompón factorialmente.

a) $x^3 + x^2$
b) $2x^3 + 3x^2 - 2x$
c) $x^4 + 4x^3 - 5x^2$
d) $x^4 - 25x^2$
e) $x^4 - 4x^3 - 12x^2$
f) $7x^3 + 5x^2 - 2x$

67 ●●○ Factoriza los siguientes polinomios.

a) $x^2 + 5x + 6$
b) $x^2 + x - 12$
c) $x^2 + 11x + 24$
d) $x^2 + 2x - 24$
e) $x^3 - 13x + 12$
f) $x^3 - 5x^2 - x + 5$
g) $x^3 + 4x^2 - 11x - 30$
h) $x^3 + 8x^2 - 32x - 60$

68 ●●○ Encuentra la factorización de estos polinomios.

a) $x^3 + 2x^2 + 2x + 1$
b) $x^3 + 4x^2 + 6x + 4$
c) $x^3 + x - 2$
d) $x^3 - x - 6$
e) $x^4 - 29x^2 + 100$
f) $x^4 - 24x^2 - 25$

69 ●●○ Utiliza igualdades notables para descomponer factorialmente.

a) $x^4 - 4x^2 + 4$
b) $9 - y^6$
c) $9x^2 + 6xy^2 + y^4$
d) $y^4 + 2x^2y^2 + x^4$
e) $x^4 + 2x^3 + x^2$
f) $x^8 - 25y^2$
g) $25y^4 - 10xy^2 + x^2$
h) $y^6 - 2x^2y^3 + x^4$

70 ●●● Completa en tu cuaderno.

$$4x^3 + 3x^2 - 8x - 6 = (x + 1) \cdot \square + 1 =$$
$$= (x + 1)[(x - 2) \cdot \square + \square] + 1$$

3. Resuelve problemas con polinomios

71 ●●○ La página de un libro mide el doble de alto que de ancho, los márgenes laterales miden 2 cm, y los márgenes superior e inferior, 3 cm.

a) Expresa la superficie total de la página en lenguaje algebraico.

b) Haz lo mismo con la superficie útil de papel (lo que queda dentro de los márgenes).

72 ●●○ Escribe la expresión que da el valor en euros de x contenedores si cada uno tiene x cajas en las que hay x bolsas con x artículos, si cada artículo cuesta 10 €.

73 ●●○ **MATEMÁTICAS Y... ENERGÍAS RENOVABLES.** Según Point-Russ, un fabricante de cargadores para vehículos eléctricos, el tiempo de carga medio de un vehículo de 0 % a 100 % es de 8 horas.

a) Halla la expresión algebraica de la carga de la batería que tendrá un vehículo después de cargar durante x horas si al inicio está al 0 %.

b) Un coche tiene 270 km de autonomía en ciclo urbano. Halla la expresión algebraica de la batería que tendrá después de x km si parte con la carga completa.

74 **MATEMÁTICAS Y... NUTRICIÓN.** Para calcular la cantidad de calorías que debes consumir al día según la OMS aplica la fórmula correspondiente de esta tabla:

De 10 a 18 años	Hombres	Mujeres
N.º de calorías	17 686 · peso + + 658,2	13 384 · peso + + 692,6

y multiplica el resultado por el factor de tu nivel de actividad física habitual.

Estilo de vida	Factor
Vida sedentaria	1,40
Vida ligeramente activa	1,69
Moderadamente activa	1,80
Muy activa	2

Escribe expresiones algebraicas que sirvan para calcular las calorías recomendadas para una persona de tu edad dependiendo del estilo de vida.

75 Escribe la expresión del volumen de un cilindro cuya base tiene un radio de x cm y cuya altura es tres veces el diámetro de la base más 5 cm. Calcula su volumen si la base tiene 4 cm de radio.

FAKE NEWS

Como mínimo... ¡2 litros al día!

El consumo diario recomendado de líquidos a partir de los 14 años es de 2,5 ℓ al día para los hombres y de 2 ℓ en el caso de las mujeres. La cantidad de agua que se debe consumir diariamente está relacionada con las estimaciones de ingesta de calorías recomendadas por la OMS, siendo 2 500 kcal para hombres y 2 000 kcal para mujeres, en sujetos de 70 kg.

En este sentido, algunos expertos consideran que los cuerpos más voluminosos necesitan más agua que los cuerpos más pequeños.

La fórmula para calcular la cantidad de agua necesaria es:

$$N = \frac{x}{7}$$

donde N es el número de vasos de agua de 250 ml que necesita beber una persona que pesa x kg.

Y tú, ¿qué opinas?

PROBLEMAS APARENTEMENTE DISTINTOS

76 Considera los polinomios y calcula.

$I(x) = x^2 + 2x \qquad G(x) = x^2 - 2x$

a) $B(x) = I(x) - G(x)$ b) $B(365)$

77 Los ingresos y gastos de una empresa, en miles de euros, vienen determinados por $I(x) = x^2 + 2x$ y $G(x) = x^2 - 2x$, donde x es el número de días transcurridos del año. Calcula el beneficio esperado por la empresa al cabo de un año.

78 Factoriza este polinomio y calcula sus raíces.

$$T(x) = \frac{x^3}{3} - \frac{10x^2}{3} + 9x - 6$$

79 La temperatura en °C en cierto lugar sigue el polinomio $T(x) = \frac{x^3}{3} - \frac{10x^2}{3} + 9x - 6$, donde x es el día de la semana. ¿En qué días cambió de estado el agua a temperatura ambiente?

80 Dado el polinomio

$$P(x) = -\frac{20x^2}{3} + 40x + 10.$$

a) Calcula $P(0)$ y $P(6)$.

b) Halla $P(3)$.

c) Di el valor de $P\left(\frac{3}{2}\right) - P(0)$.

81 El número de asistentes a una fiesta es: $N(t) = -\frac{20t^2}{3} + 40t + 10$, donde t es el tiempo en horas desde que empieza. La organización permanece en el local antes y después del evento y el pico de asistencia fue a las 3 horas de empezar.

a) ¿Cuántas personas son en la organización?

b) ¿Cuántas personas hubo a la vez como máximo?

c) ¿Cuántos asistentes había después de una hora y media?

Carnaval vs. Halloween

A mis amistades y a mí nos encanta disfrazarnos. A unos les gusta más Carnaval y a otros Halloween. Cada fiesta es diferente, pero ambas se celebran en todos los rincones del mundo. Cientos de miles de personas acuden a los carnavales de Venecia y Río de Janeiro, al Mardi Gras de Nueva Orleans y al desfile del Día de Muertos, el Halloween mexicano.

¿Tú eres más de Carnaval o de Halloween?

Lugar	Evento	N.º de asistentes
Río de Janeiro	Carnaval	5 983 000
Venecia	Carnaval	3 000 000
Sta. Cruz de Tenerife	Carnaval	800 000
Nueva Orleans	Mardi Gras	1 000 000
Ciudad de México	Día de Muertos	1 000 000

Medidas de la plaza de San Marcos (Venecia): 180 m × 70 m
Recorrido del desfile del Día de Muertos: 8,7 km
N.º de agrupaciones carnavalescas de Cádiz en 2022: 19
Longitud del sambódromo de Río de Janeiro: 550 m

1 Sambas y chirigotas

Los desfiles de Carnaval recorren las calles de muchas ciudades del mundo. En Río de Janeiro, el desfile termina en el sambódromo, un largo pasillo por el que desfilan las escuelas de samba de la ciudad.

- Sin conocer la anchura del sambódromo, expresa su área con un monomio.
- Escribe un polinomio que represente la diferencia entre el área del sambódromo y la de la plaza de San Marcos.
- Expresa con un polinomio el área que ocupa el desfile del Día de Muertos si las calles tienen la mitad de anchura que el sambódromo.
- Si a la primera chirigota de Cádiz asisten x personas, a la segunda $x + 1000$, a la tercera $x + 2000$..., escribe un polinomio que represente el número de personas que asisten a las actuaciones.

2 Truco o trato

Halloween proviene de una celebración celta llamada Samhain. Actualmente se conserva la tradición de ir por las casas disfrazados pidiendo dulces.

- Al primer grupo que ha venido a casa le hemos dado x caramelos, al segundo x^2 y al tercero x^3. Expresa con un polinomio cuántos caramelos hemos dado en total y factorízalo.
- Hemos medido los decibelios de los gritos provocados por los sustos y hemos comprobado que varía según el polinomio $P(x) = 3x^2 + 2x$, siendo x la edad de los niños y niñas. Averigua cuántos decibelios alcanza el grito de niños y niñas de 6, 8 y 10 años.

3 El banquete de los esqueletos

En el *Día de Muertos* es tradición preparar unos bollos dulces llamados pan de muertos.

- Expresa la cantidad necesaria de cada ingrediente para preparar pan de muertos para x personas.
- Si cada huevo pesa 70 g y cada naranja 150 g, escribe un polinomio que represente el peso total de los ingredientes y factorízalo.
- ¿Cuánta harina se necesitaría para preparar pan de muertos para todos los asistentes al desfile?

Pan de muertos
para 6 personas.

Levadura prensada fresca	10 g
Leche	60 g
Harina de fuerza	250 g
Azúcar	65 g
Huevos	2
Naranjas (ralladura)	1
Sal	2 g
Mantequilla	50 g
Agua de azahar (opcional)	5 g

RESUMEN DE UNIDAD

POLINOMIO

Grado 3 — Término independiente

$P(x) = 7x^3 + 52x + 22$

Variable — Términos o monomios

POTENCIA DE UN POLINOMIO

$P(x)^n = \underbrace{P(x) \cdot P(x) \cdot P(x) \cdot \ldots \cdot P(x)}_{n \text{ veces}}$

IDENTIDADES NOTABLES

$(a + b)^2 = a^2 + 2ab + b^2$

$(a - b)^2 = a^2 - 2ab + b^2$

$(a + b)(a - b) = a^2 - b^2$

DIVISIÓN DE POLINOMIOS

$\underbrace{P(x)}_{\text{Dividendo}} = \underbrace{Q(x)}_{\text{Divisor}} \cdot \underbrace{C(x)}_{\text{Cociente}} + \underbrace{R(x)}_{\text{Resto}}$

RAÍZ DE UN POLINOMIO

Si $P(a) = 0$, entonces a es raíz de $P(x)$.

AUTOEVALUACIÓN

1. Realiza operaciones con polinomios e igualdades notables

1 Dados los polinomios $P(x) = x^3 + 3x - 1$ y $Q(x) = -x^3 + 2$, calcula:

$$Q(x)(P(x) + Q(x))$$

a) $3x^4 + x^3 + 6x + 2$

b) $-3x^4 - x^3 + 6x + 2$

c) $-3x^3 - x^4 + 6x + 2$

d) $x^3 - 3x^4 + 6x + 2$

2 Indica el cociente y el resto de la siguiente división:

$$(x^3 + x + 5) : (x + 1)$$

a) $Q(x) = x^2 - x + 2$ y $R(x) = 3$

b) $Q(x) = x^2$ y $R(x) = 5$

c) $Q(x) = x^2 - x + 2$ y $R(x) = 7$

d) $Q(x) = x^2 + x + 2$ y $R(x) = 3$

3 Calcula el valor de m para que el resto de dividir $P(x)$ entre $Q(x)$ sea 5.

$$P(x) = x^5 - mx + 3 \qquad Q(x) = x + 2$$

a) $m = -17$

b) $m = 17$

c) $m = -15$

d) $m = 15$

4 Indica de cuál de estos polinomios es raíz $x = 5$.

a) $P(x) = x^4 - 7x^3 + 12x^2 - 14x + 10$

b) $Q(x) = x^4 + 8x^3 + 16x^2 + 8x + 15$

c) $R(x) = x^5 - 5x^4 - 3x^3 + 15x^2 + 2x - 10$

d) $S(x) = 5 - 10x - 15x^2 - 20x^3 - 25x^4 - 30x^5$

2. Factoriza polinomios

5 Calcula la factorización de $P(x) = x^3 + 4x^2 - 7x - 10$.

a) $(x - 1)(x + 5)(x - 2)$

b) $(x + 1)(x + 5)(x - 2)$

c) $(x + 1)(x - 5)(x - 2)$

d) $(x + 1)(x + 5)(x + 2)$

6 Factoriza $\frac{4}{3}x^2y^2 + \frac{4}{3}y^2 - \frac{8}{3}xy^2$.

a) $\frac{4}{3}y(x - 1)^2$

b) $\frac{4}{3}y(x + 1)(x - 1)$

c) $\frac{4}{3}y^2(x + 1)^2$

d) $\frac{4}{3}y^2(x - 1)^2$

3. Resuelve problemas con polinomios

7 ¿Cuál es la altura de un triángulo isósceles cuya base mide 4 cm menos que el doble de la longitud de los otros dos lados?

a) $\sqrt{4 - 4x}$ cm

b) $\sqrt{4x - 4}$ cm

c) $\sqrt{4x - 2}$ cm

d) $\sqrt{2 - 4x}$ cm

VALORA TU APRENDIZAJE

- ¿Utilizas las dificultades como retos a superar?
- ¿Compartes con el grupo tu experiencia personal?

4 Ecuaciones e inecuaciones

DESAFÍO

¡Billetes, por favor!

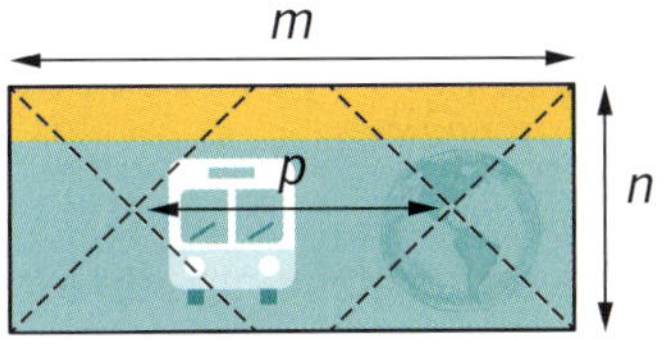

He doblado mi billete de autobús por las bisectrices de las esquinas.

¿Cuánto mide la longitud p en función de m y n?

¿Qué sabes ya?

Cómo se comprueba que un valor es solución de una ecuación

Para comprobar la solución de una ecuación se reemplaza la variable de la ecuación por el valor de la solución. El valor es solución de la ecuación si esta se convierte en una identidad.

EJEMPLO

Calcula y comprueba las soluciones de la ecuación:

$$x^2 + 3 = 12$$

$x^2 + 3 = 12 \rightarrow x^2 = 9 \rightarrow x_1 = 3, x_2 = -3$

Si $x = 3 \rightarrow 3^2 + 3 = 9 + 3 = 12 \rightarrow$ Es solución.

Si $x = -3 \rightarrow (-3)^2 + 3 = 9 + 3 = 12 \rightarrow$ Es solución.

ACTIVIDADES

1 Determina cuáles de los siguientes valores son solución de la ecuación:

$$(x + 1)(x - 1) = 3$$

a) -2

b) Ningún valor es solución.

c) 2 y -2

d) 2

Cómo se representan intervalos

Para representar un **intervalo** se marcan sus extremos en la recta con un punto relleno si el extremo pertenece al intervalo o con un punto hueco si no es del intervalo; luego, se marca también el segmento entre los extremos.

Para una **semirrecta** se hace igual pero marcando solo un extremo, ya sea inferior o superior.

EJEMPLO

a) $[-6, -1)$

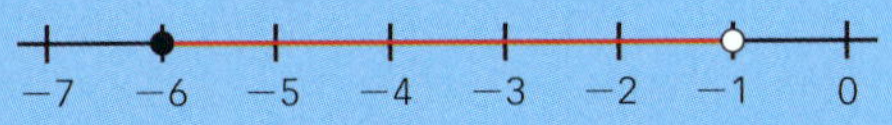

b) $[-6, +\infty)$

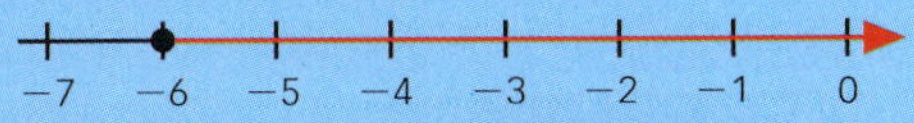

c) $(-\infty, -6)$

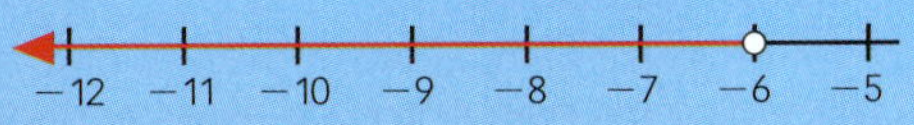

ACTIVIDADES

2 ¿Qué puntos no están en el siguiente intervalo?

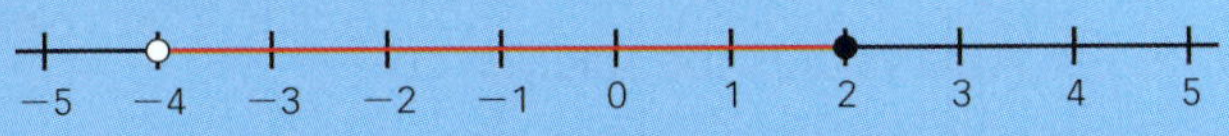

a) -4 b) 2 c) -4 y 2 d) Todos pertenecen.

1. Ecuaciones

1.1. Elementos de una ecuación

En las ecuaciones distinguimos varios elementos:

- **Incógnita:** cada una de las letras o variables cuyo valor es desconocido.
- **Miembro:** cada una de las dos expresiones algebraicas separadas por el signo igual.
- **Término:** cada uno de los monomios que componen sus miembros.
- **Grado:** el mayor grado de sus términos, después de reducir los términos semejantes.

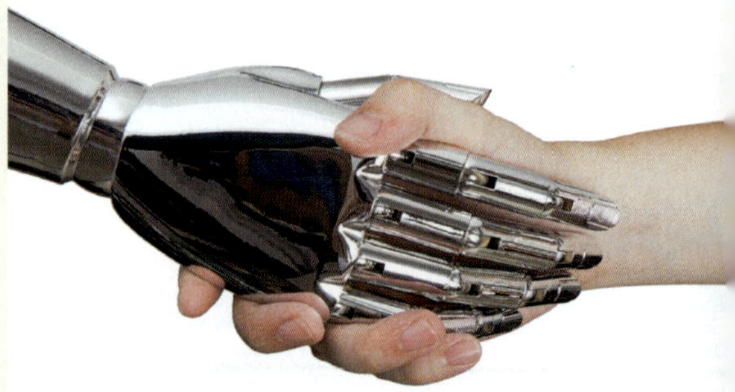

EJEMPLO

1. Distingue los elementos de esta ecuación: $3x + (2x - 3) = x^2 + 5 - 4x \rightarrow x^2 - 9x + 8 = 0 \rightarrow \begin{cases} \text{Incógnita: } x \\ \text{Grado: } 2 \end{cases}$

   Términos del 1.er miembro: $3x$, $2x$, -3 (1.er miembro: $3x + (2x - 3)$)

   Términos del 2.º miembro: x^2, 5, $-4x$ (2.º miembro: $x^2 + 5 - 4x$)

1.2. Solución de una ecuación

Las **soluciones** de una ecuación son los valores de la incógnita que hacen que la igualdad sea cierta.

Una ecuación con dos incógnitas tiene infinitas soluciones, pero no cualquier par de valores es solución.

EJEMPLO

2. Comprueba si los valores son solución de la ecuación en cada caso.

   a) $x = 2$ y $x = 1$ para $2x = 4$ $\rightarrow 2 \cdot 2 = 4 \rightarrow$ Es solución.
   $\rightarrow 2 \cdot 1 \neq 4 \rightarrow$ No es solución.

   b) $x = 1$ y $x = -1$ para $x^2 = -1$ $\rightarrow 1^2 \neq -1 \rightarrow$ No es solución.
   $\rightarrow (-1)^2 \neq -1 \rightarrow$ No es solución.

   c) $x = -1$ e $y = 8$ para $3x + y = 5 \rightarrow 3 \cdot (-1) + 8 = 5 \rightarrow$ Es solución.

ACTIVIDADES

1 Indica los elementos de estas ecuaciones.

a) $(x + 2) - (x - 5) + 2 = 7 - x^2$

b) $x + (x - 1) - 9 = x + 4$

2 ¿Qué valores son solución de $\dfrac{x+4}{3} - \dfrac{1}{2} = \dfrac{5-x}{2}$?

a) $x = 1$ b) $x = 5$ c) $x = -2$ d) $x = 2$

3 Comprueba si $x = 3$ y $x = -3$ son solución.

a) $3x - 2 = 7$ c) $x - 3 = 0$

b) $x^2 - 9 = 0$ d) $(x - 3)^2 = 0$

4 **REFLEXIONA.** Escribe una ecuación que tenga como solución:

a) $x = -1$ b) $x = \sqrt{2}$ c) $x = \dfrac{1}{2}$

2. Ecuaciones de primer y segundo grado

2.1. Ecuaciones de primer grado

Una **ecuación de primer grado** es una igualdad algebraica que se puede expresar como $ax + b = 0$, siendo a y b números reales y $a \neq 0$.

La solución de esta ecuación es única: $x = -\dfrac{b}{a}$.

EJEMPLO

3. Resuelve la ecuación $5(x-2) - x + 4 = 2(x-1)$.

Operamos, agrupamos los términos con x en un miembro y los números en otro, y despejamos x.

$$5x - 10 - x + 4 = 2x - 2 \rightarrow 5x - x - 2x = -2 + 10 - 4 \rightarrow$$
$$\rightarrow 2x = 4 \rightarrow x = \frac{4}{2} = 2$$

La solución es $x = 2$.

Transposición de términos

- Si un término está sumando en un miembro, pasa al otro restando; y, si está restando, pasa sumando.
- Si un término está multiplicando todo un miembro, pasa al otro dividiendo; y, si está dividiendo, pasa multiplicando.

2.2. Ecuaciones de segundo grado

GEOGEBRA

Una **ecuación de segundo grado** con una incógnita se puede expresar de la forma $ax^2 + bx + c = 0$, con a, b y c números reales y $a \neq 0$. Sus soluciones se calculan con esta fórmula:

$$x = \frac{-b \pm \sqrt{b^2 - 4ac}}{2a}$$

En la ecuación:

$$ax^2 + bx + c = 0$$

si $a = 0$, es una ecuación de primer grado:

$$bx + c = 0 \rightarrow x = -\frac{c}{b}$$

RETO

Resuelve esta ecuación donde x es la incógnita.

$$(x - a)(x - b) = 0$$

EJEMPLO

4. Calcula las soluciones de la ecuación $2x^2 - 3x + 1 = 2x + 4$.

Escribimos la ecuación como $ax^2 + bx + c = 0$ y aplicamos la fórmula.

$$2x^2 - 3x + 1 = 2x + 4 \rightarrow 2x^2 - 5x - 3 = 0$$

$$x = \frac{-(-5) \pm \sqrt{(-5)^2 - 4 \cdot 2 \cdot (-3)}}{2 \cdot 2} = \frac{5 \pm 7}{4} \rightarrow \begin{cases} x_1 = 3 \\ x_2 = -\dfrac{1}{2} \end{cases}$$

ACTIVIDADES

5 Resuelve las siguientes ecuaciones.

a) $4(x - 2) = 6x$

b) $x^2 + 7x + 12 = 0$

c) $5x^2 + 10x + 7 = 0$

d) $\dfrac{4 - x}{2} + 3(5 + x) = \dfrac{2 - x}{4}$

6 Escribe una ecuación de primer grado con solución:

a) $x = -3$ b) $x = -10$ c) $x = \dfrac{1}{5}$ d) $x = \dfrac{-3}{4}$

7 **REFLEXIONA.** Encuentra ecuaciones de segundo grado que tengan las siguientes soluciones.

a) $x_1 = 4$ y $x_2 = -2$ b) $x_1 = 7$ y $x_2 = 0$

2.3. Soluciones de una ecuación de segundo grado

El discriminante de una ecuación de segundo grado es $\Delta = b^2 - 4ac$.
Su valor indica cuántas soluciones tiene la ecuación.

- Si $\Delta > 0 \rightarrow$ La ecuación tiene dos soluciones.
- Si $\Delta = 0 \rightarrow$ La ecuación tiene una única solución doble.
- Si $\Delta < 0 \rightarrow$ La ecuación no tiene ninguna solución.

No existe la raíz cuadrada de un número negativo. Así, $\sqrt{-4}$ no existe, ya que ningún número real, al elevarlo al cuadrado, da -4.

EJEMPLO

5. Determina el número de soluciones. a) $2x^2 - 4x + 1 = 0$ b) $2x^2 - 4x + 2 = 0$ c) $2x^2 - 4x + 3 = 0$

a) $\Delta = b^2 - 4ac = (-4)^2 - 4 \cdot 2 \cdot 1 = 8 > 0 \rightarrow$ Tiene 2 soluciones.

b) $\Delta = b^2 - 4ac = (-4)^2 - 4 \cdot 2 \cdot 2 = 0 \rightarrow$ Tiene 1 solución.

c) $\Delta = b^2 - 4ac = (-4)^2 - 4 \cdot 2 \cdot 3 = -8 < 0 \rightarrow$ No tiene solución.

En función del valor de sus coeficientes, existen dos tipos de ecuaciones de segundo grado.

- **Ecuación completa**, si a, b y c son distintos de 0, $ax^2 + bx + c = 0 \rightarrow x = \dfrac{-b \pm \sqrt{b^2 - 4ac}}{2a}$.
- **Ecuación incompleta**, si $b = 0$ o $c = 0$. Se pueden dar tres casos:

– $b = 0$ y $c \neq 0 \rightarrow ax^2 + c = 0 \rightarrow x^2 = \dfrac{-c}{a} \rightarrow x = \pm\sqrt{\dfrac{-c}{a}} \rightarrow x_1 = \sqrt{\dfrac{-c}{a}}$ y $x_2 = -\sqrt{\dfrac{-c}{a}}$

– $b \neq 0$ y $c = 0 \rightarrow ax^2 + bx = 0 \rightarrow x(ax + b) = 0 \rightarrow x_1 = 0$ y $x_2 = \dfrac{-b}{a}$

– $b = 0$ y $c = 0 \rightarrow ax^2 = 0 \rightarrow x = 0$

EJEMPLO

6. Resuelve las siguientes ecuaciones de segundo grado.

a) $5x^2 + 13x - 6 = 0 \rightarrow$ Es una ecuación completa.

$$x = \frac{-13 \pm \sqrt{13^2 - 4 \cdot 5 \cdot (-6)}}{2 \cdot 5} = \frac{-13 \pm 17}{10} \rightarrow \begin{cases} x_1 = -3 \\ x_2 = \dfrac{2}{5} \end{cases}$$

b) $2x^2 + 4x = 0 \rightarrow$ Es una ecuación incompleta del tipo $ax^2 + bx = 0$.

$$2x^2 + 4x = 0 \rightarrow x(2x + 4) = 0 \rightarrow x_1 = 0,\ x_2 = \frac{-4}{2} = -2$$

RETO

Escribe una ecuación de segundo grado incompleta de cada tipo que no tenga solución.

ACTIVIDADES

8. Resuelve las siguientes ecuaciones.
   a) $7x^2 - 12 = 0$ b) $2x^2 - 32 = 0$ c) $2x^2 = 0$

9. Determina el número de soluciones.
   a) $x^2 - 10x + 25 = 0$ b) $x^2 - 5x + 8 = 0$

10. Halla el valor de k para que tengan dos soluciones.
    a) $kx^2 - 2x + 2 = 0$ b) $-x^2 + kx = 0$

11. **REFLEXIONA.** Escribe dos ecuaciones de segundo grado cuya única solución sea -2.

3. Otros tipos de ecuaciones

Una **ecuación bicuadrada** es una igualdad algebraica que se puede expresar de la forma $ax^4 + bx^2 + c = 0$, con a, b y c números reales y $a \neq 0$.

Una ecuación bicuadrada es una ecuación de grado 4 que no tiene término de grado 3 ni de grado 1.

EJEMPLO

7. Determina si estas ecuaciones son bicuadradas.

a) $x^4 - 9x^2 + 8 = 0$ → Ecuación bicuadrada.

b) $x^4 - 5x^2 - x + 1 = 0$ → No es bicuadrada, porque tiene término en x.

c) $x^4 + 9 = 0$ → Es una ecuación bicuadrada aunque no tenga término en x^2.

d) $-\dfrac{3x^4}{2} + 3x^2 - \dfrac{1}{2} = 0$ → Es una ecuación bicuadrada donde $-\dfrac{3}{2}$ es el coeficiente de x^4.

GEOGEBRA

Una **ecuación factorizada** es una expresión algebraica escrita como un producto de factores e igualada a cero. Se expresa de la siguiente forma:

$$P_1(x) \cdot P_2(x) \cdot \ldots \cdot P_n(x) = 0$$

EJEMPLO

8. Determina si estas ecuaciones son factorizadas.

a) $(x + 9) \cdot (-x - 2) \cdot (x^3 - 1) = 0$ → Es factorizada.

b) $x + (x - 1) \cdot (x + 2) = 0$ → No es factorizada porque tiene un sumando.

c) $(x - 1) \cdot (x + 2) \cdot (x + 3) = 2$ → No es factorizada porque no está igualada a 0.

d) $\dfrac{x}{2} \cdot (x - 1) \cdot \left(x + \dfrac{1}{2}\right) = 0$ → Es factorizada porque es un producto de varios factores igualados a 0.

RETO

Escribe una ecuación factorizada que tenga tres soluciones y una de ellas sea -1.

ACTIVIDADES

12 Indica de qué tipo es cada una de las siguientes ecuaciones.

a) $(x^2 - 4)(x + 5)x = 0$

b) $\dfrac{1}{2}x^2 - x^4 = x^4 + 5x^2$

c) $x^4 + \sqrt{5}x^4 = \dfrac{2x^2}{3} + 2$

d) $x^4 + 3x^3 - 2x^2 + x = x + 3x^3 - 2x^4$

13 Escribe dos ejemplos de las siguientes ecuaciones.

a) Bicuadrada que no tenga término en x^2.

b) Factorizada que contenga tres factores.

c) Bicuadrada sin término independiente.

d) Factorizada con un factor de grado 4.

14 **REFLEXIONA.** Escribe una ecuación bicuadrada y otra factorizada en las que una de sus soluciones sea 0.

Cómo se resuelve una ecuación bicuadrada

Una ecuación bicuadrada es una ecuación de grado 4 sin términos de grado 3 ni de grado 1.
Puede tener 4, 2 o ninguna solución.

Resuelve estas ecuaciones bicuadradas.

a) $2x^4 - 19x^2 + 9 = 0$

b) $x^4 - 3x^2 - 4 = 0$

① Realizamos el cambio de variable $t = x^2$ y reescribimos la ecuación.

a) $2x^4 - 19x^2 + 9 = 0$

$x^4 = (x^2)^2 \rightarrow 2(x^2)^2 - 19x^2 + 9 = 0$

$t = x^2 \rightarrow (x^2)^2 = t^2 \rightarrow 2t^2 - 19t + 9 = 0$

b) $x^4 - 3x^2 - 4 = 0$

$x^4 = (x^2)^2 \rightarrow (x^2)^2 - 3x^2 - 4 = 0$

$t = x^2 \rightarrow (x^2)^2 = t^2 \rightarrow t^2 - 3t - 4 = 0$

② Resolvemos la ecuación con incógnita t.

a) $t = \dfrac{19 \pm 17}{4} \rightarrow \begin{cases} t_1 = \dfrac{1}{2} \\ t_2 = 9 \end{cases}$

b) $t = \dfrac{3 \pm 5}{2} \rightarrow \begin{cases} t_1 = 4 \\ t_2 = -1 \end{cases}$

③ Deshacemos el cambio de variable para hallar el valor de x.

a) $t = x^2 \rightarrow x = \pm\sqrt{t}$

Si $t = \dfrac{1}{2} \rightarrow x = \pm\sqrt{\dfrac{1}{2}}$

Si $t = 9 \rightarrow x = \pm\sqrt{9} = \pm 3$

Hay cuatro soluciones:

$x_1 = -\sqrt{\dfrac{1}{2}}, x_2 = \sqrt{\dfrac{1}{2}}, x_3 = -3, x_4 = 3.$

b) $t = x^2 \rightarrow x = \pm\sqrt{t}$

Si $t = 4 \rightarrow x = \pm\sqrt{4} = \pm 2$

Si $t = -1 \rightarrow x = \pm\sqrt{-1} \rightarrow$ No existe solución.

Hay dos soluciones:

$x_1 = -2, x_2 = 2.$

ACTIVIDADES

15 Calcula las soluciones de estas ecuaciones.

a) $x^4 - 7x^2 - 3 = 0$

b) $36x^4 - 13x^2 + 1 = 0$

c) $x^4 - 5x^2 + 4 = 0$

d) $2x^4 - 6x^2 + 4 = 0$

e) $x^4 - x^2 - 42 = 0$

f) $-2x^4 - x^2 + 28 = 0$

g) $8x^4 + 2x^2 - 1 = 0$

h) $5x^4 + 3x^2 - 2 = 0$

16 Resuelve estas ecuaciones bicuadradas.

a) $x^4 + 4x^2 - 5 = 0$

b) $x^4 - 2x^2 = 8$

c) $x^4 - 48 = 13x^2$

d) $x^4 - 20x^2 = 125$

17 Opera y resuelve $(x^3 + x)x - 1 = 0$.

18 Escribe una ecuación bicuadrada que tenga como soluciones 0 y 1.

19 Calcula todas las soluciones de estas ecuaciones bicuadradas.

a) $x^4 - 20x^2 + 64 = 0$

b) $x^4 + 16 = 17x^2$

c) $x^4 - 26x^2 + 25 = 0$

d) $25x^2 - 144 = x^4$

e) $x^4 - 40x^2 + 144 = 0$

f) $x^2(x^2 - 36) - x^2 = -36$

g) $x^4 + 9 = 10x^2$

h) $x^4 - 29x^2 + 100 = 0$

i) $13x^2 - x^4 = 36$

j) $(x^2 - 25)x^2 = (x^2 - 25) \cdot 9$

Cómo se resuelve una ecuación mediante factorización

Si el producto de varios factores es igual a 0, al menos uno de los factores tiene que ser 0.

Si $a \cdot b = 0 \rightarrow a = 0$ o $b = 0$.

Resuelve la siguiente ecuación.

$$x^4 - 5x^2 = x^3 - x^2 - 4x$$

① **Si uno de los miembros no es cero, agrupamos los términos en uno de los miembros y operamos.**

Al otro miembro.

$$x^4 - 5x^2 = x^3 - x^2 - 4x \rightarrow x^4 - 5x^2 - x^3 + x^2 + 4x = 0 \rightarrow$$

$-5x^2 + x^2$

$$\rightarrow x^4 - x^3 - 4x^2 + 4x = 0 \rightarrow x(x^3 - x^2 - 4x + 4) = 0$$

Factor común: x

② **Factorizamos el polinomio resultante.**

- Factorizamos $x^3 - x^2 - 4x + 4$ utilizando la regla de Ruffini.

Div (4) = {1, −1, 2, −2, 4, −4}

	1	−1	−4	4
1		1	0	−4
	1	0	−4	0

$\rightarrow (x - 1)(x^2 - 4)$

$x^2 - 4$

- Aplicamos las identidades notables. $(x^2 - 4) = (x + 2)(x - 2)$
- Escribimos la ecuación factorizada. $x^4 - x^3 - 4x^2 + 4x = 0 \rightarrow x(x - 1)(x + 2)(x - 2) = 0$

③ **Calculamos las soluciones de la ecuación igualando todos los factores a cero y resolviendo cada ecuación resultante.**

$$x(x-1)(x+2)(x-2) = 0 \rightarrow \begin{cases} x = 0 \\ x - 1 = 0 \rightarrow x = 1 \\ x + 2 = 0 \rightarrow x = -2 \\ x - 2 = 0 \rightarrow x = 2 \end{cases}$$

Las soluciones son $x_1 = -2$, $x_2 = 0$, $x_3 = 1$, $x_4 = 2$.

ACTIVIDADES

20 Resuelve estas ecuaciones factorizadas.

a) $(x + 1)(x - 7)(x + 4) = 0$

b) $(x - 3)(x^2 + 2x + 1)(x^2 + 5) = 0$

c) $x^2(x + 1)^2 = 0$

21 Resuelve las ecuaciones.

a) $(x - 8)(8x - 1) = 0$

b) $(3x - 5)\left(x - \frac{1}{5}\right) = 0$

c) $(-x + 7)(3 - 4x) = 0$

d) $(-4 + x)(5 - x) = 0$

e) $(7 + 2x)(4x - 2) = 0$

22 Resuelve las siguientes ecuaciones.

a) $x^3 - 7x^2 - 4x + 28 = 0$

b) $x^3 - 3x^2 - 36x - 32 = 0$

c) $x^3 + 7x + 15 = 7x^2$

d) $x^3 = x^2 + 24x + 36$

23 Calcula las soluciones de estas ecuaciones.

a) $4x^3 + x^2 - 4x - 1 = 0$

b) $3x^3 + 5x^2 - 12x - 20 = 0$

c) $2x^3 - 5x^2 - 22x - 15 = 0$

d) $3x^3 + 2x^2 - 19x + 6 = 0$

e) $10x^3 + 27x^2 - 30x - 7 = 0$

4. Inecuaciones

Una **inecuación** es una desigualdad que se compone de dos expresiones algebraicas separadas por los signos $<$, $>$, $\leq$ o $\geq$.

La solución de una inecuación está formada por los valores que hacen que la desigualdad sea cierta.

RETO

Resuelve estas inecuaciones.

$x < x$ $\quad x \leq x$

$x > x$ $\quad x \geq x$

EJEMPLOS

9. Determina cuáles de estas expresiones algebraicas son inecuaciones.

a) $x - 1 = 0$ → No es una inecuación.

b) $5x^2 + x - 6 \geq x - 4$ → Es una inecuación de segundo grado con una incógnita.

c) $5x + y - 6 \leq -4$ → Es una inecuación de primer grado con dos incógnitas.

10. Determina si $x = -1$ y $x = 6$ son soluciones de estas inecuaciones.

a) $x + 2 < 5 \xrightarrow{x=-1} -1 + 2 < 5$ → Es solución.

$\xrightarrow{x=6} 6 + 2 > 5$ → No es solución.

b) $x - 3 \geq 2 \xrightarrow{x=-1} -1 - 3 \leq 2$ → No es solución.

$\xrightarrow{x=6} 6 - 3 \geq 2$ → Es solución.

Propiedades de las inecuaciones

- Al sumar o restar en los dos miembros de la inecuación la misma cantidad, la desigualdad no varía.
- Al multiplicar o dividir los dos miembros de la inecuación por:
  - Un número positivo, la desigualdad no varía.
  - Un número negativo, la desigualdad cambia de sentido.

EJEMPLO

GEOGEBRA

11. Resuelve la inecuación $3x + 4 > 5x - 6$.

Restamos 4 y $5x$: $\quad 3x + 4 - 4 - 5x > 5x - 6 - 4 - 5x \rightarrow -2x > -10$

Dividimos entre -2: $\dfrac{-2x}{-2} < \dfrac{-10}{-2} \rightarrow x < 5$

La solución es el intervalo $(-\infty, 5)$.

"La transposición de términos en las inecuaciones es similar a la de las ecuaciones. Lo único que debemos tener en cuenta es que, al multiplicar o dividir por un número negativo, cambia el sentido de la desigualdad.

$-3x < 6 \rightarrow x > \dfrac{6}{-3} \rightarrow x > -2$

ACTIVIDADES

24 Resuelve estas inecuaciones.

a) $2x - 3x + 5 > 6x - 1$

b) $-2x < 2x - 4$

c) $2x > 4x + 2$

d) $5x \leq x + 5$

e) $7 - 2x < -4$

f) $x + 1 < 2x - 1$

g) $4x \geq 1 - x$

h) $-2x \geq 0$

25 Resuelve estas inecuaciones.

a) $-5(x + 1) > x + 3$

b) $1 + 4(5 - 6x) < x + 7$

26 **REFLEXIONA.** Escribe una inecuación cuya solución sea el intervalo $[2, +\infty)$.

Cómo se resuelven inecuaciones con dos incógnitas

Para representar una recta basta con tomar dos puntos que pertenezcan a ella y unirlos.

GEOGEBRA

Resuelve la inecuación $x - 2y \leq 5x$.

① Consideramos la desigualdad como una igualdad y representamos la recta resultante.

$$x - 2y = 5 \xrightarrow{x=0} y = -\frac{5}{2} \rightarrow \text{Punto}\left(0, -\frac{5}{2}\right)$$

$$x - 2y = 5 \xrightarrow{y=0} x = 5 \rightarrow \text{Punto } (5, 0)$$

② La recta divide el plano en dos regiones. Tomamos un punto de cada región.

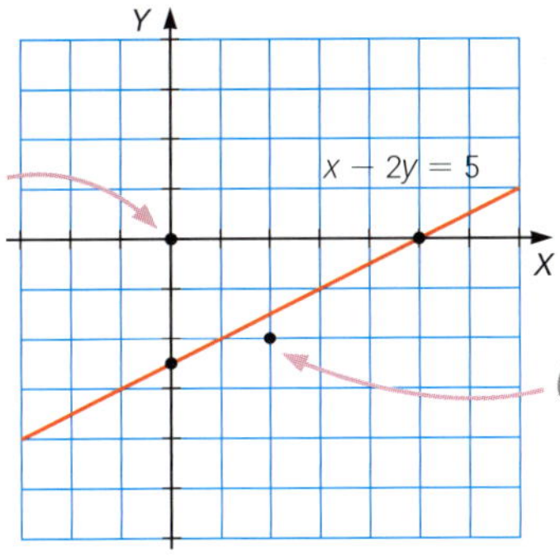

③ Comprobamos si esos puntos son soluciones de la inecuación. Si un punto es solución, entonces todos los puntos de la región son solución de la inecuación.

Si $x = 2, y = -2 \rightarrow 2 - 2 \cdot (-2) \not\leq 5 \rightarrow$
$\rightarrow (2, -2)$ no es solución.

Si $x = 0, y = 0 \rightarrow 0 - 2 \cdot 0 \leq 5 \rightarrow (0, 0)$ es solución.

La solución de la inecuación es la región del plano formada por todos los puntos situados en la misma región que (0, 0).

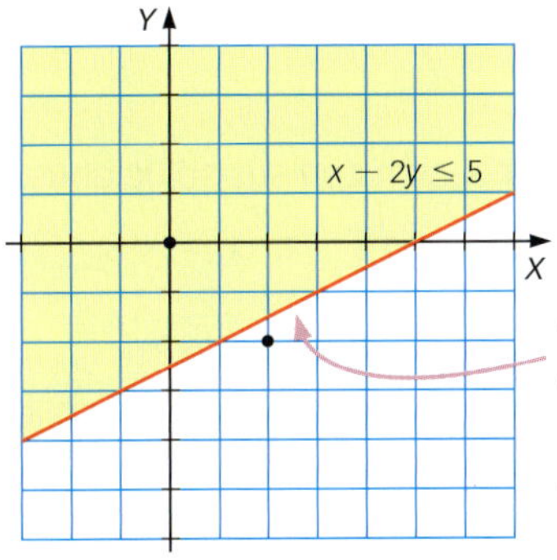

Como la desigualdad contiene el signo =, la recta forma parte de la solución.

ACTIVIDADES

27 Comprueba, en cada caso, si el punto pertenece al semiplano solución de la inecuación.

a) $P(1, -2)$ $3x - y \geq 2$
b) $P(-1, 3)$ $x + 2y \leq 3$
c) $P(0, 5)$ $-4x + y \geq 5$
d) $P(1, 3)$ $x - 3y + 8 < 0$
e) $P\left(\frac{1}{2}, 1\right)$ $-2x + 3y > 0$
f) $P\left(2, -\frac{1}{3}\right)$ $x + 3y < \frac{7}{3}$

28 Halla la solución gráfica de estas inecuaciones con dos incógnitas.

a) $x + 2y > 0$
b) $x - y < 1$
c) $5x \leq 3y$
d) $x + y \geq 4$
e) $3x - 2y > 5$

29 Resuelve gráficamente estas inecuaciones.

a) $x \geq 2$
b) $x \leq -1$
c) $x < 0$
d) $y \leq -3$
e) $y \geq 1$
f) $y > -2$

30 Resuelve las inecuaciones lineales con dos incógnitas que se indican a continuación.

a) $5x - 4y \leq 20$
b) $3y - 2x \geq 6$
c) $2(x + y) - 3(x - y) < 4(x + 2y)$

31 Representa la solución de estas inecuaciones lineales con dos incógnitas. Indica, en cada caso, tres puntos que las cumplan.

a) $2x + 3y - 2(x + y) < 5$
b) $3y - 5(x - 2) - 2y > 0$
c) $y - 1 \geq 3(x + 2y)$
d) $3(x + y) - 2(x - y) \leq 1$

1. Resuelve ecuaciones de primer y segundo grado

ACTIVIDADES FLASH

32 Identifica los elementos de cada ecuación y completa la tabla en tu cuaderno.

Ecuación	1.er miembro	2.º miembro	Incógnita y grado
$x(x+1)=2$			
$\frac{x}{3}-\frac{x+4}{9}=0$			
$(x-2)^2=x^2$			
$4x-(2x-5)=11$			
$3x+2y=1$			

CÁLCULO MENTAL

33 Relaciona cada ecuación con sus soluciones.

a) $6x-2=x+8$ I) $x=-3$

b) $(x+3)^2=0$ II) $x=-4$

c) $(x-2)(x+4)=0$ III) $x=2$

d) $x^2+8x=0$ IV) $x=0$

e) $x^2+x-6=0$ V) $x=-8$

34 **INVENTA.** Escribe una ecuación que cumpla estas condiciones.

a) De grado 1 y con solución $x=5$.

b) De grado 1, con paréntesis y fracciones.

c) De grado 2 y producto de dos factores.

d) De grado 2 y una de las soluciones $x=0$.

35 Halla x en este cuadrado mágico, donde se obtiene el mismo resultado al sumar cada fila, columna y diagonal.

$5x+1$	x	$\frac{2x}{3}$	$4x+1$
$x+2$	$3x+1$	$4x-1$	$3x-1$
$3x$	$x+3$	$x+4$	$4x$
$x+1$	$5x$	$5x-1$	$x-2$

36 **RETO.** Determina qué condición tienen que cumplir los coeficientes y los términos independientes de dos ecuaciones de primer grado:

$$ax+b=0$$
$$a'x+b'=0$$

para que tengan la misma solución.

37 Resuelve las siguientes ecuaciones de segundo grado.

a) $x^2-5x+6=0$

b) $x^2=4x-3$

c) $x^2-2x=3$

d) $x^2+3x-2=0$

e) $x^2+15=8x$

f) $x^2-x=30$

g) $8x^2=15-2x$

h) $x^2-3x-1=0$

i) $2x^2+7x=3$

j) $x^2=x-3$

CÁLCULO MENTAL

38 Resuelve estas ecuaciones.

a) $x(6x-7)=0$

b) $x(5-4x)=0$

c) $x(2x+9)=0$

d) $x(4x+8)=0$

39 Halla la solución de estas ecuaciones.

a) $x(x+1)=0$

b) $x(x+1)=1$

c) $x(x+1)=x$

d) $x(x+1)=-x$

e) $x(x+1)=x+1$

f) $x(x+1)=-x+1$

INTERNET

40 **INVESTIGA.** Busca una forma de resolver ecuaciones de segundo grado sin utilizar la fórmula, mediante identidades notables, y resuelve.

a) $(x-3)^2-4=0$

b) $x^2-6x+8=0$

41 Desarrolla y resuelve estas ecuaciones de segundo grado.

a) $(x+3)(x-4)+x(x+2)=2-x^2$

b) $3x-2(x+1)^2=-3$

c) $x^2+(x+2)(x-3)=0$

d) $4x^2+2(x-6)-(x+2)^2=0$

e) $(x-1)(x+2)+3x=4(x-2)-(x-12)$

f) $(x+5)(3-x)=2x(1-x)+12$

g) $x+x(x-3)+3=x(4-2x)+x+1$

h) $2x^2-3(x+2)=x(x+3)-11$

42 Indica el grado de estas ecuaciones y resuélvelas.

a) $2x(1+x)-5=x(x+1)+x^2$

b) $(x+4)(x-8)=x(x+1)-2$

c) $4(x+1)x-9+2x(3+x)\cdot 5-1=7x(2x+3)$

43 Halla las soluciones en cada caso.

a) $-x^2-\frac{x}{3}+\frac{1}{12}=0$

b) $x^2-\frac{5x}{4}-\frac{3}{2}=0$

c) $\frac{x^2}{9}+\frac{2x}{3}-3=0$

d) $\frac{3x^2}{8}+\frac{5x}{4}+1=0$

44 **RETO.** Si $x=\sqrt{2}-1$ es una solución de la ecuación $3x^2-ax+1=0$, ¿cuál es el valor de a?

CÁLCULO MENTAL

45 Sin resolver, indica cuántas soluciones tienen.

a) $x^2 - 8x + 16 = 0$
b) $4x^2 + 4x - 1 = 0$
c) $x^2 - 12x + 40 = 0$
d) $x^2 + 3x = 0$
e) $x = x^2$
f) $x^2 = x - 3$
g) $-x^2 = 5$
h) $x^2 = -x$

46 **JUEGO.** A partir de la ecuación $x^2 + bx + c$, una persona de la pareja elige «tiene solución» y la otra «no tiene solución». La primera decide el valor de b y simultáneamente la otra elige el valor de c. Después de resolver la ecuación, se observa si tiene solución y consigue un punto quien acierte. ¿Existe algún truco para ganar siempre?

47 **INVESTIGA.** Halla todos los valores que puede tomar c para que una ecuación de segundo grado de la forma $x^2 - 2x + c = 0$ tenga:

a) Dos soluciones.
b) Ninguna solución.

48 Completa estas ecuaciones de segundo grado, para que no tengan soluciones, con uno de estos términos.

a) $2x^2 + 3x + \square = 0$
b) $-x^2 + x - \square = 0$
c) $\square - x + 3 = 0$
d) $-2x^2 + \square - 4 = 0$
e) $x^2 - \square + 10 = 0$
f) $\square + 2x - 3 = 0$

49 **INVENTA.** Escribe cuatro ecuaciones de segundo grado de la forma $x^2 + 2x + c = 0$.

a) Con dos soluciones.
b) Con una solución doble.
c) Sin solución.

50 **RETO.** Para cada caso, escribe la ecuación $ax^2 + bx + c = 0$ que corresponda.

a) La suma de sus soluciones es -1 y su producto -2.
b) La suma de sus soluciones es 5 y su producto -6.
c) La suma de sus soluciones es 3 y su producto -4.

51 Razona si es verdadero o falso.

a) Las soluciones de $x^2 + 1 = 0$ son $x = \pm 1$.
b) La ecuación $x^2 - 4 = 0$ tiene las mismas soluciones que la ecuación $3x^2 = 12$.
c) La ecuación $x^2 + 2x^2 + 3x^2 + 4x^2 = 0$ tiene por solución $x = 10$.
d) Las soluciones de $x^2 - x = 0$ y $x^2 = -x$ coinciden.
e) Si se multiplica la ecuación $ax^2 + bx + c = 0$ por un número n, sus soluciones quedan multiplicadas por n.

52 **INVESTIGA.** Encuentra la condición que se debe cumplir para que una ecuación de segundo grado de la forma $ax^2 + ax + 1 = 0$ tenga:

a) Dos soluciones.
b) Una solución.
c) Ninguna solución.

2. Conoce y aplica técnicas de resolución de ecuaciones no lineales

53 Resuelve las siguientes ecuaciones bicuadradas y comprueba la solución.

a) $x^4 + 2x^2 - 48 = 0$
b) $x^4 - 9x^2 = 0$
c) $x^4 - 5x^2 + 6 = 0$
d) $x^4 - 10x^2 + 9 = 0$
e) $x^4 + 8x^2 + 15 = 0$
f) $x^4 + 3x^2 = 18$
g) $x^4 - x^2 = 20$
h) $x^4 + 12 = 7x^2$

54 **RETO.** Resuelve la ecuación $x^{10} - 7x^5 - 8 = 0$ efectuando el cambio $x^5 = z$.

55 Calcula la solución de las siguientes ecuaciones.

a) $x^2(x + 1)(x + 2)^2 = 0$
b) $(x - 3)^2(x + 3)^2 = 0$
c) $x(x - 4)^2(x + 3)^2 = 0$
d) $(x^2 - 1)^2 = 0$

56 Resuelve estas ecuaciones por descomposición factorial.

a) $-x^3 - 3x^2 + 6x + 8 = 0$
b) $-8x^3 + 2x^2 + 7x - 3 = 0$
c) $3x^3 + 10x^2 - x - 12 = 0$
d) $10x^3 - 9x^2 - 3x + 2 = 0$
e) $3x^3 + 8x^2 - 13x - 30 = 0$
f) $-4x^3 + 3x^2 + 15x - 14 = 0$

57 Resuelve.

a) $2x(x - 1)^2 + 3 = x(4 - x)$
b) $(x - 2)(x + 5)x + 12 = x(5x + 1)$

3. Resuelve inecuaciones con una y dos incógnitas

ACTIVIDADES FLASH

58 Completa en tu cuaderno, para $x = 2$, con el signo ($<$, $\leq$, $>$, $\geq$) que corresponda.

a) $2x \square 3$
b) $-2x \square 3$
c) $-2x \square -3$
d) $-2x \square 3x$
e) $2 \square -3x$
f) $-2 \square -3x$
g) $4x \square 1$
h) $3x \square -x + 3$

59 Opera y resuelve.

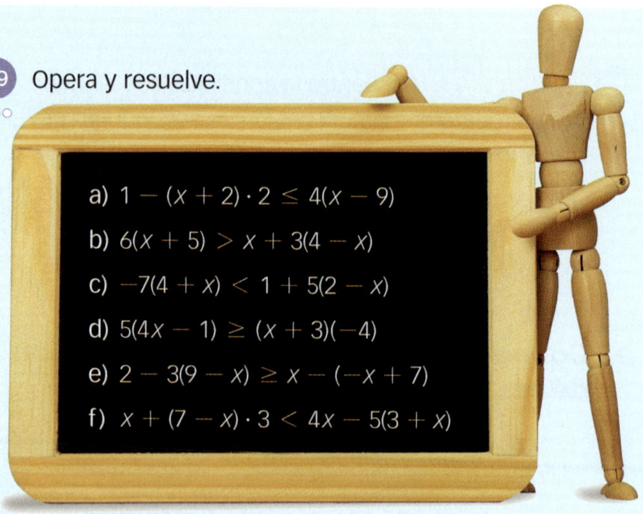

a) $1 - (x + 2) \cdot 2 \leq 4(x - 9)$
b) $6(x + 5) > x + 3(4 - x)$
c) $-7(4 + x) < 1 + 5(2 - x)$
d) $5(4x - 1) \geq (x + 3)(-4)$
e) $2 - 3(9 - x) \geq x - (-x + 7)$
f) $x + (7 - x) \cdot 3 < 4x - 5(3 + x)$

60 Soluciona las siguientes inecuaciones.

a) $x + 2y \geq 4$
b) $x - 2y < 2$
c) $2x + y \leq 8$
d) $3x - 2y > 6$

4. Resuelve situaciones de la vida cotidiana utilizando ecuaciones e inecuaciones

61 **MATEMÁTICAS Y... CONSUMO.** Estas son las tarifas de agua en mi pueblo.

Suministro de agua
Cuota fija: 3,31 €
Cuota variable:
– Tarifa 1, de 0 a 20 m^3: 0,30 €/m^3
– Tarifa 2, de 20 a 40 m^3: 0,54 €/m^3
– Tarifa 3, de 40 a 60 m^3: 1,08 €/m^3
– Tarifa 4, más de 60 m^3: 1,32 €/m^3

Si he pagado 50,83 €, ¿cuántos metros cúbicos he consumido?

62 **MATEMÁTICAS Y... ATLETISMO.** En la modalidad de triatlón esprint, se recorren $\frac{1}{37}$ nadando, $\frac{7}{9}$ del resto en bicicleta y los últimos 6 km corriendo. Halla la distancia total y la recorrida a nado y en bicicleta.

63 **INVESTIGA.** Lee y contesta.
¿Cuántos hermanos y hermanas tienes sabiendo que por Navidad cada persona le hace un regalo a las demás personas y entre todas tenéis un total de 36 regalos?

64 Un matrimonio y sus tres hijos viajan en tren por 29,40 €. Sabiendo que el billete de adulto vale el doble que el de niño, ¿cuánto cuesta cada billete?

65 Claudia se ha gastado el 25 % de sus ahorros en un regalo y todavía le quedan 120 €. ¿Cuánto dinero tenía?

66 En una tienda hay unos pantalones que están rebajados un 20 % y cuestan 18 €. ¿Cuánto valían los pantalones antes de efectuar el descuento?

67 Martín reparte entre sus nietos su colección de relojes. Al mayor le da la mitad más tres, al mediano la tercera parte de lo que queda y el resto, 26 relojes, al menor. Calcula el número de relojes de la colección de Martín.

68 **MATEMÁTICAS Y... MEDIOAMBIENTE.** Una placa solar produce aproximadamente 550 kWh al año. Su instalación cuesta de media 680 €.

Consumo medio de electricidad en España
- 1 persona: 2 198 kWh/año
- 2 personas: 2 450 kWh/año
- 3 personas: 2 703 kWh/año
- 4 personas: 2 956 kWh/año
- 5 personas: 3 208 kWh/año

Plantea una inecuación que exprese el presupuesto necesario para cubrir las necesidades de tu casa.

69 **MATEMÁTICAS Y... DEPORTE.** En los Juegos Olímpicos de Londres 2012, en la prueba de natación de 100 m estilo libre, el ganador fue Nathan Adrian con 47,52 segundos; seguido de James Magnussen con 47,53 segundos. ¿Qué distancia separó al segundo del primero cuando este llegó a la meta?

70 **RETO.** Un paseante hace un recorrido de 2 horas, consistente en dos partes llanas, una subida, una bajada y otra vez dos partes llanas, todas de la misma longitud. Su velocidad es de 4 km/h en la parte llana, 3 km/h cuando sube y 6 km/h cuando baja. ¿Cuál es la longitud del recorrido?

71 Se han empleado 70 m de cable para cercar un huerto rectangular. Si el ancho es tres cuartas partes del largo, ¿qué superficie tiene el huerto?

72 En una excursión, a las 10 de la mañana había completado la tercera parte del recorrido, y a las 12, las tres cuartas partes. ¿A qué hora comencé a andar si siempre mantuve el mismo ritmo?

73 En una playa alquilan sillas y tumbonas. Por una silla cobran 3 € cada hora, y por una tumbona cobran 5 € fijos más 2 € cada hora.
¿A partir de cuántas horas es más económico alquilar una tumbona que una silla?

74 Un peregrino camina a una velocidad de entre 4 y 6 km/h. Halla entre qué valores se encuentra la distancia recorrida cuando hayan transcurrido:

a) 4 horas.

b) 5 horas y media.

c) 2 días, si camina 7 horas diarias.

75 Carlos tiene entre 16 y 20 años, Javier tiene 14 años menos que Carlos y Andrés tiene 16 años más que Javier. Determina los intervalos en los que se encuentran las edades de Javier y Andrés.

FAKE NEWS

Cada uno en su papel

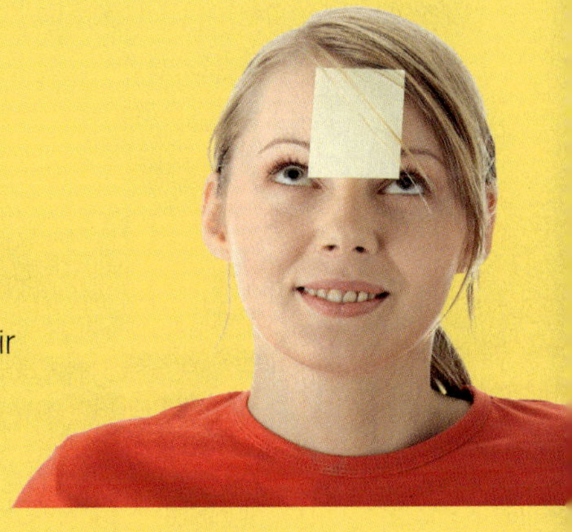

Cuentan que, ante la subida de la inflación, los fabricantes de pósits, papeletas adhesivas cuadradas de 5 cm de lado, se plantearon reducir su tamaño para no subir el precio.

Según sus cálculos, reduciendo la superficie de cada pósit en 1 cm^2, el margen de beneficios, a pesar de la subida del papel y los costes de fabricación, se podría mantener.

El problema era reducir ese centímetro cuadrado de tal manera que el pósit siguiera siendo un cuadrado, que es la seña de identidad del producto. Entre sus propuestas estaban eliminar una tira de 1 cm de uno de sus lados, eliminar 0,5 cm de cada lado… Pero al final llegaron a la conclusión de que era imposible.

Y tú, ¿qué opinas?

PROBLEMAS APARENTEMENTE DISTINTOS

76 Resuelve.

$$x(x+10)=5600$$

77 Un jardín rectangular tiene 5 600 m^2 de superficie y mide 10 m más de largo que de ancho. ¿Cuál es el ancho del jardín?

78 Halla el valor de *x*.

$$x\cdot 2x\cdot\frac{x-1}{2}=18$$

79 El recipiente que se usa para mezclar la pintura es de base rectangular, cuyo largo es el doble que el ancho, y de alto 1 dm menos que el ancho. Llenado hasta la mitad tiene una capacidad de 18 litros. ¿Qué dimensiones tiene el recipiente?

80 Resuelve las inecuaciones..

$$0<x-3<18$$

81 Alfonso es menor de edad y tiene tres años menos que su hermana Magdalena. ¿Cuál es la posible edad de Magdalena?

Bueno, ecológico y de verdad

Este año hemos solicitado al ayuntamiento un espacio en el huerto urbano, ¡y nos lo han concedido!

El huerto está organizado en bancales y cada vecino que lo solicite puede cultivar dos. Queremos plantar un montón de hortalizas que cultivaremos sin utilizar pesticidas y con un riego muy eficiente, para minimizar el consumo de recursos.

Vamos a comprar las semillas para plantar nuestras hortalizas.

Tipos de semillas	Precio por bolsa (€)	Producción esperada
	1,70	10,5 kg
	1,50	47,2 kg
	1,60	20 unidades
	1,75	33 kg
	1,80	25 kg

1 Hortalizas incompatibles

He comprado un montón de libros y he estado estudiando sobre cultivos en un huerto. He descubierto que hay hortalizas que no pueden sembrarse juntas. Por ejemplo, no se deben plantar en el mismo bancal los guisantes con las cebollas o con los pimientos. Tampoco conviene plantar los tomates cerca de las cebollas.

- ¿Qué cultivos podemos plantar en cada bancal de manera que plantemos todas las hortalizas que hemos elegido?
- Queremos sembrar el triple de tomates que de pimientos. Si el coste total de las semillas ha sido 13,90 €, ¿cuántos paquetes de semillas de cada tipo hemos comprado?
- Vamos a sembrar 4 plantas de pimientos más que de guisantes, y el doble de lechugas que de guisantes y pimientos juntos. Si en total sembramos 50 plantas, ¿cuántas plantas de cada tipo tendremos?

2 Espacio limitado

Al sembrar las hortalizas, debemos tener en cuenta el espacio que necesitan para crecer.

- Cada lechuga precisa 400 cm^2 de terreno para crecer y cada cebolla 225 cm^2. Si plantamos 10 cebollas más que lechugas, ¿cuántas plantas de cada tipo podemos cultivar en el mismo bancal?
- Los pimientos necesitan 15 dm^2 de tierra menos para crecer que los tomates. Si plantáramos un bancal solo con tomates, habría 24 plantas. ¿Cuántas plantas habría si solo plantáramos pimientos en el otro bancal?

3 Tiempo de cosecha

La producción dependerá, entre otros factores, del número de semillas que plantemos de cada hortaliza.

- ¿Cuánto costará cultivar 100 kg de guisantes?
- Escribe una ecuación que exprese cuántas bolsas de semillas tendremos que comprar para obtener 50 kg de pimientos, y resuélvela.
- Para hacer una ensalada utilizaremos una lechuga, medio kilo de tomates y 200 g de cebollas. Expresa con una ecuación lo que cuesta cultivar los ingredientes y resuélvela. ¿Cuántas ensaladas podremos elaborar por 2 €?
- ¿Cuánto costará cultivar el doble de pimientos que de cebollas, si entre ambos suman 120 kg?

RESUMEN DE UNIDAD

ECUACIÓN

Primer miembro: $3xy + 4x$ — Segundo miembro: 12

$$3xy + 4x = 12 \rightarrow \begin{cases} \text{Incógnitas: } x, y \\ \text{Grado: } 1 + 1 = 2 \end{cases}$$

Términos: $3xy$, $4x$, 12 — Término independiente: 12

ECUACIÓN DE PRIMER GRADO

$$ax + b = 0 \xrightarrow{\text{Solución}} x = -\frac{b}{a}$$

ECUACIÓN DE SEGUNDO GRADO

$$ax^2 + bx + c = 0 \xrightarrow{\text{Solución}} x = \frac{-b \pm \sqrt{b^2 - 4ac}}{2a}$$

ECUACIÓN BICUADRADA

$$ax^4 + bx^2 + c = 0$$

ECUACIÓN FACTORIZADA

$$(x - 5)(x^2 - 1) = 0$$

INECUACIÓN

Primer miembro: $2y + 5x$ — Segundo miembro: 3

$$2y + 5x < 3 \rightarrow \begin{cases} \text{Incógnitas: } x, y \\ \text{Grado: } 1 \end{cases}$$

Términos: $2y$, $5x$, 3

AUTOEVALUACIÓN

1. Resuelve ecuaciones de primer y segundo grado

1 Resuelve $-5x + 9 - 2 = 2(4x - 4 - x^2 - x)$.

a) $x_1 = \frac{5}{2}, x_2 = -3$

b) $x_1 = \frac{5}{2}, x_2 = 3$

c) $x_1 = -\frac{5}{2}, x_2 = -3$

d) $x_1 = -\frac{5}{2}, x_2 = 3$

2. Conoce y aplica técnicas de resolución de ecuaciones no lineales

2 Calcula las soluciones de la siguiente ecuación.

$$-6 = -x^4 - x^2$$

a) $x_1 = -3, x_2 = 2$

b) $x_1 = -\sqrt{2}, x_2 = \sqrt{2}$

c) $x_1 = -\sqrt{2}, x_2 = \sqrt{2}, x_3 = -\sqrt{3}, x_4 = \sqrt{3}$

d) $x_1 = -2, x_2 = 2, x_3 = -3, x_4 = 3$

3 Determina las soluciones $3x\,(x + 2)\,(x^2 - 4) = 0$.

a) $x_1 = 0, x_2 = 2$

b) $x_1 = -2, x_2 = 2$

c) $x_1 = -2, x_2 = 0$

d) $x_1 = -2, x_2 = 0, x_3 = 2$

3. Resuelve inecuaciones con una y dos incógnitas

4 Encuentra la solución de $2x + 4 \leq 2$.

a) $(-\infty, -1]$

b) $(-\infty, -1)$

c) $[-\infty, -1]$

d) $x = -1$

5 Determina qué punto es solución de esta inecuación con dos incógnitas.

$$\frac{1}{2}x \geq 2 - y$$

a) $(7, -3)$ b) $(0, -2)$ c) $\left(\frac{1}{2}, 3\right)$ d) $\left(\frac{1}{3}, \frac{3}{2}\right)$

4. Resuelve situaciones de la vida cotidiana utilizando ecuaciones e inecuaciones

6 Jaime recorre la mitad de un trayecto en coche, la tercera parte de lo que queda en tren, la quinta parte del resto en bicicleta y los últimos 12 km a pie. Calcula la distancia que ha recorrido en bicicleta.

a) 45 km b) 3 km c) 7,5 km d) 22,5 km

7 Ana tiene el triple de la edad de Juan. Si entre los dos suman menos de 20 años, ¿cuántos años puede tener cada uno?

a) Ana: 15, 12, 9, 6, 3 y Juan: 5, 4, 3, 2, 1.

b) Ana: 12, 9, 6, 3, 1 y Juan: 4, 3, 2, 1, 0.

c) Ana: 4, 3, 2, 1 y Juan: 12, 9, 6, 3.

d) Ana: 12, 9, 6, 3 y Juan: 4, 3, 2, 1.

VALORA TU APRENDIZAJE

- ¿Utilizas lo aprendido en tu día a día?
- ¿Participas activamente en la puesta en común dentro del grupo?

5 Sistemas de ecuaciones e inecuaciones

DESAFÍO

El extraño número

Toma un número de cuatro cifras. Ordena las cifras de mayor a menor y de menor a mayor, y resta ambos números. Repite este proceso cuatro veces más. Obtendrás el número 6174.

¿Cómo puede ser?

¿Qué sabes ya?

Cómo se representan gráficamente las soluciones de una ecuación lineal

Las soluciones de una ecuación lineal forman una recta. Para representarla basta encontrar dos soluciones, representarlas como puntos y unirlos con una recta.

EJEMPLO

Representa las soluciones de $-2x + y = 3$.

Si $x = 0 \rightarrow y = 3$

Si $x = -1 \rightarrow y = 1$

x	0	−1
y	3	1

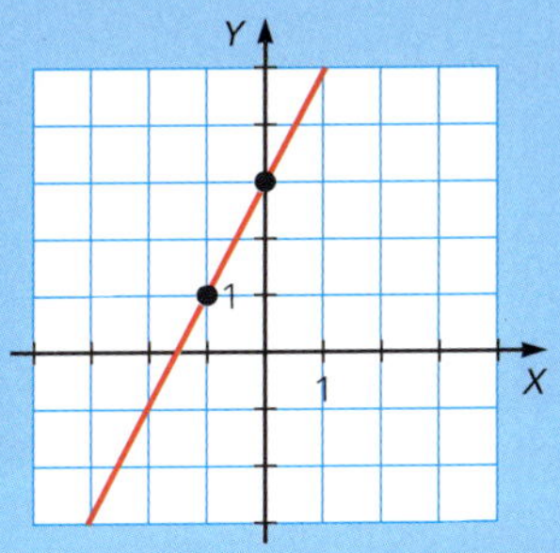

ACTIVIDADES

1 Dado el punto $(a, a - 2)$, indica el valor de a para que pertenezca a la recta $4x = 2y + 10$.

a) $a = 0$ b) $a = 1$ c) $a = 2$ d) $a = 3$

Cómo se resuelve una inecuación

Utilizamos las propiedades de las inecuaciones hasta dejar la incógnita en un miembro y un número en el otro.

- Al sumar o restar en los dos miembros de una inecuación la misma cantidad, la desigualdad no varía.
- Al multiplicar o dividir los dos miembros por un número:
  - Positivo, la desigualdad no varía.
  - Negativo, la desigualdad cambia de sentido.

EJEMPLO

Resuelve la inecuación $3(x + 4) - 2(x - 5) > 11$.

$3x + 12 - 2x + 10 > 11 \rightarrow 3x - 2x > 11 - 12 - 10 \rightarrow x > -11$

La solución es el intervalo $(-11, +\infty)$.

ACTIVIDADES

2 Resuelve $5(x - 3) - 2x \leq 4(x + 2) - 3(x - 1)$.

a) $(13, +\infty)$ c) $(-\infty, 13]$

b) $(-\infty, 13)$ d) $[13, +\infty)$

1. Sistemas de ecuaciones lineales

Un **sistema de ecuaciones lineales** con dos incógnitas es un conjunto de ecuaciones lineales con dos incógnitas para el que se quiere encontrar una solución común.

Una **solución del sistema** de ecuaciones es cada par de valores que cumple todas las ecuaciones a la vez.

Las ecuaciones con dos incógnitas tienen infinitas soluciones, pero hay pares de números que no son solución. El par $x = 0$, $y = 4$ no verifica la ecuación $2x + 3y = 2$ pues $2 \cdot 0 + 3 \cdot 4 \neq 2$.

EJEMPLO

1. Calcula las soluciones del sistema $\left.\begin{array}{r} x - y = 1 \\ -2x + y = 0 \end{array}\right\}$.

Representamos las soluciones de las dos ecuaciones.

Tomamos dos soluciones de cada ecuación.

$x - y = 1 \xrightarrow{x=0} y = -1 \rightarrow (0, -1)$

$\xrightarrow{y=0} x = 1 \rightarrow (1, 0)$

$-2x + y = 0 \xrightarrow{x=0} y = 0 \rightarrow (0, 0)$

$\xrightarrow{x=1} y = 2 \rightarrow (1, 2)$

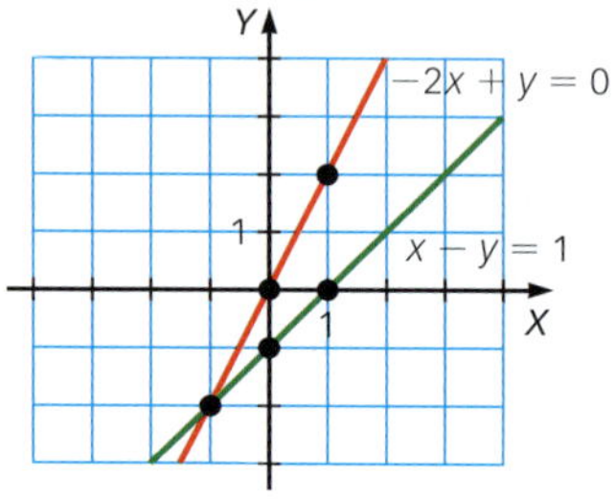

Las soluciones del sistema verifican ambas ecuaciones a la vez, es decir, son los puntos de intersección entre las dos rectas.

La solución de este sistema es $(-1, -2)$, es decir, $x = -1$, $y = -2$.

Clasificación del sistema de ecuaciones

Según su número de soluciones, un sistema puede ser:

- **Compatible determinado:** tiene una única solución. Su representación gráfica es dos rectas que se cortan en un punto.
- **Compatible indeterminado:** tiene infinitas soluciones. Su representación gráfica es dos rectas que coinciden (coincidentes).
- **Incompatible:** no tiene solución. Su representación gráfica es dos rectas paralelas.

RETO

Representa este sistema y halla sus soluciones.

$$\left.\begin{array}{r} x + y = a \\ x + y = -a \end{array}\right\}$$

ACTIVIDADES

1. Comprueba que $x = \frac{-1}{2}$, $y = \frac{3}{4}$ es solución del sistema:

$$\left.\begin{array}{r} 2x + 3y = \frac{5}{4} \\ 16x + 20y = 7 \end{array}\right\}$$

2. Representa gráficamente cada sistema y resuélvelo.

a) $\left.\begin{array}{r} x + y = 4 \\ 2x + 2y = 5 \end{array}\right\}$ b) $\left.\begin{array}{r} x - y = 1 \\ x + y = 3 \end{array}\right\}$

3. Resuelve gráficamente estos sistemas y di el número de soluciones que tienen.

a) $\left.\begin{array}{r} x + 3y = 0 \\ -x + y = 2 \end{array}\right\}$ b) $\left.\begin{array}{r} x + 2y = 1 \\ 3x + 6y = 3 \end{array}\right\}$

4. **REFLEXIONA.** Escribe en cada caso un sistema cuya solución sea:

a) $x = 0, y = 0$
b) $x = 0, y = -1$
c) $x = 2, y = -1$
d) $x = -3, y = 5$

Cómo se determina gráficamente el número de soluciones de un sistema de ecuaciones

En un sistema compatible determinado, el punto de corte de las dos rectas es la única solución del sistema.

GEOGEBRA

Clasifica estos sistemas de ecuaciones según su número de soluciones.

a) $\left.\begin{aligned} 2x - y &= 0 \\ x + y &= 3 \end{aligned}\right\}$ b) $\left.\begin{aligned} 6x + 2y &= 6 \\ 3x + y &= 0 \end{aligned}\right\}$ c) $\left.\begin{aligned} x + y &= 1 \\ 2x + 2y &= 2 \end{aligned}\right\}$

① Hallamos dos soluciones de cada ecuación.

a) $2x - y = 0$
Soluciones: (0, 0) y (−1, −2)
$x + y = 3$
Soluciones: (0, 3) y (3, 0)

b) $6x + 2y = 6$
Soluciones: (0, 3) y (1, 0)
$3x + y = 0$
Soluciones: (0, 0) y (−1, 3)

c) $x + y = 1$
Soluciones: (0, 1) y (1, 0)
$2x + 2y = 2$
Soluciones: (0, 1) y (1, 0)

② Representamos las dos rectas asociadas al sistema a partir de los puntos obtenidos.

Un solo punto de intersección, (1, 2).

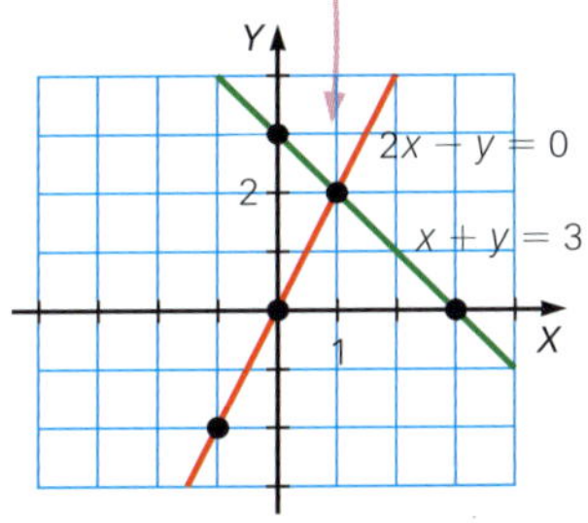

Sistema compatible determinado. Tiene una única solución: (1, 2), es decir, $x = 1$, $y = 2$.

Sin puntos de intersección.

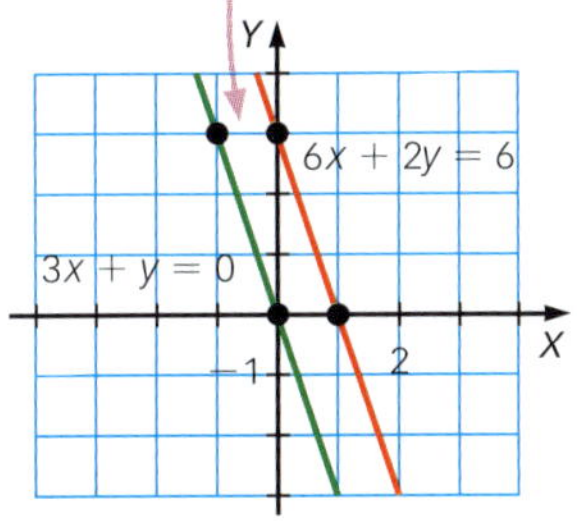

Sistema incompatible. No tiene solución.

Infinitos puntos de intersección.

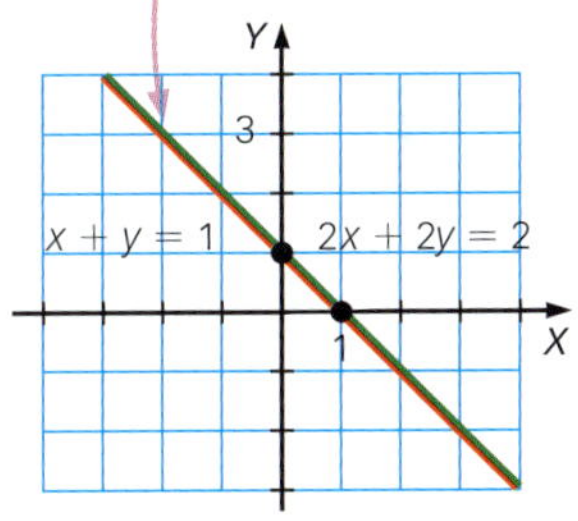

Sistema compatible indeterminado. Tiene infinitas soluciones.

ACTIVIDADES

5 Clasifica estos sistemas según el número de soluciones.

a) $\left.\begin{aligned} x + y &= 4 \\ x + 2y &= 7 \end{aligned}\right\}$ c) $\left.\begin{aligned} x + y &= 4 \\ x + y &= 1 \end{aligned}\right\}$

b) $\left.\begin{aligned} x - y &= 3 \\ 3x - 3y &= 9 \end{aligned}\right\}$ d) $\left.\begin{aligned} x &= y \\ 3x + 2 &= y \end{aligned}\right\}$

6 A partir del número de soluciones clasifica estos sistemas de ecuaciones.

a) $\left.\begin{aligned} x + y &= 0 \\ x - y &= 2 \end{aligned}\right\}$ d) $\left.\begin{aligned} 2x + y &= 3 \\ x - 2y &= -1 \end{aligned}\right\}$

b) $\left.\begin{aligned} 2x + 2y &= 4 \\ x + y &= 2 \end{aligned}\right\}$ e) $\left.\begin{aligned} x + 3y &= 2 \\ 2x - y &= 4 \end{aligned}\right\}$

c) $\left.\begin{aligned} x + y &= 20 \\ x - y &= 4 \end{aligned}\right\}$ f) $\left.\begin{aligned} x + y &= 3 \\ x - y &= 1 \end{aligned}\right\}$

7 Observa las gráficas y escribe el sistema en su forma general, determina la solución y decide de qué tipo es respecto a su número de soluciones.

a)

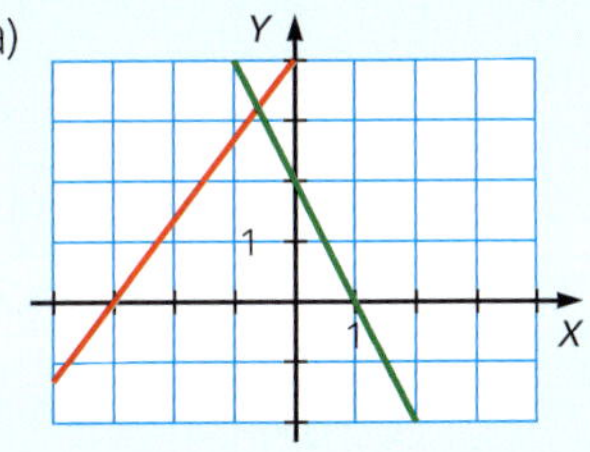

c)

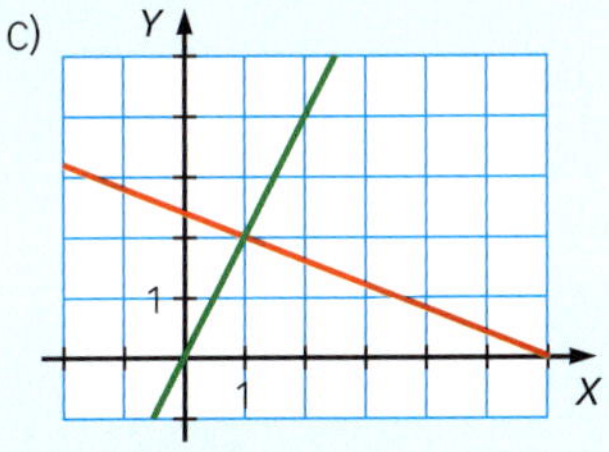

b)

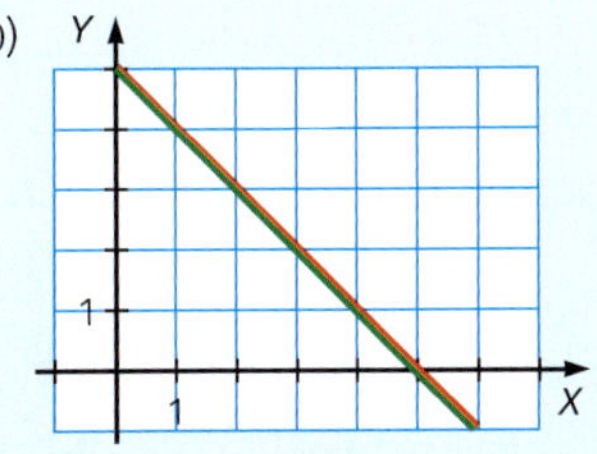

d)

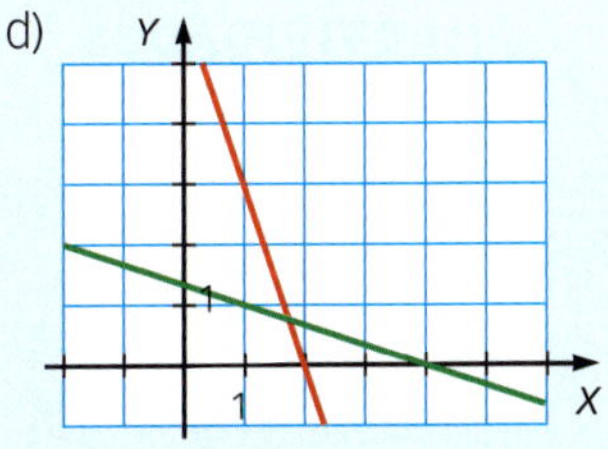

2. Resolución de sistemas de ecuaciones

Existen tres métodos básicos para resolver sistemas de ecuaciones:

- **Método de sustitución:** consiste en despejar una incógnita en una de las ecuaciones y sustituir su valor en la otra.
- **Método de igualación:** consiste en despejar la misma incógnita en las dos ecuaciones e igualar los resultados.
- **Método de reducción:** consiste en igualar, mediante productos, los valores absolutos de los coeficientes de una de las incógnitas en las dos ecuaciones, de forma que, al sumarlas o restarlas, resulte una ecuación con una sola incógnita.

Al resolver un sistema, siempre que sea posible, es conveniente despejar la incógnita que tenga como coeficiente 1 o −1 para evitar trabajar con denominadores.

Los coeficientes de una de las incógnitas podemos igualarlos multiplicando cada ecuación por el coeficiente que tiene esa incógnita en la otra ecuación.

$$\left.\begin{aligned}2x-3y&=2\\3x+2y&=4\end{aligned}\right\}\begin{aligned}&\xrightarrow{\cdot 3}6x-9y=6\\&\xrightarrow{\cdot 2}6x+4y=8\end{aligned}$$

EJEMPLO

2. Resuelve el sistema de ecuaciones $\left.\begin{aligned}x+2y&=5\\2x-y&=0\end{aligned}\right\}$.

a) Por el método de sustitución.

Despejamos x en la primera ecuación y sustituimos en la segunda.

$$\left.\begin{aligned}x+2y&=5\\2x-y&=0\end{aligned}\right\}\begin{aligned}&\rightarrow x=5-2y\\&\xrightarrow{x=5-2y}2(5-2y)-y=0\rightarrow 10-4y-y=0\rightarrow y=2\end{aligned}$$

$$x=5-2y\xrightarrow{y=2}x=5-2\cdot 2=1$$

La solución es $x=1, y=2$.

b) Por el método de igualación.

Despejamos x en la primera y en la segunda ecuación, e igualamos.

$$x+2y=5\rightarrow x=5-2y \qquad 2x-y=0\rightarrow x=\frac{y}{2}$$

$$5-2y=\frac{y}{2}\rightarrow 10-4y=y\rightarrow 5y=10\rightarrow y=2$$

$$x=5-2y\xrightarrow{y=2}x=5-2\cdot 2=1$$

La solución es $x=1, y=2$.

c) Por el método de reducción.

Igualamos los coeficientes de las x.

$$\left.\begin{aligned}x+2y&=5\\2x-y&=0\end{aligned}\right\}\xrightarrow{\cdot 2}\left.\begin{aligned}-\ \cancel{2x}+4y&=10\\\cancel{2x}-\ \ y&=0\end{aligned}\right\}$$

$$5y=10\rightarrow y=2$$

$$x+2y=5\rightarrow x=5-2y\xrightarrow{y=2}x=5-2\cdot 2=1$$

La solución es $x=1, y=2$.

ACTIVIDADES

8 Resuelve por sustitución, igualación y reducción estos sistemas.

a) $\left.\begin{aligned}x-y&=4\\x+2y&=13\end{aligned}\right\}$

b) $\left.\begin{aligned}2x+3y&=-5\\3x+2y&=-5\end{aligned}\right\}$

9 **REFLEXIONA.** ¿Qué resultado obtendrías al resolver un sistema compatible indeterminado por igualación?

¿Y al resolver un sistema incompatible por el método de reducción?

Cómo se resuelve un sistema de ecuaciones lineales

Es conveniente resolver el sistema por reducción cuando los coeficientes de una de las incógnitas son iguales o múltiplos el uno del otro.

Resuelve el siguiente sistema de ecuaciones lineales.

$$\left.\begin{array}{r}\dfrac{y+x}{3}-\dfrac{x+1}{4}=0\\ 5y-3x=9-2(3x+2y)\end{array}\right\}$$

1 Expresamos las ecuaciones del sistema en su forma general: $ax + by = c$.

$$\frac{y+x}{3}-\frac{x+1}{4}=0 \xrightarrow{\text{m.c.m.}(3,\,4)\,=\,12} \frac{4(y+x)-3(x+1)}{12}=0 \rightarrow$$

Pasa multiplicando.

$$\rightarrow 4y+4x-3x-3=0 \rightarrow$$
$$\rightarrow x+4y=3$$

$$5y-3x=9-2(3x+2y) \rightarrow 5y-3x=9-6x-4y \rightarrow$$
$$\rightarrow 5y-3x+6x+4y=9 \rightarrow$$
$$\rightarrow 3x+9y=9 \rightarrow$$
$$\rightarrow x+3y=3$$

2 Escribimos el sistema equivalente hallado y elegimos el método de resolución más adecuado.

Sistema equivalente — Método de reducción

$$\left.\begin{array}{r}\dfrac{y+x}{3}-\dfrac{x+1}{4}=0\\ 5y-3x=9-2(3x+2y)\end{array}\right\} \rightarrow \left.\begin{array}{r}x+4y=3\\ x+3y=3\end{array}\right\} \rightarrow \begin{array}{r}\cancel{x}+4y=3\\ -\ \cancel{x}+3y=3\\ \hline y=0\end{array}$$

Hallamos el valor de x sustituyendo en la primera ecuación.

$$x+4y=3 \xrightarrow{y=0} x+4\cdot 0=3 \rightarrow x=3$$

La solución es $(x, y) = (3, 0)$.

ACTIVIDADES

10 Resuelve estos sistemas.

a) $\left.\begin{array}{r}\dfrac{x}{2}+y=\dfrac{1}{3}\\ 2x+2y=0\end{array}\right\}$ b) $\left.\begin{array}{r}\dfrac{2x+1}{25}+\dfrac{y}{2}=3\\ x-4y=3+y\end{array}\right\}$

11 Halla la solución de estos sistemas.

a) $\left.\begin{array}{r}\dfrac{x-1}{4}-\dfrac{y+2}{3}=0\\ \dfrac{x+3}{5}-\dfrac{y-2}{4}=2\end{array}\right\}$

b) $\left.\begin{array}{r}\dfrac{5(x-2)}{3}-\dfrac{3(y+1)}{4}=\dfrac{x-7y}{12}\\ \dfrac{6-(x+y)}{2}-\dfrac{(5-x)4}{5}=\dfrac{x+2y}{10}\end{array}\right\}$

12 Calcula la solución de los siguientes sistemas.

a) $\left.\begin{array}{r}(x+2)y=-16\\ 2x+y=4\end{array}\right\}$

b) $\left.\begin{array}{r}(x+3)y=-8\\ x(y-1)=-3\end{array}\right\}$

c) $\left.\begin{array}{r}3x-2(y-1)=y-x+1\\ 2x-y=x+y-9\end{array}\right\}$

d) $\left.\begin{array}{r}3-2(x-4)=5y+6\\ 5x-3y=12x-(4-y)\end{array}\right\}$

e) $\left.\begin{array}{r}2(x+1)+y=3x\\ x-(1+4y)=2y-1\end{array}\right\}$

f) $\left.\begin{array}{r}y-3(x-1)=5(x+2)-y\\ 2(y-x)-(2+y)=3(y+2)\end{array}\right\}$

3. Sistemas de inecuaciones con una incógnita

Un **sistema de inecuaciones** con una incógnita es un conjunto de inecuaciones del que se quiere obtener una solución común.

Para hallar la solución de un sistema de inecuaciones lineales con una incógnita, primero se resuelve cada una de las inecuaciones por separado y, después, se toman las soluciones comunes.

Como la solución de una inecuación es un intervalo, la solución de un sistema de inecuaciones viene dada por la intersección de los intervalos solución de cada inecuación.

EJEMPLO

3. Decide si los valores $x = 1$, $x = -5$ y $x = 4$ son soluciones de los siguientes sistemas de inecuaciones.

a) $\left.\begin{array}{l} 3x + 1 > -2 \\ 4 - 2x \leq 0 \end{array}\right\} \xrightarrow{x = 1} \left.\begin{array}{l} 3 \cdot 1 + 1 = 4 > -2 \\ 4 - 2 \cdot 1 = 2 \not\leq 0 \end{array}\right\}$

No cumple la segunda inecuación; por tanto, $x = 1$ no es solución.

$\left.\begin{array}{l} 3x + 1 > -2 \\ 4 - 2x \leq 0 \end{array}\right\} \xrightarrow{x = -5} \left.\begin{array}{l} 3 \cdot (-5) + 1 = -14 \not> -2 \\ 4 - 2 \cdot (-5) = 14 \not\leq 0 \end{array}\right\}$

No cumple ninguna inecuación; por tanto, $x = -5$ no es solución.

$\left.\begin{array}{l} 3x + 1 > -2 \\ 4 - 2x \leq 0 \end{array}\right\} \xrightarrow{x = 4} \left.\begin{array}{l} 3 \cdot 4 + 1 = 13 > -2 \\ 4 - 2 \cdot 4 = -4 \leq 0 \end{array}\right\}$

Cumple las dos inecuaciones; por tanto, $x = 4$ es solución.

b) $\left.\begin{array}{l} 2x - 5 \leq 1 \\ 4 - 2x > -4 \end{array}\right\} \xrightarrow{x = 1} \left.\begin{array}{l} 2 \cdot 1 - 5 = -3 \leq 1 \\ 4 - 2 \cdot 1 = 2 > -4 \end{array}\right\}$

Cumple las dos inecuaciones; por tanto, $x = 1$ es solución.

$\left.\begin{array}{l} 2x - 5 \leq 1 \\ 4 - 2x > -4 \end{array}\right\} \xrightarrow{x = -5} \left.\begin{array}{l} 2 \cdot (-5) - 5 = -15 \leq 1 \\ 4 - 2 \cdot (-5) = 14 > -4 \end{array}\right\}$

Cumple las dos inecuaciones; por tanto, $x = -5$ es solución.

$\left.\begin{array}{l} 2x - 5 \leq 1 \\ 4 - 2x > -4 \end{array}\right\} \xrightarrow{x = 4} \left.\begin{array}{l} 2 \cdot 4 - 5 = 3 \not\leq 1 \\ 4 - 2 \cdot 4 = -4 \not> -4 \end{array}\right\}$

No cumple ninguna inecuación; por tanto, $x = 4$ no es solución.

RETO

¿Crees que este sistema tiene solución?

$\left.\begin{array}{l} x + y > a \\ x + y < -a \end{array}\right\}$

ACTIVIDADES

13 Decide si los valores $x = -2$, $x = 0$ y $x = 3$ son soluciones de estos sistemas de inecuaciones.

a) $\left.\begin{array}{r} x > 0 \\ 2x \geq 4 \end{array}\right\}$

b) $\left.\begin{array}{r} x + 3 < 2 \\ \dfrac{2x}{3} - \dfrac{5}{3} < 1 \end{array}\right\}$

c) $\left.\begin{array}{r} \dfrac{x}{2} > -2 \\ 5x - 4 \leq 2 \end{array}\right\}$

d) $\left.\begin{array}{r} 6x - 3 \geq x + 7 \\ 7x + 3 \leq 15 + 3x \end{array}\right\}$

14 Une cada sistema con los valores que forman parte de su solución.

a) $\left.\begin{array}{r} x + 5 \geq 0 \\ 3x \leq 6 \end{array}\right\}$

b) $\left.\begin{array}{r} x - 4 < 0 \\ 2x \leq 6 \end{array}\right\}$

c) $\left.\begin{array}{r} 2x - 4 < 0 \\ x \geq 1 \end{array}\right\}$

d) $\left.\begin{array}{r} -x + 4 \leq -2 \\ 3x > 9 \end{array}\right\}$

e) $\left.\begin{array}{r} x + 3 \leq 2 \\ 5x > 10 \end{array}\right\}$

f) $\left.\begin{array}{r} -2x - 4 < 0 \\ 3 - x \geq 2 \end{array}\right\}$

$x = -6$
$x = 4$
$x = 1$
$x = 10$
$x = -1$
$x = -2$

Cómo se resuelve un sistema de inecuaciones lineales con una incógnita

La intersección de intervalos y semirrectas puede ser un intervalo, una semirrecta, el vacío o un punto.

GEOGEBRA

Resuelve el sistema de inecuaciones $\left.\begin{array}{r} 2x+3>7 \\ x-2\leq 6 \end{array}\right\}$.

① **Resolvemos cada inecuación por separado.**

$2x+3>7 \rightarrow 2x>7-3 \rightarrow 2x>4 \rightarrow x>2$

$2-x\leq 6 \rightarrow -x\leq 6-2 \rightarrow -x\leq 4 \rightarrow x\geq -4$

Al cambiar de signo, cambia el sentido de la desigualdad.

② **Calculamos las soluciones de cada inecuación.**

De la primera inecuación obtenemos:

$x>2 \rightarrow (2, +\infty)$

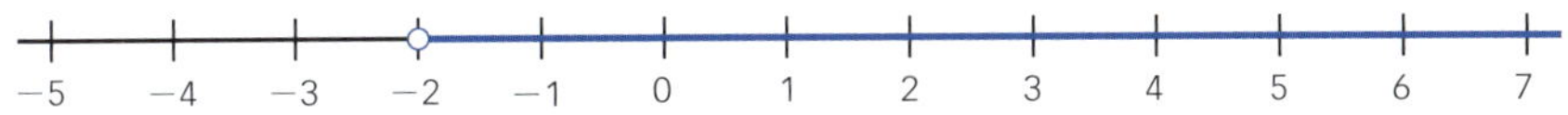

De la segunda inecuación obtenemos:

$x\geq -4 \rightarrow [-4, +\infty)$

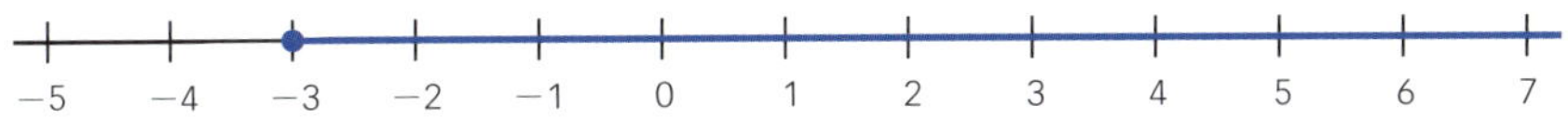

Si el extremo está incluido, lo indicamos con un corchete.

③ **Representamos los intervalos que hemos calculado en la misma recta y hallamos su intersección.**

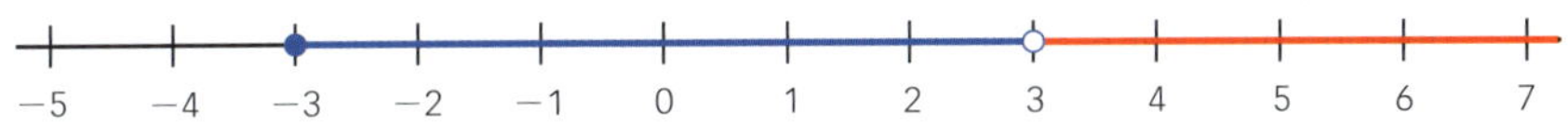

La solución del sistema es el intervalo $(2, +\infty)$.

ACTIVIDADES

15 Resuelve estos sistemas de inecuaciones.

a) $\left.\begin{array}{r} x>0 \\ 2x\geq 4 \end{array}\right\}$

b) $\left.\begin{array}{r} x+3<2 \\ 2x-5<3 \end{array}\right\}$

c) $\left.\begin{array}{r} \dfrac{x}{2}>-2 \\ 5x-4\leq 2 \end{array}\right\}$

d) $\left.\begin{array}{l} 6x-3\geq x+7 \\ 7x+3\leq 15+3x \end{array}\right\}$

e) $\left.\begin{array}{r} 3x-10\geq 6 \\ -5x+15\leq 3 \end{array}\right\}$

16 Resuelve los sistemas de inecuaciones.

a) $\left.\begin{array}{r} 2(x+3)>4 \\ 2x-3<x \end{array}\right\}$

b) $\left.\begin{array}{r} 5x-2(8-x)\leq -2 \\ 4(x+6)-8>0 \end{array}\right\}$

c) $\left.\begin{array}{r} 4x+3(x-2)>x \\ 3x-4(5-x)\leq 1 \end{array}\right\}$

17 Halla la solución de estos sistemas de inecuaciones.

a) $\left.\begin{array}{l} 5(x+2)\leq x+2 \\ 9(x+1)\leq -4x+3(x+1) \end{array}\right\}$

b) $\left.\begin{array}{r} 4+6x-3\leq x+7(x-2) \\ 8x-2(3x+4)\leq 10(x+1) \end{array}\right\}$

c) $\left.\begin{array}{r} 5(6-x)+2(x+3)\geq 0 \\ -4(3-2x)\geq 2(3-x) \end{array}\right\}$

18 Halla la solución de los sistemas de inecuaciones.

a) $\left.\begin{array}{r} \dfrac{x-3}{4}+\dfrac{x}{2}\leq 1 \\ \dfrac{x-3}{2}+\dfrac{x+3}{5}<2 \end{array}\right\}$

b) $\left.\begin{array}{r} \dfrac{3(1-2x)}{5}>\dfrac{1}{2} \\ 4x-5\leq \dfrac{x-1}{3} \end{array}\right\}$

4. Sistemas de inecuaciones con dos incógnitas

Una **inecuación lineal con dos incógnitas** es una desigualdad de uno de estos tipos:

$ax + by < c \qquad ax + by \leq c \qquad ax + by > c \qquad ax + by \geq c$

donde a, b y c son números y x e y son incógnitas.

Las soluciones de estas inecuaciones se expresan en forma de regiones del plano delimitadas por una recta.

EJEMPLO

4. Resuelve la inecuación con dos incógnitas $x + 2y > 4$.

Consideramos la desigualdad como una igualdad y representamos la recta que se obtiene a partir de ella.

$x + 2y = 4 \xrightarrow{x=0} y = 2 \rightarrow (0, 2)$

$x + 2y = 4 \xrightarrow{y=0} x = 4 \rightarrow (4, 0)$

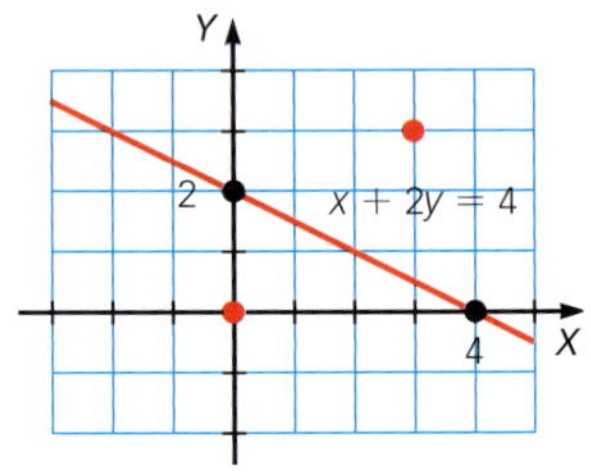

La recta divide el plano en dos regiones, pero solo una es la solución de la inecuación.

Elegimos un punto de una región, por ejemplo, (0, 0), y comprobamos si es solución.

$x + 2y > 4 \rightarrow 0 + 2 \cdot 0 \not> 4 \rightarrow$ No es solución.

Por tanto, la solución es la región contraria. Lo comprobamos tomando un punto de la otra región, por ejemplo, (3, 3).

$x + 2y > 4 \rightarrow 3 + 2 \cdot 3 > 4 \rightarrow$ Es solución.

Como la desigualdad no contiene el signo $=$, la recta no forma parte de la solución.

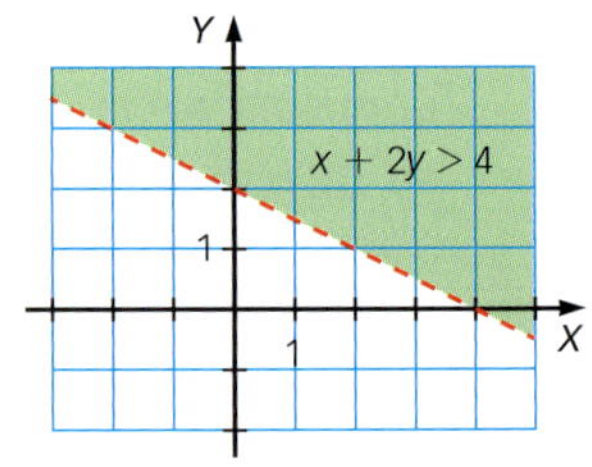

Si el signo de la desigualdad es ≤ o ≥, los puntos de la recta cumplen la inecuación; por tanto, la recta también es parte de la solución.

Un **sistema de inecuaciones lineales** con dos incógnitas es un conjunto de inecuaciones lineales con dos incógnitas para el que se quiere encontrar una solución común.

Una **solución del sistema** es todo par de valores que cumple todas las inecuaciones a la vez.

ACTIVIDADES

19 Resuelve.

a) $x + 2y \leq -1$

b) $2x + 4y \leq -7$

c) $x + 2y \geq -1$

d) $2x + 4y \geq -7$

e) $x + 2y < -1$

f) $2x + 4y > -7$

g) $x + 2y > -1$

h) $2x + 4y < -7$

20 **REFLEXIONA.** Une cada inecuación con los pares de valores que forman parte de su solución.

a) $2x - 3y > -x + y$

b) $x + 1 < 5y$

c) $-5x - y \geq x - 2y$

d) $2y - x > y - 4x + 5$

e) $6 - y \leq 1 - x$

f) $x + y < -5 + 3y$

g) $2y + x > x$

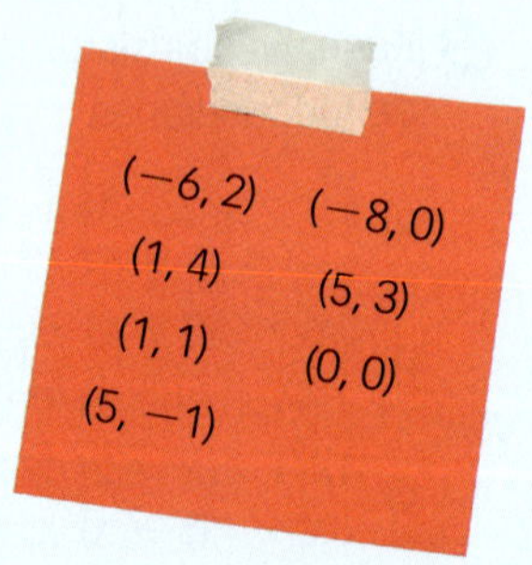

Cómo se resuelven sistemas de inecuaciones con dos incógnitas

GEOGEBRA

Para calcular la región solución de una inecuación no debemos tomar puntos situados sobre las rectas, ya que no aportan información sobre la región que buscamos.

Resuelve este sistema de inecuaciones: $\left.\begin{array}{r} x - y > -2 \\ x + 2y \leq 4 \end{array}\right\}$.

① **Resolvemos cada inecuación por separado y determinamos la región del plano que es solución de cada una.**

- $x - y > -2$. Representamos la recta correspondiente a su igualdad.

  $x - y = -2 \xrightarrow{x=0} y = 2 \rightarrow$ Pasa por el punto (0, 2).

  $\xrightarrow{x=1} y = 3 \rightarrow$ Pasa por el punto (1, 3).

  Para representar una recta basta con dos puntos.

  Analizamos si (0, 0) es solución de la inecuación.

  $x - y > -2 \xrightarrow{x=0,\, y=0} 0 > -2 \rightarrow$ Es solución.

  Tomamos (0, 0) para facilitar los cálculos.

  Por tanto, la solución es la región a la que pertenece este punto.

La recta no pertenece porque la inecuación no contiene el signo =.

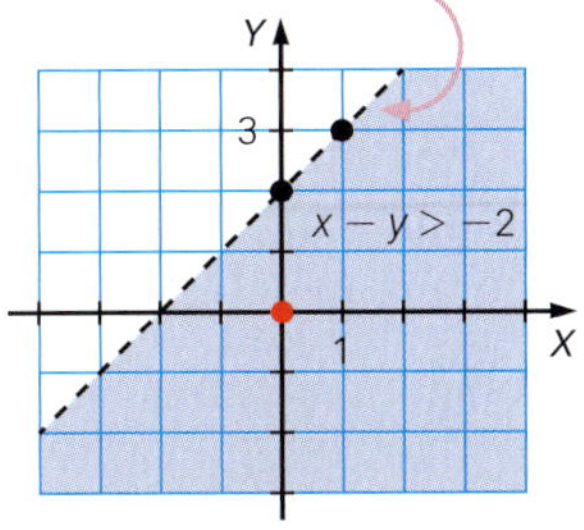

- $x + 2y \leq 4$. Representamos la recta correspondiente a su igualdad.

  $x + 2y = 4 \xrightarrow{x=0} y = 2 \rightarrow$ Pasa por el punto (0, 2).

  $\xrightarrow{x=2} y = 1 \rightarrow$ Pasa por el punto (2, 1).

  Analizamos si (0, 0) es la solución de la inecuación.

  $x + 2y \leq 4 \xrightarrow{x=0,\, y=0} 0 \leq 4 \rightarrow$ Es solución.

  La solución es la región a la que pertenece este punto.

La inecuación contiene el signo =.

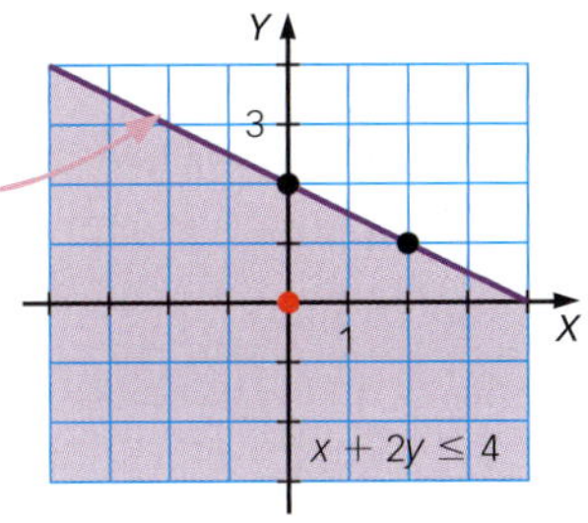

② **Representamos en los mismos ejes la región del plano que es solución de cada inecuación y seleccionamos la región que cumple ambas inecuaciones a la vez.**

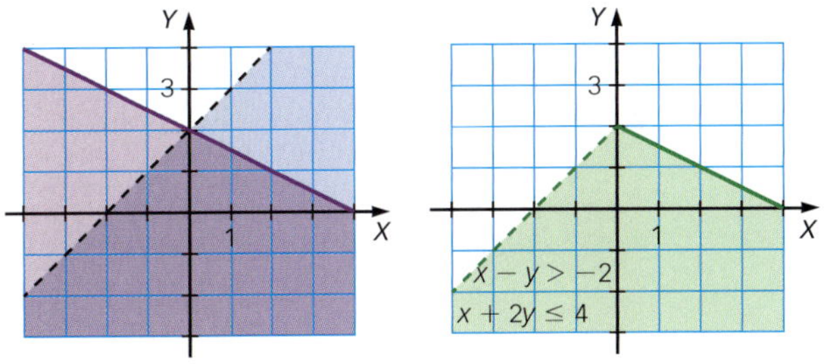

La solución del sistema es la región coloreada de verde.

ACTIVIDADES

21 Resuelve.

a) $\left.\begin{array}{r} x + 4y \leq 1 \\ x - 2y \geq 2 \end{array}\right\}$

b) $\left.\begin{array}{r} 2x + y \geq -1 \\ 4x - y \geq -3 \end{array}\right\}$

c) $\left.\begin{array}{r} 2x + 3y \leq 4 \\ x + y \geq -3 \end{array}\right\}$

d) $\left.\begin{array}{r} x + y \leq 2 \\ x + 2y \leq 3 \end{array}\right\}$

e) $\left.\begin{array}{r} x + 4y \leq 1 \\ x - 2y \leq 2 \end{array}\right\}$

f) $\left.\begin{array}{r} 2x + y \leq -1 \\ 4x - y \geq -3 \end{array}\right\}$

g) $\left.\begin{array}{r} 2x + 3y \geq 4 \\ x + y \geq -3 \end{array}\right\}$

h) $\left.\begin{array}{r} 3x - 2y \leq y - x + 6 \\ 2x + 5 \geq 3y - 7 \end{array}\right\}$

22 Determina la región solución de estos sistemas de tres inecuaciones con dos incógnitas y represéntala en un eje de coordenadas.

a) $\left.\begin{array}{r} y \leq \dfrac{4 - x}{2} \\ y > -3 \\ y + 3(x - 1) \geq 0 \end{array}\right\}$

b) $\left.\begin{array}{r} y < 5 \\ x \geq -2 \\ y - x \geq -1 \end{array}\right\}$

23 Escribe los sistemas de inecuaciones que determinan cada uno de los cuatro cuadrantes.

1. Determina el número de soluciones de un sistema y sabe calcularlas

ACTIVIDADES FLASH

24 Halla de qué ecuaciones es solución $x = 2, y = -1$.

a) $x + 3y = 5$
b) $\frac{x}{2} + y = 0$
c) $-2x + y = -5$
d) $3x - y = 7$
e) $4x + 3y = 4$
f) $x = 2y$

25 Encuentra de qué ecuaciones es solución el par (2,3).

a) $x + y = 1$
b) $-x + y = 1$
c) $3x - \frac{y}{3} = 5$
d) $y = -x + 5$
e) $2x - y = 1$
f) $\frac{x}{2} + 2 = y$

26 Averigua cuáles de estos pares son solución de la ecuación $3x - \frac{y}{2} = 6$.

a) $(1, -6)$
b) $(-1, 6)$
c) $\left(\frac{1}{6}, -11\right)$
d) $(0, 12)$
e) $(-2, -24)$
f) $\left(\frac{1}{3}, 10\right)$

CÁLCULO MENTAL

27 Relaciona cada ecuación con un par que sea solución.

a) $-x + y = 3$
b) $2x + \frac{y}{3} = 0$
c) $x - 3y = -1$
d) $3x + 2y = 1$

$(-1, 6)$
$(-1, 2)$
$(4, 7)$
$(2, 1)$

28 Completa en tu cuaderno para que los siguientes pares sean solución de la ecuación $2x - y = 3$.

a) (1, □)
b) (□, −7)
c) (−1, □)
d) (□, −2)
e) (3, □)
f) (□, −3)

29 Representa las soluciones de estas ecuaciones.

a) $2x + y = 0$
b) $x - y = 3$
c) $-x + 3y = 0$
d) $x + 3y = 4$
e) $2x - 5y = 7$
f) $-x + \frac{1}{2} = 2y$

30 **INVESTIGA.** Escribe una ecuación cuya solución sea de la forma $(3a, 1 - 2a)$ y, después, averigua el valor de *a* para los pares que sean solución.

a) $(3, -1)$
b) $(-6, 5)$
c) $(0, -2)$
d) $(6, 3)$
e) $(-3, 3)$
f) $(9, -5)$

31 **INVENTA.** Escribe dos soluciones de estas ecuaciones.

a) $3x + y = 2x - y$
b) $3(x + y) = x - y$
c) $\frac{x + y}{2} = \frac{x}{3} + 1$
d) $2(x - y) = 4x$

32 Determina cuántas soluciones tienen estos sistemas de ecuaciones e interpreta geométricamente el resultado.

a) $\left.\begin{array}{r} 3x - y = 1 \\ -6x + 2y = -2 \end{array}\right\}$

b) $\left.\begin{array}{r} x - 5y = 11 \\ 2x + 3y = -4 \end{array}\right\}$

c) $\left.\begin{array}{r} 2x - 3y = 9 \\ 4x - 9 = 6y \end{array}\right\}$

d) $\left.\begin{array}{r} x + 2y = 5 \\ 2x + y = 7 \end{array}\right\}$

33 Calcula el valor de *a* para que estos sistemas sean incompatibles en las horizontales y compatibles indeterminados en las verticales.

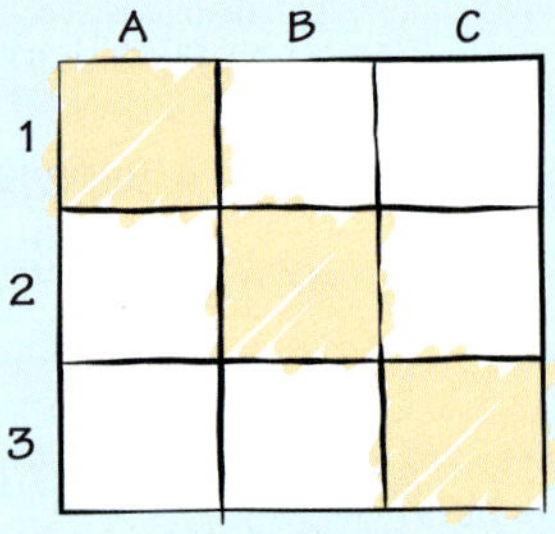

HORIZONTALES

1. $\left.\begin{array}{r} x + y = 0 \\ 12x + ay = 2 \end{array}\right\}$

2. $\left.\begin{array}{r} x + 6y = 4 \\ \frac{x}{2} + ay = 5 \end{array}\right\}$

$\left.\begin{array}{r} ax - 2y = 3 \\ -10x + 4y = 7 \end{array}\right\}$

3. $\left.\begin{array}{r} 10x - 15y = 3 \\ -16x + ay = 5 \end{array}\right\}$

VERTICALES

A. $\left.\begin{array}{r} x + y = 1 \\ a(x + y) = 32 \end{array}\right\}$

B. $\left.\begin{array}{r} 2x + 6y = 8 \\ \frac{ax}{2} + \frac{3y}{2} = 2 \end{array}\right\}$

$\left.\begin{array}{r} 2x + ay = 6 \\ 4x + 8y = 12 \end{array}\right\}$

C. $\left.\begin{array}{r} 5(x + y) = a \\ 2x = 10 - 2y \end{array}\right\}$

34 Interpreta las gráficas como un sistema de ecuaciones, determina su solución y decide de qué tipo es.

a)
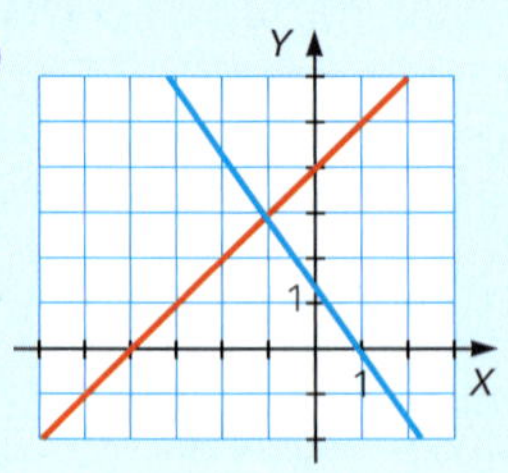

c)
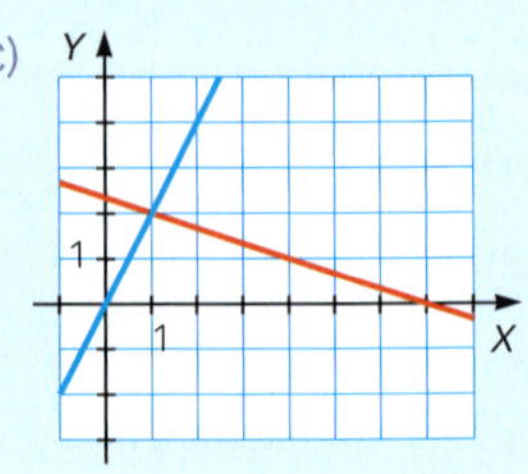

b)
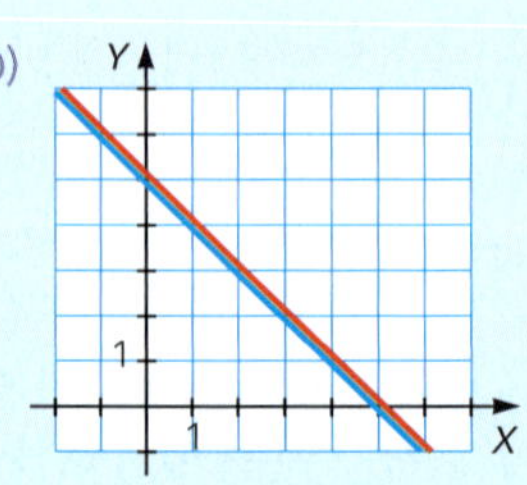

d)
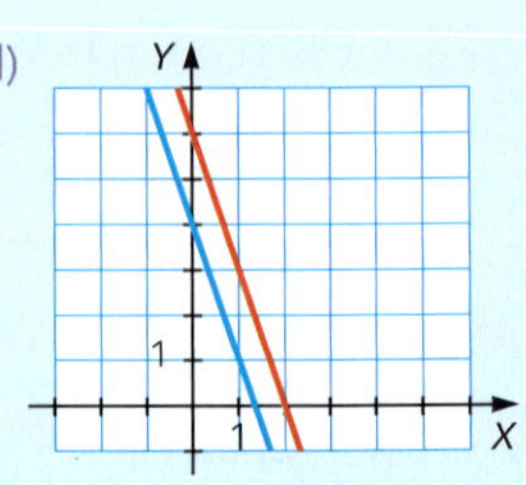

35 **RETO.** Calcula el valor de A, B, C y D en esta resta.

	A	B	C	D
−	D	C	B	A
	B	D	A	C

36 **INVESTIGA.** ¿Verdadero o falso? Si en un sistema de ecuaciones compatible determinado se multiplican todos los términos de una ecuación por 3:

a) La nueva solución es el triple de la original.

b) La solución es la misma.

c) El nuevo sistema no puede tener solución.

37 Dos tiradoras de arco disparan cuatro flechas con trayectorias que podemos considerar rectilíneas.

$$\left.\begin{aligned}-6x-5y&=-62\\-3x-y&=-16\end{aligned}\right\}\qquad\left.\begin{aligned}3x-2y&=4\\-x+y&=-3\end{aligned}\right\}$$

$$\left.\begin{aligned}x-4&=0\\-6x-y&=-46\end{aligned}\right\}\qquad\left.\begin{aligned}-2x+y&=-10\\-x+y&=0\end{aligned}\right\}$$

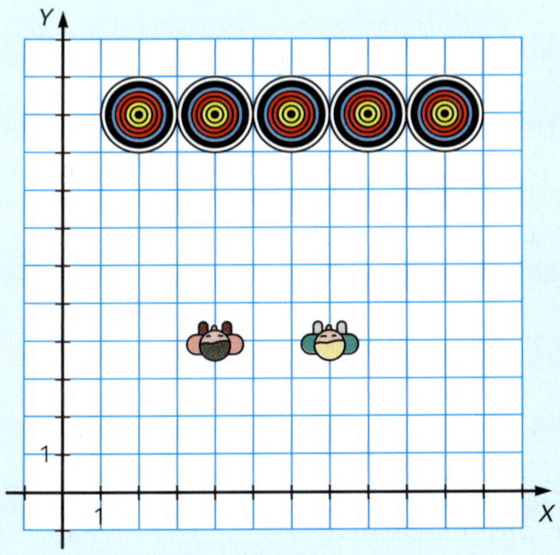

¿Qué trayectorias se corresponden con cada tiradora? ¿En qué diana aciertan las dos? ¿Fallan algún tiro?

38 Resuelve por el método más adecuado.
En una fiesta se juntan dos amigos.
¿Qué bebió Juan? abcd
¿Y Edu? efgh

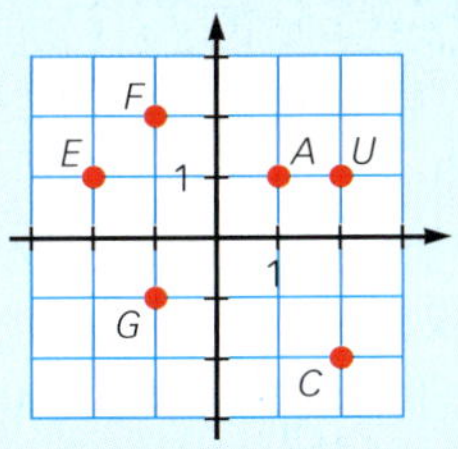

a) $\left.\begin{aligned}x+y&=0\\3x+2y&=2\end{aligned}\right\}$

b) $\left.\begin{aligned}x+y&=2\\5x-3y&=2\end{aligned}\right\}$

c) $\left.\begin{aligned}5x+2y&=-1\\4x+2y&=0\end{aligned}\right\}$

d) $\left.\begin{aligned}2x-3y&=-7\\3x+7y&=1\end{aligned}\right\}$

e) $\left.\begin{aligned}3x-y&=2\\2x+2y&=4\end{aligned}\right\}$

f) $\left.\begin{aligned}5x-y&=-4\\2x-3y&=1\end{aligned}\right\}$

g) $\left.\begin{aligned}-x+2y&=0\\x+2y&=4\end{aligned}\right\}$

h) $\left.\begin{aligned}6x-y&=5\\2x+5y&=7\end{aligned}\right\}$

39 Resuelve los sistemas por el método más adecuado.

a) $\left.\begin{aligned}\frac{x}{4}+y&=\frac{3}{4}\\\frac{-x}{2}+4y&=\frac{3}{2}\end{aligned}\right\}$ b) $\left.\begin{aligned}5x-\frac{y}{3}&=3\\3x+y&=\frac{-9}{5}\end{aligned}\right\}$

40 **JUEGO.** Partimos de este sistema:

$$\left.\begin{aligned}2x-y&=3\\x+5y&=7\end{aligned}\right\}$$

Quien comienza genera un nuevo sistema compatible determinado que tenga la misma solución con la segunda ecuación y otra ecuación nueva. La siguiente persona utiliza esta ecuación para generar otro sistema, y así sucesivamente. Pierde quien no forme el sistema o repita alguna ecuación. ¿Cómo podrías ganar siempre?

Cómo se resuelve un sistema de ecuaciones en función de un parámetro

41 Encuentra las soluciones del sistema $\left.\begin{aligned}2x+ay&=5\\x-y&=1\end{aligned}\right\}$ en función del parámetro a.

PRIMERO. Se resuelve el sistema por el método más adecuado y se expresan las soluciones en función del parámetro.

$$\left.\begin{aligned}2x+ay&=5\\x-y&=1\end{aligned}\right\}\rightarrow x=1+y$$

$$2x+ay=5\xrightarrow{x=1+y}2(1+y)+ay=5\rightarrow y=\frac{3}{2+a}$$

$$x=1+y\xrightarrow{y=\frac{3}{a+2}}x=1+\frac{3}{2+a}=\frac{a+5}{2+a}$$

SEGUNDO. Se discute para los distintos valores de a.

Como a aparece en el denominador, no existirá solución cuando este se anule.

- Para $a=-2$, no tiene solución. El sistema es incompatible.
- Para $a\neq-2$, el sistema es compatible determinado.

42 Discute la solución de los sistemas en función de a.

a) $\left.\begin{aligned}-2x+ay&=12\\x+2y&=1\end{aligned}\right\}$

b) $\left.\begin{aligned}ax-3y&=7\\x+3y&=-1\end{aligned}\right\}$

c) $\left.\begin{aligned}2x+y&=7\\ax+2y&=12\end{aligned}\right\}$

d) $\left.\begin{aligned}3x+5y&=20\\7x+ay&=39\end{aligned}\right\}$

43 ●●● Halla el número de soluciones que tiene cada uno de estos sistemas en función de los valores que tomen a y b.

a) $\left.\begin{array}{r} 3x - ay = 5 \\ 6x - 2y = b \end{array}\right\}$

b) $\left.\begin{array}{r} ax + 5y = -1 \\ -2x - by = 6 \end{array}\right\}$

c) $\left.\begin{array}{r} -ax - by = 5 \\ 6x - 2by = 10 \end{array}\right\}$

44 ●●○ **INVESTIGA.** Averigua qué número cumple cada condición.

a) La suma de las dos cifras de un número coincide con su diferencia.

b) La suma de las dos cifras de un número es $2a$ y su diferencia es a.

45 ●●● **RETO.** Resuelve este sistema de ecuaciones.

$$\left.\begin{array}{r} a + \sqrt{2b} = \sqrt{2} \\ \sqrt{2a} + b = \sqrt{2} \end{array}\right\}$$

Cómo se resuelve un sistema de ecuaciones compatible indeterminado

46 Encuentra las soluciones de este sistema.

$$\left.\begin{array}{r} 3x - 2y = 3 \\ -6x + 6 = -4y \end{array}\right\}$$

PRIMERO. Se expresan las ecuaciones dejando los términos independientes en el segundo miembro y se resuelve el sistema por el método más adecuado.

$$\left.\begin{array}{r} 3x - 2y = 3 \\ 6x - 4y = 6 \end{array}\right\} \xrightarrow{\cdot 2} -\left.\begin{array}{r} \cancel{6x} - \cancel{4y} = 6 \\ \cancel{6x} - \cancel{4y} = 6 \end{array}\right\} \quad 0 = 0$$

SEGUNDO. Se analiza la solución.

Como $0 = 0$, se cumple para infinitos valores de x e y, el sistema es compatible indeterminado.

Fijamos el valor de x y expresamos el valor de y en cualquiera de las ecuaciones.

Para $x = \lambda$ hallamos el valor de y despejando en la primera ecuación:

$$3x - 2y = 3 \rightarrow y = \frac{3x - 3}{2} \xrightarrow{x=\lambda} y = \frac{3\lambda - 3}{2}$$

Las soluciones son los pares $(x, y) = \left(\lambda, \dfrac{3\lambda - 3}{2}\right)$.

47 ●●● Resuelve estos sistemas de ecuaciones.

a) $\left.\begin{array}{r} 5x + 2y = 6 \\ x + y = -1 \end{array}\right\}$ b) $\left.\begin{array}{r} 4x + 2y = 6 \\ 2x + y = 3 \end{array}\right\}$

48 ●●○ **INVENTA.** Escribe dos sistemas de ecuaciones en cada caso y resuélvelos.

a) Compatibles determinados.

b) Compatibles indeterminados.

c) Incompatibles.

49 ●●● **RETO.** Si despejando la misma incógnita en dos ecuaciones, y una vez igualadas, no se puede resolver la ecuación con una incógnita que resulta, ¿el sistema es compatible o incompatible? Razónalo.

2. Determina e interpreta las soluciones de un sistema de inecuaciones

ACTIVIDADES FLASH

50 ●○○ Relaciona cada sistema con sus soluciones.

a) $\left.\begin{array}{r} 3x < 8 - x \\ x - 2 \geq -5 \end{array}\right\}$

b) $\left.\begin{array}{r} -x < 5x \\ 2x \geq -4 + 3x \end{array}\right\}$

c) $\left.\begin{array}{r} x + 2 < 7 \\ 2x \geq -2x \end{array}\right\}$

−3	2
−1	4
0	5

51 ●○○ Halla la solución de estos sistemas de inecuaciones.

a) $\left.\begin{array}{r} 2(x - 3) < x \\ (4 - x)3 \geq 5 \end{array}\right\}$

b) $\left.\begin{array}{r} -x + 3 < 5x + 9 \\ 3 - 4x \leq 15 \end{array}\right\}$

c) $\left.\begin{array}{r} 5(x - 2) - 10 \leq 0 \\ -3x + 2(x + 1) < 0 \end{array}\right\}$

d) $\left.\begin{array}{r} -3(x - 1) + 8 \leq 11 \\ x + 4(2 - x) > 2 \end{array}\right\}$

52 ●●○ Resuelve el sudoku. Ayúdate del valor máximo que puede tomar x en estos sistemas de inecuaciones.

a) $\left.\begin{array}{r} 2x + 6 \leq 12 - x \\ x + 4 \geq 5 \end{array}\right\}$

b) $\left.\begin{array}{r} -2x - 11 < 1 + 2x \\ x + 3 \geq 4x \end{array}\right\}$

c) $\left.\begin{array}{r} 3x - 2 \leq 10 \\ 2x - 6 > -x \end{array}\right\}$

d) $\left.\begin{array}{r} x < 2(x + 4) + 1 \\ x + 7 \geq 2x + 4 \end{array}\right\}$

c)			
1	a)	d)	
		1	
2	b)		

53 Resuelve estos sistemas de inecuaciones.

a) $\left.\begin{array}{r}\dfrac{2x}{3} < x + 4\\ 7 - \dfrac{4x}{5} \geq 1\end{array}\right\}$ c) $\left.\begin{array}{r}\dfrac{x-4}{5} - \dfrac{x}{2} < 3\\ \dfrac{x}{3} + 1 \geq x\end{array}\right\}$

b) $\left.\begin{array}{r}\dfrac{x+3}{2} - \dfrac{x-1}{5} \geq 1\\ \dfrac{2x+1}{3} + \dfrac{x+2}{4} > 3\end{array}\right\}$ d) $\left.\begin{array}{r}\dfrac{5-x}{4} + \dfrac{3+x}{2} \geq \dfrac{x}{6}\\ x - \dfrac{x}{2} - \dfrac{x}{3} \leq 0\end{array}\right\}$

54 **INVENTA.** Escribe un sistema de inecuaciones con una incógnita que tenga estas soluciones.

a) $[-2, 1)$ c) $[0, +\infty)$

b) $(-\infty, 0)$ d) $\{2\}$

55 Halla la solución en cada caso.

a) $\left.\begin{array}{r}x^2 - x \leq 0\\ 2x > 1\end{array}\right\}$

b) $\left.\begin{array}{r}x^2 + 3x > 0\\ x - 1 \leq 0\end{array}\right\}$

c) $\left.\begin{array}{r}x \leq x^2\\ 4 - x \geq 3\end{array}\right\}$

56 **JUEGO.** Quien comienza debe utilizar la segunda inecuación de este sistema para generar un nuevo sistema de forma que (1, 1) sea solución.

$$\left.\begin{array}{l}2x - y > -3\\ x + 5y < 7\end{array}\right\}$$

La siguiente persona utiliza la inecuación del primero para generar otro sistema con la misma solución, y así sucesivamente. Pierde quien no forme el sistema o repita alguna inecuación. ¿Cómo podrías ganar siempre?

57 Resuelve estos sistemas de inecuaciones.

a) $\left.\begin{array}{r}x + y \leq 0\\ x - y > 2\end{array}\right\}$ c) $\left.\begin{array}{r}y \geq -3\\ x + y \geq 0\end{array}\right\}$

b) $\left.\begin{array}{r}x + y \geq 1\\ 2x - y < 1\end{array}\right\}$ d) $\left.\begin{array}{r}x - y \geq -3\\ x + 3y \leq -2\end{array}\right\}$

58 Determina la región solución de estos sistemas.

a) $\left.\begin{array}{r}y + x \geq 2\\ y - 2x \leq 1\\ y - x \geq -3\end{array}\right\}$ b) $\left.\begin{array}{r}y - \dfrac{x}{3} \geq 1\\ y \leq 5\\ y + x \geq 2\end{array}\right\}$

59 **RETO.** Resuelve siendo a y b números naturales.

$$\left.\begin{array}{l}ax + (a+1)y < a + 2\\ bx + (b+1)y < b + 2\end{array}\right\}$$

60 Expresa con un sistema de inecuaciones cada región del plano señalada en la figura.

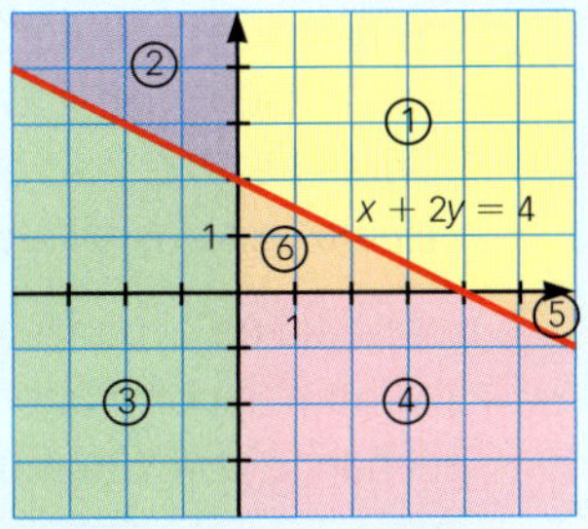

61 **INVESTIGA.** Sea a un número positivo. Considera el conjunto S de todos los puntos del plano cuyas coordenadas (x, y) satisfacen estas condiciones.

- $\dfrac{a}{2} \leq x \leq 2a$
- $\dfrac{a}{2} \leq y \leq 2a$
- $y + a \geq x$
- $x + a \geq y$
- $x + y \geq a$

¿Qué tipo de polígono representa la frontera de S?

3. Resuelve problemas con sistemas

62 En una chocolatería hay 900 bombones envasados en cajas de 6 y 12 unidades.

¿Cuántas cajas hay de cada clase si en total tienen 125 cajas?

63 A un congreso acuden 60 personas. Si se van 3 hombres y vienen 3 mujeres, el número de mujeres sería $\dfrac{1}{3}$ del número de hombres. ¿Cuántos hombres y mujeres hay en el congreso?

64 Por el desierto va una caravana formada por camellos y dromedarios, con un total de 440 patas y 160 jorobas. ¿Cuántos camellos y dromedarios hay en la caravana?

(Recuerda que los camellos tienen dos jorobas y los dromedarios tienen una).

65 Los billetes de 50 € y 20 € que lleva Ángel en el bolsillo suman 380 €. Si cambiamos los billetes de 50 € por billetes de 20 € y al revés, entonces suman 320 €. Calcula cuántos billetes tiene de cada tipo.

66 Laura acude al banco a cambiar monedas de 5 céntimos por monedas de 20 céntimos. Si sale del banco con 225 monedas menos que cuando entró, ¿cuánto dinero llevaba?

67 Por un chándal y unas zapatillas de deporte que costaban 135 € he pagado 85,50 € en rebajas, ya que en la sección de textil tienen el 40% de descuento, y en la de calzado, el 30%. ¿Qué precio tenía cada artículo y cuánto me han costado?

68 Elena tiene ocho monedas que suman un total de 3,10 €. Calcula cuántas monedas de cada tipo tiene sabiendo que son todas de 0,50 € o 0,20 €.

69 En un campamento conviven 60 jóvenes europeos y asiáticos. Calcula cuántos asiáticos hay sabiendo que, si se marchasen 3 europeos y llegasen 3 asiáticos, el número de asiáticos sería un tercio del de europeos.

70 **MATEMÁTICAS Y... SANIDAD.** El número de casos de sarampión en España se incrementó notablemente en 2022. Entre 2021 y 2022 hubo 168 casos de sarampión, mientras que el número de casos durante el 2022 fue el triple de los que hubo en 2021. Calcula el número de enfermos en cada año.

71 **MATEMÁTICAS Y... DIVISAS.** Cuando viajas a países hay veces que tienes que cambiar euros a la moneda que allí se utiliza. Por ejemplo, si quieres visitar Argentina y Perú tendrás que cambiar euros por pesos argentinos y soles peruanos. Primero compré 2 000 soles y 50 000 pesos argentinos y me costó 802,60 €. Después, con el mismo cambio, compré 30 000 pesos y 500 soles y me costó 573,452 €. Si me cobran un 10% de comisión cada vez que hago un cambio de moneda, ¿cuánto me costarán 5 000 soles? ¿Y 100 000 pesos?

72 En una urbanización hay dos solares cuadrados que juntos miden 9 700 m^2 y la diferencia de su perímetro es 200 m. ¿Cuánto mide cada solar de lado?

73 Los pueblos A y B están en la base de una montaña y el pueblo C está en la cima de la montaña. Un camión sale de A y tarda 3 horas en llegar a B pasando por C. Sabiendo que la velocidad de subida es 50 km/h y la de bajada 70 km/h, ¿cuántos kilómetros hay de subida y cuántos de bajada, si la distancia entre A y B pasando por C es de 180 km?

74 Se han mezclado 300 kg de patatas de dos clases diferentes; una clase se vende a 2 €/kg y otra a 2,50 €/kg. La mezcla cuesta 2,40 €/kg. Calcula cuántos kilos de cada clase de patatas se han mezclado.

75 Un bote recorre 45 millas en una hora cuando va a favor de la corriente y 70 millas en 2 horas si va en contra de la corriente. ¿Cuáles son la velocidad del bote y la velocidad de la corriente?

76 **MATEMÁTICAS Y... TECNOLOGÍA.** Mi ordenador portátil, con la batería cargada al completo, dura 6 horas si lo estoy utilizando y 30 horas si está encendido pero no lo utilizo. Hoy, tenía el portátil con la carga completa y me ha durado 16 horas. ¿Cuánto tiempo lo he estado utilizando y cuánto tiempo estuvo encendido sin utilizarse?

77 **INVESTIGA.** Los vuelos entre dos ciudades que están situadas en distintos husos horarios, A y B, tienen siempre la misma duración. Estos son los horarios de dos trayectos entre ambas ciudades expresados en la hora local de cada ciudad.

Ida	Salida de A Lunes 6 a.m.	Llegada a B Martes 2 p.m.
Vuelta	Salida de B Jueves 1 p.m.	Llegada a A Jueves 3 p.m.

¿Qué hora es en B a las 4 p.m. del sábado en A?

78 En el departamento de matemáticas de Santillana, el doble del número de editoras más el número de editores es como máximo 9.

a) Expresa la situación con una inecuación.

b) Escribe tres posibles soluciones que tengan sentido y dos que no.

c) ¿Cuántas habría si fueran más mujeres que hombres?

79 La masa máxima autorizada en el transporte de mercancías para camiones es la suma del peso del camión (tara) más el de las mercancías que transporta. Para los camiones rígidos de 3 ejes, la masa máxima autorizada es de 25 toneladas y su tara, de media, es de unas 22 toneladas.

a) ¿Cuántas vigas de 1 200 kg puede transportar un camión de 3 ejes como máximo?

b) Si el cociente del número de vigas que transporta menos 1 entre el número de vigas más 3 es menor o igual que 0,5, ¿cuántas vigas puede transportar?

FAKE NEWS

El efecto mariposa

Y tú, ¿qué opinas?

PROBLEMAS APARENTEMENTE DISTINTOS

80 Resuelve el sistema de ecuaciones.

$$\left.\begin{array}{r} x + y = 100 \\ \dfrac{1{,}2x + 1{,}6y}{100} = 1{,}3 \end{array}\right\}$$

81 Se mezcla vinagre de 1,20 €/ℓ con vinagre de 1,60 €/ℓ, de forma que resultan 100 ℓ de vinagre de 1,30 €/ℓ. ¿Cuántos litros de cada tipo se han mezclado?

82 Calcula $x + y$.

$$\left.\begin{array}{r} 2x + 2y = 15 \\ 4(x + y) + 20 = 50 \end{array}\right\}$$

83 Por 2 bocadillos y 2 refrescos he pagado 15 €. Por 4 bocadillos y 4 refrescos me han devuelto un billete de 20 € al pagar con un billete de 50 €. ¿Cuánto cuestan un bocadillo y un refresco?

84 Resuelve el sistema de inecuaciones.

$$\left.\begin{array}{r} x - 2 \cdot 700 \geq 0 \\ 2x < 4000 \end{array}\right\}$$

85 Calcula el sueldo mensual de Cintia sabiendo que le permite pagar dos meses de alquiler de 700 € sin quedarse en saldo negativo y que, cuando cobra el sueldo junto con la paga extra de la misma cantidad, no supera los 4 000 € de ingresos.

Escapada *low cost*

Mi familia y yo, cuatro personas en total, vamos a aprovechar el próximo puente para viajar y pasar tiempo juntos. ¡Qué divertido! Ya hemos elegido el destino. Ahora tenemos que comprar los billetes de avión, reservar el hotel, hacer la maleta...

¿Seremos capaces de no pasarnos de presupuesto?

Avión de ida

Duración del trayecto: 5 h y media.

Dos vuelos, uno a las 23:50 h y otro a las 18:35 h.

El vuelo de la noche vale 35 € más que el de la tarde.

Avión de vuelta

Varios vuelos. Todos cuestan 50 € por persona.

OFERTA DEL HOTEL DOWNTOWN

Pagando 3 noches o más, ¡1 noche GRATIS!

Tarjeta de transporte público de grupo

Para 4 personas durante una semana .... 64 €

Promoción

Ahora con un 20 % de descuento.

Presupuesto por persona:

1 Más cerca, mejor

En total vamos a estar de viaje 5 días. Eso significa que dormiremos 4 noches en el hotel. Si nos alojamos en el hotel Downtown, que está en el centro, podremos ir andando a todas partes y nos ahorraremos el dinero del transporte público.

- Siendo x el precio del vuelo de la tarde, expresa cuánto valdría el vuelo de la noche.
- Siendo y el precio del hotel Downtown por persona y noche, expresa el precio por persona de 3 noches y de 4 noches teniendo en cuenta la oferta.
- Escribe la inecuación correspondiente a la siguiente situación: coger el vuelo de la mañana y alojarnos 4 noches en el hotel Downtown es más caro que alojarnos 3 noches si tomamos el vuelo de la noche.

2 *Check in/check out*

Hay otro hotel a las afueras que cuesta 20 € menos por persona que el hotel Downtown. Al hacer la reserva del paquete turístico, vemos que, si cogemos el vuelo de la tarde y nos alojamos en el hotel de las afueras, el viaje nos costará 175 € por persona.

- Plantea la ecuación correspondiente a esta situación.
- Nos hemos dado cuenta de que, si nos alojamos en el Downtown, pagaríamos lo mismo en total tanto si cogemos el vuelo de la tarde como el de la noche. Escribe una ecuación que corresponda a esta situación.
- ¿Cuánto cuesta la noche en cada hotel?
- ¿Cuánto cuesta cada uno de los vuelos?
- ¿Qué opción es la más barata? ¿Y la más cara?

3 ¿Lo barato sale caro?

Estamos considerando coger el hotel de las afueras, pero tendremos que desplazarnos al centro de la ciudad cogiendo dos veces al día el transporte público.

Hemos calculado que la tarjeta de transporte público se amortiza a partir de 20 billetes individuales.

- Si vamos a estar 4 días, ¿nos compensa comprar la tarjeta de transporte público o es mejor adquirir billetes individuales?
- ¿Qué vuelo y hotel hay que elegir para que el viaje sea más económico contando con el gasto de transporte?
- ¿Cuál elegirías tú? ¿Cuánto te costaría hacer este viaje con tu familia?

RESUMEN DE UNIDAD

SISTEMAS DE ECUACIONES LINEALES CON DOS INCÓGNITAS

$$\left.\begin{array}{r} ax + by = c \\ a'x + b'y = c' \end{array}\right\} \rightarrow \left\{\begin{array}{l} x, y \rightarrow \text{Incógnitas} \\ a, a' \rightarrow \text{Coeficientes de } x \\ b, b' \rightarrow \text{Coeficientes de } y \\ c, c' \rightarrow \text{Términos independientes} \end{array}\right.$$

COMPATIBLE DETERMINADO

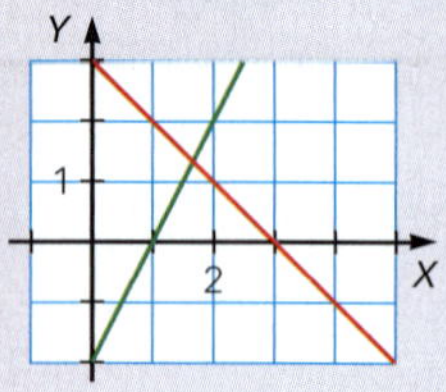

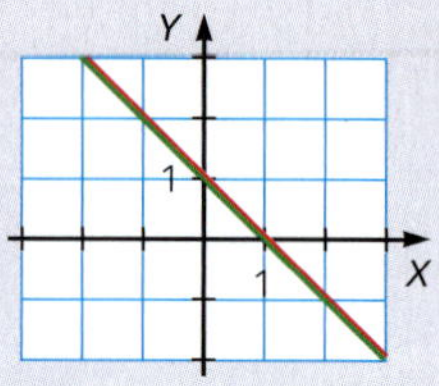

COMPATIBLE INDETERMINADO

SISTEMA INCOMPATIBLE

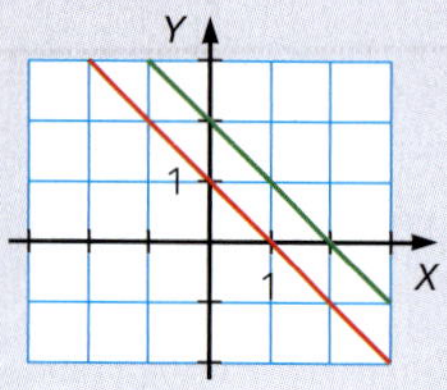

SISTEMAS DE INECUACIONES CON UNA INCÓGNITA

$$\left.\begin{array}{r} 2x + 1 < 3 \\ 3x + 8 \geq x \end{array}\right\} \rightarrow \left.\begin{array}{r} x < 1 \\ x \geq -4 \end{array}\right\} \rightarrow -4 \leq x < 1$$

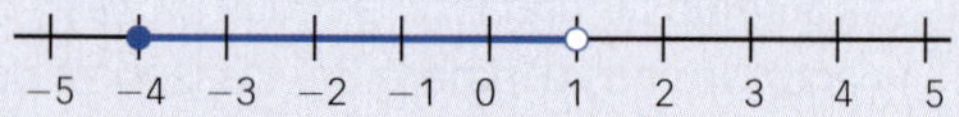

SISTEMAS DE INECUACIONES CON DOS INCÓGNITAS

$$\left.\begin{array}{r} x + 2y \leq 2 \\ 4x + y > -1 \end{array}\right\}$$

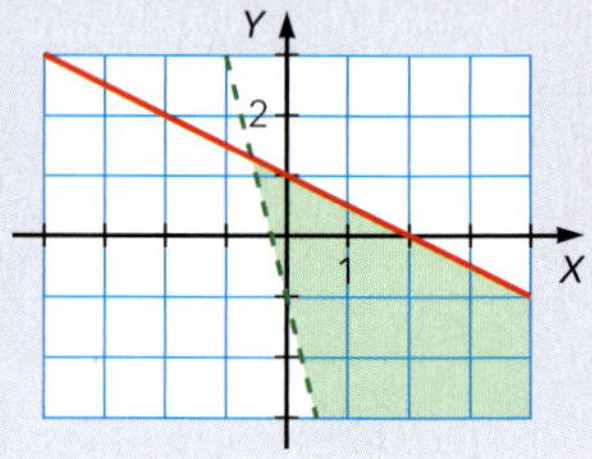

AUTOEVALUACIÓN

1. Determina el número de soluciones de un sistema y sabe calcularlas

1 Calcula las soluciones del siguiente sistema de ecuaciones lineales.

$$\left.\begin{array}{r} x - 2y = -1 \\ 3x - 2y = 1 \end{array}\right\}$$

a) $x = -1, y = -1$ c) $x = -1, y = 1$

b) $x = 1, y = -1$ d) $x = 1, y = 1$

2 Determina el número de soluciones de este sistema de ecuaciones.

$$\left.\begin{array}{r} x + y = 2 \\ 2x + 2y = 2 \end{array}\right\}$$

a) Una solución. c) Dos soluciones.

b) No tiene solución. d) Infinitas soluciones.

3 Halla el número de soluciones del siguiente sistema.

$$\left.\begin{array}{r} \frac{3}{2}x - y = \frac{7}{2} \\ \frac{9}{2}x = \frac{21}{2} + 3y \end{array}\right\}$$

a) Ninguna.
b) Dos.
c) Una.
d) Infinitas.

4 Halla la solución de este sistema.

$$\left.\begin{array}{r} 2 \cdot (x - y) + x = 11 - 3y \\ x - 3 \cdot (y + 3x) = 4y - 12 \end{array}\right\}$$

a) $x = 5, y = 4$ c) $x = 5, y = -4$

b) $x = -5, y = 4$ d) $x = -5, y = -4$

2. Determina e interpreta las soluciones de un sistema de inecuaciones

5 Indica a qué sistema corresponde la solución de la gráfica.

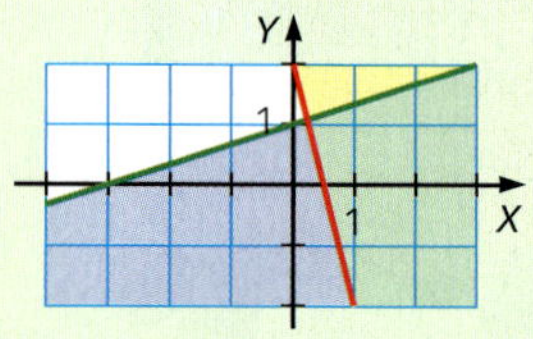

a) $\left.\begin{array}{r} x - 3y \leq -3 \\ x + 4y \geq 2 \end{array}\right\}$ c) $\left.\begin{array}{r} x - 3y \leq -3 \\ 4x + y > 2 \end{array}\right\}$

b) $\left.\begin{array}{r} 3x + y \geq -3 \\ x + 4y \geq 2 \end{array}\right\}$ d) $\left.\begin{array}{r} x - 3y \geq -3 \\ 4x + y \geq 2 \end{array}\right\}$

3. Resuelve problemas con sistemas

6 Silvia está cercando su nueva parcela rectangular y, cuando lleva instalados 170 m de valla de madera, termina de cercar dos lados consecutivos. Si la diagonal del terreno mide 130 m, ¿cuál es el área de la parcela?

a) 170 m² b) 340 m² c) 6 000 m² d) 5 400 m²

VALORA TU APRENDIZAJE

- ¿Incorporas el error a tu proceso de aprendizaje?
- ¿Aceptas tu puesto en el grupo?

6 Movimientos y semejanzas

DESAFÍO

La cuadrícula simétrica

Colorea cuatro cuadrados de tal forma que la cuadrícula sea simétrica respecto a las líneas.

¿Cuántas soluciones hay?

¿Qué sabes ya?

Qué es un vector

Un **vector** es un segmento orientado, determinado por dos puntos, *A* y *B*, y el orden de estos.

Dados los puntos $A(a_1, a_2)$ y $B(b_1, b_2)$, las coordenadas del vector $\overrightarrow{AB}$ son:
$\overrightarrow{AB} = (b_1 - a_1, b_2 - a_2)$

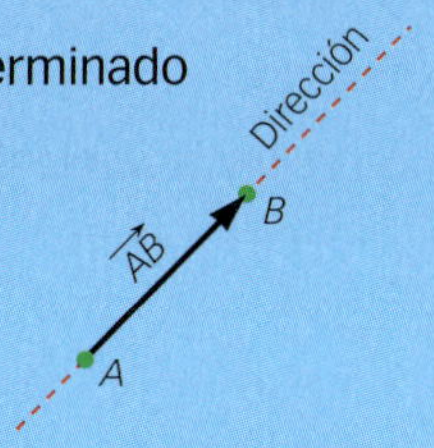

EJEMPLO

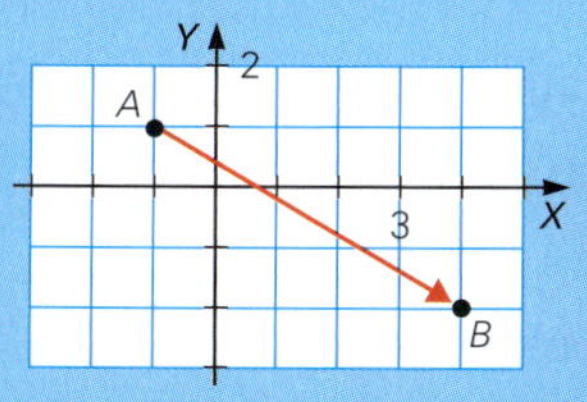

$A(-1, 1)$
$B(4, -2)$
$\overrightarrow{AB} = (4 - (-1), -2 - 1) =$
$= (5, -3)$

ACTIVIDADES

1 Dados los puntos $A(-2, 0)$ y $B(3, -2)$, calcula las coordenadas del vector $\overrightarrow{AB}$.

a) $\overrightarrow{AB} = (5, -2)$ b) $\overrightarrow{AB} = (-5, -2)$ c) $\overrightarrow{AB} = (5, 2)$

Qué son una razón y una proporción

- **Razón**: es un cociente entre números o cantidades comparables.
- **Proporción**: es una igualdad entre razones, $\frac{a}{b} = \frac{c}{d}$, donde *a*, *b*, *c* y *d* son números y *b* y *d* son números distintos de cero.

EJEMPLO

Son razones: $\frac{2}{5}; \frac{2,3}{1,7}; \frac{44}{22,11}; \ldots$

Forman proporción: $\frac{2}{10} = \frac{1,2}{6}$, ya que $2 \cdot 6 = 10 \cdot 1,2$.

ACTIVIDADES

2 Indica el valor de *a* para que se cumpla la siguiente proporción: $\frac{2}{3} = \frac{a}{1,8}$.

a) 2,7 b) 1,6 c) 1,4 d) 1,2

1. Movimientos en el plano

Una **transformación geométrica** en el plano nos permite obtener un punto P', a partir de otro punto P, mediante una regla precisa.

Un **movimiento** es una transformación geométrica que conserva las distancias y los ángulos.

Es decir, si dos puntos P_1 y P_2 están a una distancia d, sus transformados P_1' y P_2' estarán también a una distancia d; y, si dos rectas r y s forman un ángulo α, sus transformadas r' y s' también formarán un ángulo α.

En una transformación, un **punto** se llama **doble** cuando su transformado es él mismo. Una **recta** es **doble** si su transformada es ella misma.

EJEMPLO

1. Debajo puedes ver varias transformaciones de esta figura. Determina cuáles son movimientos.

Figura 1 Figura 2 Figura 3 Figura 4 Figura 5

Las figuras 1, 2 y 3 se obtienen aplicando movimientos a la figura original. En todas ellas se conservan la forma y el tamaño.

- La figura 1 es idéntica a la figura inicial.
- La figura 2 se obtiene girando 45° la figura inicial.
- En la figura 3 se han intercambiado los elementos del lado derecho por los del izquierdo.
- La figura 4 no conserva la forma ni el tamaño, no es un movimiento.
- La figura 5 conserva la forma, pero no el tamaño; por tanto, no es un movimiento.

ACTIVIDADES

1 ¿Cuáles de las figuras resultan al aplicar un movimiento a esta figura?

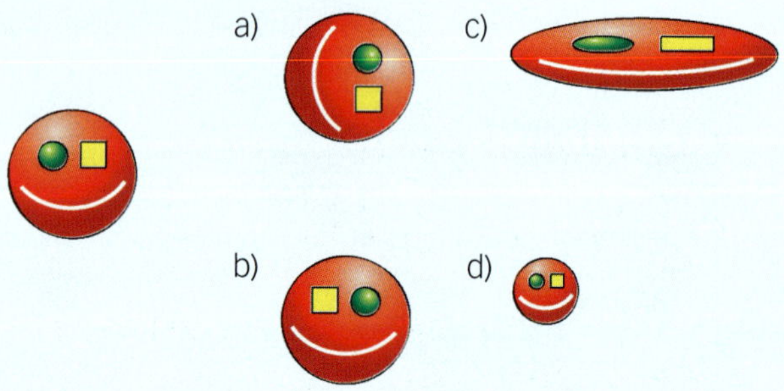

2 Indica si las siguientes afirmaciones son ciertas.

a) Una transformación es un movimiento.

b) Un movimiento conserva siempre la forma.

c) Una transformación mantiene el tamaño.

d) Un movimiento mantiene el tamaño.

e) Una transformación no mantiene nunca el tamaño de las figuras.

3 **REFLEXIONA.** Dibuja una letra E y aplícale distintas transformaciones geométricas.

2. Traslaciones

GEOGEBRA

Una **traslación de vector** $\vec{v}$ es un movimiento que transforma cualquier punto P en otro punto P', de forma que $\overrightarrow{PP'}$ tiene el mismo módulo, dirección y sentido que $\vec{v}$. Se representa por $t_{\vec{v}}$.

Una traslación es un movimiento que transforma una figura en otra figura igual pero desplazada.

EJEMPLO

2. Realiza una traslación de vector $\vec{v}$ al triángulo $\widehat{ABC}$.

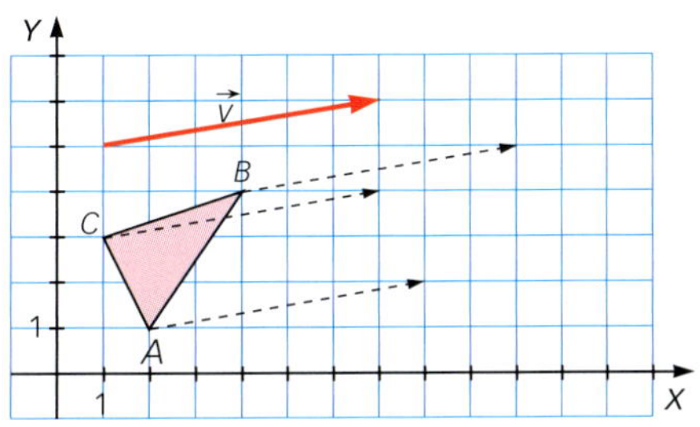

Partiendo de cada vértice, colocamos vectores iguales en módulo, dirección y sentido que $\vec{v}$.

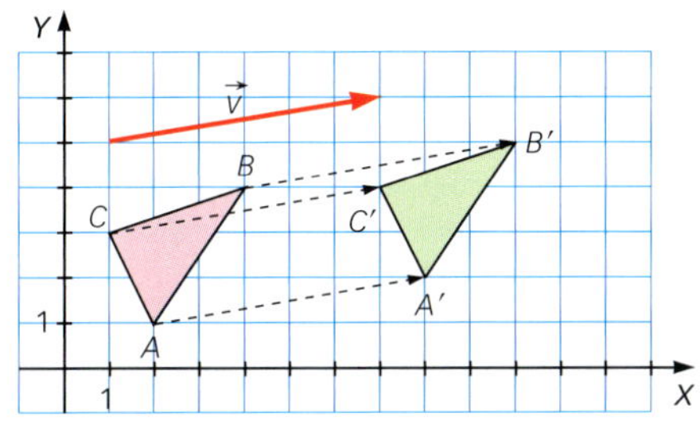

Uniendo los extremos de los vectores, A', B' y C', obtenemos la figura transformada de la inicial.

Decimos que el triángulo $\widehat{A'B'C'}$ es el **transformado** de $\widehat{ABC}$ mediante la traslación de vector $\vec{v}$. La traslación conserva los ángulos y las distancias y, por tanto, es un movimiento.

RETO

Trasladamos una silla 2 m hacia la derecha y 1 m hacia delante. ¿Cuál el módulo del vector de esa traslación?

Dados un punto $A(a, b)$ y un vector $\vec{v} = (v_1, v_2)$, el punto trasladado de A, es otro punto A', con coordenadas $A'(a + v_1, b + v_2)$.

EJEMPLO

3. Dados el punto $A(2, 1)$ y el vector $\vec{v} = (5, 2)$, determina las coordenadas del punto A', transformado de A mediante la traslación $t_{\vec{v}}$.

$$A(2, 1) \xrightarrow[\vec{v} = (5, 2)]{\text{Traslación}} A'(2 + 5, 1 + 2) \rightarrow$$
$$\rightarrow A'(7, 3)$$

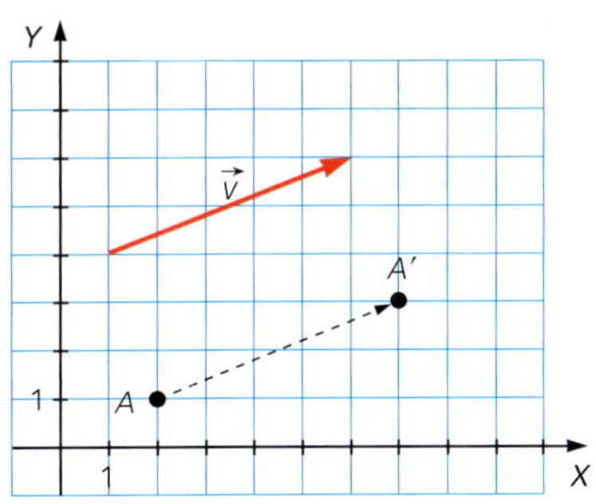

En una traslación:

- No existen puntos dobles.
- Las únicas rectas dobles son las que contienen el vector.

ACTIVIDADES

4 Obtén la figura trasladada mediante el vector $\vec{v}$.

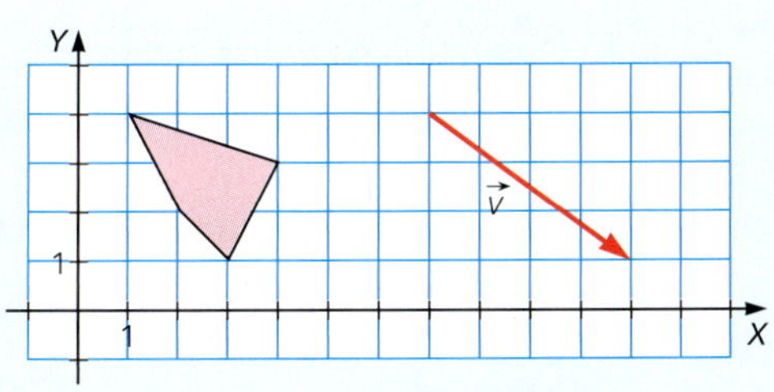

5 Un cuadrado tiene como vértices $A(-1, 1)$, $B(1, 1)$, $C(1, -1)$ y $D(-1, -1)$. Calcula su trasladado mediante la traslación de vector $\vec{v} = (4, -2)$.

6 **REFLEXIONA.** Determina la traslación que transforma el punto $A(-1, 4)$ en $A'(5, 2)$.

3. Giros

Un **giro de centro *O* y ángulo α** es un movimiento que asocia a cada punto *P* otro punto *P′*, situado a la misma distancia de *O* que el punto *P*, y de forma que $\widehat{POP'} = \alpha$. Se expresa como **G(*O*; α)**.

RETO

Se transforma un hexágono regular mediante un giro de centro O y ángulo α. ¿Puede ser el transformado el mismo hexágono regular?

EJEMPLO

4. Transforma el triángulo $\widehat{ABC}$ mediante un giro de centro el punto *O* y ángulo 120°.

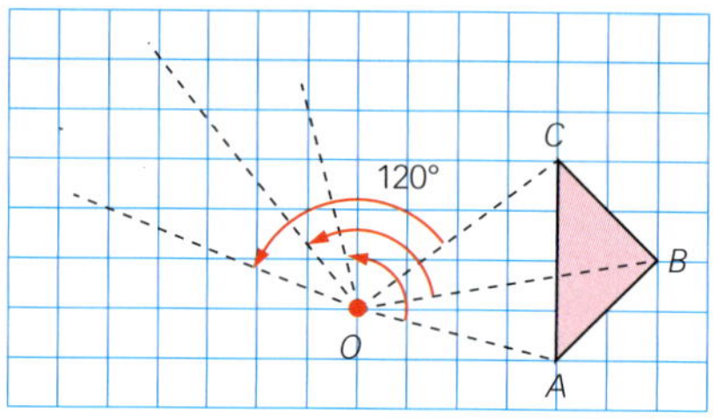

Primero trazamos rectas que unan los vértices con el centro de giro, *O*. Después, dibujamos nuevas rectas que formen ángulos de 120°, el ángulo de giro, con las anteriores.

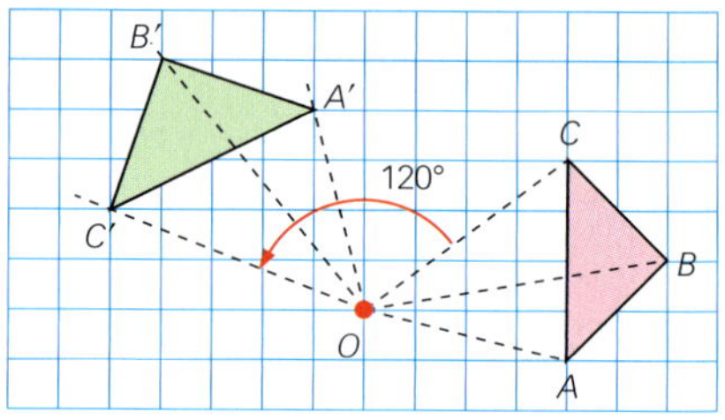

Con el compás medimos, sobre la recta correspondiente, las distancias *OA*, *OB* y *OC*, obteniendo los puntos *A′*, *B′* y *C′*, que son los vértices del triángulo transformado.

Un giro de centro *O* y ángulo α:

- Es un movimiento, transforma una figura en otra figura exactamente igual, con la misma longitud de sus lados y los ángulos iguales.
- Tiene un único punto doble que es el centro del giro.
- Si α es 180°, las rectas que pasan por el centro de giro son rectas dobles.

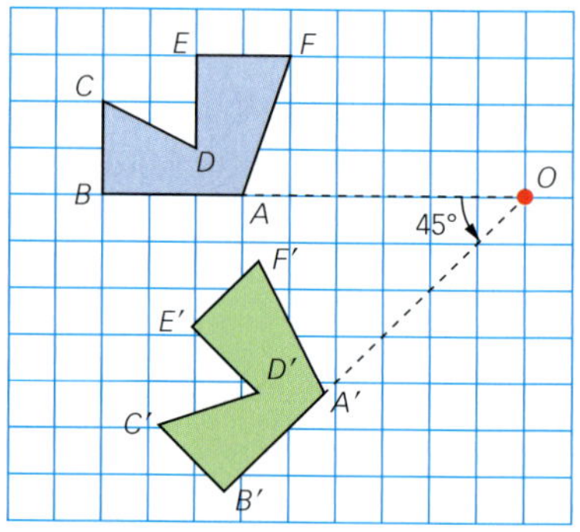

Los ángulos de giro pueden ser positivos, cuando giramos en el sentido contrario a las agujas del reloj, o negativos, cuando el giro es en el sentido contrario.

ACTIVIDADES

7. Obtén la transformada de la figura mediante un giro de centro *O* y ángulo 90°.

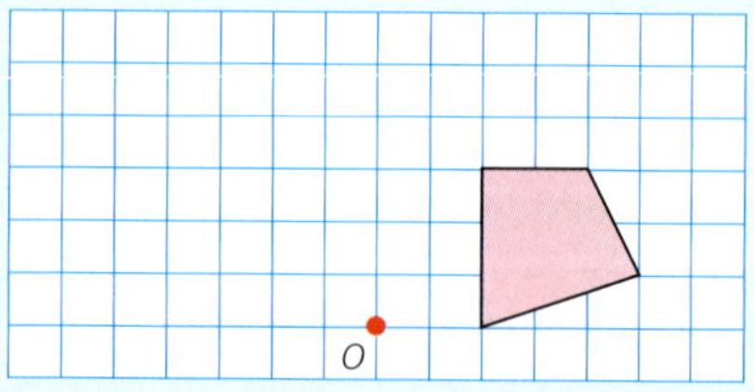

¿Cuál es su figura transformada si el ángulo de giro es de 180°?

8. Un triángulo tiene por vértices los puntos *A*(3, 0), *B*(−1, 4) y *C*(2, 5).
   a) Halla su transformado por un giro de centro (2, −1) y ángulo 180°.
   b) Determina su transformado por un giro con centro en el vértice *A*(3, 0) y ángulo 180°.

9. **REFLEXIONA.** ¿En qué figura se transforma el cuadrado *ABCD* mediante un giro *G*(*A*; 90°)? ¿Y mediante un giro *G*(*A*; −90°)?

Cómo se realizan traslaciones y giros

Las traslaciones y los giros son movimientos, es decir, transforman una figura en otra igual.

6

Transforma el triángulo $\widehat{ABC}$ mediante:

a) Una traslación de vector $\vec{v}$.

b) Un giro de centro O y ángulo 120°.

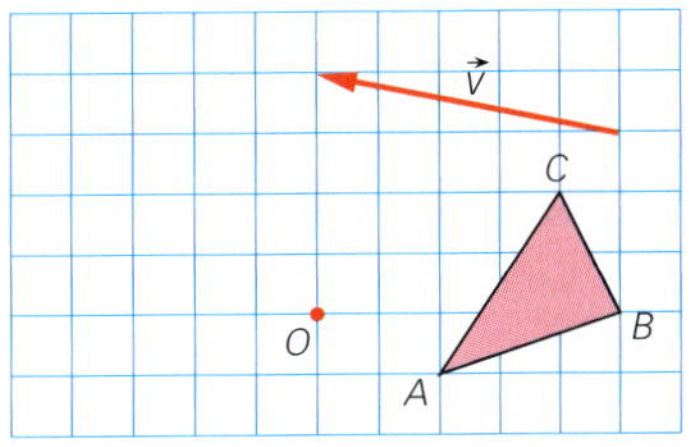

① Trazamos rectas que pasen por los vértices.

a)

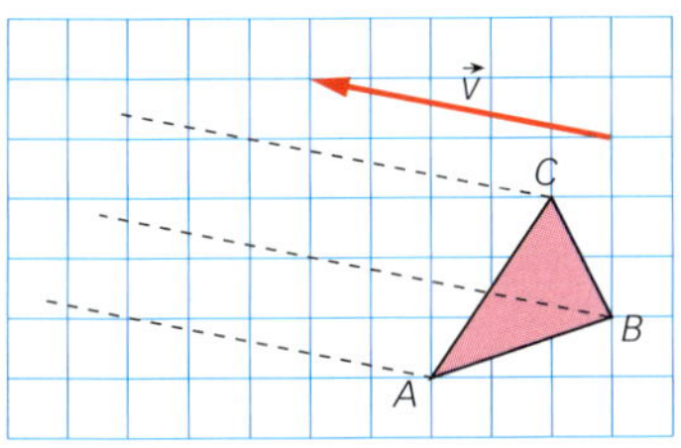

En una traslación, trazamos rectas paralelas al vector.

b)

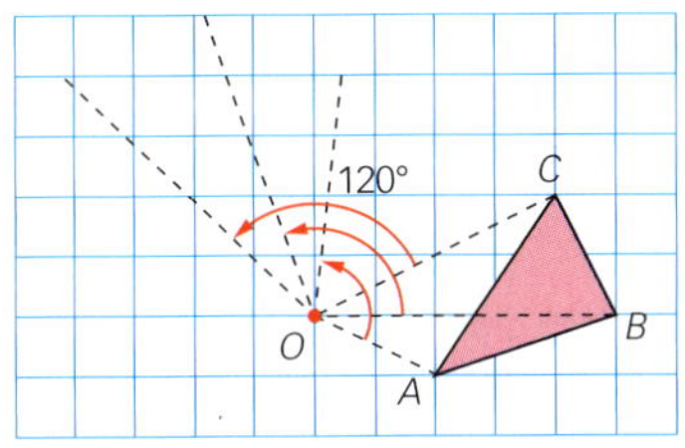

En un giro, unimos con rectas los vértices con el centro. Después, trazamos otras rectas que formen un ángulo de 120° con las anteriores.

② Medimos distancias con el compás.

Medimos el módulo del vector.

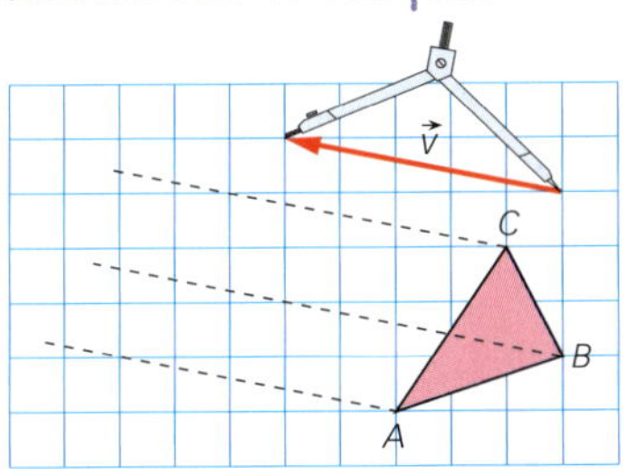

Medimos las distancias entre cada vértice y el centro O.

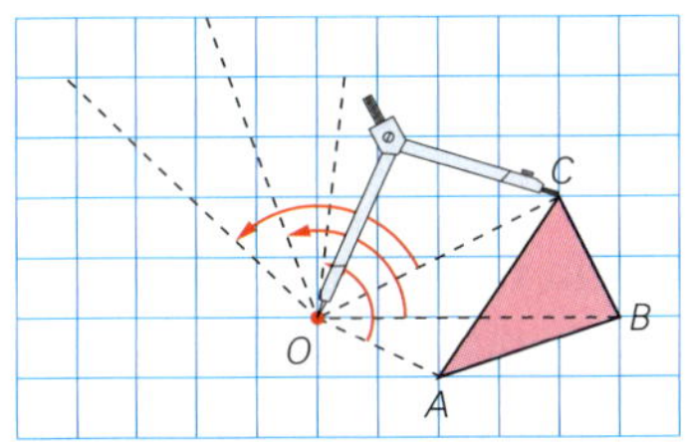

③ Trasladamos esas distancias sobre las rectas dibujadas y unimos los puntos obtenidos.

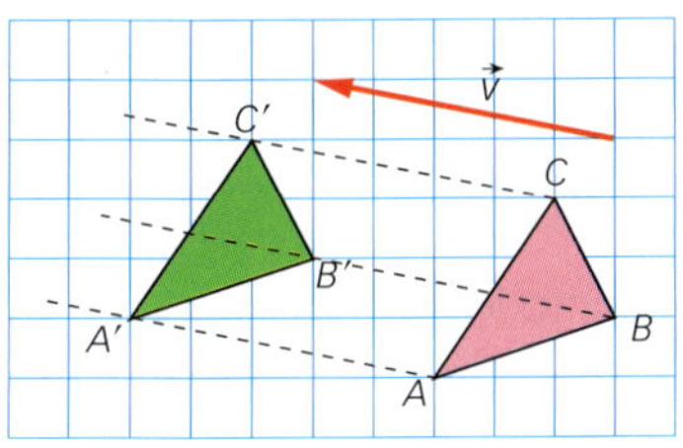

Utilizamos como origen los vértices de la figura.

Trasladamos las distancias sobre las rectas dibujadas con origen en el centro O.

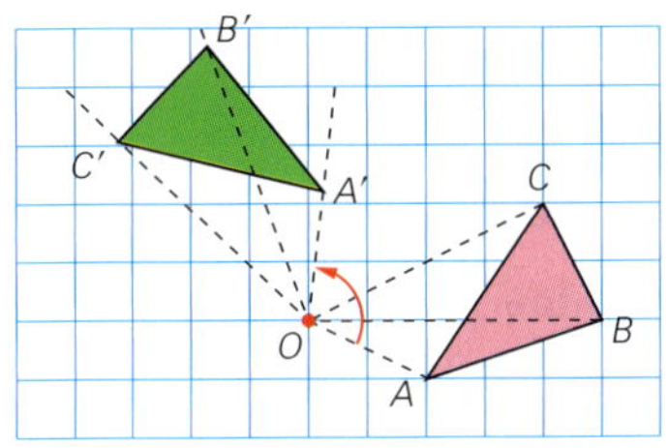

ACTIVIDADES

10 Aplica al cuadrilátero de vértices $A(2, -3)$, $B(6, -1)$, $C(6, -3)$ y $D(5, 1)$ el giro de centro el origen de coordenadas y ángulo 180°. Calcula las coordenadas de los vértices del cuadrilátero transformado.

11 Dibuja el triángulo T de vértices $A(2, 3)$, $B(4, 6)$ y $C(2, 5)$. Obtén el transformado de este triángulo, T', por la traslación de vector $\vec{v} = (3, -1)$. Después, obtén T'', el transformado de T' mediante un giro de 180° de centro $O(8, 3)$.

12 Dibuja un triángulo T de vértices $A(0, 0)$, $B(-1, 3)$ y $C(1, 6)$, y aplícale un giro de centro el origen de coordenadas y ángulo 90°. Después, aplica al triángulo resultante una traslación de vector $\vec{v} = (-1, -3)$.

13 Aplica al triángulo de vértices $A(3, 2)$, $B(5, 4)$ y $C(7, 1)$, las traslaciones de vectores $\vec{u} = (2, 3)$ y $\vec{v} = (-3, -1)$ de manera consecutiva. ¿Podrías pasar del triángulo T al triángulo final mediante una sola traslación? ¿Cuáles serían sus coordenadas?

4. Simetrías

4.1. Simetría respecto a un punto (simetría central)

GEOGEBRA

Una **simetría respecto a un punto** O (centro de simetría), $S(O)$, es un movimiento que asocia a cada punto P otro punto P' tales que:

- Los puntos P, O y P' están alineados.
- El punto O es el punto medio del segmento PP'.

En una simetría central:

- El único punto doble es su centro de simetría.
- Todas las rectas que pasan por el centro de simetría son dobles.

EJEMPLO

5. Halla el transformado de P mediante una simetría de centro O.

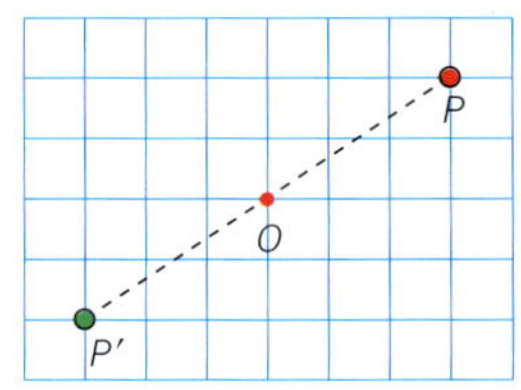

Trazamos una recta que pase por el punto P y el centro O.

Medimos OP y llevamos la distancia al otro lado de O.

RETO

Halla los puntos simétricos a $A(3, 2)$ respecto de $O(-1, 5)$ y respecto de la recta $y = x + 1$.

4.2. Simetría respecto a una recta (simetría axial)

Una **simetría respecto a una recta** r, S_r, es un movimiento que asocia a cada punto P otro punto P' tales que:

- El segmento PP' es perpendicular a r.
- Las distancias desde P y P' a r son iguales.

Por tanto, r es mediatriz de PP' y se denomina **eje de simetría**.

En una simetría axial:

- Todos los puntos del eje de simetría son dobles.
- Son rectas dobles el eje de simetría y todas las rectas perpendiculares a él.

EJEMPLO

6. Realiza una simetría axial de eje e al punto P.

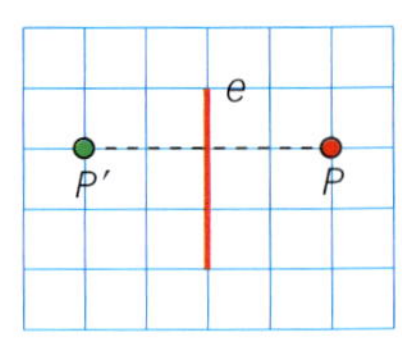

Trazamos una recta perpendicular a e que pase por P.

Medimos la distancia de P a e y la llevamos al otro lado de e.

ACTIVIDADES

14 Realiza una simetría central de centro $C(-2, 4)$ sobre estos elementos.

a) Punto $A(1, 2)$.

b) Punto $B(-4, 3)$.

c) Segmento AB, con A y B los anteriores.

15 Dado el triángulo de vértices $A(3, 1)$, $B(6, 2)$ y $C(5, 3)$, haz una simetría axial de eje la recta $x = 1$.

16 **REFLEXIONA.** Completa en tu cuaderno la siguiente tabla teniendo en cuenta las simetrías que se realizan.

Punto	Eje de simetría	Punto trasladado
$A(1, 3)$	Ordenadas	
	Ordenadas	$B'(0, 3)$
$C(2, -1)$	Abscisas	

Cómo se realizan simetrías de figuras geométricas

GEOGEBRA

Una simetría central de centro *O* equivale a un giro de ángulo 180° y centro *O*.

Transforma la siguiente figura mediante:

a) Una simetría de centro *O*.

b) Una simetría de eje *e*.

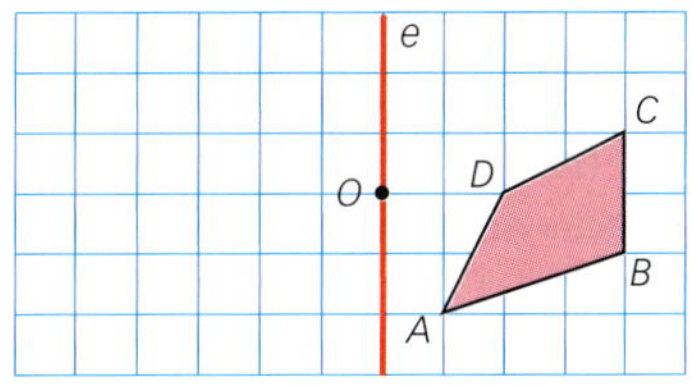

① Trazamos rectas desde los vértices.

a)

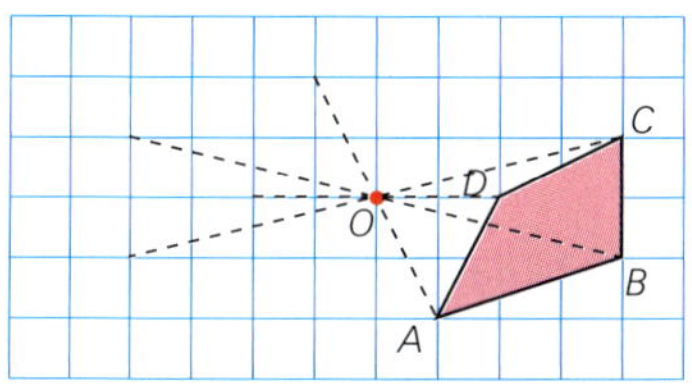

En la simetría central, que pasen por el centro *O*.

b)

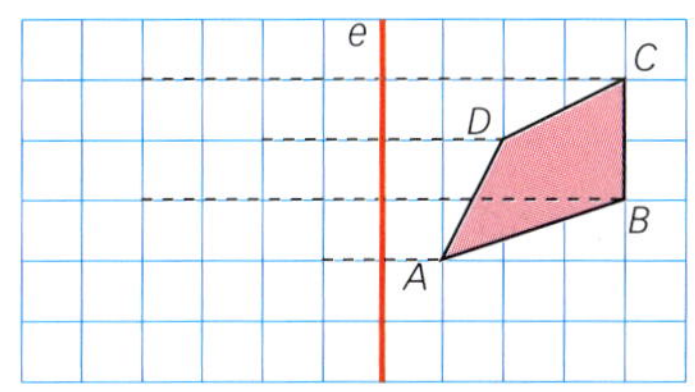

En la simetría axial, que sean perpendiculares al eje *e*.

② Medimos distancias.

Medimos las distancias entre el centro y los vértices.

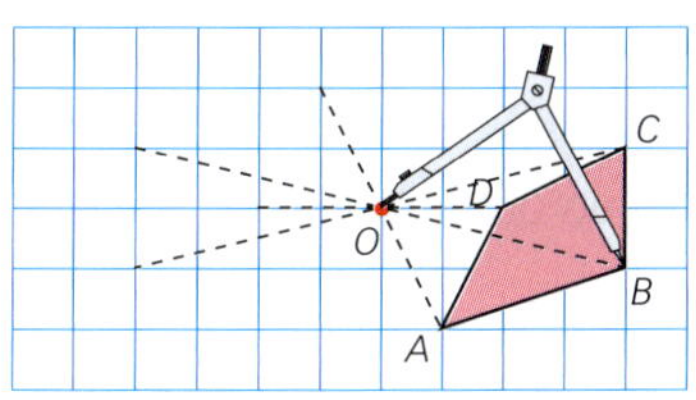

Medimos las distancias entre el eje y los vértices.

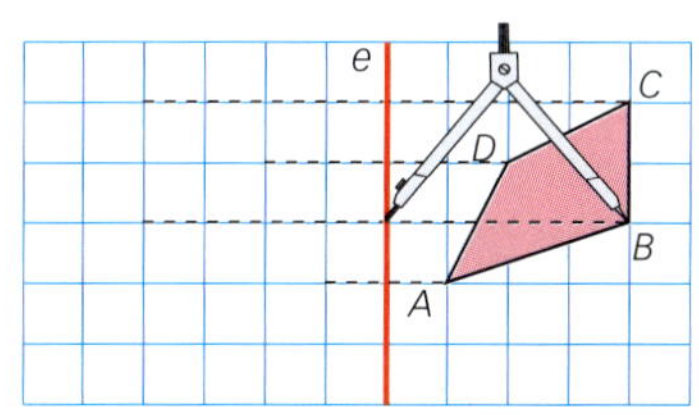

③ Trasladamos esas distancias sobre las rectas dibujadas y unimos los puntos obtenidos.

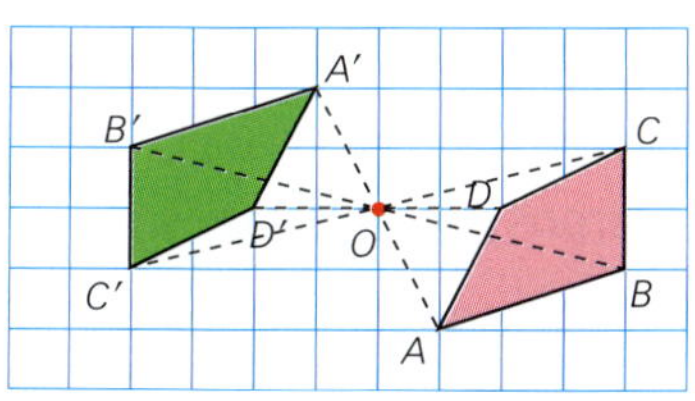

Trasladamos las distancias al otro lado del centro.

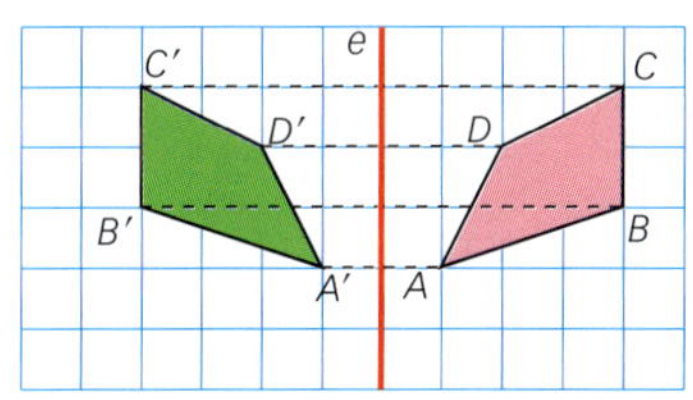

Trasladamos las distancias al otro lado del eje.

ACTIVIDADES

17 Aplica a cada figura una simetría central de centro *O*.

a)

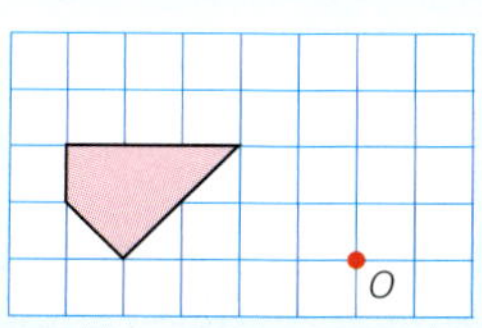

c)

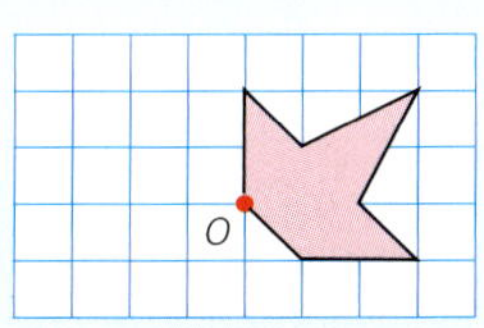

b)

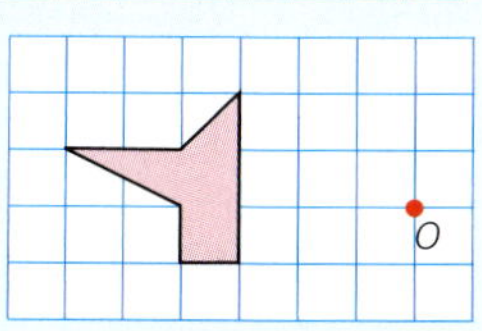

d)

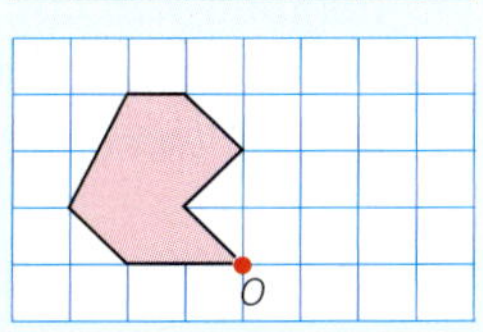

¿Dónde tiene que estar situado el centro de simetría para que la figura tenga algún punto doble? ¿Puede tener la figura una recta doble?

18 Determina la figura transformada mediante una simetría de eje el eje de ordenadas.

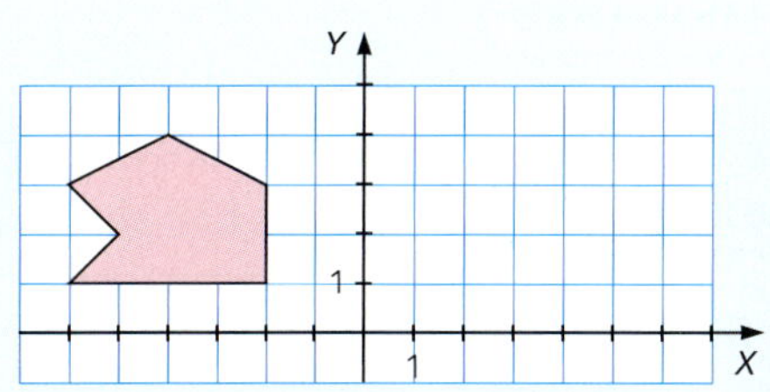

a) ¿Qué relación hay entre las coordenadas de los vértices de la figura y los de sus transformados?

b) Define un eje de simetría para el que la figura tenga algún punto y recta doble.

5. Semejanzas

Dos **polígonos** son **semejantes** si sus ángulos homólogos son iguales y las longitudes de sus lados correspondientes son proporcionales.

Se llama **razón de semejanza** al cociente de la longitud de un lado de un polígono entre la longitud del lado correspondiente del otro polígono.

En general, dos **figuras** son **semejantes** cuando tienen la misma forma y sus dimensiones son proporcionales.

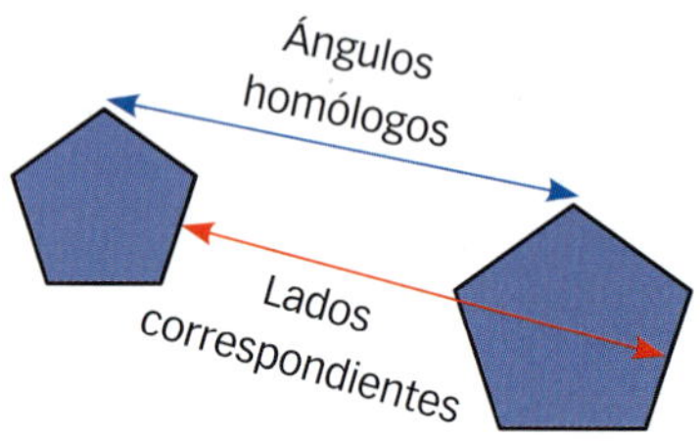

RETO

¿Dos polígonos regulares con el mismo número de lados son semejantes?

EJEMPLOS

7. Identifica los polígonos semejantes y halla su razón de semejanza.

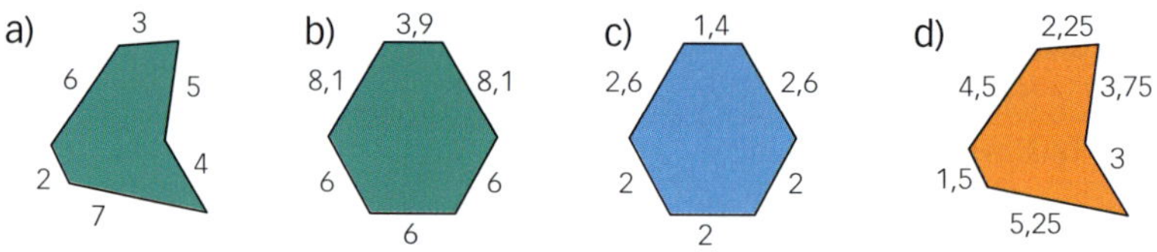

a) y d) no son semejantes a b) ni a c), porque sus ángulos son diferentes.

a) y d) son semejantes porque sus ángulos son iguales y sus lados proporcionales.

$$\frac{1,5}{2} = \frac{4,5}{6} = \frac{2,25}{3} = \frac{3,75}{5} = \frac{3}{4} = \frac{5,25}{7} = 0,75 \leftarrow \text{Razón de semejanza}$$

b) y c) no son semejantes porque, aunque sus ángulos son iguales, algunos de sus lados no son proporcionales.

$$\frac{2}{6} \neq \frac{2,6}{8,1}$$

8. Determina si son semejantes estos cuerpos geométricos.

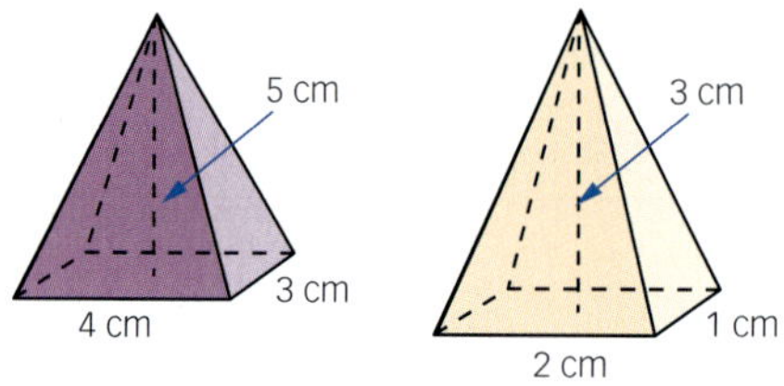

No son semejantes, porque los lados de sus bases no son proporcionales.

$$\frac{3}{1} \neq \frac{4}{2}$$

ACTIVIDADES

19. Razona si son semejantes los dos rectángulos de la figura.

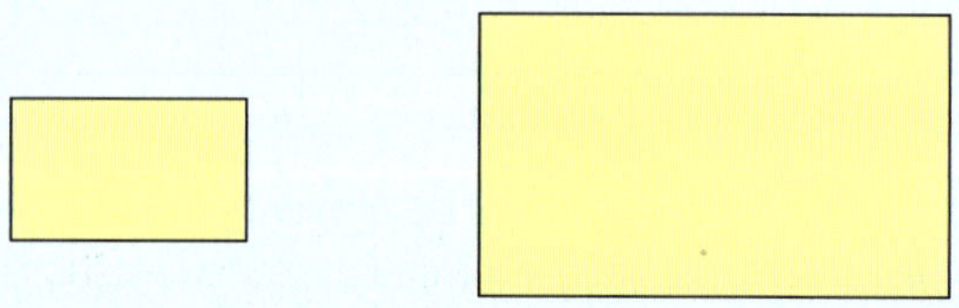

En caso afirmativo, averigua cuál es la razón de semejanza.

20. Halla la longitud de los lados de un heptágono de perímetro 25 cm, sabiendo que en otro semejante a él los lados miden 10, 10, 10, 20, 30, 5 y 14 cm, respectivamente.

21. **REFLEXIONA.** Razona si es cierto o falso.

a) Todos los cuadrados son semejantes.

b) Todos los rombos son semejantes.

c) Todos los hexágonos regulares son semejantes.

Cómo se calculan distancias en un mapa

GEOGEBRA

Observa el mapa y contesta.

La escala de un mapa es la razón de semejanza entre la figura representación y la realidad.

$$\text{Escala} = \frac{\text{Distancia en la representación}}{\text{Distancia en la realidad}}$$

Puede expresarse como 1: *n*, que significa que cada unidad en la representación equivale a *n* unidades en la realidad.

También puede expresarse de manera gráfica.

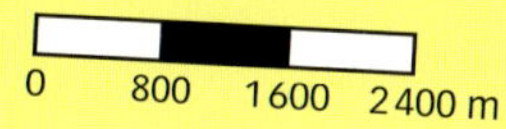

a) ¿Cuál es la distancia real entre Zaragoza y Málaga?

b) La distancia por carretera entre Cádiz y Lugo es 953 km. ¿Cuánto mide en el mapa?

c) ¿Cuál sería la escala si los 228 km que separan Murcia de Valencia estuvieran representados en el mapa por 20 cm?

① Identificamos los datos de los que disponemos en cada caso, tomando medidas en el mapa cuando sea preciso.

a) Escala 1:18 000 000
Distancia en el mapa entre Zaragoza y Málaga: 3,5 cm

b) Escala 1:18 000 000
Distancia real entre Cádiz y Lugo : 953 km

c) Distancia en el mapa: 20 cm
Distancia real entre Murcia y Valencia: 228 km

② Escribimos la proporción asignando *x* al dato desconocido.

a) Escala / Mapa: $\frac{1}{18\,000\,000} = \frac{3{,}5}{x}$ (3,5 → cm)

b) Escala / Mapa: $\frac{1}{18\,000\,000} = \frac{x}{953}$ (x → km)

c) Escala / Mapa: $\frac{1}{x} = \frac{20}{22\,800\,000}$ (cm)

③ Resolvemos la ecuación y expresamos la solución en las unidades adecuadas.

a) $x = 3{,}5 \cdot 18\,000\,000 = 63\,000\,000$ cm
63 000 000 : 100 000 = 630 km
Entre Zaragoza y Málaga hay 630 km.

b) $x = \frac{953}{18\,000\,000} = 0{,}0000529$ km
$0{,}0000635 \cdot 100\,000 = 5{,}29$ cm
En el mapa mide 5,29 cm.

c) $x = \frac{22\,800\,000}{20} = 1\,140\,000$
La escala sería 1:1 140 000.

ACTIVIDADES

22 Utiliza el mapa de arriba para calcular la distancia entre:

a) Sevilla y Barcelona.

b) Cáceres y Valencia.

23 El ecuador terrestre mide 40 075 km de largo. Calcula la escala a la que están representados los mapas en los que su longitud sea:

a) 30 cm. b) 95 cm. c) 2 m.

6. Semejanza en áreas y volúmenes

Si dos figuras planas son semejantes, con razón de semejanza r, sus áreas son proporcionales y la razón de proporcionalidad es r^2.

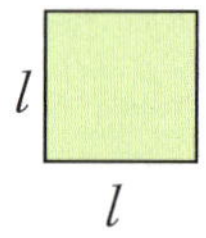

$A = l \cdot l$

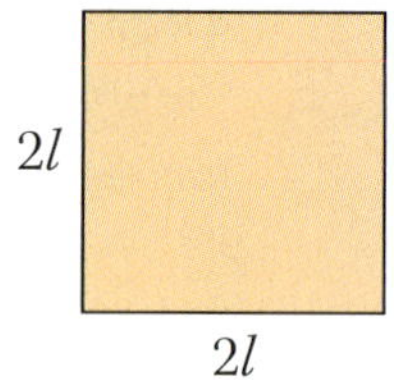

$A = 2l \cdot 2l = 2^2 \cdot (l \cdot l)$

Si dos cuerpos geométricos son semejantes, con razón de semejanza r, sus volúmenes son proporcionales y la razón de proporcionalidad es r^3.

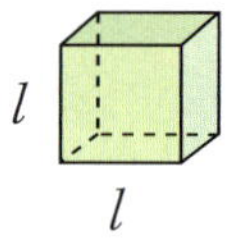

$V = l \cdot l \cdot l$

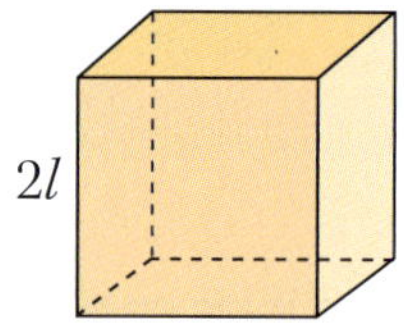

$V = 2l \cdot 2l \cdot 2l = 2^3 \cdot (l \cdot l \cdot l)$

RETO

¿Dos poliedros regulares con el mismo número de caras son semejantes?

EJEMPLO

9. Consideramos el siguiente prisma y otro semejante a él con razón 3.

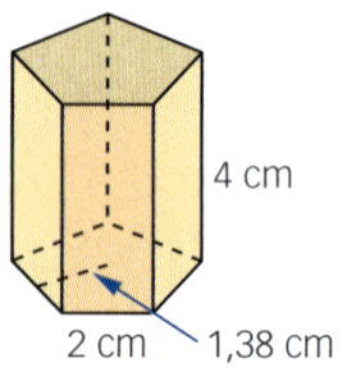

a) Calcula el área de la base de los dos prismas.

La razón de semejanza de las áreas es $3^2 = 9$.

Prisma pequeño:

$$A_{\text{Base}} = \frac{2 \cdot 5 \cdot 1{,}38}{2} = 6{,}9 \text{ cm}^2$$

Prisma grande:

$$6{,}9 \cdot 9 = 62{,}1 \text{ cm}^2$$

b) Halla el volumen de los dos prismas.

La razón de semejanza de sus volúmenes es $3^3 = 27$.

Prisma pequeño:

$$A_{\text{Base}} \cdot h = 6{,}9 \cdot 4 = 27{,}6 \text{ cm}^3$$

Prisma grande:

$$27{,}6 \cdot 27 = 745{,}2 \text{ cm}^3$$

ACTIVIDADES

24 Calcula la razón de semejanza, el área y el volumen de estas figuras semejantes.

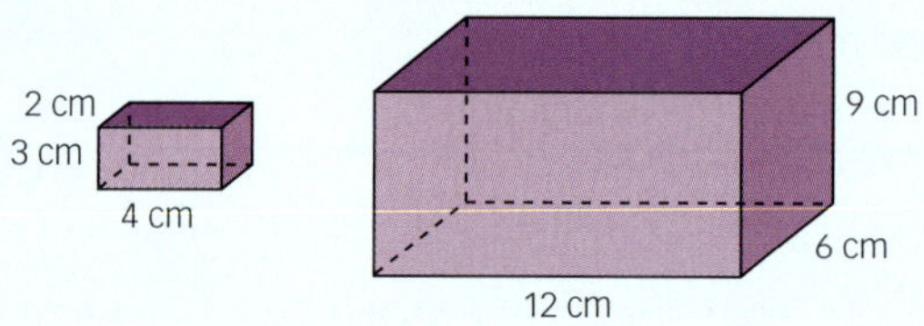

25 Dibuja un cubo de 3 cm de arista y otro semejante a él con razón de semejanza 2,8. Halla.

a) La razón de semejanza de sus áreas.

b) La razón de semejanza de sus volúmenes.

26 Determina el área y el volumen de una pirámide de base cuadrada de lado 6 cm y altura 4 cm.

Si construyésemos otra pirámide semejante con razón 0,5, ¿su volumen y su área serían mayores o menores? ¿Y si la razón de semejanza fuera 2? Calcula su área y su volumen en ambos casos.

27 **REFLEXIONA.** Halla el área y el volumen de un cilindro de radio 4 cm y altura 8 cm. Calcula las medidas de un cilindro semejante a él con razón de semejanza:

a) 3,5 b) $\frac{1}{2}$ c) 10 d) $\frac{4}{3}$

Cómo se calculan el área y el volumen de figuras semejantes

Si la escala es 1:n, la razón entre las áreas será n^2 y la razón entre los volúmenes, n^3.

Determina el área y el volumen de la piscina real a partir de esta maqueta.

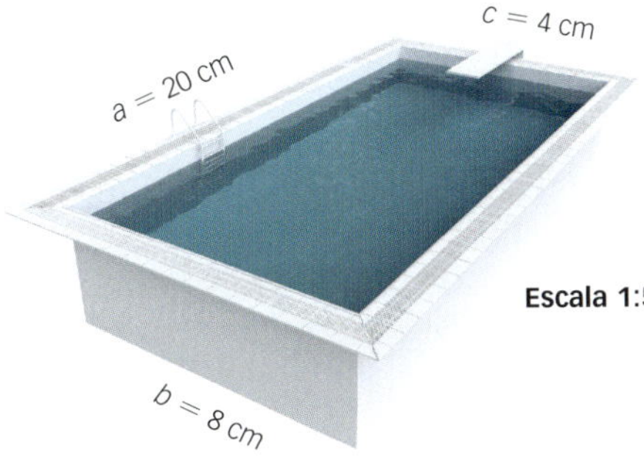

① Calculamos el área y el volumen de la figura de la que conocemos sus medidas.

$$A = 2 \cdot (ab + ac + bc) = 2 \cdot (20 \cdot 8 + 20 \cdot 4 + 8 \cdot 4) = 2 \cdot 272 = 544 \text{ cm}^2$$

$$V = a \cdot b \cdot c = 20 \cdot 8 \cdot 4 = 640 \text{ cm}^3$$

② Multiplicamos cada magnitud por la razón de semejanza correspondiente y expresamos el resultado en las unidades de medida adecuadas.

$$A = r^2 \cdot A_{\text{Maqueta}} = 50^2 \cdot 544 = 1\,360\,000 \text{ cm}^2 \rightarrow A = 136 \text{ m}^2$$

$$V = r^3 \cdot V_{\text{Maqueta}} = 50^3 \cdot 640 = 80\,000\,000 \text{ cm}^3 \rightarrow V = 80 \text{ m}^3$$

ACTIVIDADES

28 Las dimensiones de un campo de fútbol son 70 y 100 m, respectivamente. ¿Cuál es la superficie de un futbolín hecho a escala 1:75?

29 Si el volumen de un silo es de 45 000 m³, ¿cuál será el volumen de su maqueta a escala 1:40?

30 Una esfera de vidrio tiene un radio de 4 cm, y una canica de vidrio, un diámetro de 1 cm. Encuentra la razón entre sus volúmenes.

31 El radio de una pelota de baloncesto es seis veces el de una de pimpón. ¿Cuál es la relación entre sus volúmenes?

32 El precio de las tartas circulares en una pastelería depende de la superficie superior. La tarta más pequeña tiene 10 cm de radio y cuesta 12,50 €. Calcula el precio de las siguientes tartas.

a) Tarta circular de 20 cm de radio.

b) Tarta circular de 15 cm de radio.

33 A Carlos le han regalado una maqueta de un barco a escala 1:100.

a) Si el barco real desplaza 3 671 toneladas de agua, ¿cuánta agua desplazaría la maqueta?

b) Si la superficie real mide 3 153 m², ¿cuánto mide la superficie de las velas de la maqueta?

34 Un aficionado al fútbol desea construir un futbolín de modo que el recinto de juego sea semejante al de su equipo favorito, que es un rectángulo de 100 × 70 m.

Si quiere que la copia tenga una razón de semejanza $r = \dfrac{1}{100}$ respecto de la original:

a) ¿Cuáles serán las medidas del rectángulo de juego en el futbolín?

b) ¿Y su superficie?

1. Identifica los elementos característicos de los movimientos en el plano

Movimientos

ACTIVIDADES FLASH

35 Indica, observando este dibujo, si las siguientes figuras se han obtenido mediante un movimiento o no. Razona tu respuesta.

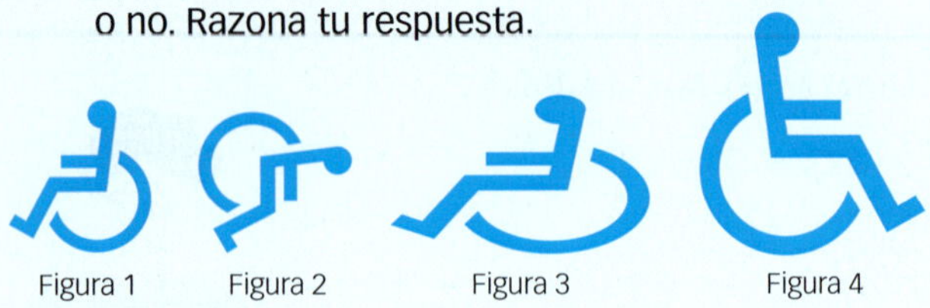

36 **INVENTA.** Dibuja, a partir de las siguientes figuras, otras en las que se conserve lo indicado.

a) El tamaño.

b) La forma.

c) El tamaño y la forma.

d) Ni el tamaño ni la forma.

Traslaciones

CÁLCULO MENTAL

37 Obtén el trasladado del punto P por el vector $\vec{v}$.

a) $P(-1, 0)$ y $\vec{v} = (4, 3)$

b) $P(4, -3)$ y $\vec{v} = (1, -5)$

c) $P(3, -4)$ y $\vec{v} = (-5, 1)$

d) $P(-2, 6)$ y $\vec{v} = (-3, -2)$

38 Halla el vector de traslación que transforma P en P'.

a) $P(2, -1), P'(-1, 3)$

b) $P(-5, 0), P'(0, -2)$

39 **INVESTIGA.** Obtén la figura F', transformada de F por una traslación de vector $\vec{v}$. Después, halla la transformada de F' por la traslación de vector $\vec{w}$, F''.

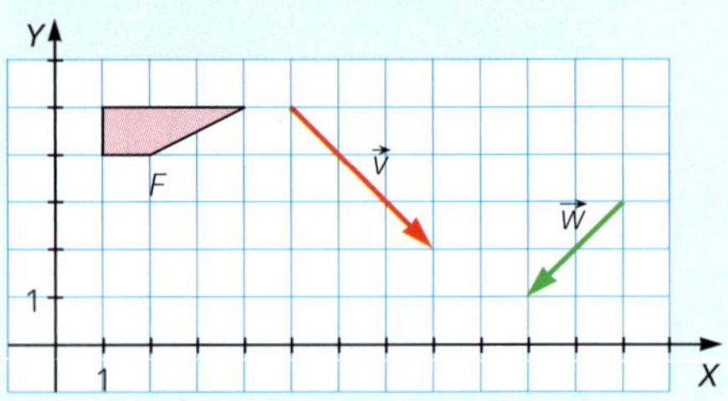

a) ¿Puedes pasar directamente de F a F'' con una traslación? Si crees que sí, dibuja el vector de dicha traslación y escribe sus coordenadas.

b) Escribe las coordenadas de $\vec{v}$ y $\vec{w}$ y suma sus abscisas y ordenadas. ¿Qué relación tiene el resultado con el del apartado anterior?

40 Dibuja los siguientes elementos geométricos y sus transformados por el vector de traslación $\vec{v} = (3, -4)$.

a) Segmento AB: $A(0, 3)$ y $B(4, 2)$.

b) Triángulo ABC: $A(2, -3)$, $B(4, 1)$ y $C(1, 2)$.

c) Pentágono $ABCDE$: $A(4, -1)$, $B(3, 2)$, $C(6, 4)$, $D(9, -2)$ y $E(5, 1)$.

d) Círculo de centro $C(-3, 2)$ y radio $r = 2$.

41 **INVENTA.** Dibuja un triángulo sobre una cuadrícula y aplícale estos vectores de traslación, sucesivamente.

$\vec{u} = (1,3)$ $\quad$ $\vec{v} = (-2,4)$ $\quad$ $\vec{w} = (1, -1)$

¿Qué observas?

42 Halla la figura F que ha dado lugar a la figura F' al aplicarle una traslación de vector $\vec{v} = (-2, -3)$.

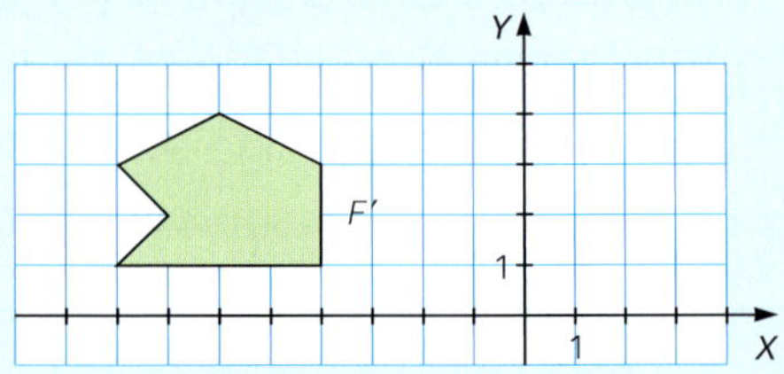

INTERNET

43 Describe los posibles vectores de traslación del movimiento del rey en el tablero de ajedrez.

Giros

ACTIVIDADES FLASH

44 Explica cuál es el punto transformado de estos puntos por un giro de centro el origen de coordenadas y ángulo de 90°.

$A(6, 0)$ $\quad$ $B(3, 4)$ $\quad$ $C(-2, -5)$ $\quad$ $D(-5, 1)$

45 Dibuja los puntos y el segmento que forman A y B. Halla su transformado por un giro de 90° de centro $C(-1, -2)$.

a) $A(2, -2)$, $B(5, 0)$

b) $A(-11, -1)$, $B(-8, 2)$

c) $A(-2, 6)$, $B(1, 3)$

d) $A(0, 0)$, $B(-1, -2)$

46 Dibuja estos elementos y sus transformados por el giro de centro $O(3, 1)$ y ángulo 120°.

a) Triángulo de vértices $A(2, 6)$, $B(-2, 1)$ y $C(-5, 3)$.

b) Círculo de centro $C(-3, -2)$ y radio $r = 4$.

47 **JUEGO.** Dada una figura geométrica, cada participante en su turno decide una amplitud de ángulo de giro, 5°, 10° o 15°, que se va a aplicar a la figura. Todos los giros se aplicarán con centro en el origen de coordenadas. Gana quien consiga devolver la figura a su posición inicial. ¿Hay alguna estrategia ganadora?

48 Determina el centro y el ángulo del giro que transforma F en F'.

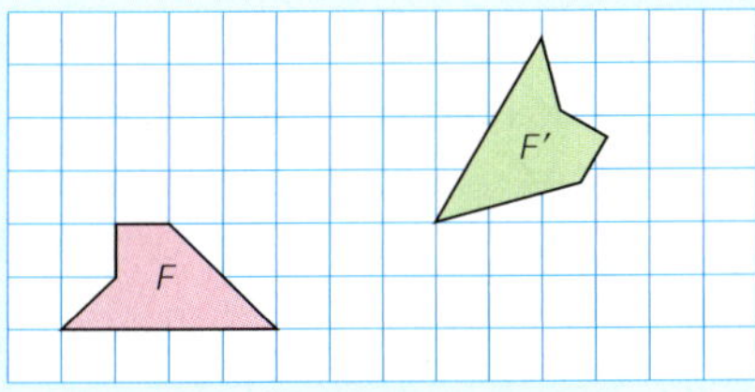

Simetrías

ACTIVIDADES FLASH

49 Indica los dos transformados de estos puntos por una simetría respecto a ambos ejes de coordenadas.

$A(2, 0)$ $B(6, 2)$ $C(0, 8)$ $D(-1, 4)$

$E(-5, 0)$ $F(-3, -4)$ $G(0, -9)$ $H(2, -6)$

50 Halla el transformado por el movimiento indicado del triángulo ABC, con $A(-1, 6)$, $B(-2, 1)$ y $C(-5, 3)$.

a) Simetría central respecto del origen, $O(0, 0)$.

b) Simetría central de centro el punto $D(4, 2)$.

c) Simetría respecto al eje de ordenadas.

51 **INVENTA.** Dibuja un cuadrado, C, con un vértice en el punto $(0, 0)$, otros dos vértices sobre cada uno de los ejes de coordenadas y el cuarto vértice en el primer cuadrante.

a) Halla su transformado, C', por una simetría central respecto de $(0, 0)$.

b) A continuación halla C'', el transformado de C' por una simetría axial respecto de la bisectriz del segundo y el cuarto cuadrantes.

¿Qué relación tienen C y C''?

52 Realiza una simetría central respecto al punto $M(-1, 5)$ a cada una de las figuras.

a) Cuadrado $ABCD$: $A(-2, 2)$, $B(0, 2)$, $C(0, 0)$ y $D(-2, 0)$.

b) Polígono de vértices $A(4, -1)$, $B(3, 2)$, $C(6, 4)$, $D(9, -2)$ y $E(5, 1)$.

53 Construye la figura simétrica respecto de la bisectriz del primer y el tercer cuadrantes.

a) Triángulo: $A(2, 6)$, $B(-2, 1)$ y $C(-5, 3)$.

b) Cuadrilátero: $A(4, -1)$, $B(2, -7)$, $C(7, -5)$ y $D(6, 0)$.

54 **INVESTIGA.** Sea esta recta.

$$r: (x, y) = (-1, 2) + t(5, -1)$$

Halla el simétrico de $A(4, 1)$ respecto de r. ¿Qué observas?

55 Considera el siguiente pentágono.

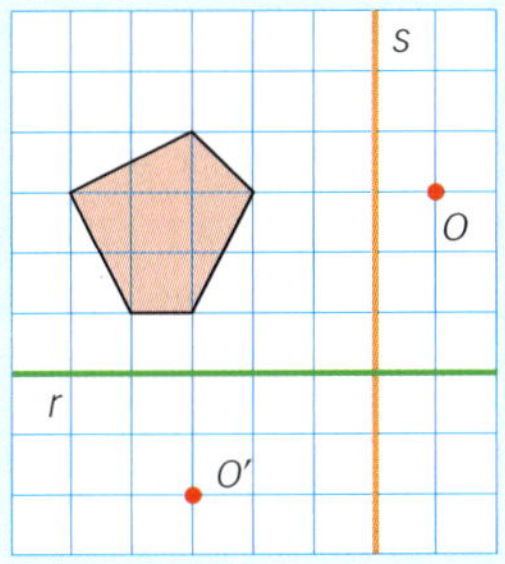

Dibuja estos simétricos del pentágono.

a) El simétrico respecto al centro de simetría O.

b) El simétrico respecto al centro de simetría O'.

c) El simétrico respecto a r como eje de simetría.

d) El simétrico respecto a s como eje de simetría.

56 **RETO.** Identifica los movimientos de este mosaico.

2. Identifica polígonos semejantes y sus relaciones

Semejanzas

57 Dado el triángulo cuyos lados miden 3, 6 y 8 cm, respectivamente, calcula:

a) La longitud de los lados de otro triángulo semejante con razón de semejanza $k = 2$.

b) La longitud de los lados de otro triángulo semejante con razón de semejanza $k = \frac{1}{2}$.

c) ¿Cuál es la razón de semejanza que hay entre los dos triángulos transformados?

58 Dibuja un polígono semejante a estos polígonos con razón $k = 2$.

a) Triángulo ABC: $A(1, 4)$, $B(2, 1)$ y $C(3, 2)$.

b) Cuadrilátero $ABCD$: $A(3, 0)$, $B(6, 3)$, $C(2, 4)$ y $D(3, 7)$.

59 Construye dos figuras semejantes a estas con razones de semejanza 3 y $\frac{1}{2}$, respectivamente.

a)

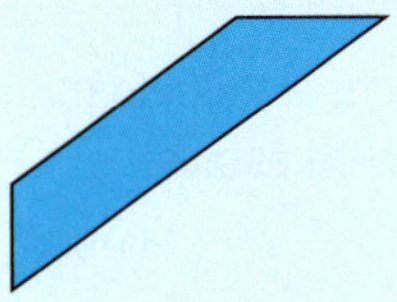

b)

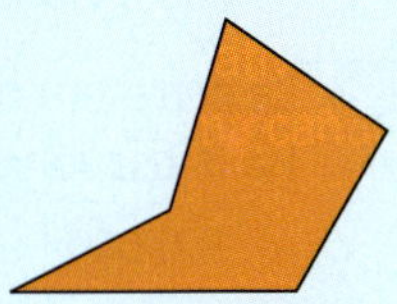

60 **JUEGO.** Dada una figura A, se quiere obtener otra figura, A_n, que sea semejante a A pero ampliada 1 000 veces. Cada participante, en su turno, debe decir una razón de semejanza, $k = 2$, $k = 5$ o $k = 10$, con la que ampliar la figura anterior. Gana quien consiga llegar a A_n. ¿Hay alguna estrategia ganadora?

61 ¿Todos los triángulos rectángulos son semejantes? Razona la respuesta.

62 Indica qué polígonos son semejantes entre sí, y calcula su razón de semejanza.

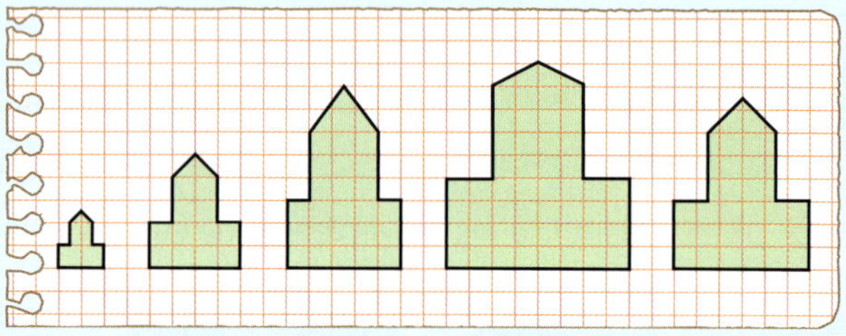

63 Los pentágonos $ABCDE$ y $A'B'C'D'E'$ son semejantes, con razón de semejanza $r = \frac{5}{2}$.

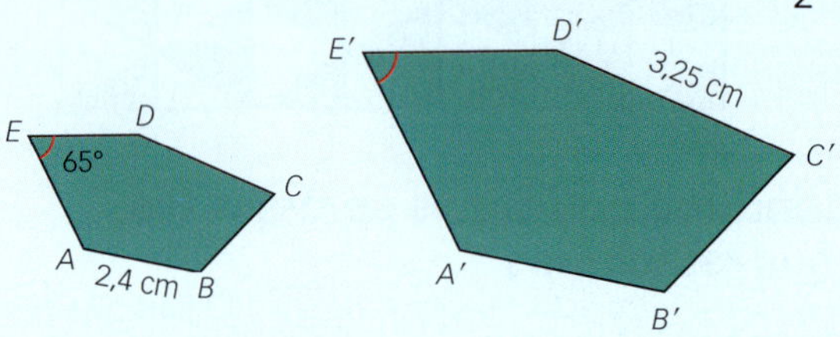

a) ¿Cuánto mide el segmento $A'B'$?

b) ¿Cuál es la amplitud de $\widehat{E}$?

c) Calcula la medida de CD.

64 Halla la longitud de los lados de un triángulo semejante a otro de lados 5, 6 y 8 cm, respectivamente, con razón de semejanza $r = 1{,}6$.

65 Los lados de un triángulo miden $a = 7$ cm, $b = 8$ cm y $c = 10$ cm. Calcula cuánto miden los lados de un triángulo semejante cuyo perímetro es 125 cm.

66 **INVESTIGA.** Si dos cuadriláteros tienen sus ángulos iguales, ¿son semejantes? Pon un ejemplo.

67 La escala de un mapa es 1:400 000. Halla.

a) La distancia real que separa dos localidades si en el mapa es 11 cm.

b) La distancia en el mapa de dos localidades que en la realidad las separan 236 km.

68 La carretera que va de Pedroche a Pajuelo mide 45 km. Halla esa longitud en un plano de escala:

a) 1:25 000 b) 1:50 000 c) 1:350 000

69 **INVENTA.** Elige tres escalas diferentes de forma que puedas representar Galicia en un papel de tamaño DIN A4. ¿Puedes representarla con esas mismas escalas en un pósit de tamaño 10 × 10 cm?

70 En un mapa aparece esta escala gráfica.

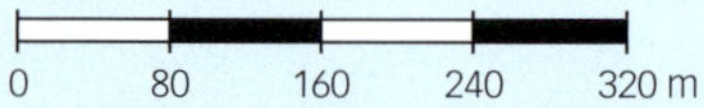

a) ¿Cuál es su escala numérica?

b) Halla la distancia real entre dos puntos que distan 8 cm.

INTERNET

71 **MATEMÁTICAS Y... GEOGRAFÍA.** En un mapa de Europa, París y Viena distan 15 cm.

a) ¿A qué escala se ha hecho el mapa?

b) ¿A qué distancia se encuentran Berlín y Praga en el mapa?

c) ¿Podrías diferenciar tu casa de tu centro escolar en ese mapa?

72 Toma un papel tamaño DIN A4 (297 × 210 mm). Indica si es semejante a estos.

a) La mitad de esa hoja, dividiéndola al medio por su lado largo. ¿Y si lo haces por su lado corto?

b) El doble de esa hoja, uniendo las hojas por su lado largo. ¿Y si lo haces por el corto?

73 **INVESTIGA.** En un triángulo rectángulo isósceles, la altura trazada sobre la hipotenusa es la mitad de la hipotenusa. ¿Por qué?

3. Aplica las relaciones entre figuras semejantes a problemas reales

74 **MATEMÁTICAS Y... ARTE.** El *David* de Miguel Ángel es una escultura de mármol que tiene una altura de 5,17 m y se estima que su peso es de alrededor de 5,5 t.

Es una de las obras de arte más famosas de la historia y existen miles de réplicas de diferentes tamaños que adornan los hogares de todo el mundo.

¿Cuánto pesaría una reproducción hecha del mismo tipo de mármol de 2 m de altura? ¿Y una de 20 cm?

75 **MATEMÁTICAS Y... ALIMENTACIÓN.** La caja de una de estas chocolatinas de 100 g mide 20 cm de largo y la altura de su base 3,3 cm. Calcula los tamaños de las cajas de chocolatinas de 200 g, 350 g, 400 g y 750 g.

76 En un huerto hay un depósito de agua con forma de cono invertido. Hoy la altura del agua es de 3 m y contiene 14 800 litros.

a) ¿Cuál es la capacidad máxima del deposito si su altura máxima es de 10 m?

b) ¿Se podría calcular igual en el caso de que el depósito fuera de forma cilíndrica?

77 **RETO.** Demuestra que no influye la distancia de separación de las columnas *AB* y *CD* para calcular la altura *h*. ¿Cuánto mide la altura?

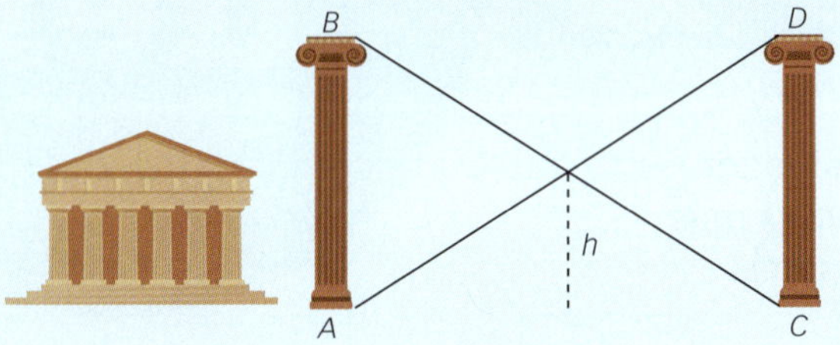

¡Agua!

Se estima que en la Tierra hay 1 386 000 000 km³ de agua, de los cuales apenas el 3,5 % es agua potable.

Y tú, ¿qué opinas?

PROBLEMAS APARENTEMENTE DISTINTOS

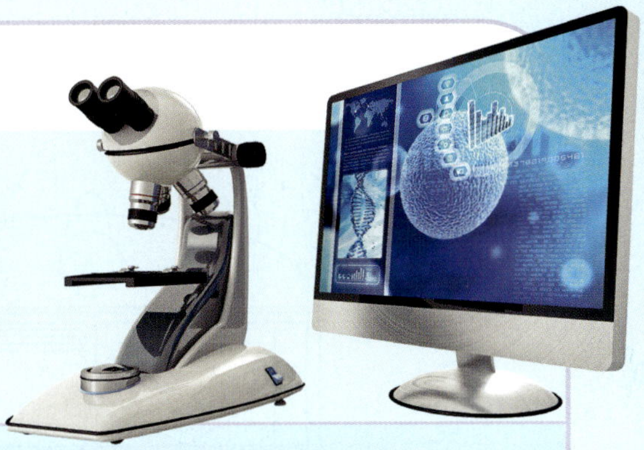

78 Tenemos dos polígonos semejantes. En uno de ellos, uno de sus lados mide 0,00035 cm y su lado homólogo del otro polígono mide 1,75 cm. ¿Cuál es la razón de semejanza?

79 ¿Cuántos aumentos tiene un microscopio electrónico que permite ver una célula cuyo diámetro en la realidad es de 3,5 micrómetros con un diámetro de 1,75 cm?

80 Calcula el lado que falta en estos triángulos semejantes.

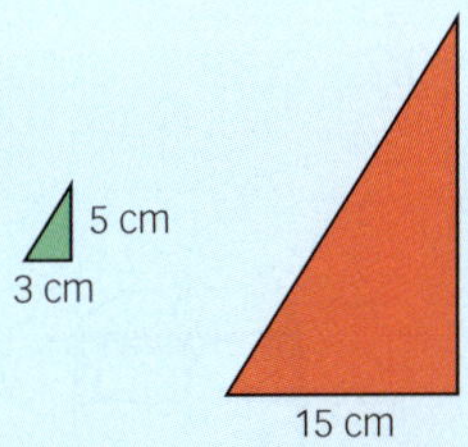

81 La sombra de un edificio, a una determinada hora del día, medía 15 m. En ese mismo momento, la sombra de una farola de 5 m de altura era de 3 m. ¿Cuál es la altura del edificio?

82 La razón de semejanza entre los radios de dos esferas es 2. ¿Cuál es la razón de semejanza entre sus volúmenes?

83 Una pelota de balonmano tiene doble diámetro que una pelota de tenis. ¿Cuál es la relación entre sus volúmenes?

A todo tren

El modelismo o construcción de maquetas es una afición apasionante que precisa habilidad artística y técnica. Algunas de las maquetas más populares son las de aviones, automóviles, barcos, etc. Pero las más demandadas por los modelistas son las de trenes.

En las tiendas de modelismo se pueden encontrar multitud de trenes y accesorios que simulan elementos reales a diferentes escalas. La elección de la escala depende de las preferencias personales y del espacio donde se vaya a colocar.

Principales escalas del modelismo ferroviario

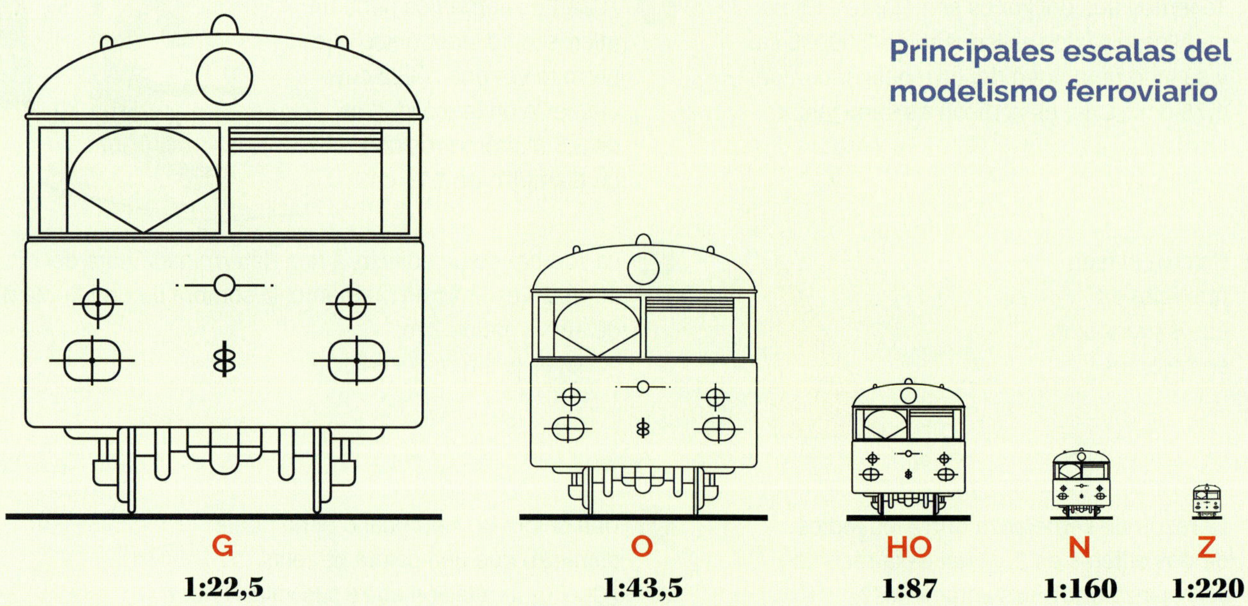

1 *Trending topic*

La escala de modelismo ferroviario más popular es la HO, que es lo suficientemente grande como para permitir una buena cantidad de detalle en los modelos, como pintura, decoración y accesorios, pero también es lo suficientemente pequeña como para adaptarse a una maqueta de tamaño razonable en espacios limitados.

- Calcula la longitud de un vagón de tren de 20 metros hecho a escala HO.
- ¿Cuál sería el recorrido de un tren en la realidad si las vías de su maqueta en HO tienen 30 metros de longitud?

2 Realidad a escala

En España, las dimensiones de los vagones de tren pueden variar según el tipo de vagón y su función específica. La longitud promedio de los vagones de carga puede variar entre 10 y 22 metros, y los vagones de pasajeros suelen medir alrededor de 20 metros de largo. En ambos casos la altura es de aproximadamente 4 metros, y la anchura, de entre 2,6 y 2,9 metros.

- Calcula cuánto medirá un vagón de 10 metros de largo en cada una de las escalas.
- Halla las dimensiones de un vagón de carga y de uno de pasajeros en la escala G.
- ¿Cuáles serán las medidas de un vagón de carga en la escala Z? ¿Y las de un vagón de pasajeros?

3 La miniatura más grande

La maqueta de tren más grande del mundo está en Hamburgo, Alemania. Conocida como Miniatur Wunderland, cubre un área de más de 1,4 km^2 y representa diferentes paisajes y escenas de todo el mundo. Le sigue Northlandz, la maqueta más grande de América, con más de 16 km de vías y una gran cantidad de paisajes detallados.

- Calcula el área que representaría en la realidad la maqueta Miniatur Wunderland, sabiendo que está construida a escala HO.
- Halla cuántos kilómetros de vía tendría en la realidad la representación de la maqueta Northland, teniendo en cuenta que está hecha a escala G.
- Determina el área que ocuparía una maqueta a escala Z de toda la red ferroviaria de la península ibérica, con una superficie aproximada de 582 000 km^2. ¿Crees que es factible construirla?

RESUMEN DE UNIDAD

Traslaciones

Traslación de vector $\vec{v}$.

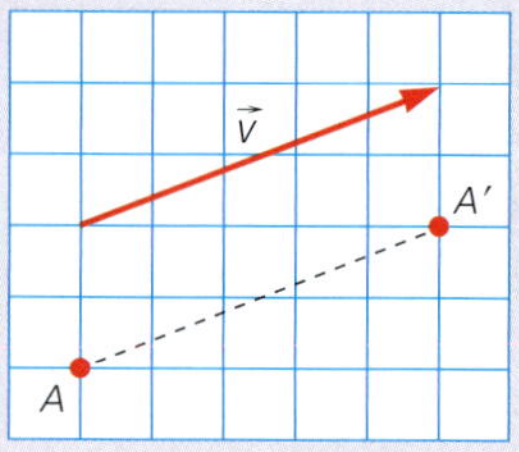

Giros

Giro de centro O y ángulo α.

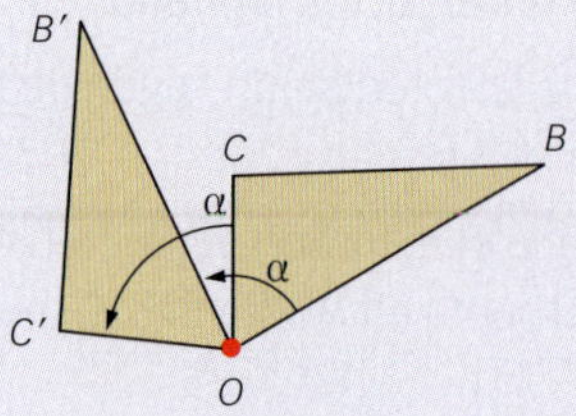

Simetrías

Respecto a un punto O.

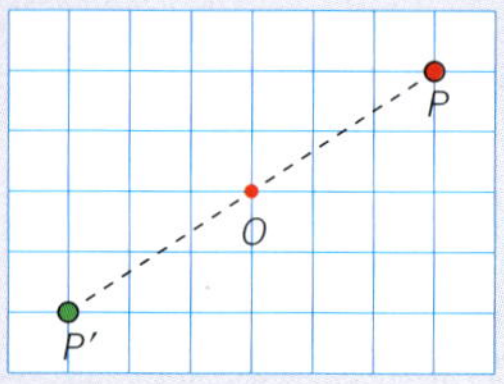

Respecto a una recta r.

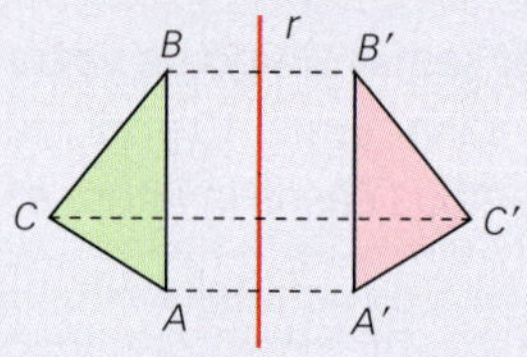

Figuras semejantes

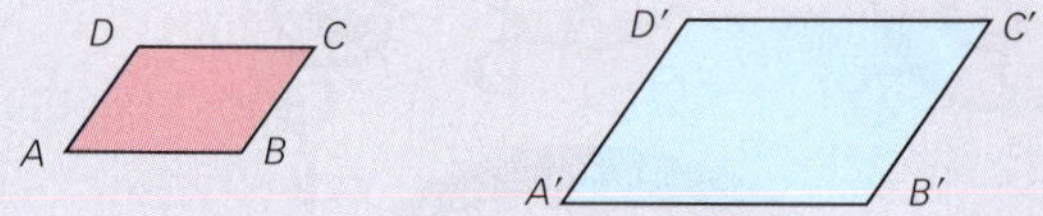

$\widehat{A} = \widehat{A'}$ $\quad$ $\widehat{C} = \widehat{C'}$

$\widehat{B} = \widehat{B'}$ $\quad$ $\widehat{D} = \widehat{D'}$

$$\frac{\overline{AB}}{\overline{A'B'}} = \frac{\overline{BC}}{\overline{B'C'}} = \frac{\overline{CD}}{\overline{C'D'}} = \frac{\overline{DA}}{\overline{D'A'}}$$

Semejanza de áreas y volúmenes

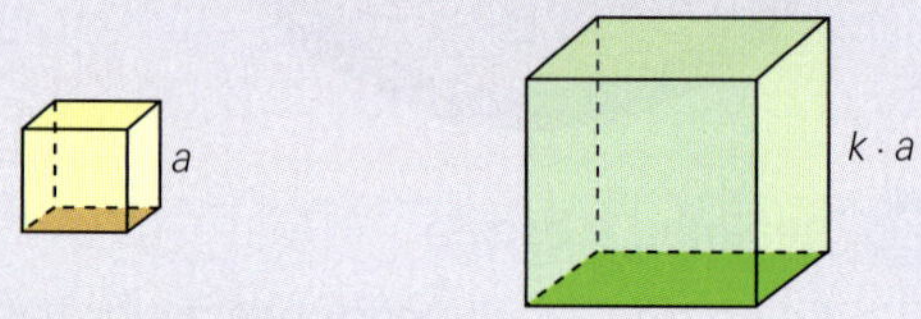

Razón de semejanza: k

Razón de semejanza de las áreas: k^2

Razón de semejanza de los volúmenes: k^3

AUTOEVALUACIÓN

1. Identifica los elementos característicos de los movimientos en el plano

1 Dado el punto $A(1, 5)$, halla las coordenadas de su transformado por un giro de centro $(-1, 3)$ y ángulo 90°.

a) $A'(1, 1)$ b) $A'(-3, 1)$ c) $A'(-3, -5)$ d) $A'(2, -8)$

2 Determina el transformado de un segmento de extremos $A(1, 2)$ y $B(-2, -3)$, mediante una simetría de centro $O(1, -1)$ y una traslación $\vec{v} = (2, -2)$.

a) $A'(-1, -2)$ y $B'(2, -7)$ c) $A'(3, -6)$ y $B'(6, -1)$

b) $A'(2, -3)$ y $B'(7, -6)$ d) $A'(-3, 6)$ y $B'(6, 1)$

2. Identifica polígonos semejantes y sus relaciones

3 Determina cuáles de estos triángulos son semejantes a este.

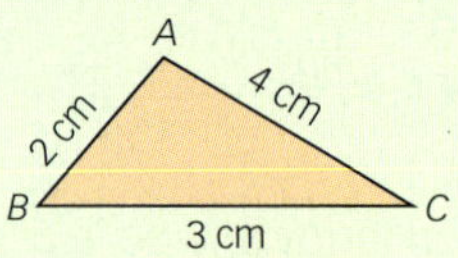

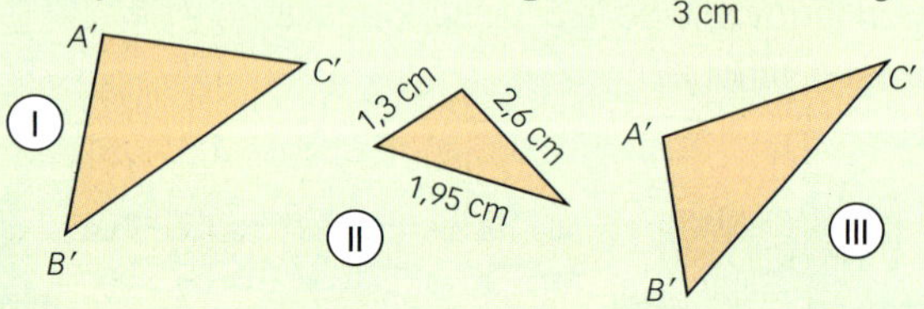

a) I b) I, II, III c) III d) II y III

3. Aplica las relaciones entre figuras semejantes a problemas reales

4 En el mapa de una localidad aparece la siguiente escala gráfica.

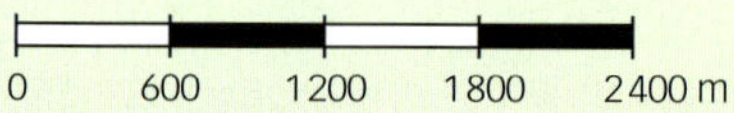

¿Qué distancia real habrá entre dos puntos cuya distancia en el mapa es 11 cm?

a) 11 km b) 26,4 km c) 6,6 km d) 22 km

5 Consideramos un prisma rectangular con altura 6 cm y lados de la base 4 cm y 5 cm. Indica el volumen de un prisma semejante con razón de semejanza 1,5.

a) 120 cm^3 c) 405 cm^3

b) 180 cm^3 d) 270 cm^3

VALORA TU APRENDIZAJE

- ¿Aprendes de tus errores usándolos en beneficio propio?
- ¿Valoras positivamente diferentes enfoques para un mismo problema dentro del grupo?

7 Trigonometría

DESAFÍO

¡Que pare, que me bajo!

La cesta verde está a 1 m del suelo.

¿A qué altura está la cesta amarilla?

¿Qué sabes ya?

Cómo se calcula la longitud de una circunferencia

La **longitud de la circunferencia** de radio r es $L = 2\pi r$.

Un arco es la parte de la circunferencia comprendida entre dos radios. La **longitud de un arco** de n grados de amplitud es $L_{\widehat{AB}} = \dfrac{2\pi r \cdot n}{360°}$.

EJEMPLO

Dada una circunferencia de radio 2 cm:

a) Halla su longitud.

$2\pi r = 2\pi \cdot 2 = 12{,}56$ cm

b) Calcula la longitud de un arco de amplitud 120°.

$\dfrac{2\pi r \cdot n}{360} = \dfrac{2\pi \cdot 2 \cdot 120}{360} = 4{,}19$ cm

ACTIVIDADES

1 Calcula la longitud de un arco de circunferencia de 60° cuyo radio mide 1 cm.

a) 1,05 cm b) 0,79 cm c) 1,57 cm d) 3,14 cm

Cómo se aplica el teorema de Pitágoras

En todo triángulo rectángulo, el cuadrado de la hipotenusa es igual a la suma de los cuadrados de los catetos.

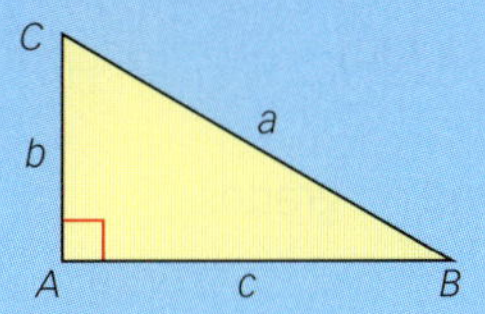

$$a^2 = b^2 + c^2 \rightarrow a = \sqrt{b^2 + c^2}$$

EJEMPLO

Decide si un triángulo cuyos lados miden 17 cm, 15 cm y 8 cm es rectángulo.

$8^2 + 15^2 = 289 = 17^2 \rightarrow$ Se trata de un triángulo rectángulo.

ACTIVIDADES

2 Calcula la altura, sobre el lado desigual, de un triángulo isósceles cuyos lados iguales miden 6 cm y el lado desigual mide 9 cm.

a) 10,82 cm b) 15,75 cm c) 7,5 cm d) 3,97 cm

1. Medidas de un ángulo

Hasta ahora hemos utilizado el sistema sexagesimal para medir amplitudes de ángulos. La unidad de medida de ángulos en este sistema es el **grado**, que se expresa mediante el símbolo °, y sus submúltiplos son el **minuto** y el **segundo**.

En el sistema internacional, la unidad de medida utilizada para medir ángulos es el **radián**.

Cuando medimos ángulos sobre una circunferencia, consideramos como sentido positivo el sentido contrario a las agujas del reloj.

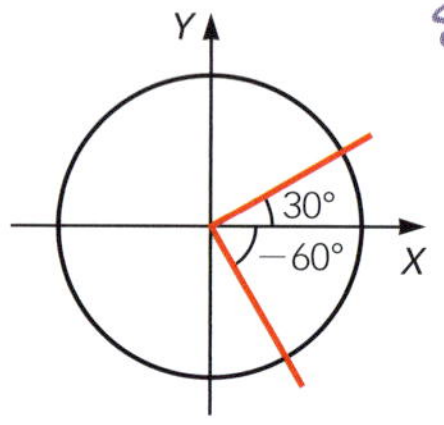

Si lo medimos en sentido inverso, diremos que es un ángulo negativo.

GEOGEBRA

Se llama **radián** a la amplitud del ángulo central de una circunferencia cuyo arco mide lo mismo que su radio. Su abreviatura es rad.

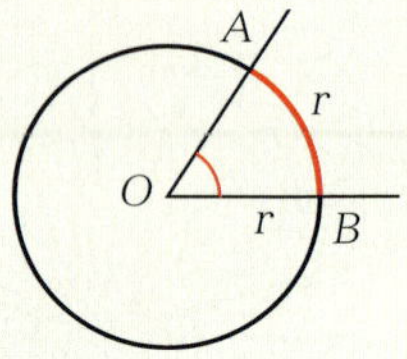

Como la longitud de la circunferencia de radio r es $2\pi r$, el ángulo que abarca la circunferencia completa mide $\frac{2\pi r}{r} = 2\pi$ rad.

Por tanto, si la amplitud de la circunferencia completa es 2π rad, que equivale a 360°, tenemos que 1 radián $= \frac{360°}{2\pi} = 57°\,17'\,45''$.

Equivalencia entre grados y radianes

Sabemos que el ángulo que abarca la circunferencia completa mide 360°, o lo que es lo mismo, 2π rad. Para transformar grados en radianes, o viceversa, utilizaremos una regla de tres.

Con calculadora para trabajar con radianes se usa el modo RAD y con grados el modo DEG.

EJEMPLOS

1. Expresa 60° en radianes.

$$\left.\begin{array}{r} \text{Si } 360° \xrightarrow{\text{son}} 2\pi \text{ rad} \\ 60° \xrightarrow{\text{serán}} x \text{ rad} \end{array}\right\} \rightarrow x = 60 \cdot \frac{2\pi}{360} = \frac{\pi}{3} \text{ rad}$$

2. Expresa $\frac{2\pi}{3}$ rad en grados.

$$\left.\begin{array}{r} \text{Si } 360° \xrightarrow{\text{son}} 2\pi \text{ rad} \\ x° \xrightarrow{\text{serán}} \frac{2\pi}{3} \text{ rad} \end{array}\right\} \rightarrow x = \frac{\frac{2\pi}{3} \cdot 360}{2\pi} = 120°$$

RETO

¿Cuántos radianes equivalen a π°? ¿Cuántos grados son 360 rad?

ACTIVIDADES

1 Expresa en radianes.

a) 180° b) 540° c) 900° d) 1 080° e) 1 440°

2 Expresa en grados sexagesimales.

a) 7π rad b) $\frac{\pi}{6}$ rad c) $\frac{3\pi}{4}$ rad d) 10π rad

3 **REFLEXIONA.** Expresa, tanto en grados sexagesimales como en radianes, los ángulos que abarcan las siguientes partes de una circunferencia.

a) Una cuarta parte.
b) Tres cuartas partes.
c) Una sexta parte.
d) Una tercera parte.

2. Razones trigonométricas de un ángulo agudo

GEOGEBRA

Dado un triángulo rectángulo, las **razones trigonométricas** de un ángulo agudo, α, son las razones obtenidas entre cada dos lados del triángulo.

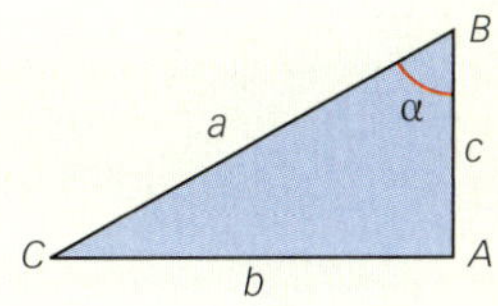

$$\text{seno de } \alpha = \frac{\text{longitud del cateto opuesto a } \alpha}{\text{longitud de la hipotenusa}} = \frac{b}{a}$$

$$\text{coseno de } \alpha = \frac{\text{longitud del cateto contiguo a } \alpha}{\text{longitud de la hipotenusa}} = \frac{c}{a}$$

$$\text{tangente de } \alpha = \frac{\text{longitud del cateto opuesto a } \alpha}{\text{longitud del cateto contiguo a } \alpha} = \frac{b}{c}$$

Como las distancias son positivas y la hipotenusa es siempre mayor que los catetos, el seno y el coseno de un ángulo agudo son mayores que 0 y menores que 1. La tangente puede tomar cualquier valor positivo.

Para abreviar utilizamos las siguientes expresiones:

seno de $\alpha \longrightarrow \operatorname{sen}\alpha$

coseno de $\alpha \longrightarrow \cos\alpha$

tangente de $\alpha \rightarrow \operatorname{tg}\alpha$

También son razones trigonométricas:

- secante: $\sec\alpha = \dfrac{1}{\cos\alpha}$
- cosecante: $\operatorname{cosec}\alpha = \dfrac{1}{\operatorname{sen}\alpha}$
- cotangente: $\operatorname{cotg}\alpha = \dfrac{1}{\operatorname{tg}\alpha}$

EJEMPLO

3. Calcula las razones trigonométricas de los ángulos agudos de este triángulo rectángulo.

$$\operatorname{sen}\alpha = \frac{\text{longitud del cateto opuesto a } \alpha}{\text{longitud de la hipotenusa}} = \frac{4}{5} = 0{,}8$$

$$\cos\alpha = \frac{\text{longitud del cateto contiguo a } \alpha}{\text{longitud de la hipotenusa}} = \frac{3}{5} = 0{,}6$$

$$\operatorname{tg}\alpha = \frac{\text{longitud del cateto opuesto a } \alpha}{\text{longitud del cateto contiguo a } \alpha} = \frac{4}{3} = 1{,}33$$

$$\operatorname{sen}\beta = \frac{\text{longitud del cateto opuesto a } \beta}{\text{longitud de la hipotenusa}} = \frac{3}{5} = 0{,}6$$

$$\cos\beta = \frac{\text{longitud del cateto contiguo a } \beta}{\text{longitud de la hipotenusa}} = \frac{4}{5} = 0{,}8$$

$$\operatorname{tg}\beta = \frac{\text{longitud del cateto opuesto a } \beta}{\text{longitud del cateto contiguo a } \beta} = \frac{3}{4} = 0{,}75$$

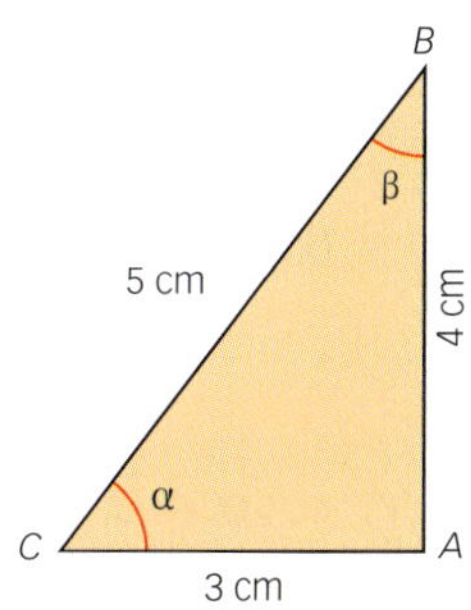

ACTIVIDADES

4. Calcula las razones trigonométricas de los ángulos α y β.

a)

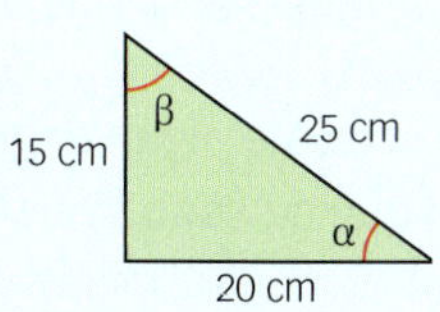

b)

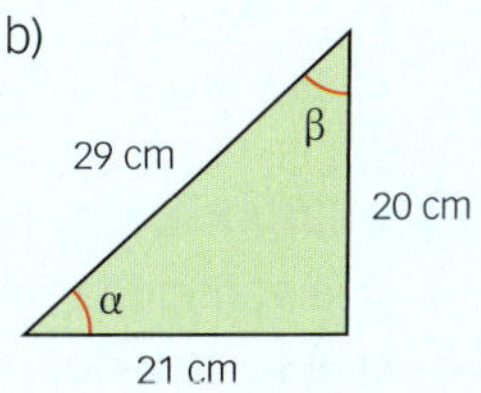

5. Halla las razones trigonométricas de los ángulos marcados.

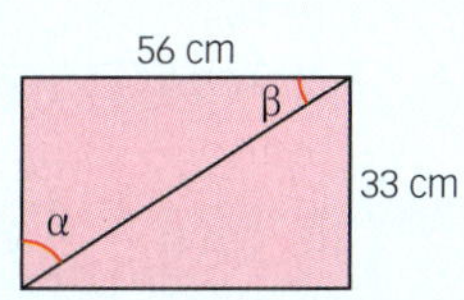

6. **REFLEXIONA.** ¿Por qué las razones trigonométricas de un ángulo no dependen del triángulo que escogemos?

3. Relaciones entre las razones trigonométricas

Para cualquier ángulo agudo α se cumplen estas relaciones:

$$tg\,\alpha = \frac{sen\,\alpha}{cos\,\alpha} \qquad sen^2\alpha + cos^2\alpha = 1 \qquad tg^2\alpha + 1 = \frac{1}{cos^2\alpha}$$

- $tg\,\alpha = \dfrac{sen\,\alpha}{cos\,\alpha} \rightarrow \dfrac{sen\,\alpha}{cos\,\alpha} = \dfrac{\frac{b}{a}}{\frac{c}{a}} = \dfrac{b \cdot \cancel{a}}{c \cdot \cancel{a}} = \dfrac{b}{c} = tg\,\alpha$

$(sen\,\alpha)^2 = sen^2\,\alpha$

$(cos\,\alpha)^2 = cos^2\,\alpha$

$(tg\,\alpha)^2 = tg^2\,\alpha$

- $sen^2\alpha + cos^2\alpha = \left(\dfrac{b}{a}\right)^2 + \left(\dfrac{c}{a}\right)^2 = \dfrac{b^2}{a^2} + \dfrac{c^2}{a^2} = \dfrac{b^2 + c^2}{a^2} \overset{a^2 = b^2 + c^2}{=} \dfrac{a^2}{a^2} = 1$

- Dividiendo la igualdad $sen^2\alpha + cos^2\alpha = 1$ entre $cos^2\alpha$, tenemos:

$$\frac{sen^2\alpha}{cos^2\alpha} + \frac{cos^2\alpha}{cos^2\alpha} = \frac{1}{cos^2\alpha} \rightarrow tg^2\alpha + 1 = \frac{1}{cos^2\alpha}$$

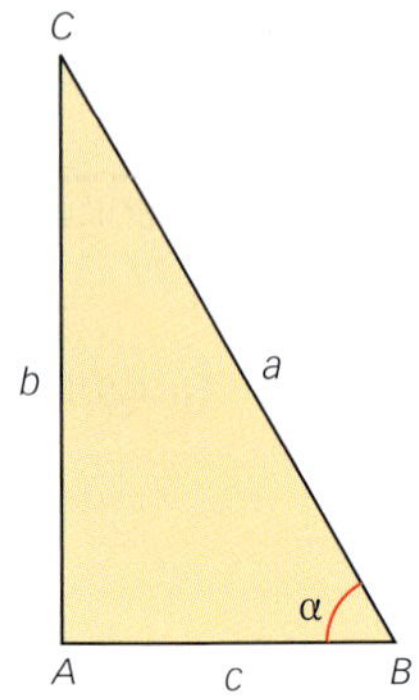

EJEMPLO

4. Decide si existe algún ángulo α que cumpla estas condiciones.

a) $sen\,\alpha = 0{,}574$ y $cos\,\alpha = 0{,}819$

$sen^2\alpha + cos^2\alpha = 1 \rightarrow 0{,}574^2 + 0{,}819^2 = 1 \rightarrow$ Sí existe.

b) $cos\,\alpha = 0{,}342$ y $tg\,\alpha = 2{,}748$

$$tg^2\alpha + 1 = \frac{1}{cos^2\alpha} \rightarrow \begin{cases} tg^2\alpha + 1 = 2{,}748^2 + 1 = 8{,}55 \\ \dfrac{1}{cos^2\alpha} = \dfrac{1}{0{,}342^2} = 8{,}55 \end{cases} \rightarrow 8{,}55 = 8{,}55 \rightarrow$$

$\rightarrow$ Sí existe.

c) $cos\,\alpha = 0{,}174$ y $tg\,\alpha = 0{,}466$

$$tg^2\alpha + 1 = \frac{1}{cos^2\alpha} \rightarrow \begin{cases} tg^2\alpha + 1 = 0{,}466^2 + 1 = 1{,}217 \\ \dfrac{1}{cos^2\alpha} = \dfrac{1}{0{,}174^2} = 33{,}03 \end{cases} \rightarrow 1{,}217 \neq 33{,}03 \rightarrow$$

$\rightarrow$ No existe.

RETO

Determina si existe un ángulo que cumpla $sen\,\alpha = 1$ y $cos\,\alpha = -1$.

ACTIVIDADES

7 Decide si existe un ángulo α tal que:

a) $sen\,\alpha = \dfrac{3}{5}$ y $cos\,\alpha = \dfrac{4}{5}$.

b) $cos\,\alpha = \dfrac{3}{5}$ y $tg\,\alpha = \dfrac{7}{5}$.

c) $sen\,\alpha = \dfrac{1}{5}$ y $cos\,\alpha = \dfrac{1}{3}$.

d) $sen\,\alpha = 0{,}45$ y $cos\,\alpha = 0{,}55$.

8 Comprueba si son ciertas estas afirmaciones.

a) Si $sen\,\alpha = 0{,}5$; entonces $cos\,\alpha = 0{,}5$.

b) Si $tg\,\alpha = 1$; entonces $cos\,\alpha = sen\,\alpha$.

c) Si $cos\,\alpha = 0{,}8$; entonces $tg\,\alpha$ es menor que 1.

9 **REFLEXIONA.** Determina si existe algún ángulo α que verifique $tg\,\alpha = 2$ y tal que su seno sea el doble que su coseno.

Cómo se calculan las razones trigonométricas de un ángulo agudo, conocida una de ellas

Si α es un ángulo agudo, al despejar nos quedamos con la raíz positiva.

$sen\,\alpha = +\sqrt{1-\cos^2\alpha}$

$\cos\alpha = +\sqrt{1-sen^2\,\alpha}$

Halla todas las razones trigonométricas del ángulo α sabiendo que:

a) $sen\,\alpha = 0{,}98$ b) $tg\,\alpha = 0{,}84$

① Utilizamos las fórmulas trigonométricas que relacionan la razón del enunciado con el resto de razones.

a)
$$\left.\begin{aligned} sen^2\alpha + \cos^2\alpha &= 1 \\ tg\,\alpha &= \frac{sen\,\alpha}{\cos\alpha}\end{aligned}\right\} \begin{aligned} &\rightarrow 0{,}98^2 + \cos^2\alpha = 1 \\ &\rightarrow tg\,\alpha = \frac{0{,}98}{\cos\alpha}\end{aligned}$$

$sen\,\alpha = 0{,}98$; $sen\,\alpha = 0{,}98$

b)
$$\left.\begin{aligned} tg^2\alpha + 1 &= \frac{1}{\cos^2\alpha} \\ tg\,\alpha &= \frac{sen\,\alpha}{\cos\alpha}\end{aligned}\right\} \begin{aligned} &\rightarrow 0{,}84^2 + 1 = \frac{1}{\cos^2\alpha} \\ &\rightarrow 0{,}84 = \frac{sen\,\alpha}{\cos\alpha}\end{aligned}$$

$tg\,\alpha = 0{,}84$; $tg\,\alpha = 0{,}84$

② Resolvemos el sistema resultante donde las incógnitas son las razones trigonométricas.

a)
$$\left.\begin{aligned} 0{,}98^2 + \cos^2\alpha &= 1 \\ tg\,\alpha &= \frac{0{,}98}{\cos\alpha}\end{aligned}\right\} \begin{aligned} &\rightarrow \cos\alpha = \sqrt{1-0{,}98^2} = 0{,}2 \\ &\rightarrow tg\,\alpha = \frac{0{,}98}{0{,}2} = 4{,}9\end{aligned}$$

$\cos\alpha = 0{,}2$

b)
$$\left.\begin{aligned} 0{,}84^2 + 1 &= \frac{1}{\cos^2\alpha} \\ 0{,}84 &= \frac{sen\,\alpha}{\cos\alpha}\end{aligned}\right\} \begin{aligned} &\rightarrow \cos\alpha = \sqrt{\frac{1}{0{,}84^2+1}} = 0{,}77 \\ &\rightarrow 0{,}84 = \frac{sen\,\alpha}{0{,}77} \rightarrow sen\,\alpha = 0{,}65\end{aligned}$$

$\cos\alpha = 0{,}77$

ACTIVIDADES

10 Si el ángulo α es agudo, calcula su seno conociendo las siguientes razones.

a) $\cos\alpha = 0{,}432$ c) $\cos\alpha = 0{,}953$

b) $\cos\alpha = 0{,}135$ d) $\cos\alpha = 0{,}286$

11 Dado un ángulo agudo α, calcula su coseno conociendo las siguientes razones.

a) $sen\,\alpha = 0{,}182$ c) $sen\,\alpha = 0{,}453$

b) $sen\,\alpha = 0{,}954$ d) $sen\,\alpha = 0{,}798$

12 A partir de un ángulo agudo α, calcula su seno en cada caso sabiendo que:

a) $tg\,\alpha = 3$ b) $tg\,\alpha = 1$

13 Calcula el resto de razones trigonométricas de los ángulos agudos utilizando las relaciones entre ellas.

a) $sen\,\alpha = 0{,}3$

b) $sen\,\beta = 0$

c) $\cos\gamma = 0{,}4$

d) $tg\,\delta = 2$

14 Sabiendo que el ángulo α es agudo, calcula, en cada caso, las demás razones trigonométricas.

a) $sen\,\alpha = \frac{7}{25}$ c) $tg\,\alpha = \frac{5}{3}$ e) $\cos\alpha = \frac{12}{13}$

b) $sen\,\alpha = \frac{3}{5}$ d) $\cos\alpha = \frac{8}{17}$ f) $tg\,\alpha = \frac{3}{4}$

15 Calcula las razones trigonométricas de estos ángulos agudos, sabiendo que:

a) $sen\,\alpha = 0{,}6$ c) $tg\,\alpha = 0{,}577$

b) $\cos\alpha = 0{,}45$ d) $sen\,\alpha = \frac{1}{3}$

16 Halla el valor de las razones trigonométricas de los ángulos agudos si:

a) $\cos\alpha = \frac{1}{3}$ b) $sen\,\alpha = \frac{1}{6}$

17 Calcula las razones trigonométricas siendo α un ángulo agudo.

a) $sen\,\alpha = \frac{2}{7}$ c) $\cos\alpha = \frac{1}{5}$

b) $\cos\alpha = -\frac{13}{15}$ d) $sen\,\alpha = -\frac{11}{23}$

4. Razones trigonométricas de 30°, 45° y 60°

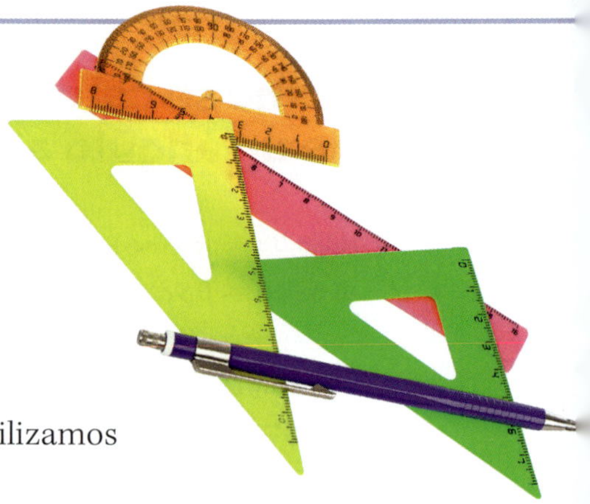

Las razones trigonométricas de un ángulo de 45° son:

$$sen\,45° = \frac{\sqrt{2}}{2} \qquad cos\,45° = \frac{\sqrt{2}}{2} \qquad tg\,45° = 1$$

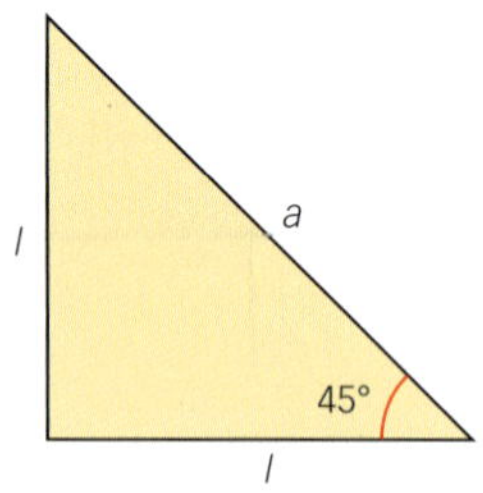

Para hallar las razones trigonométricas de un ángulo de 45° utilizamos un triángulo rectángulo isósceles de cateto l.

Por el teorema de Pitágoras: $a = \sqrt{l^2 + l^2} = \sqrt{2} \cdot l$

Por tanto, las razones trigonométricas de 45° son:

$$sen\,45° = \frac{l}{\sqrt{2} \cdot l} = \frac{\sqrt{2}}{2} \qquad cos\,45° = \frac{l}{\sqrt{2} \cdot l} = \frac{\sqrt{2}}{2} \qquad tg\,45° = \frac{sen\,45°}{cos\,45°} = 1$$

Las razones trigonométricas de los ángulos de 30° y 60° son:

$$sen\,30° = \frac{1}{2} \qquad cos\,30° = \frac{\sqrt{3}}{2} \qquad tg\,30° = \frac{\sqrt{3}}{3}$$

$$sen\,60° = \frac{\sqrt{3}}{2} \qquad cos\,60° = \frac{1}{2} \qquad tg\,60° = \sqrt{3}$$

RETO

Razona si es cierto que $sen\,\alpha + sen\,\beta = sen(\alpha + \beta)$.

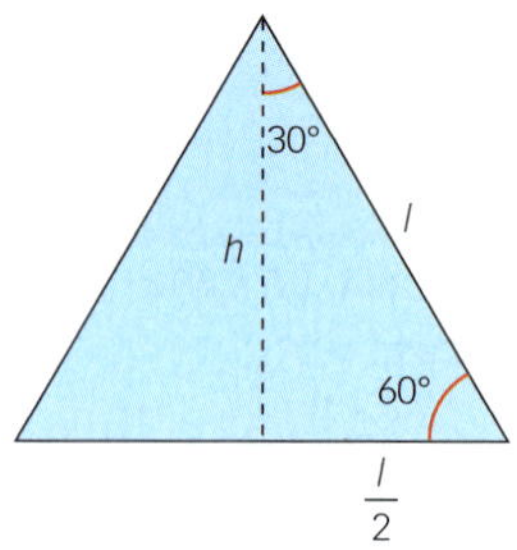

Para hallar estas razones trigonométricas utilizamos un triángulo equilátero de lado l, ya que todos sus ángulos miden 60°.

Por el teorema de Pitágoras: $h = \sqrt{l^2 - \left(\frac{l}{2}\right)^2} = \sqrt{\frac{3l^2}{4}} = \frac{\sqrt{3}}{2} \cdot l$

Por tanto, las razones trigonométricas de 30° y 60° son:

$$sen\,30° = \frac{\frac{l}{2}}{l} = \frac{1}{2} \qquad cos\,30° = \frac{\frac{\sqrt{3}}{2} \cdot l}{l} = \frac{\sqrt{3}}{2} \qquad tg\,30° = \frac{sen\,30°}{cos\,30°} = \frac{1}{\sqrt{3}} = \frac{\sqrt{3}}{3}$$

$$sen\,60° = \frac{\frac{\sqrt{3}}{2} \cdot l}{l} = \frac{\sqrt{3}}{2} \qquad cos\,60° = \frac{\frac{l}{2}}{l} = \frac{1}{2} \qquad tg\,60° = \frac{sen\,60°}{cos\,60°} = \sqrt{3}$$

ACTIVIDADES

18 Calcula el valor de las siguientes expresiones.

a) $cos\,30° - sen\,60° + tg\,45°$

b) $cos^2\,60° - sen^2\,45°$

c) $tg\,60° + sen\,45° - cos^2\,30°$

d) $tg\,30° + tg\,60° - sen\,30° \cdot cos\,30°$

19 Determina la altura de un triángulo equilátero de lado 5 cm sin aplicar el teorema de Pitágoras.

20 **REFLEXIONA.** Comprueba, para $\alpha = 60°$, a partir de un hexágono regular cuyo lado mide 4 cm y de otro hexágono regular de lado 6 cm, que las razones trigonométricas no varían según la longitud del lado.

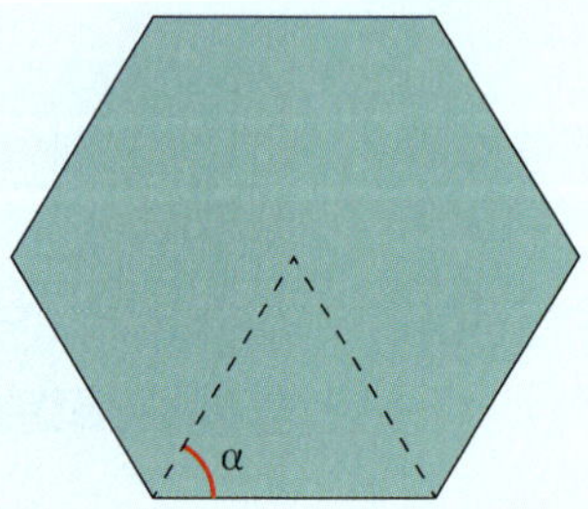

5. Razones trigonométricas de un ángulo cualquiera

La **circunferencia goniométrica** es una circunferencia de radio 1 centrada en el origen de coordenadas.

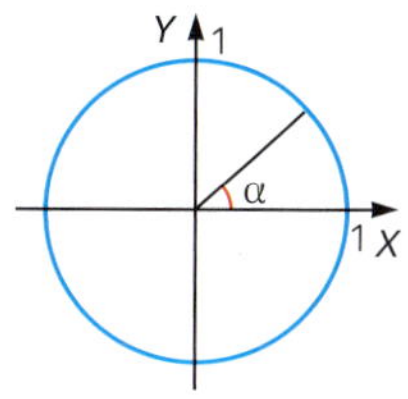

Para representar un ángulo α, situamos su vértice en el origen de coordenadas y uno de sus lados sobre el eje *X*. Medimos su amplitud en sentido contrario a las agujas del reloj (sentido directo).

Razones trigonométricas de un ángulo

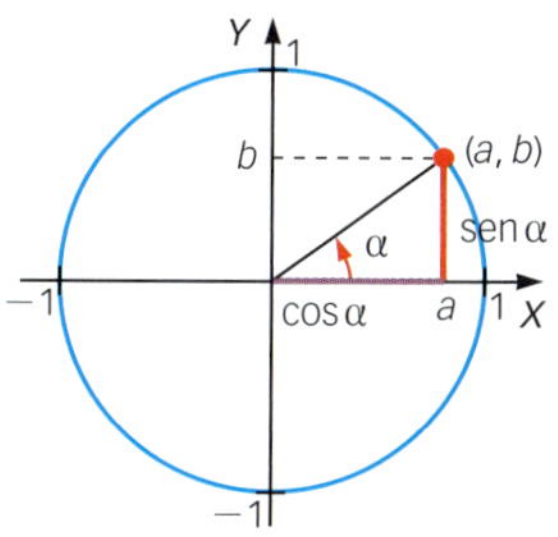

Cada ángulo α queda determinado por sus coordenadas, (a, b), sobre la circunferencia goniométrica, y se cumple que:

$$(a, b) = (\cos\alpha, \operatorname{sen}\alpha)$$

Como la hipotenusa del triángulo mide 1:

$$\operatorname{sen}\alpha = \frac{b}{1} = b \qquad \cos\alpha = \frac{a}{1} = a$$

El seno y el coseno de un ángulo cualquiera toma valores entre −1 y 1.

La tangente puede tomar cualquier valor.

Para calcular las razones trigonométricas de un ángulo α con la calculadora utilizamos las teclas:

sin cos tan

Para calcular el ángulo del que conocemos una razón trigonométrica, pulsamos:

SHIFT sin α =

SHIFT cos α =

SHIFT tan α =

Si el punto (a, b) determina el ángulo α en la circunferencia goniométrica, las razones trigonométricas de α son:

$$\operatorname{sen}\alpha = b \qquad \cos\alpha = a \qquad \operatorname{tg}\alpha = \frac{b}{a}$$

EJEMPLO

5. Calcula el seno y el coseno de 0°, 90° y 180°.

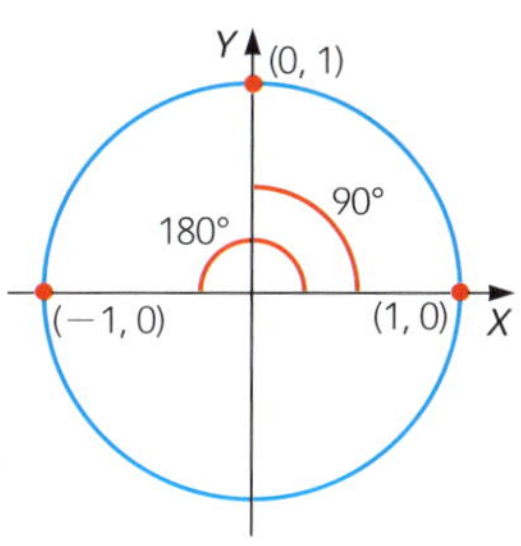

El punto que determina el ángulo de 0° es el (1, 0).

$$(\cos 0°, \operatorname{sen} 0°) = (1, 0) \rightarrow \begin{cases} \operatorname{sen} 0° = 0 \\ \cos 0° = 1 \end{cases}$$

El punto que determina el ángulo de 90° es el (0, 1), y el que determina el ángulo de 180° es el (−1, 0).

$$\operatorname{sen} 90° = 1 \qquad \cos 90° = 0 \qquad \operatorname{sen} 180° = 0 \qquad \cos 180° = -1$$

ACTIVIDADES

21 Utiliza la calculadora para hallar las razones trigonométricas de estos ángulos.

a) 40° c) 220° e) 240°

b) 120° d) 135° f) 15°

22 **REFLEXIONA.** Halla el ángulo α del primer cuadrante.

a) $\operatorname{sen}\alpha = \dfrac{\sqrt{3}}{2}$ c) $\cos\alpha = \dfrac{1}{3}$

b) $\operatorname{sen}\alpha = 0,5$ d) $\operatorname{tg}\alpha = 1$

6. Signo de las razones trigonométricas

GEOGEBRA

El signo de las razones trigonométricas de un ángulo depende del cuadrante donde se encuentre el ángulo.

Los ángulos del 1.er cuadrante miden entre 0° y 90°.

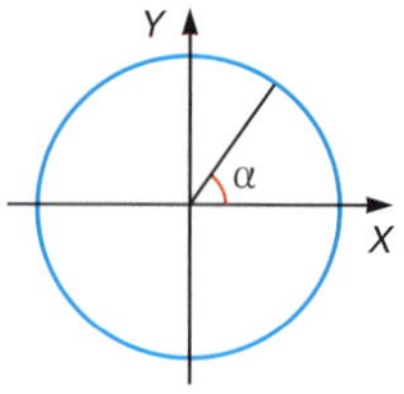

$sen\,\alpha > 0$

$cos\,\alpha > 0$

Los ángulos del 2.° cuadrante miden entre 90° y 180°.

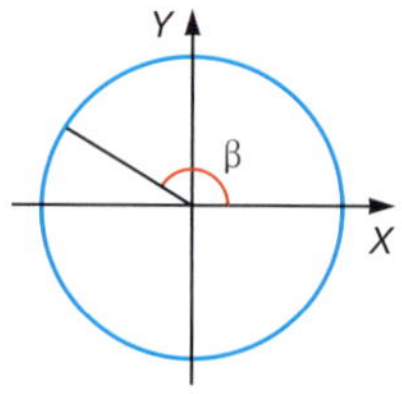

$sen\,\beta > 0$

$cos\,\beta < 0$

Los ángulos del 3.er cuadrante miden entre 180° y 270°.

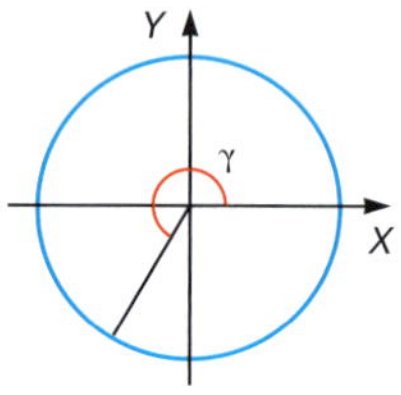

$sen\,\gamma < 0$

$cos\,\gamma < 0$

Los ángulos del 4.° cuadrante miden entre 270° y 360°.

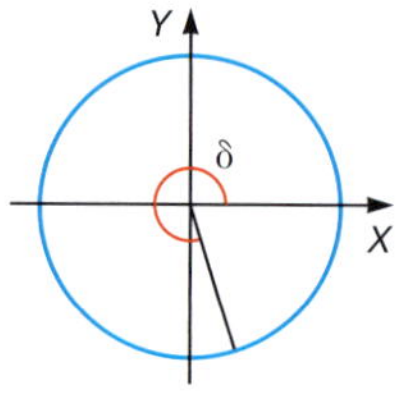

$sen\,\delta < 0$

$cos\,\delta > 0$

Los ángulos también se pueden medir en radianes.

$360° = 2\pi$ rad

$180° = \pi$ rad

$90° = \dfrac{\pi}{2}$ rad

$270° = \dfrac{3\pi}{2}$ rad

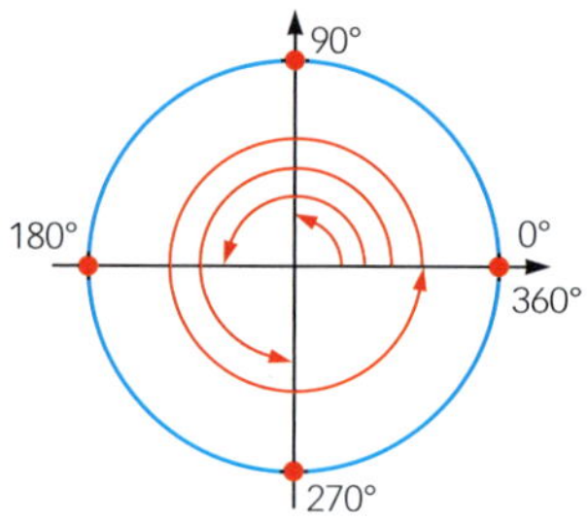

Como la tangente es el cociente del seno entre el coseno, los signos de las razones trigonométricas se pueden resumir en esta tabla:

	1.er cuadrante	2.° cuadrante	3.er cuadrante	4.° cuadrante
	De 0° a 90°	De 90° a 180°	De 180° a 270°	De 270° a 360°
$sen\,\alpha$	+	+	−	−
$cos\,\alpha$	+	−	−	+
$tg\,\alpha$	+	−	+	−

Las razones trigonométricas de los ángulos principales son:

	0°	30°	45°	60°	90°	180°	270°
$sen\,\alpha$	0	$\frac{1}{2}$	$\frac{\sqrt{2}}{2}$	$\frac{\sqrt{3}}{2}$	1	0	−1
$cos\,\alpha$	1	$\frac{\sqrt{3}}{2}$	$\frac{\sqrt{2}}{2}$	$\frac{1}{2}$	0	−1	0
$tg\,\alpha$	0	$\frac{\sqrt{3}}{3}$	1	$\sqrt{3}$	No existe.	0	No existe.

ACTIVIDADES

23 Razona en qué cuadrante está cada ángulo.

a) $sen\,\alpha = 0{,}8$
$cos\,\alpha = -0{,}6$

b) $sen\,\beta = -0{,}8$
$cos\,\beta = -0{,}6$

c) $sen\,\gamma = 0{,}5$
$tg\,\gamma = 0{,}577$

d) $tg\,\delta = -0{,}258$
$cos\,\delta = 0{,}968$

24 Sin utilizar la calculadora, indica el signo de las razones trigonométricas de 66°, 175° y 342°.

25 **REFLEXIONA.** ¿Qué sucede con los ángulos cuya amplitud es un múltiplo de 90°?

Cómo se reducen los ángulos al primer cuadrante

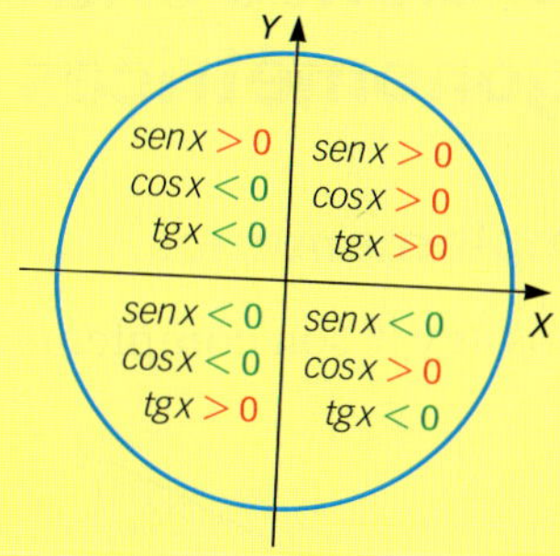

Calcula las razones trigonométricas de los siguientes ángulos.

a) 135° b) 240° c) 330°

① Identificamos el cuadrante al que pertenece el ángulo.

a) 2.° cuadrante b) 3.er cuadrante c) 4.° cuadrante

② Relacionamos el ángulo con otro ángulo del primer cuadrante.

- Si α pertenece al 2.° cuadrante, se relaciona con $180° - \alpha$.

a)

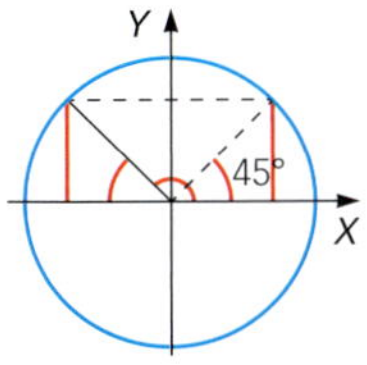

$sen\,135° = sen\,(180° - 135°) = sen\,45°$

$cos\,135° = -cos\,(180° - 135°) = -cos\,45°$

Los senos de 135° y 45° son iguales, pero sus cosenos son opuestos.

- Si α pertenece al 3.er cuadrante, se relaciona con $\alpha - 180°$.

b)

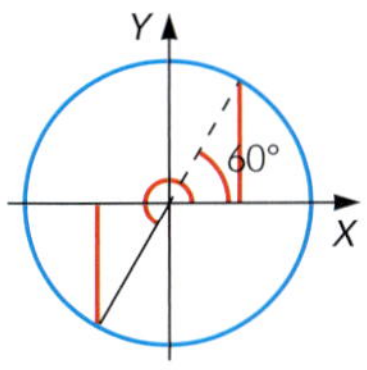

$sen\,240° = -sen\,(240° - 180°) = -sen\,60°$

$cos\,240° = -cos\,(240° - 180°) = -cos\,60°$

Los senos y los cosenos de 240° y 60° son opuestos.

- Si α pertenece al 4.° cuadrante, se relaciona con $360° - \alpha$.

c)

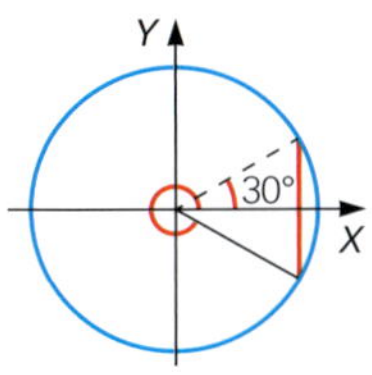

$sen\,330° = -sen\,(360° - 330°) = -sen\,30°$

$cos\,330° = cos\,(360° - 330°) = cos\,30°$

Los senos de 330° y 30° son opuestos, pero los cosenos son iguales.

③ Hallamos las razones trigonométricas, atendiendo a su signo según el cuadrante en el que esté.

a) $sen\,135° = sen\,45° = \dfrac{\sqrt{2}}{2}$ $\quad cos\,135° = -cos\,45° = -\dfrac{\sqrt{2}}{2}$ $\quad tg\,135° = -tg\,45° = -1$

b) $sen\,240° = -sen\,60° = -\dfrac{\sqrt{3}}{2}$ $\quad cos\,240° = -cos\,60° = -\dfrac{1}{2}$ $\quad tg\,240° = tg\,60° = \sqrt{3}$

c) $sen\,330° = -sen\,30° = -\dfrac{1}{2}$ $\quad cos\,330° = cos\,30° = \dfrac{\sqrt{3}}{2}$ $\quad tg\,330° = -tg\,30° = -\dfrac{\sqrt{3}}{3}$

ACTIVIDADES

26 Calcula las razones trigonométricas de:

a) 120° b) 210° c) 315°

27 Expresa las razones trigonométricas de estos ángulos en función de las de otros del 1.er cuadrante.

a) 475° b) 885° c) 1 130° d) 695°

28 Si sabemos que $sen\,25° = 0{,}4226$, ¿cuáles son las razones trigonométricas de un ángulo de 205°?

29 Calcula las razones trigonométricas de los siguientes ángulos, teniendo en cuenta que $cos\,50° = 0{,}6428$.

a) 130° b) 230° c) 310°

7. Relaciones entre las razones trigonométricas de ciertos ángulos

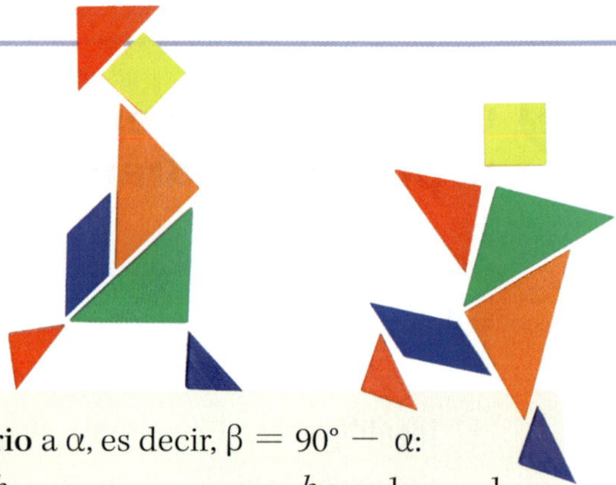

7.1. Complementarios, suplementarios y opuestos

Dos ángulos, α y β, son **complementarios** cuando $\alpha + \beta = 90°$.

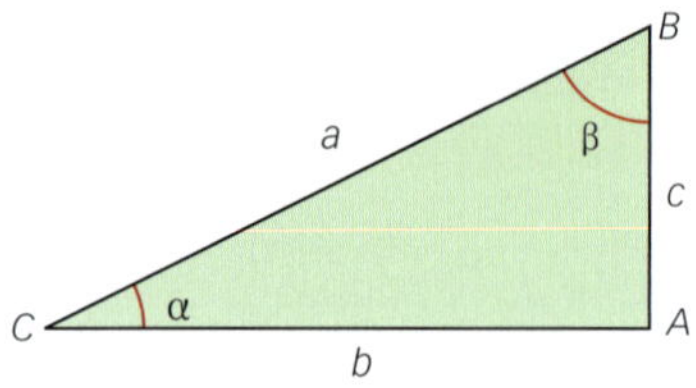

Si β es el **ángulo complementario** a α, es decir, $\beta = 90° - \alpha$:

$$cos\,\beta = \frac{c}{a} = sen\,\alpha \qquad sen\,\beta = \frac{b}{a} = cos\,\alpha \qquad tg\,\beta = \frac{b}{c} = \frac{1}{\frac{c}{b}} = \frac{1}{tg\,\alpha}$$

Dos ángulos, α y β, son **suplementarios** cuando $\alpha + \beta = 180°$.

Si β es el **ángulo suplementario** a α, es decir, $\beta = 180° - \alpha$:

$$sen\,\beta = sen\,\alpha \qquad cos\,\beta = -cos\,\alpha \qquad tg\,\beta = \frac{sen\,\alpha}{-cos\,\alpha} = -tg\,\alpha$$

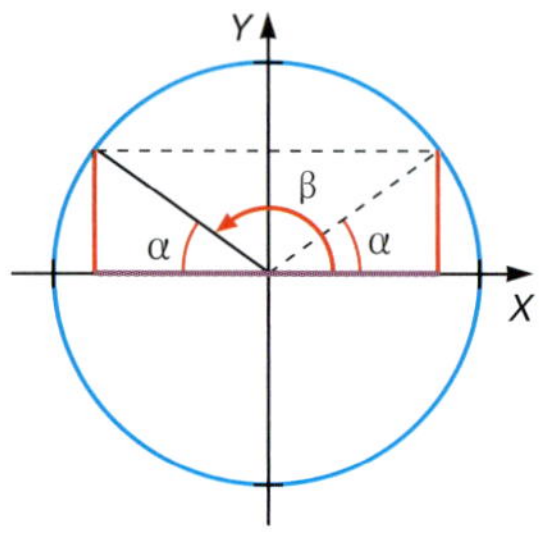

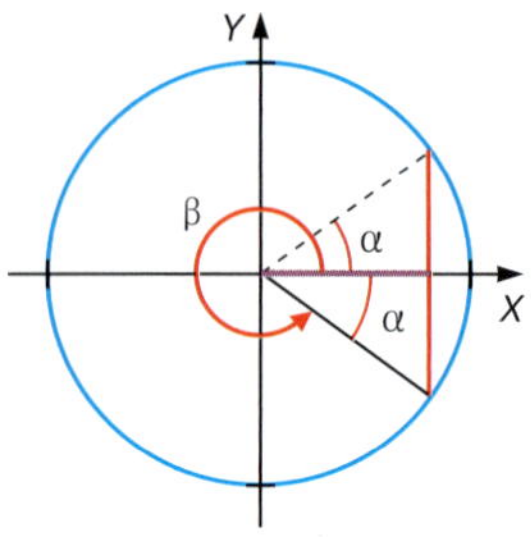

Dos ángulos, α y β, son **opuestos** cuando $\alpha + \beta = 360°$.

GEOGEBRA

Si β es el **ángulo opuesto** a α, es decir, $\beta = 360° - \alpha$:

$$sen\,\beta = -sen\,\alpha \qquad cos\,\beta = cos\,\alpha \qquad tg\,\beta = \frac{-sen\,\alpha}{cos\,\alpha} = -tg\,\alpha$$

EJEMPLO

6. Sabiendo que las razones trigonométricas de 54° son: $sen\,54° = 0{,}809$; $cos\,54° = 0{,}588$; $tg\,54° = 1{,}376$; halla las razones trigonométricas de:

a) 36° b) 126° c) 306°

a) Los ángulos son complementarios, ya que $54° + 36° = 90°$.

$sen\,36° = cos\,54° = 0{,}588$ $cos\,36° = sen\,54° = 0{,}809$ $tg\,36° = \frac{1}{tg\,54°} = \frac{1}{1{,}376} = 0{,}727$

b) Los ángulos son suplementarios, ya que $54° + 126° = 180°$.

$sen\,126° = sen\,54° = 0{,}809$ $cos\,126° = -cos\,54° = -0{,}588$ $tg\,126° = -tg\,54° = -1{,}376$

c) Los ángulos son opuestos, ya que $306° + 54° = 360°$.

$sen\,306° = -sen\,54° = -0{,}809$ $cos\,306° = cos\,54° = 0{,}588$ $tg\,306° = -tg\,54° = -1{,}376$

ACTIVIDADES

30 Sabiendo que el ángulo α del primer cuadrante tiene por razones trigonométricas:

$$sen\,\alpha = 0{,}6 \qquad cos\,\alpha = 0{,}8$$

halla las razones trigonométricas de sus ángulos complementario, suplementario y opuesto.

31 Obtén las razones trigonométricas del ángulo suplementario de α si $cos\,\alpha = -0{,}2$.

32 **REFLEXIONA.** Si conoces las razones trigonométricas de un ángulo del primer cuadrante, α, ¿cuáles son las razones trigonométricas de $90° + \alpha$?

7.2. Ángulos mayores de 360°

Para calcular las razones trigonométricas de un ángulo mayor de 360°, hacemos la división entera del ángulo entre 360, y calculamos las razones trigonométricas del resto de la división.

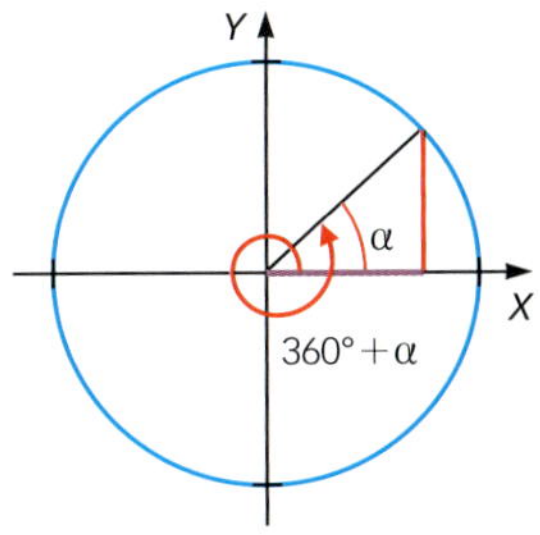

Las razones trigonométricas de un ángulo mayor de 360° coinciden con las del resto de su división entera entre 360.

EJEMPLO

7. Halla las razones trigonométricas del ángulo 750°.

Dividimos el ángulo entre 360 y nos quedamos con el resto.

$$\begin{array}{r|l} 750 & 360 \\ \hline 30 & 1 \end{array} \rightarrow \text{1 vuelta y sobran } 30°.$$

$sen\,750° = sen\,30° = \dfrac{1}{2}$ $cos\,750° = cos\,30° = \dfrac{\sqrt{3}}{2}$ $tg\,750° = tg\,30° = \dfrac{\sqrt{3}}{3}$

RETO

Halla las razones trigonométricas del ángulo $\dfrac{11\pi}{4}$ rad.

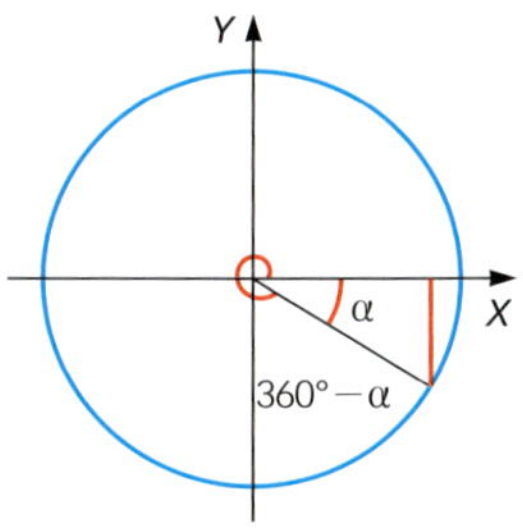

7.3. Ángulos negativos

Para calcular las razones trigonométricas de un ángulo negativo, hacemos la división entera del ángulo con signo positivo entre 360 y nos quedamos con el resto. Después, restamos a 360° el ángulo obtenido. Las razones trigonométricas de la diferencia coinciden con las del ángulo dado.

EJEMPLO

8. Calcula el seno y el coseno del ángulo −1 140°.

Dividimos el ángulo con signo positivo entre 360, y el resto obtenido lo restamos a 360°.

$$\begin{array}{r|l} 1\,140 & 360 \\ \hline 60 & 3 \end{array} \rightarrow \text{3 vueltas y sobran } 60°.$$

$$sen(-1\,140)° = sen(-60°) = -sen\,60° = -\frac{\sqrt{3}}{2}$$

$$cos(-1\,140°) = cos(-60°) = cos\,60° = \frac{1}{2}$$

$$tg\,(-1\,140°) = tg\,(-60°) = -tg\,60° = -\sqrt{3}$$

ACTIVIDADES

33 ¿Qué ángulo positivo y menor de 360° tiene las mismas razones trigonométricas que 2 222°?

34 Relaciona estos ángulos con un ángulo entre 0° y 360° y halla sus razones trigonométricas.

a) 390° c) 585° e) 690°

b) 480° d) 405° f) 1 125°

35 Calcula las razones trigonométricas.

a) −1 125° b) −1 050° c) −780°

36 **REFLEXIONA.** Encuentra dos ángulos mayores de 360° y otros dos negativos con las mismas razones trigonométricas. Calcúlalas y relaciónalas con un ángulo del primer cuadrante.

8. Resolución de triángulos rectángulos

Resolver un triángulo es calcular la medida de todos sus lados y de todos sus ángulos a partir de otros elementos conocidos.

Para resolver triángulos rectángulos hay que tener en cuenta que:

- Conocemos uno de sus ángulos, el ángulo recto.
- Sus lados cumplen el teorema de Pitágoras.
- Sus dos ángulos agudos son complementarios.

Para resolver un triángulo rectángulo **conocidos dos lados**:

- Calculamos el lado desconocido mediante el teorema de Pitágoras.
- Para calcular uno de sus ángulos agudos, utilizamos la razón trigonométrica que relaciona los dos lados conocidos.

EJEMPLO

9. Resuelve este triángulo rectángulo.

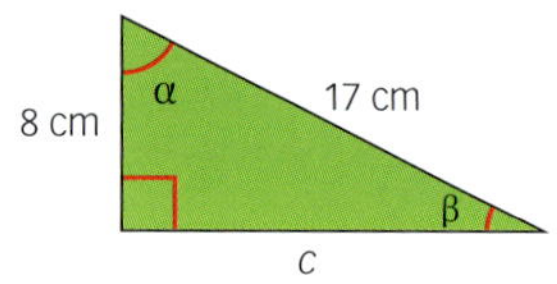

Hallamos el tercer lado con el teorema de Pitágoras: $c = \sqrt{17^2 - 8^2} = 15$.

Con una de las razones trigonométricas, hallamos uno de los ángulos agudos.

$$\cos\alpha = \frac{8}{17} \rightarrow \alpha = \cos^{-1}\left(\frac{8}{17}\right) = 61{,}93^\circ$$

$$90^\circ + \alpha + \beta = 180^\circ \xrightarrow{\alpha = 61{,}93^\circ} \beta = 28{,}07^\circ$$

Para resolver un triángulo rectángulo **conocidos un lado y un ángulo agudo**:

- Calculamos el otro ángulo considerando que los tres ángulos tienen que sumar 180°.
- Para calcular los lados desconocidos, utilizamos las razones trigonométricas que relacionan el lado y el ángulo conocidos.

EJEMPLO

10. Resuelve este triángulo rectángulo.

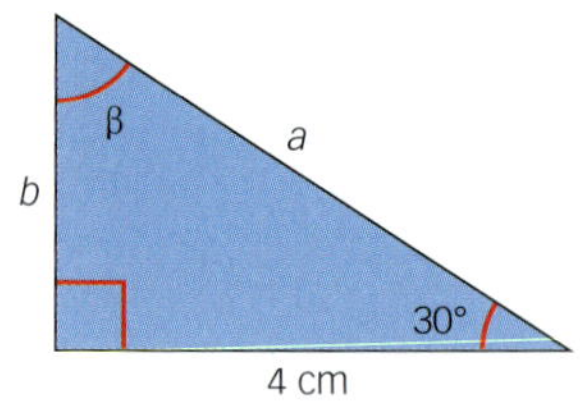

Calculamos el tercer ángulo a partir de los conocidos.

$$90^\circ + \alpha + \beta = 180^\circ \xrightarrow{\alpha = 30^\circ} \beta = 60^\circ$$

Hallamos los lados mediante las razones trigonométricas del ángulo dado.

$$tg\,30^\circ = \frac{b}{4} \rightarrow b = 4 \cdot tg\,30^\circ = 4 \cdot \frac{\sqrt{3}}{3} = 2{,}31 \text{ cm} \qquad \cos 30^\circ = \frac{4}{a} \rightarrow \frac{\sqrt{3}}{2} = \frac{4}{a} \rightarrow a = \frac{8\sqrt{3}}{3} = 4{,}62 \text{ cm}$$

ACTIVIDADES

37 Resuelve los siguientes triángulos rectángulos.

a)

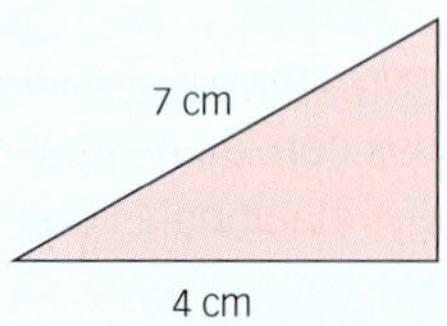

b)

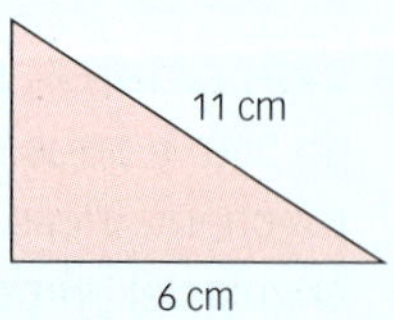

38 Resuelve los siguientes triángulos rectángulos.

a) Sus catetos miden 7 y 10 cm.

b) Es isósceles y su hipotenusa mide 10 cm.

39 **REFLEXIONA.** Resuelve un triángulo rectángulo con un ángulo de 30°, y su cateto contiguo de 5 cm.

Cómo se resuelven problemas mediante trigonometría

Antes de resolver, es conveniente que representes la situación con una figura geométrica.

Marta y Javier están jugando al tenis. Marta lanza la pelota y esta recorre 17 m. Javier la devuelve con un ángulo de 30°, y esta vez la pelota recorre 10 m. ¿Qué distancia deberá recorrer Marta para llegar hasta la pelota?

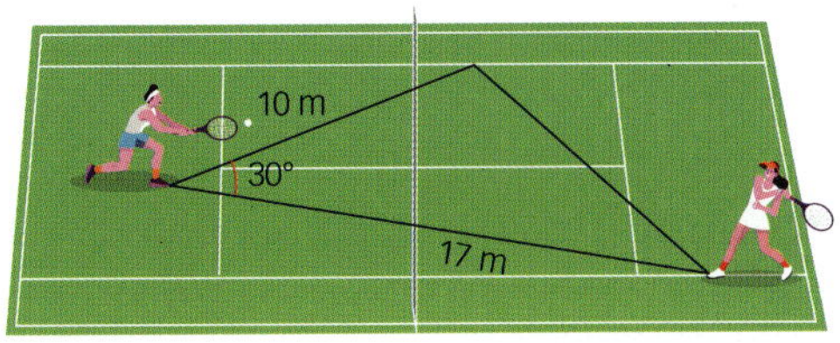

① **Identificamos triángulos rectángulos que relacionen las medidas conocidas y las buscadas.**

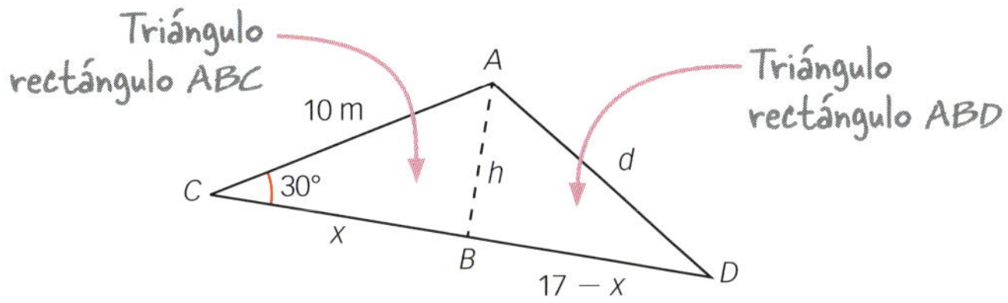

Queremos calcular d, la hipotenusa del triángulo ABD.

② **Calculamos los datos desconocidos a partir de las razones trigonométricas que relacionan las medidas conocidas y el teorema de Pitágoras.**

Utilizamos las razones trigonométricas para calcular los lados x y h en el triángulo ABC.

$$sen\,30° = \frac{h}{10} \rightarrow \frac{1}{2} = \frac{h}{10} \rightarrow h = 5\text{ m}$$

$$cos\,30° = \frac{x}{10} \rightarrow \frac{\sqrt{3}}{2} = \frac{x}{10} \rightarrow x = 8{,}66\text{ m}$$

Así, las medidas de los catetos del triángulo ABD son:

$$h = 5\text{ m} \qquad 17 - x = 17 - 8{,}66 = 8{,}34\text{ m}$$

Aplicando el teorema de Pitágoras en el triángulo ABD:

$$d = \sqrt{8{,}34^2 + 5^2} = 9{,}72\text{ m}$$

Por tanto, Marta deberá recorrer 9,72 m para llegar a la pelota.

ACTIVIDADES

40 ¿Cuánto mide el árbol?

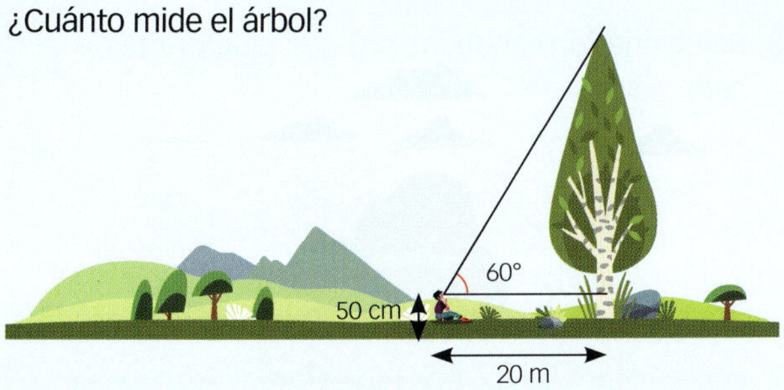

41 Fernando tira un penalti chutando con un ángulo de inclinación de 38°. El punto de penalti está a 11 m de la portería, que mide 2,44 m de alto. ¿Meterá gol?

42 Halla la altura de una ventana si al asomarse se ve el foco de una farola, que está a 7 m en horizontal, y también se ve su base si se baja la mirada 45°.

43 Calcula qué distancia hay que recorrer para ir del pueblo A al pueblo C.

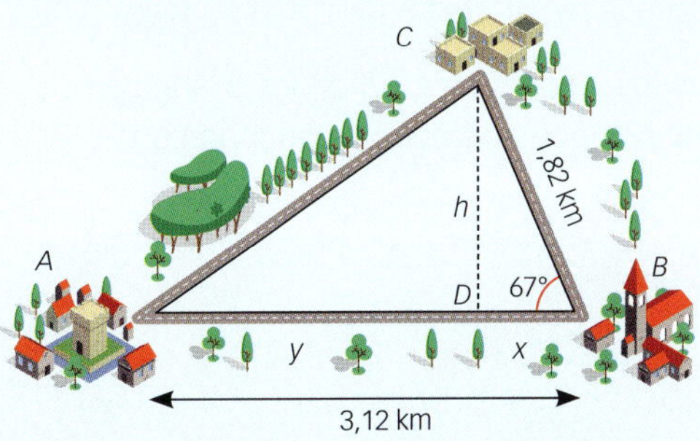

44 Una bandera de una embajada está izada en un mástil que forma un ángulo de 60° con el suelo. Si el extremo del mástil está a 5 m de altura, calcula la longitud del mástil.

1. Utiliza conceptos y relaciones de la trigonométrica

Medidas de un ángulo

53 Expresa en grados sexagesimales.

a) π rad b) $\frac{\pi}{3}$ rad c) $\frac{\pi}{4}$ rad d) 3π rad

54 Expresa en radianes estos ángulos medidos en grados.

a) 90° b) 1 260° c) 45° d) 2 880°

55 **JUEGO.** Dividid la circunferencia en 12 partes iguales. Empezando desde el ángulo cero y, por turnos, cada participante debe sumar uno de los siguientes ángulos. Gana quien consiga llegar a 2π primero.

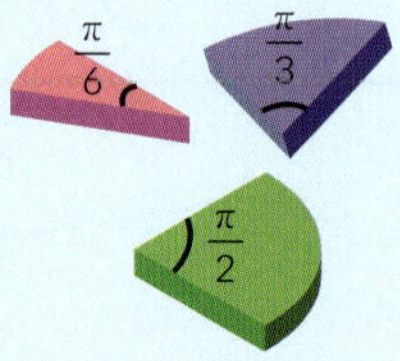

¿Qué estrategia debes seguir para ganar siempre?

Razones trigonométricas de un ángulo agudo

56 Resuelve el crucigrama.

VERTICALES

1. Cociente entre la longitud del cateto contiguo a un ángulo y la hipotenusa en un triángulo rectángulo.
2. Cada uno de los lados menores de un triángulo rectángulo.

HORIZONTALES

3. Cociente entre la longitud del cateto opuesto a un ángulo y la hipotenusa en un triángulo rectángulo.
4. Razón trigonométrica que relaciona los dos catetos en un triángulo rectángulo.
5. Se puede medir en grados o en radianes.

57 Calcula los valores de a y b en los triángulos rectángulos que aparecen a continuación.

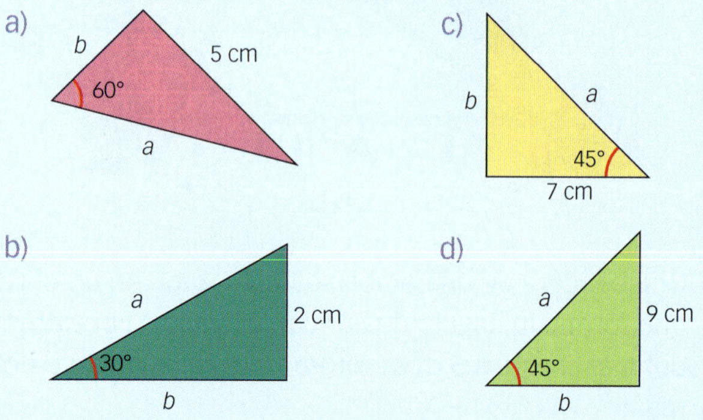

58 Calcula las razones trigonométricas del ángulo α en cada triángulo rectángulo.

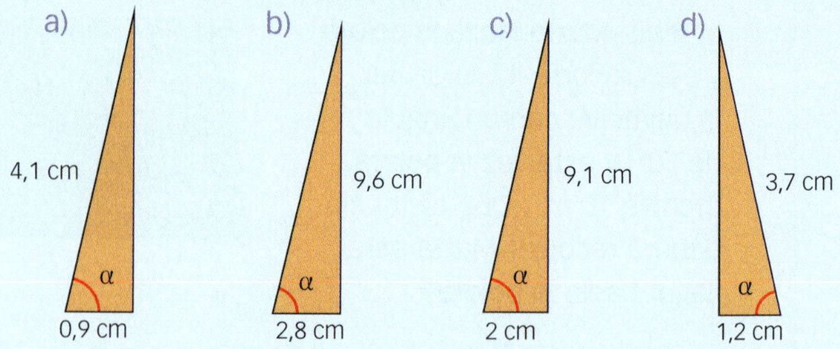

59 Si el cateto contiguo a un ángulo en un triángulo rectángulo mide 5 cm y la tangente de ese ángulo vale 1,2; ¿cuál será la medida de los demás lados?

60 Sabiendo que el seno de un ángulo de un triángulo rectángulo vale $\frac{12}{13}$ y el cateto opuesto mide 24 cm, halla el resto de lados del triángulo.

61 La hipotenusa de un triángulo mide 50 cm y el seno de uno de sus ángulos es 0,28. Calcula el coseno y la tangente de dicho ángulo.

62 **INVESTIGA.** Demuestra que si un triángulo rectángulo tiene un ángulo de 60°, entonces la hipotenusa tiene doble longitud que el cateto menor.

63 **RETO.** Halla el valor del radio r de la figura.

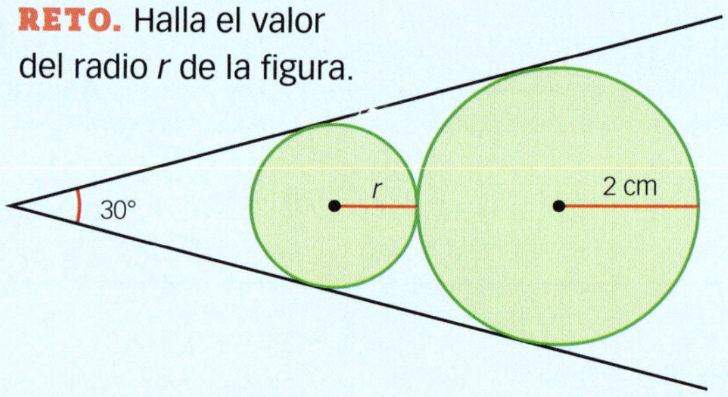

ACTIVIDADES FLASH

64 Relaciona formando grupos con una tarjeta de cada color.

$sen\,\alpha = \frac{1}{2}$	$sec\,\alpha = \sqrt{2}$	$\alpha = 60°$
$cos\,\alpha = \frac{\sqrt{2}}{2}$	$cotg\,\alpha = \frac{\sqrt{3}}{3}$	$\alpha = 0°$
$tg\,\alpha = \sqrt{3}$	$sec\,\alpha = 1$	$\alpha = 30°$
$sen\,\alpha = 0$	$cosec\,\alpha = 2$	$\alpha = 45°$

65 Utiliza la calculadora para hallar los ángulos.

a) $sen\,\alpha = 0{,}8192$ b) $cos\,\beta = 0{,}9396$

66 Decide si existe algún ángulo cuyas razones trigonométricas puedan tomar estos valores.

a) $sen\,\alpha = \frac{3}{2}$ c) $sen\,\alpha = \frac{2}{5}$

b) $cos\,\alpha = \pi$ d) $tg\,\alpha = 0{,}5$

67 Dadas las razones trigonométricas, verifica si existe un ángulo que las cumpla.

a) $sen\,\alpha = \frac{7}{11}$ y $tg\,\alpha = \frac{6}{11}$

b) $tg\,\alpha = 1$ y $cos\,\alpha = \frac{5}{13}$

c) $tg\,\alpha = \frac{\sqrt{3}}{3}$ y $cos\,\alpha = \frac{\sqrt{3}}{2}$

68 Sabiendo que el ángulo α es agudo, calcula en cada caso sus demás razones trigonométricas.

a) $sen\,\alpha = \frac{7}{25}$ c) $cos\,\alpha = \frac{8}{17}$

b) $sen\,\alpha = \frac{12}{13}$ d) $cos\,\alpha = \frac{3}{5}$

69 **RETO.** Demuestra que $tg\,1° \cdot tg\,2° \cdot \ldots \cdot tg\,89° = 1$.

70 Si el ángulo α es agudo, calcula, en cada caso, el seno y el coseno de dicho ángulo.

a) $tg\,\alpha = \frac{5}{12}$ b) $tg\,\alpha = \frac{5}{13}$

71 Calcula las razones trigonométricas del ángulo agudo α, si $sen\,\alpha = 2 \cdot cos\,\alpha$.

72 Calcula el resto de razones trigonométricas sabiendo que el ángulo α es agudo.

a) $sen\,\alpha = \frac{\sqrt{6} + \sqrt{2}}{4}$ b) $cos\,\alpha = \frac{1 + \sqrt{3}}{4}\sqrt{2}$

INTERNET

73 ¿Sabes qué es una palabra bifronte? Ordena las razones trigonométricas de menor a mayor con su letra, y después de mayor a menor, para encontrar la palabra bifronte.

O	R	A	N	T
$sen\,(\pi/6)$	$sen\,(\pi/2)$	$sen\,(\pi/3)$	$sen\,(2\pi)$	$sen\,(\pi/4)$

74 Calcula el valor de las expresiones.

a) $sen\,60° + sen\,30° - tg\,30°$

b) $sen^2\,45° + cos^2\,60° - sen^2\,30°$

c) $tg\,60° - tg\,30°$

d) $cos\,60° \cdot cos\,30° + sen\,60° \cdot sen\,30°$

75 Sabiendo que un ángulo de un triángulo rectángulo mide 45° y su cateto opuesto mide 12 cm, halla el resto de lados sin utilizar el teorema de Pitágoras.

76 La hipotenusa de un triángulo rectángulo mide 30 cm de longitud y uno de sus ángulos es de 30°. Calcula los catetos del triángulo.

Razones trigonométricas de un ángulo cualquiera

77 Pasa los ángulos al primer cuadrante para calcular sus razones trigonométricas.

a) 157° b) 197° c) 335° d) 245°

78 **INVESTIGA.** Sin utilizar la calculadora, ordena de menor a mayor.

$cos\,24°$ $sen\,113°$ $cos\,292°$ $tg\,242°$ $tg\,100°$

79 Di si las siguientes igualdades son verdaderas o falsas, razonando la respuesta.

a) $cos\,390° = sen\,60°$ d) $cos\,850° = -cos\,50°$

b) $sen\,405° = cos\,45°$ e) $tg\,7\,200° = cos\,90°$

c) $sen\,520° = cos\,30°$ f) $sen\,120° = -sen\,60°$

80 **INVENTA.** Escribe tres ángulos diferentes con estas razones trigonométricas.

a) $sen\,\alpha = -\frac{\sqrt{2}}{2}$ b) $cos\,\alpha = -\frac{\sqrt{3}}{2}$ c) $tg\,\alpha = -1$

81 Completa el cuadrado mágico de modo que la suma de los elementos de sus filas, columnas y diagonales coincida.

$cos\,120°$		
$cos\,270°$	$sen\,180°$	
		$sen\,30°$

82 Halla el seno y el coseno de los ángulos que cumplen:

a) $tg\,\alpha = -1$ b) $tg\,\alpha = \sqrt{3}$

Calcula todos los ángulos de la circunferencia que verifiquen estas igualdades.

83 Completa el crucigrama. Para ello, relaciona estos ángulos con un ángulo entre 0° y 360°.

HORIZONTALES

1. 852°
2. 1 082°; 774°
3. 1 466°; 1 803°
4. 705°

VERTICALES

A. −137°
B. −719°; −656°
C. −325°; −1 075°
D. −477°

84 **INVESTIGA.** ¿Cuántos ángulos tienen el mismo seno que un ángulo dado?

CÁLCULO MENTAL

85 ●●○ Identifica el ángulo determinado por cada punto y halla sus razones trigonométricas.

a) $A\left(\frac{1}{2}, -\frac{\sqrt{3}}{2}\right)$

b) $B\left(\frac{\sqrt{2}}{2}, \frac{\sqrt{2}}{2}\right)$

c) $C\left(-\frac{\sqrt{3}}{2}, \frac{1}{2}\right)$

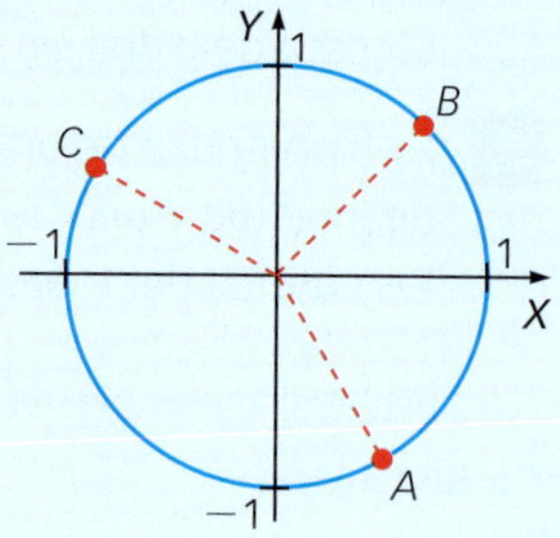

86 ●●○ Calcula las siguientes razones trigonométricas, sabiendo que $sen\,35° = 0{,}57$.

a) $cos\,1655°$ b) $sen\,1585°$ c) $sen\,1765°$

87 ●●○ **INVESTIGA.** Contesta en cada caso.

a) Si $0° < \alpha < 90°$, ¿cuál es el signo de $sen\,2\alpha$?

b) Si $45° < \alpha < 135°$, ¿cuál es el signo de $cos\,2\alpha$?

c) Si $90° < \alpha < 180°$, ¿cuál es el signo de $sen\,2\alpha$?

88 ●●○ Relaciona con el coseno de un ángulo del primer cuadrante y ordena de menor a mayor cada razón con su letra para descubrir la palabra bifronte.

A	S	L	A	T
$sen(\pi/2)$	$sen\,\pi$	$-cos(3\pi/4)$	$cos(5\pi/3)$	$cos(\pi/6)$

89 ●●● Expresa estas razones trigonométricas en función de un ángulo del primer cuadrante y menor de 45°. Verifica, con ayuda de la calculadora, el resultado obtenido.

a) $cos\,960°$ b) $sen\,600°$ c) $cos\,2\,145°$

90 ●●● Calcula las siguientes razones trigonométricas, sabiendo que $tg\,35° = 0{,}7$.

a) $tg\,1655°$ b) $tg\,1585°$ c) $tg\,1765°$

91 ●●● Calcula todos los ángulos que verifiquen estas igualdades.

a) $sen\,\alpha = cos\,\alpha$

b) $sen\,\alpha = 1 - sen\,\alpha$

c) $sen\,\alpha - tg\,\alpha = 0$

d) $sen^2\,\alpha = 1$

e) $sen\,\alpha + cos\,(90° - \alpha) = 1$

f) $sen^2\,\alpha - 2\,sen\,\alpha + 1 = 0$

2. Resuelve triángulos utilizando las razones trigonométricas y sus relaciones

92 ●○○ Halla el ángulo α.

a)

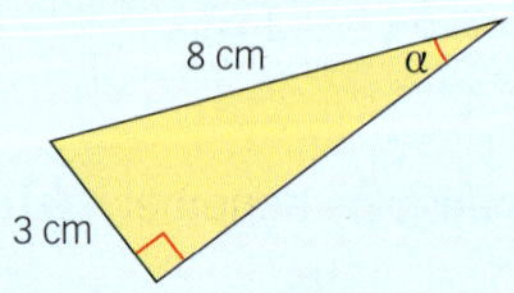

b)

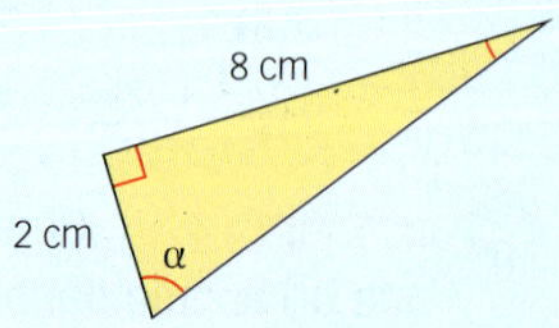

93 ●○○ Resuelve los siguientes triángulos rectángulos.

a) Tiene dos catetos de 2 y 3 cm.

b) Un cateto mide 6 cm y su hipotenusa, 12 cm.

c) Un ángulo mide 35º y su hipotenusa, 10 cm.

94 ●●○ ¿Cuánto miden los catetos de un triángulo rectángulo isósceles si su hipotenusa mide 10 cm?

Cómo se calcula el área de un triángulo conocidos dos ángulos y un lado

95 Calcula el área de este triángulo.

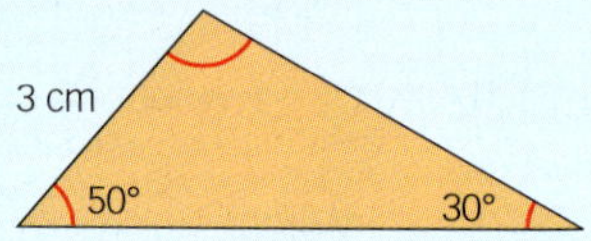

PRIMERO. Se calculan las razones trigonométricas que relacionan el lado y un ángulo conocido.

$$sen\,50° = \frac{h}{3}$$

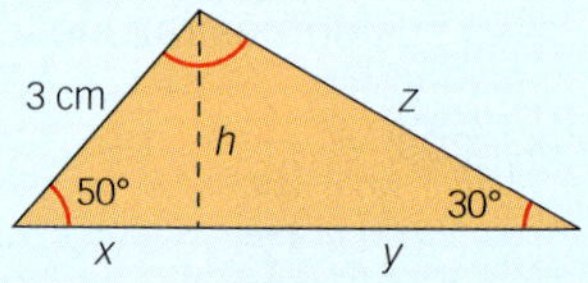

$$h = 3 \cdot sen\,50° = 2{,}3\text{ cm}$$

$$cos\,50° = \frac{x}{3} \rightarrow x = 3 \cdot cos\,50° = 1{,}93\text{ cm}$$

SEGUNDO. Se hallan las razones trigonométricas que relacionan la altura y el ángulo opuesto.

$$tg\,30° = \frac{h}{y} = \frac{2{,}3}{y} \rightarrow y = \frac{2{,}3}{tg\,30°} = 3{,}98\text{ cm}$$

TERCERO. Se aplica la fórmula del área del triángulo para calcular el área.

$$A = \frac{b \cdot h}{2} = \frac{(1{,}93 + 3{,}98) \cdot 2{,}3}{2} = 6{,}8\text{ cm}^2$$

96 ●○○ Calcula el área de este triángulo.

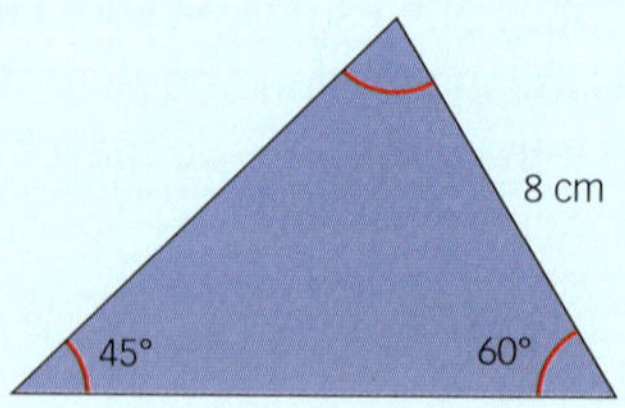

97 ●●○ Halla el área de estos triángulos isósceles.

a)

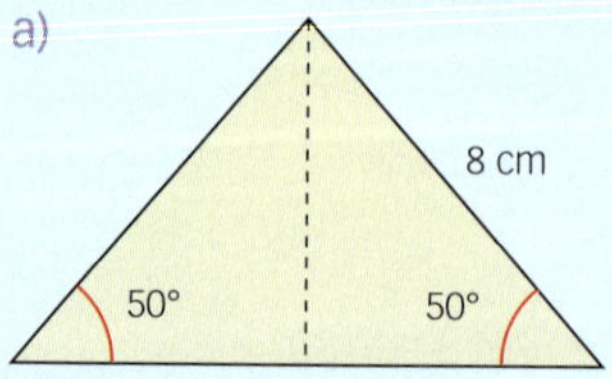

b)

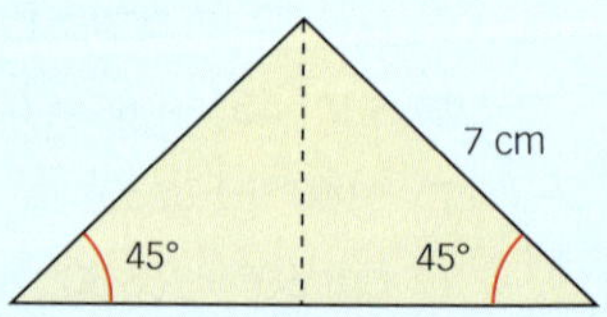

98 Calcula el área de los siguientes triángulos.

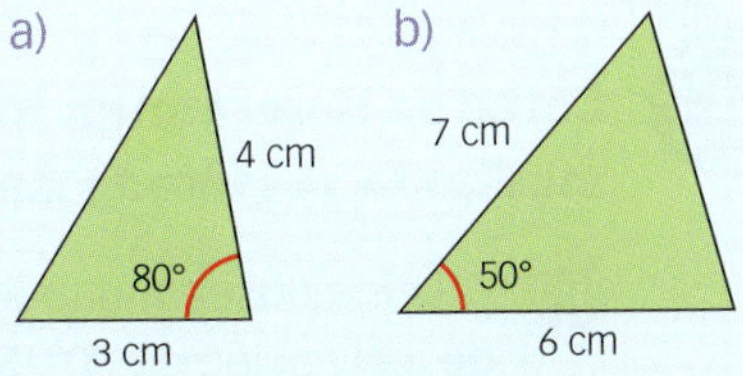

99 Si el lado de un triángulo equilátero es 8 cm, halla, usando las razones trigonométricas, la altura y su área.

100 Halla, usando las razones trigonométricas, la altura y el área de un triángulo equilátero cuyo lado mide 5 cm.

101 Dado un triángulo isósceles cuyo ángulo y lado desigual miden 50° y 10 cm, respectivamente, calcula su área y su perímetro.

102 **RETO.** Calcula el ángulo que forman dos lados de un triángulo sabiendo que su área es 57,75 cm^2 y que dichos lados miden 10 y 15 cm.

103 El lado menor de un paralelogramo es de 5 cm y el mayor mide 7 cm. El ángulo que forman ambos lados es de 30°. Calcula el área del polígono.

104 **INVESTIGA.** Dos lados de un triángulo miden 15 cm y 20 cm, respectivamente.

a) ¿Cuál es el área máxima que puede tener ese triángulo? ¿Por qué?

b) ¿Qué tipo de triángulo es en ese caso?

Cómo se calcula el área de un polígono regular

105 Calcula el área de un pentágono regular de 10 cm de lado.

PRIMERO. Se representa el polígono y se halla la medida del ángulo central.

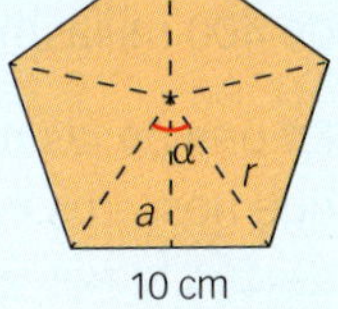

$$\alpha = \frac{360}{5} = 72°$$

SEGUNDO. Se calcula la apotema del polígono utilizando las razones trigonométricas necesarias.

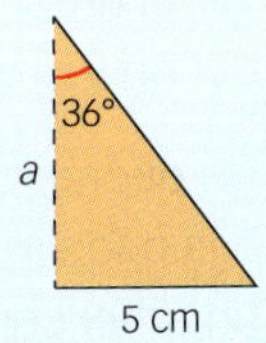

$$tg\,36° = \frac{5}{a} \rightarrow a = \frac{5}{tg\,36°} = 6{,}88 \text{ cm}$$

TERCERO. Se aplica la fórmula del área de un polígono regular.

$$A = \frac{P \cdot a}{2} = \frac{10 \cdot 5 \cdot 6{,}88}{2} = 172 \text{ cm}^2$$

106 Un pentágono regular de lado 5 cm está inscrito en una circunferencia. Calcula el radio de esta circunferencia y el área del pentágono.

107 Halla el perímetro y el área de un hexágono regular inscrito en una circunferencia de radio 8 cm.

108 La circunferencia circunscrita de un octógono regular es de radio 4 cm. Halla el lado de este polígono y su área.

109 Calcula el área y el perímetro del siguiente trapecio rectángulo con ayuda de la calculadora.

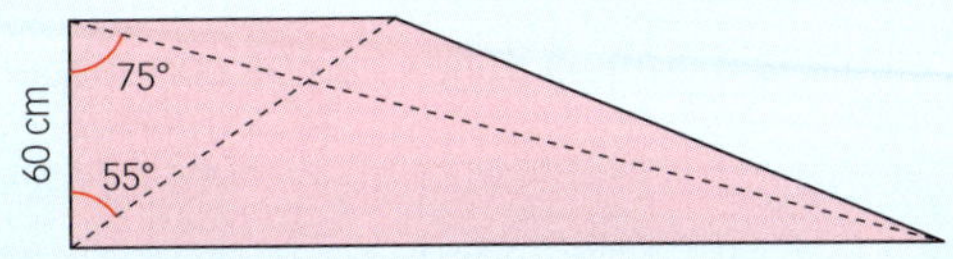

110 Ana quiere recortar un dodecágono regular lo más grande posible a partir de una circunferencia de papel de 10 cm de radio. Halla el área del papel que le sobra después de recortarlo.

111 Determina el área sombreada de este octógono regular.

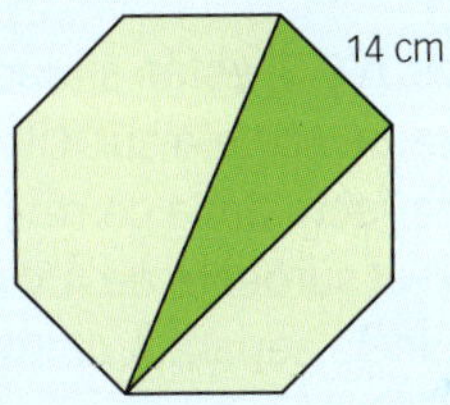

3. Utiliza las razones trigonométricas para resolver problemas de la vida cotidiana

112 ¿Cuál es la altura de la cabaña?

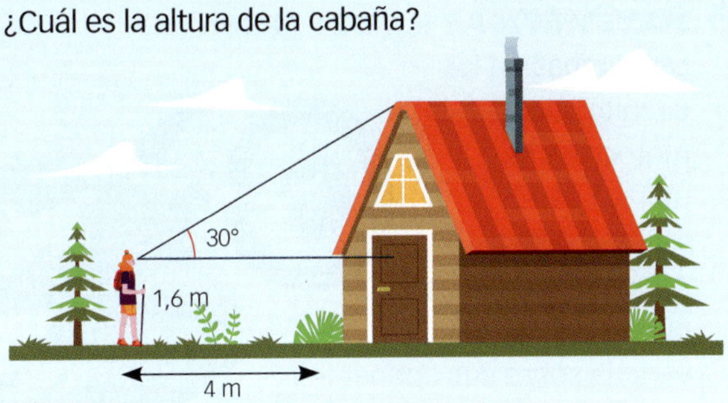

113 ¿A qué distancia me encuentro de un edificio de 50 m de altura, si observo su parte más elevada con un ángulo de 60°?

114 Una moto sigue a un coche a 100 m de distancia. La moto divisa un helicóptero con un ángulo de 40°, y la conductora del coche lo ve con un ángulo de 70°. Calcula la altura a la que se encuentra el helicóptero.

115 Calcula la profundidad de un pozo de 2 m de ancho, si vemos el borde opuesto del fondo con un ángulo de 30°.

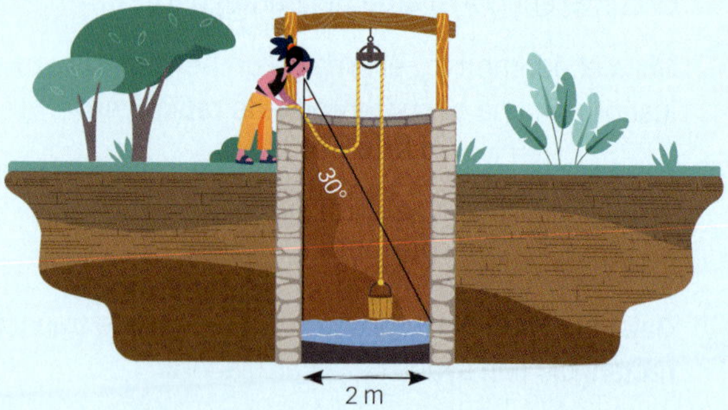

116 Calcula la distancia de los barcos con respecto al faro.

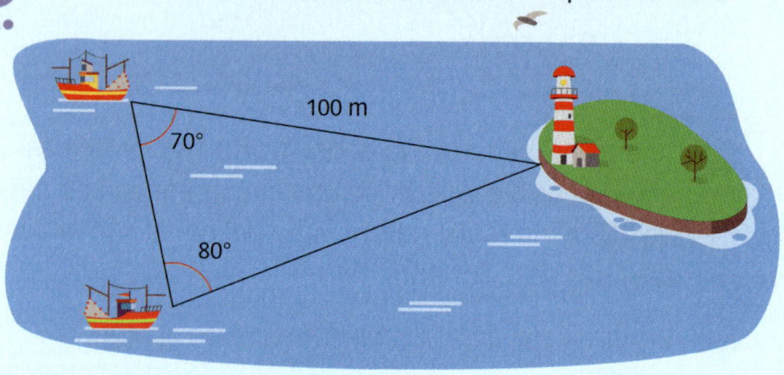

117 Dos poblaciones, A y B, están situadas en una carretera que va de norte a sur. Otra población, C, a 10 km en línea recta de la carretera anterior, se encuentra a 20° al suroeste de A y a 30° al suroeste de B. ¿Qué distancia separa A de B?

118 **MATEMÁTICAS Y... OCIO.** Una pista de bolos suele medir 15,5 m de largo y 1,7 m de ancho. Si lanzas una bola desde el centro del inicio de la pista, ¿qué ángulo puede desviarse sin salirse?

119 **MATEMÁTICAS Y... DEPORTE.**

Las rampas en los circuitos de motocross se utilizan para realizar saltos. Al hacerlo, los pilotos pueden ganar tiempo y ventaja sobre sus oponentes. Además, los saltos suelen ser espectaculares y aumentan la emoción de la prueba. Cuanto mayor sea la inclinación de la rampa, mayor será la distancia del salto.

Para salvar un foso de 20 m de ancho, y que la moto alcance una altura de 5 m justo en la mitad del foso, ¿qué grado de inclinación debería tener la rampa?

Cómo se determinan longitudes mediante el método de la doble tangente

120 Cristina observa una torre bajo un ángulo de inclinación de 30°. Si se acerca 185 m la observa bajo un ángulo de 60°. ¿Cuál es su altura?

PRIMERO. Se transforma el problema en un problema geométrico y se representa.

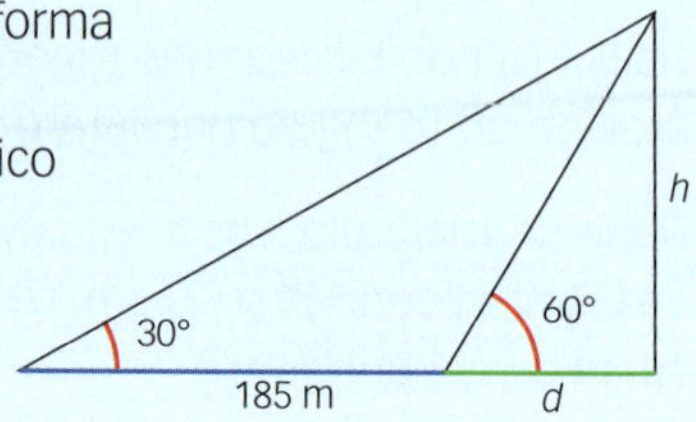

SEGUNDO. Se identifican dos triángulos rectángulos que relacionen la incógnita, y se forma un sistema de ecuaciones aplicando la definición de tangente.

$$\left.\begin{array}{l} tg\,60° = \dfrac{h}{d} \\ tg\,30° = \dfrac{h}{d+185} \end{array}\right\}$$

TERCERO. Se resuelve el sistema de ecuaciones.

$$\left.\begin{array}{l} h = d \cdot tg\,60° \\ h = (d+185)\cdot tg\,30° \end{array}\right\} \rightarrow$$

$$\rightarrow d \cdot tg\,60° = (d+185)\cdot tg\,30° \rightarrow d = 93{,}3 \text{ m}$$

$$h = d \cdot tg\,60° \xrightarrow{d\,=\,93{,}3} h = 161{,}41 \text{ m}$$

121 El piloto de un avión observa una torre de alta tensión con un ángulo de 30°. Dieciocho segundos más tarde, el ángulo obtenido sobre el mismo punto es de 55°. Si vuela horizontalmente y a una velocidad de 400 millas/hora, halla la altitud de vuelo.

122 En una de las orillas de un río se encuentra un árbol que nosotros vemos desde la otra orilla con un ángulo de 45°. Si nos alejamos de la orilla 10 m, conseguimos ver el árbol con un ángulo de 30°. Calcula la anchura del río y la altura del árbol.

123 Un padre mide 2 m y su hija mide 1 m. Observan un árbol con un ángulo de inclinación de 40° el padre y 50° su hija. ¿A qué distancia se encuentra el árbol? ¿Cuál es la altura?

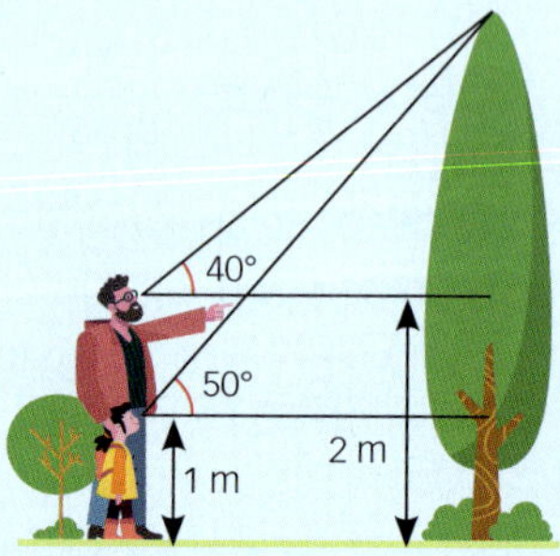

124 **MATEMÁTICAS Y... PINTURA.** Esta imagen muestra una técnica para dibujar figuras reales. Si los ojos de la pintora están a 170 cm del suelo, ¿cuál es la altura de la estatua?

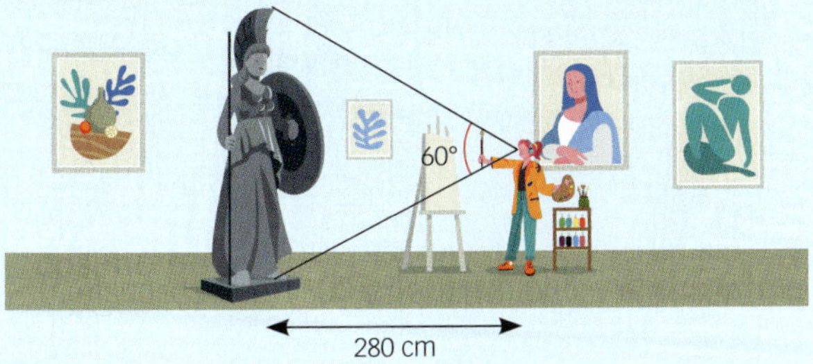

125 Desde un barco vemos la luz de un faro con una inclinación de 20° y, después de avanzar 18 km en esa dirección, se ve con un ángulo de 30°. ¿A qué distancia estamos del faro?

126 **MATEMÁTICAS Y... ASTRONOMÍA.** El radio de la Tierra mide 6 370 km. ¿A qué distancia está el satélite de la Tierra?

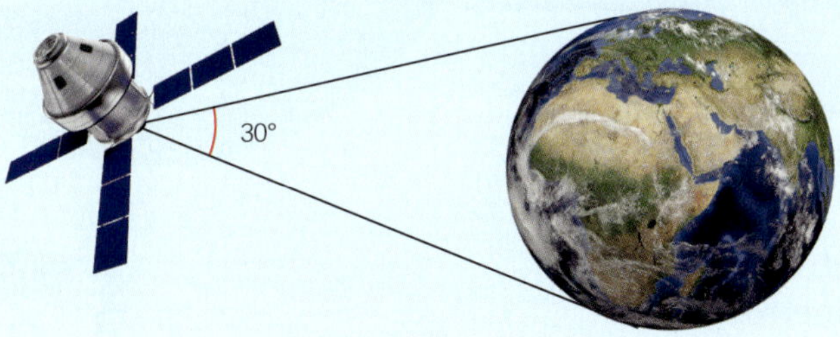

La calle que los coches no pueden subir

La calle con la pendiente más pronunciada del mundo se llama Baldwin street y se encuentra en un pueblo de Nueva Zelanda llamado Dunedin. Figura en el libro Guinness de los récords porque tiene el mayor desnivel de las calles del mundo, el 35 %.

Según las leyes de la física y la mecánica, un coche normal tan solo puede subir pendientes con una inclinación máxima de 45°, por eso los coches no pueden circular por esta calle.

Y tú, ¿qué opinas?

PROBLEMAS APARENTEMENTE DISTINTOS

127 Calcula el cateto que falta.

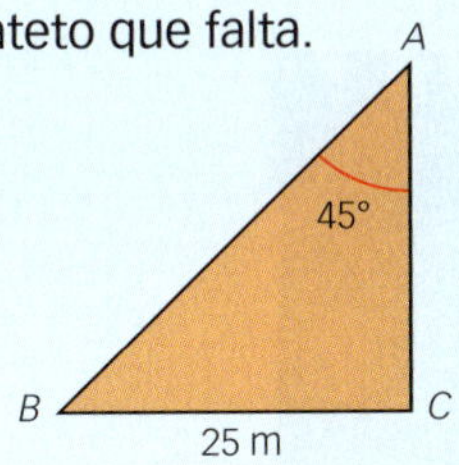

128 Ana se encuentra en lo alto de una torre. Desde allí observa un perro que está en la calle, bajo un ángulo de 45°. Si el perro se encuentra a 25 m de distancia del pie de la torre, ¿cuál es la altura de la torre?

129 Calcula el área de un octógono regular de diagonal 1,25 m.

130 Halla la cantidad de chapa necesaria para fabricar una señal de stop de forma octogonal, sabiendo que la diagonal marcada mide 1,25 m.

131 Calcula x e y.

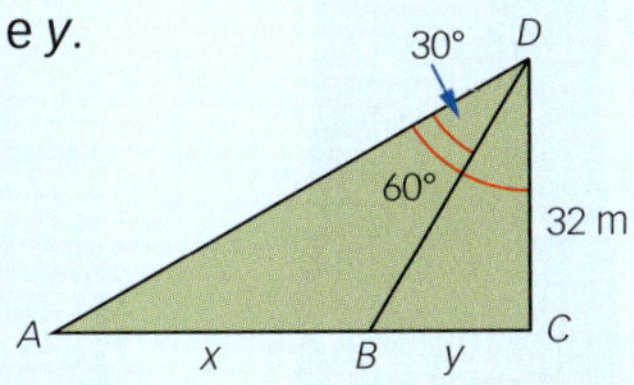

132 Desde un acantilado situado a 32 m sobre el nivel del mar, se divisan dos embarcaciones. Halla la distancia de las embarcaciones si los ángulos de visión son de 30° y 60°, respectivamente.

Gigantes de ciudad

La arquitectura ha evolucionado mucho en el último siglo en cuanto a la utilización de materiales y tecnología. Eso ha hecho posible la construcción de rascacielos de cientos de metros de altura.

El primer rascacielos fue el Home Insurance Building, construido en Chicago en 1885. Tenía diez plantas, y una altura de 42 metros.

Estos son algunos de los rascacielos más altos del mundo.

Ping An Finance Center
Shenzhen
599 m 2017

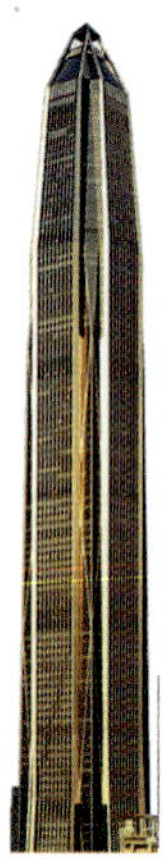

Abraj Al-Bait
La Meca
601 m 2012

Torre de Shanghái
Shanghái
632 m 2015

Merdeka 118
Kuala Lumpur
679 m 2022

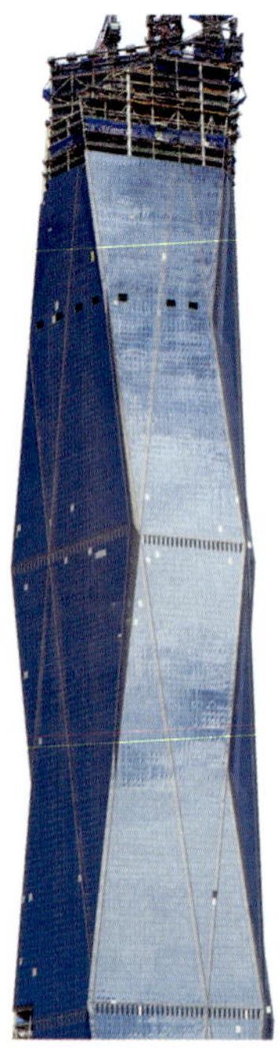

Burj Khalifa
Dubái
828 m 2010

1 Tocar el cielo

Imagina que los cinco rascacielos más altos del mundo estuvieran ordenados por altura en una misma línea, cada uno situado a 100 m del siguiente.

- Si se instalaran focos de luz en el punto más alto de cada uno de ellos que iluminaran el punto más alto del siguiente edificio, determina el ángulo de inclinación de cada foco.
- Calcula a qué distancia debería estar situado cada edificio para que un foco de luz situado en lo alto de Burj Khalifa ilumine su punto más alto con un ángulo de 40°.

2 Trabajos de altura

Los operarios de mantenimiento de los rascacielos trabajan a gran altura. Para ello cuentan con grúas que los elevan desde el suelo, y arneses con los que se descuelgan desde arriba.

- Un operario está trabajando en la fachada de la Torre de Shanghái. Desde donde está puede ver un árbol de 4 m de altura bajo un ángulo de 60°. Si el árbol está a 10 m del edificio, ¿a qué altura está el operario?
- ¿Bajo qué ángulo verá el árbol si está en la azotea?
- Desde la azotea ve también el Shanghái World Financial Center, que mide 492 m. ¿A qué distancia de la Torre de Shanghái se encuentra, si el operario ve su punto más alto bajo un ángulo de 50°?

3 Buscando el ángulo

Hong Kong es la ciudad con mayor número de rascacielos del mundo. La segunda es Shenzen, una ciudad china situada en la frontera con Hong Kong, y en tercer lugar está Nueva York.

El segundo rascacielos más alto de Shenzen es el Kingkey, de 442 m de altura.

- Una persona está situada a 200 m del Kingkey, haciendo una foto del edificio. Como quiere salir en la foto, deja la cámara en el suelo. ¿Qué ángulo debe abarcar el objetivo de su cámara para fotografiar el edificio completo?
- Si ese ángulo es el máximo posible para su cámara, ¿a qué distancia debe situarse para fotografiar de la misma manera el Ping An Finance Center?

RESUMEN DE UNIDAD

RADIANES

$$\alpha° \rightarrow \frac{\alpha}{360} \cdot 2\pi \text{ rad} \qquad \alpha \text{ rad} \rightarrow \frac{\alpha}{2\pi} \cdot 360°$$

RAZONES TRIGONOMÉTRICAS DE UN ÁNGULO AGUDO

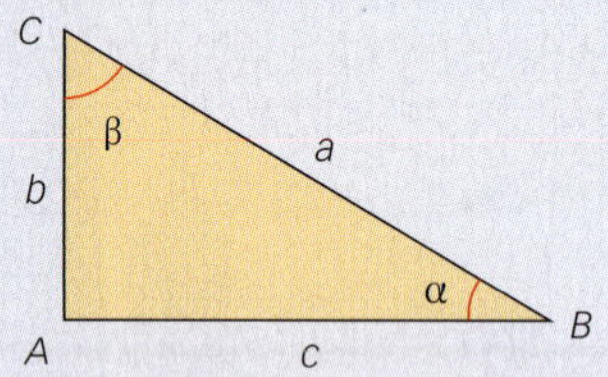

$$sen\,\alpha = \frac{b}{a} \qquad sen\,\beta = \frac{c}{a}$$

$$cos\,\alpha = \frac{c}{a} \qquad cos\,\beta = \frac{b}{a}$$

$$tg\,\alpha = \frac{b}{c} \qquad tg\,\beta = \frac{c}{b}$$

RELACIONES ENTRE RAZONES TRIGONOMÉTRICAS

$$tg^2\alpha + 1 = \frac{1}{cos^2\alpha} \qquad tg\,\alpha = \frac{sen\,\alpha}{cos\,\alpha}$$

$$sen^2\alpha + cos^2\alpha = 1$$

RAZONES TRIGONOMÉTRICAS DE UN ÁNGULO

$(a, b) = (cos\,\alpha, sen\,\alpha)$

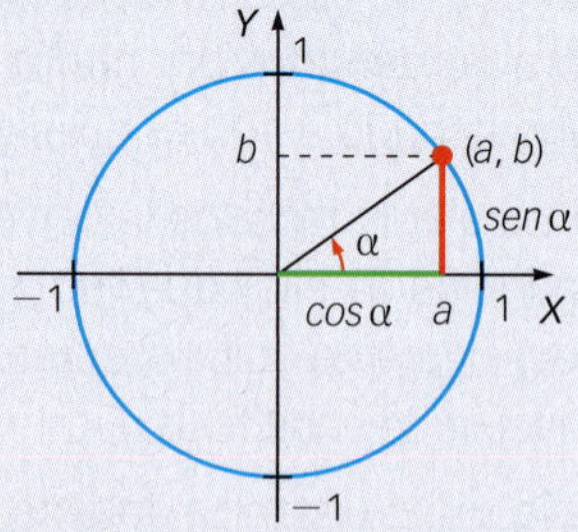

RAZONES TRIGONOMÉTRICAS DE 30°, 45° Y 60°

α	$sen\,\alpha$	$cos\,\alpha$	$tg\,\alpha$
30°	1/2	$\sqrt{3}/2$	$\sqrt{3}/3$
45°	$\sqrt{2}/2$	$\sqrt{2}/2$	1
60°	$\sqrt{3}/2$	1/2	$\sqrt{3}$

AUTOEVALUACIÓN

1. Utiliza conceptos y relaciones de la trigonometría

1 Determina la tangente del ángulo α.

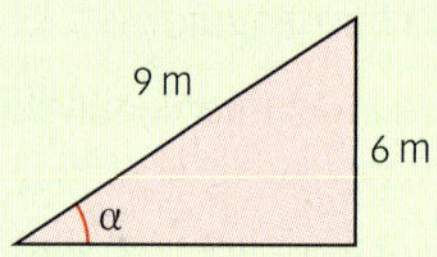

a) 0,89　　c) 0,74

b) 0,66　　d) 0,55

2 Calcula el seno de α sabiendo que $cos\,\alpha = 0{,}9063$.

a) 0,18　　c) 0,1

b) 0,31　　d) 0,42

3 Averigua las razones trigonométricas de los ángulos iguales de un triángulo rectángulo isósceles cuyos lados iguales miden 5 cm.

a) $sen\,\alpha = \frac{1}{2}, cos\,\alpha = \frac{\sqrt{2}}{2}, tg\,\alpha = 1$

b) $sen\,\alpha = \frac{\sqrt{2}}{2}, cos\,\alpha = \frac{\sqrt{3}}{2}, tg\,\alpha = 1$

c) $sen\,\alpha = \frac{\sqrt{2}}{2}, cos\,\alpha = \frac{\sqrt{2}}{2}, tg\,\alpha = 1$

d) No se pueden calcular.

4 Halla el valor de la siguiente expresión:

$$sen^2 45° + cos^2 60° - sen\,30°$$

a) $\frac{1}{4}$　　c) $\frac{3}{4}$

b) 2　　d) 1

2. Resuelve triángulos utilizando las razones trigonométricas y sus relaciones

5 Indica la altura de una farola recta que proyecta un cono de luz de 6 m de diámetro con un ángulo de 70°.

a) 5,23 m

b) 4,28 m

c) 3,66 m

d) 5,19 m

3. Utiliza las razones trigonométricas para resolver problemas de la vida cotidiana

6 Una cometa está unida al suelo por un hilo de 100 m, que forma con la horizontal del terreno un ángulo de 60°. Suponiendo que el hilo esté completamente estirado, halla la altura a la que está la cometa.

a) 50 m　　c) 86,6 m

b) 173,21 m　　d) 17,32 m

VALORA TU APRENDIZAJE

- ¿Valoras las críticas constructivas como principio de aprendizaje?
- ¿Participas activamente en la puesta en común?

8 Funciones

DESAFÍO

¡Punto por punto!

¿Cuál es el punto siguiente a $P(18, 17)$? ¿Por cuántos puntos se pasa para llegar a $Q(9, 4)$?

¿Qué sabes ya?

Cómo se determina si un punto pertenece a una función

Si un punto (a, b) pertenece a una función, esto significa que $f(a) = b$.

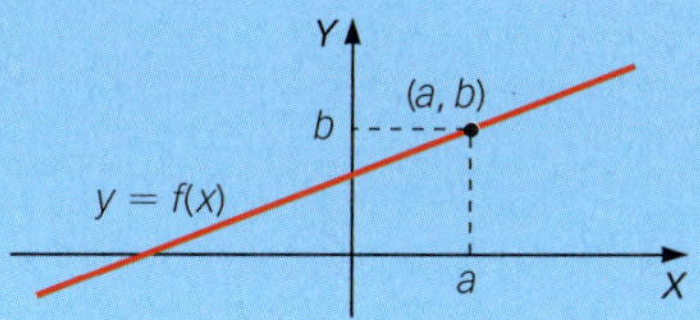

EJEMPLO

Sea la función $f(x) = x - 4$.

El punto $(3, -1)$ pertenece a la función porque $f(3) = 3 - 4 = -1$.

El punto $(2, -3)$ no pertenece a la función porque $f(2) = 2 - 4 = -2 \neq -3$.

ACTIVIDADES

1 Indica qué punto pertenece a la función $f(x) = 5x + 1$.

a) $A(1, 5)$

b) $B(2, 10)$

c) $C(-1, -6)$

d) $D(-1, -4)$

Cómo se resuelve una inecuación

Una **inecuación** es una desigualdad que se compone de dos expresiones algebraicas separadas por los signos $<, >, \leq, \geq$.

La solución de una inecuación está formada por los valores que hacen que la desigualdad sea cierta.

EJEMPLO

Resuelve la inecuación $3x + 12 \geq 0$.

$$3x \geq -12 \rightarrow x \geq \frac{-12}{3} = -4$$

La solución es $x \in [-4, +\infty)$.

ACTIVIDADES

2 Indica a qué intervalo de la recta real corresponde la solución de la inecuación $-2 \leq x + 1$.

a) $x \in [-2, +\infty)$

b) $x \in [-3, +\infty)$

c) $x \in [-1, +\infty)$

d) $x \in (-\infty, -3]$

1. Concepto de función

Una **función** es una relación entre dos magnitudes, *x* e *y*, de forma que a cada valor, *x*, de la primera magnitud le corresponde un único valor, *y*, de la segunda. Así, *x* se denomina **variable independiente** e *y* es la **variable dependiente**.

Una función se puede expresar con:

- Un enunciado.
  A cada número le corresponde su cuadrado menos su doble.
- Una expresión algebraica.
  $f(x) = x^2 - 2x$
- Una tabla.

x	$f(x)$
−2	8
−1	3
0	0
1	−1
2	0
3	3

- Una gráfica.

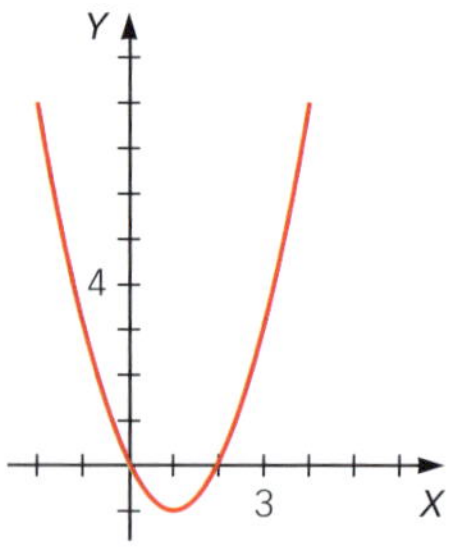

EJEMPLO

1. Di cuáles de estas relaciones son funciones.

a) El número de bolsas de palomitas de 1,50 € que compro y lo que tengo que pagar.

Si llamamos *x* al *número de bolsas de palomitas* que compro e *y* al *precio* que tengo que pagar, podemos construir una tabla de valores que relacione las dos variables.

N.º de bolsas de palomitas (*x*)	1	2	3	4	…
Precio (*y*)	1,50	3	4,50	6	…

A cada número de bolsas de palomitas, *x*, le corresponde un único precio, *y*. Esta relación es una función.

b) El número de hermanos y hermanas de una persona y el número de asignaturas que ha aprobado en la última evaluación.

Llamamos *x* al *número de hermanos y hermanas* e *y* al *número de asignaturas aprobadas*.

Puede haber personas con el mismo número de hermanos y hermanas, *x*, pero que tengan distinto número de asignaturas aprobadas, *y*.

Es decir, a un valor de *x* le pueden corresponder varios valores de *y*. Esta relación no es una función.

c) El nombre de una persona y el número de letras que tiene.

No es una función, ya que el nombre de una persona no es una magnitud, porque no se puede medir.

ACTIVIDADES

1 Explica si los siguientes enunciados se corresponden con una función o no.

a) El número de partidos de baloncesto y los puntos anotados en ellos.

b) El precio de una bolsa de aceitunas y su peso.

c) El miembro de una familia y su edad.

d) El volumen de una esfera y su radio.

e) El radio de un cilindro y su volumen.

2 Expresa, mediante un enunciado y una tabla de valores, la función $y = 2x - 1$.

3 Expresa, de forma algebraica y mediante una tabla de valores, la función que asigna a cada número su cubo menos dos veces su cuadrado.

4 **REFLEXIONA.** Determina si las gráficas corresponden a una función o no.

a)

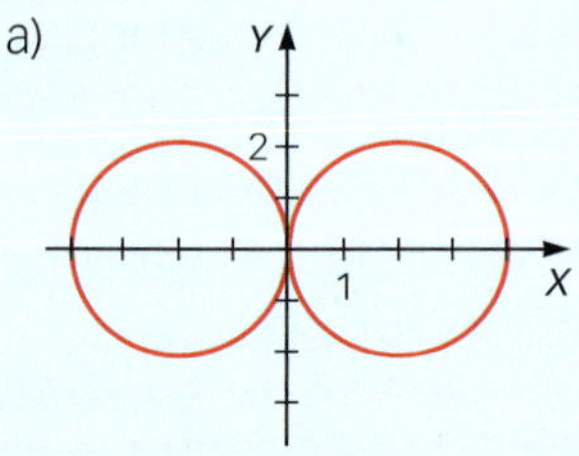

b)

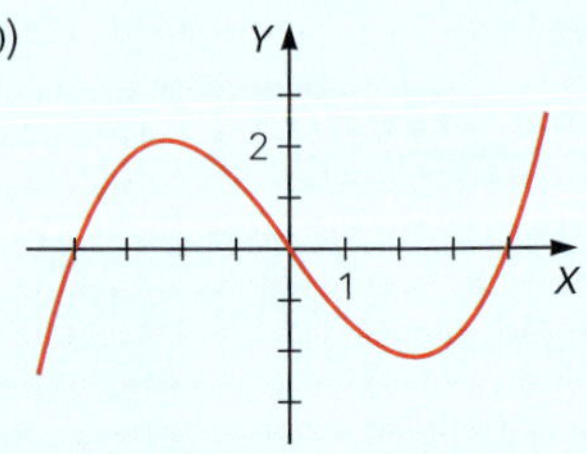

Cómo se representa gráficamente una función

Antes de unir los puntos, debemos reflexionar sobre si tiene sentido hacerlo o no.

Esto dependerá de los valores que puedan tomar las variables.

En un supermercado tienen una oferta en la que, si compras 3 envases de leche, pagas solo 2. Representa gráficamente la función que relaciona el número de envases de leche y el coste, sabiendo que un envase cuesta 1,40 €.

① **Identificamos las dos variables que vamos a representar.**

El precio de la leche depende del número de envases que compremos.

Variable independiente (x) → *Número de envases de leche*

Variable dependiente (y) → *Precio*

② **Calculamos, si es posible, la ecuación de la función.**

Compramos 0 envases → $x = 0 \rightarrow y = 0 \cdot 1{,}40 = 0{,}00$ €
1 envase → $x = 1 \rightarrow y = 1 \cdot 1{,}40 = 1{,}40$ €
2 envases → $x = 2 \rightarrow y = 2 \cdot 1{,}40 = 2{,}80$ €
} → $y = 1{,}40 \cdot x$

3 envases → $x = 3 \rightarrow y = 3 \cdot 1{,}40 - 1 \cdot 1{,}40 = 2{,}80$ €
4 envases → $x = 4 \rightarrow y = 4 \cdot 1{,}40 - 1 \cdot 1{,}40 = 4{,}20$ €
5 envases → $x = 5 \rightarrow y = 5 \cdot 1{,}40 - 1 \cdot 1{,}40 = 5{,}60$ €
} → $y = 1{,}40 \cdot (x - 1)$

6 envases → $x = 6 \rightarrow y = 6 \cdot 1{,}40 - 2 \cdot 1{,}40 = 5{,}60$ €
7 envases → $x = 7 \rightarrow y = 7 \cdot 1{,}40 - 2 \cdot 1{,}40 = 7{,}00$ €
8 envases → $x = 8 \rightarrow y = 8 \cdot 1{,}40 - 2 \cdot 1{,}40 = 8{,}40$ €
} → $y = 1{,}40 \cdot (x - 2)$

…

La ecuación de la función cambia cada bloque de 3 envases.

③ **Construimos una tabla de valores con los datos.**

N.º de envases	0	1	2	3	4	5	6	7	8
Precio (€)	0	1,40	2,80	2,80	4,20	5,60	5,60	7,00	8,40

④ **Representamos los puntos obtenidos colocando la variable independiente en el eje X y la variable dependiente en el eje Y.**

Después, analizamos si tiene sentido unir los puntos.

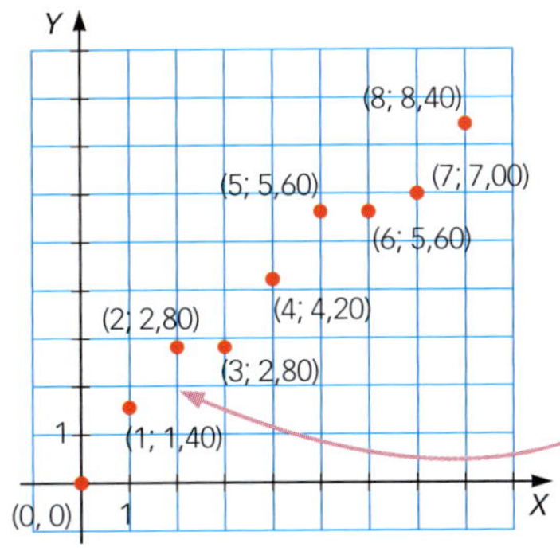

No podemos comprar 1,5 o 2,3 envases de leche; por tanto, no debemos unir los puntos.

ACTIVIDADES

5 Elabora una tabla de valores para estas funciones.

a) $f(x) = 2x + 1$ b) $f(x) = \dfrac{7x}{x^2 + 3}$

6 Se ha medido la temperatura de una sala durante 6 horas y se ha construido una tabla con los resultados. Realiza una gráfica asociada a dicha tabla.

Hora	1	2	3	4	5	6
Temperatura (°C)	15	18	24	22	21	16

¿Se pueden unir los puntos?

7 Dada la función que asocia a cada número entero su cuarta parte más cinco unidades:

a) Halla su expresión algebraica.

b) Completa una tabla de valores.

c) Represéntala gráficamente. ¿Se pueden unir los puntos?

8 Representa la función que relaciona cada número con su inverso.

9 Representa la función que relaciona el área de un triángulo rectángulo isósceles y la longitud del cateto.

2. Dominio y recorrido de una función

- El **dominio de una función** $f(x)$, **Dom** f, es el conjunto de todos los valores que toma la variable independiente.
- El **recorrido** o **imagen de una función** $f(x)$, **Im** f, es el conjunto de todos los valores que toma la variable dependiente.

GEOGEBRA

- Dom $f = \mathbb{R} - \{1\}$

  El dominio son todos los números reales excepto el punto $x = 1$.

- Dom $f = \mathbb{R} - [1, 2]$

  El dominio son todos los números reales excepto el intervalo $[1, 2]$.

- Dom $f = [1, 3] - \{2\}$

  El dominio son todos los puntos del intervalo $[1, 3]$ excepto $x = 2$.

EJEMPLO

2. Halla el dominio y el recorrido de estas funciones.

a)

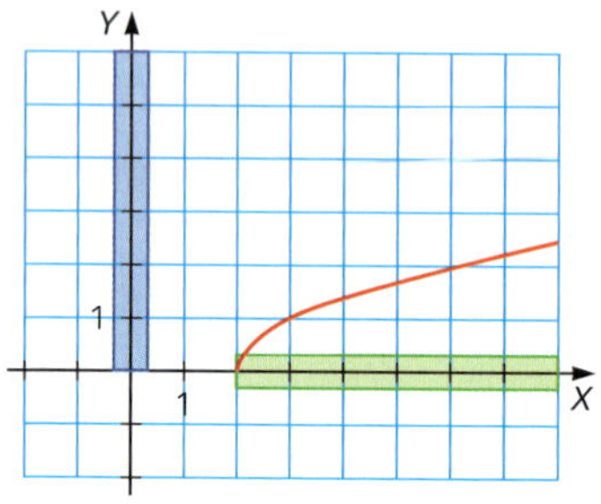

Dominio: se obtiene observando el eje X. La función toma valores en el eje X en todos los puntos del intervalo $[2, +\infty)$.

Dom $f = [2, +\infty)$

Recorrido: se obtiene observando el eje Y. La función no toma valores en los puntos por debajo del 0.

Im $f = [0, +\infty)$

b)

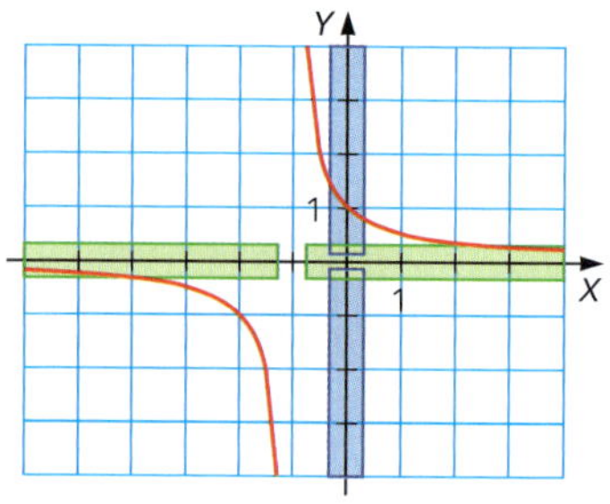

Dominio: la función no existe en $x = -1$.

Dom $f = \mathbb{R} - \{-1\}$

Recorrido: la función nunca toma el valor 0.

Im $f = \mathbb{R} - \{0\}$

c)

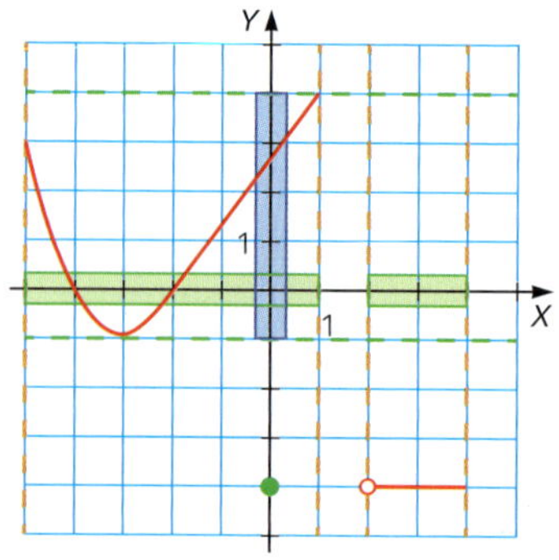

Dominio: incluye los intervalos $[-5, 1]$ y $(2, 4]$.

Dom $f = [-5, 1] \cup (2, 4]$

Recorrido: incluye el intervalo $[-1, 4]$ y el punto $\{-4\}$.

Im $f = \{-4\} \cup [-1, 4]$

En una gráfica, el símbolo ○ significa que, para ese valor de x, la función no toma ese valor.

ACTIVIDADES

10. Estudia el dominio y el recorrido de la siguiente función.

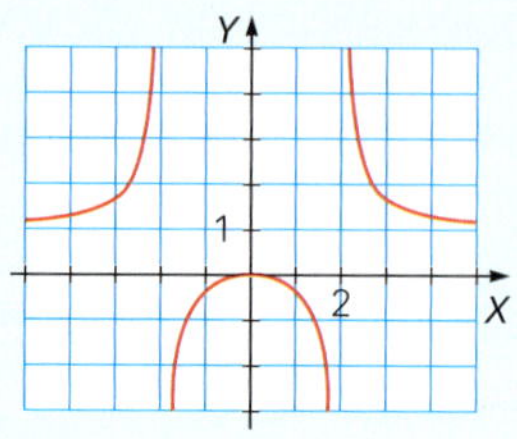

11. Estudia el dominio y el recorrido de esta función.

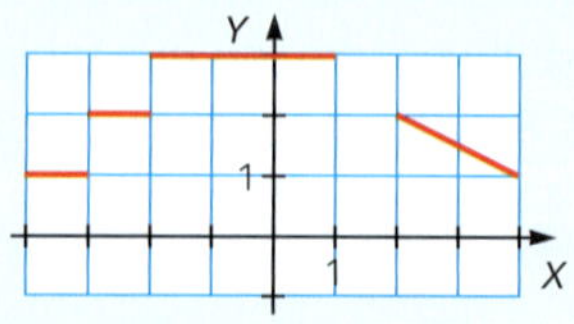

12. **REFLEXIONA.** Dibuja una función cuyo dominio y recorrido sean iguales.

Cómo se calcula el dominio de una función

Halla el dominio de estas funciones.

a) $f(x) = 2x^2 - 3x + 1$ b) $g(x) = \dfrac{x^2 + x + 1}{x - 3} + 3x + 1$ c) $h(x) = \sqrt{x + 2}$

> En las expresiones algebraicas con radicales de índice par, para que sean funciones, solo tomaremos el valor positivo de la raíz.

① Consideramos las operaciones que aparecen en la expresión algebraica de la función.

- Las funciones polinómicas están definidas para todos los números reales.

a) $f(x) = 2x^2 - 3x + 1$ (Polinomio)

La expresión algebraica de la función es un polinomio, luego está definida para todos los números reales.

- Las funciones racionales no están definidas para los valores de x que anulan el denominador.

b) $g(x) = \dfrac{x^2 + x + 1}{x - 3} + 3x + 1$ (Fracción algebraica)

La expresión algebraica de la función tiene la variable x en el denominador.

$$x - 3 = 0 \rightarrow x = 3$$

La función no está definida para $x = 3$.

- Las funciones radicales de índice par solo están definidas para los valores de x que hacen el radicando mayor o igual a cero.

c) $h(x) = \sqrt{x + 2}$ (Radical de índice par)

La expresión algebraica de la función contiene un radical de índice par.

$$x + 2 \geq 0 \rightarrow x \geq -2$$

La función está definida para $x \geq -2$.

② Expresamos las condiciones obtenidas en el paso anterior para indicar el dominio de la función.

a) $\text{Dom } f = \mathbb{R}$

b) $\text{Dom } g = \mathbb{R} - \{3\}$

c) $\text{Dom } h = [-2, +\infty)$

ACTIVIDADES

13 Calcula el dominio y el recorrido de estas funciones polinómicas.

a) $f(x) = -x + 5$ c) $f(x) = x^2 - 5x + 6$

b) $f(x) = -x^2 + 3x - 7$ d) $f(x) = 2x^3 + x^2 + 6$

14 Halla el dominio de estas funciones racionales.

a) $f(x) = \dfrac{x}{x - 3}$ c) $f(x) = \dfrac{7x - 2}{x^2 - 64}$

b) $f(x) = \dfrac{3}{x^2 - 2x}$ d) $f(x) = \dfrac{-2x}{x^4 - 17x^2 + 16}$

15 Determina el dominio de las siguientes funciones radicales.

a) $f(x) = \sqrt{x - 2}$ c) $f(x) = \sqrt{-x + 7}$

b) $f(x) = \sqrt{-x^2 + 9}$ d) $f(x) = \sqrt{x^2 - 1}$

16 Determina el dominio y el recorrido de las funciones.

a) $f(x) = 3x + 2$ e) $f(x) = 5x^2$

b) $f(x) = \dfrac{1}{x - 2}$ f) $f(x) = \sqrt{x - 1}$

c) $f(x) = 3x - 1$ g) $f(x) = x^2 + 4x$

d) $f(x) = \dfrac{2}{x - 5}$ h) $f(x) = \sqrt[3]{x + 27}$

17 Estudia el dominio de estas funciones.

a) $f(x) = \sqrt{x^2 - 4}$ b) $f(x) = \sqrt{-x^2 + 5x - 6}$

18 ¿Cuál es el dominio y el recorrido de la función que a cada valor de x le hace corresponder su raíz cuadrada positiva?

3. Continuidad y puntos de corte con los ejes

3.1. Continuidad

Una función es **continua** si su gráfica puede dibujarse de un solo trazo. Los puntos donde se interrumpe la gráfica se llaman **puntos de discontinuidad** de la función.

Los puntos de discontinuidad de una función pueden ser:

Tipo I.
Discontinuidad evitable.

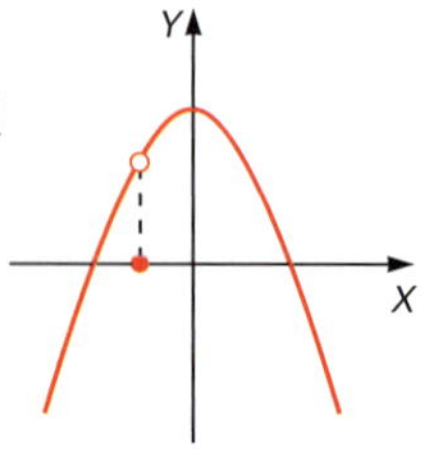

Tipo II.
Discontinuidad inevitable de salto finito.

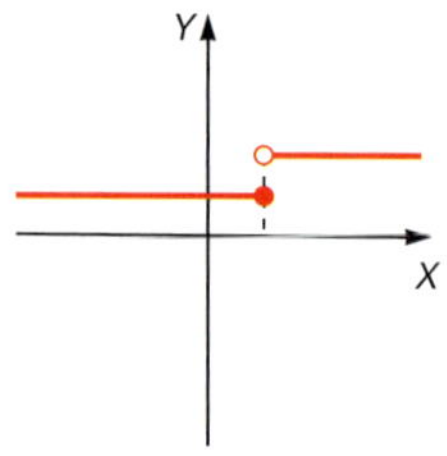

Tipo III.
Discontinuidad inevitable de salto infinito.

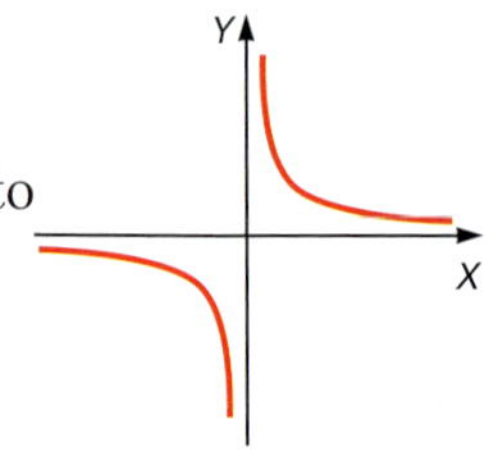

EJEMPLO

3. Clasifica los puntos de discontinuidad de la función.

Es continua en todos los puntos menos en $x = -1$, $x = 2$ y $x = 4$.

En $x = -1$, la función toma el valor 1 a la izquierda y el valor 3 a la derecha. Es una discontinuidad inevitable de salto finito.

En $x = 2$, la función no está definida. Es una discontinuidad evitable.

En $x = 4$, la función vale -2 a la izquierda y no está definida a la derecha. Es una discontinuidad de salto infinito.

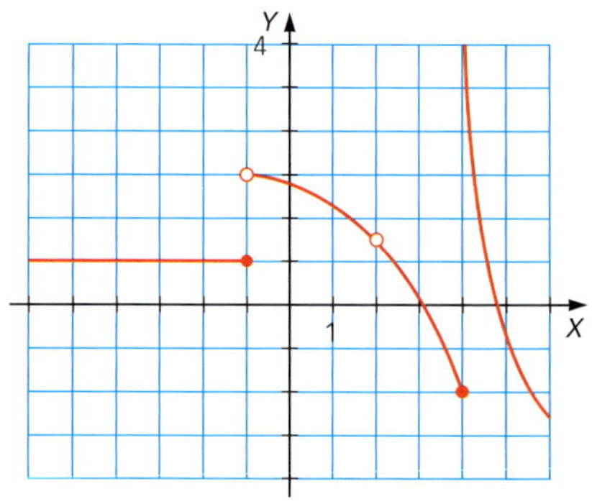

3.2. Puntos de corte con los ejes

Al hallar la intersección de la gráfica con los ejes tenemos:

- Los **puntos de corte con el eje** ***X***, de la forma $(a, 0)$, donde el valor de a se calcula resolviendo la ecuación $f(x) = 0$.
- Los **puntos de corte con el eje** ***Y***, de la forma $(0, b)$, donde el valor de b se obtiene hallando $f(0)$.

RETO

¿Cuáles son los puntos de corte con los ejes de la función $y = a$?

ACTIVIDADES

19. Estudia la continuidad y los puntos de corte con los ejes de esta función.

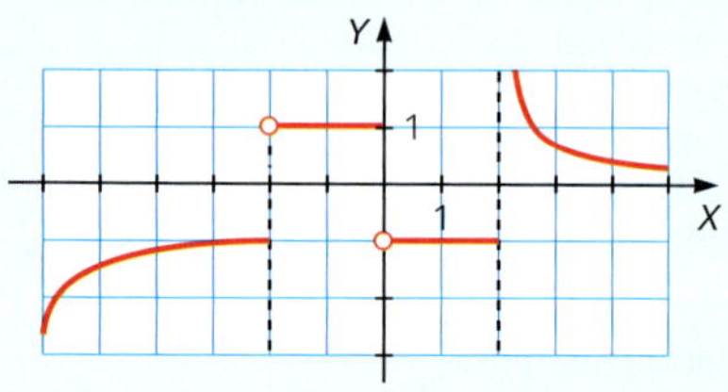

20. Dibuja una función continua que pase por $(-1, 0)$ y $(3, 0)$.

21. Estudia la continuidad y halla los puntos de corte de la siguiente función.

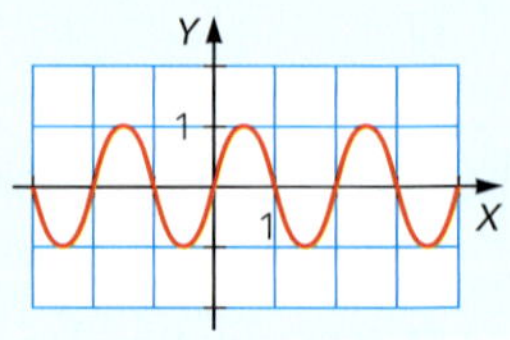

22. **REFLEXIONA.** Inventa una función con dos puntos de discontinuidad y que corte dos veces el eje X.

Cómo se calculan los puntos de corte con los ejes de una función

Una función solo puede tener un punto de corte con el eje Y. Si tiene más de uno, no es una función.

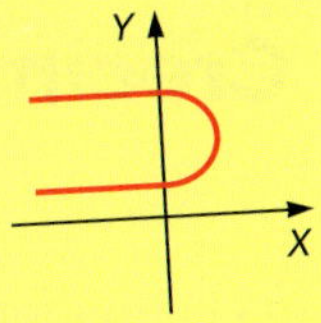

Con el eje X puede tener uno, varios o ningún punto de corte.

Calcula los puntos de corte con los ejes de las siguientes funciones.

a) $f(x) = -5x + 2$ b) $g(x) = x^2 + x - 6$

① Para determinar los puntos de corte con el eje X, igualamos la expresión algebraica de la función a cero y resolvemos la ecuación resultante.

a) $f(x) = 0$

$-5x + 2 = 0 \rightarrow x = \frac{2}{5}$

b) $g(x) = 0$

$x^2 + x - 6 = 0$

$x = \frac{-1 \pm \sqrt{1^2 - 4 \cdot 1 \cdot (-6)}}{2} \rightarrow \begin{cases} x_1 = 2 \\ x_2 = -3 \end{cases}$

② Los puntos de corte con el eje X son de la forma (x, 0), donde x son los valores que hemos calculado.

Punto de corte con el eje X. $\left(\frac{2}{5}, 0\right)$

Puntos de corte con el eje X. (2, 0) y (−3, 0)

③ Para determinar los puntos de corte con el eje Y, calculamos el valor de la función para x = 0.

$f(x) = -5x + 2$

$x = 0 \rightarrow f(0) = -5 \cdot 0 + 2 = 2$

$g(x) = x^2 + x - 6$

$x = 0 \rightarrow g(0) = 0^2 + 0 - 6 = -6$

④ El punto de corte con el eje Y es de la forma (0, y), donde y es el valor que hemos calculado.

Punto de corte con el eje Y. (0, 2)

Punto de corte con el eje Y. (0, −6)

ACTIVIDADES

23 Halla los puntos de corte de las siguientes funciones.

a) $f(x) = 7x - 6$

b) $f(x) = 12x + 4$

c) $f(x) = \frac{2}{3}x + 1$

d) $f(x) = -2x - 1$

24 Determina para cada una de las siguientes funciones sus puntos de corte con los ejes.

a) $f(x) = x^2 - 3x$

b) $f(x) = 9x^2 - 4$

c) $f(x) = -x^2 + 144$

d) $f(x) = 5x^2 - 4x$

25 Calcula los puntos de corte con los ejes de estas funciones.

a) $f(x) = x^3 - 4x$

b) $f(x) = x^3 - x^2$

c) $f(x) = -x^3 + x$

d) $f(x) = x^3 + 3x^2$

26 Determina los puntos de corte con los ejes de las siguientes funciones.

a) $f(x) = x^3 + 2x^2 - x - 2$

b) $f(x) = 2x^3 - 11x^2 + 17x - 6$

c) $f(x) = x^3 + 4x^2 + x - 6$

d) $f(x) = 6x^3 + x^2 - 4x + 1$

27 Determina los puntos de corte de las funciones.

a) $f(x) = x^4 + 5x^2 - 36$

b) $f(x) = x^4 - 7x^3 - x^2 + 7x$

c) $f(x) = x^4 + x^2$

d) $f(x) = x^3 - 10x^2 + 33x - 36$

28 Halla en cada caso los puntos de corte con los ejes.

a) $f(x) = \frac{x^2 + 4x + 3}{3}$

b) $f(x) = \frac{2x - 1}{5}$

4. Crecimiento y decrecimiento

Dada la función $f(x)$, definida en el intervalo (a, b), si para todo par de puntos, x_1, x_2 del intervalo, tales que $x_1 < x_2$, se cumple que:

- $f(x_1) < f(x_2)$, la función es **creciente** en el intervalo (a, b).
- $f(x_1) > f(x_2)$, la función es **decreciente** en el intervalo (a, b).
- $f(x_1) = f(x_2)$, la función es **constante** en el intervalo (a, b).

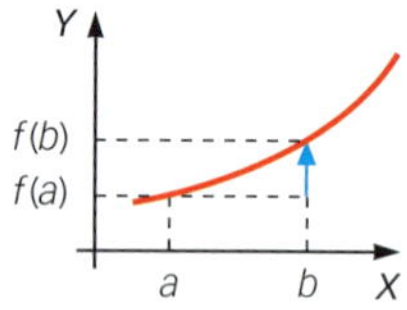

Creciente

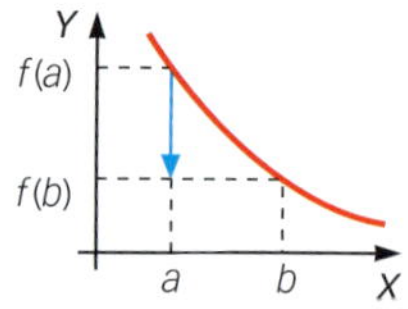

Decreciente

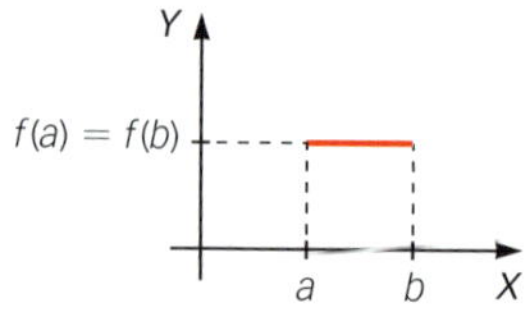

Constante

4.1. Máximos y mínimos

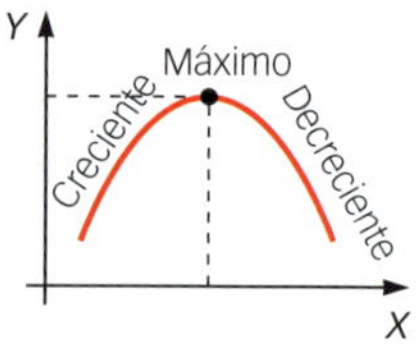

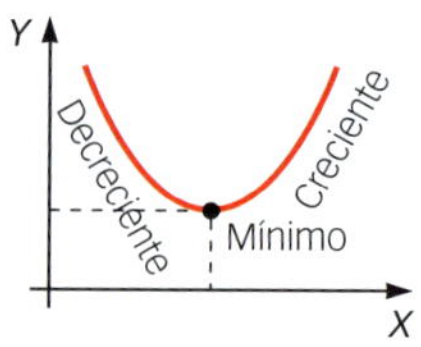

- Una función tiene un **máximo relativo** (o un **máximo**) en $x = a$ cuando en ese punto pasa de ser creciente a decreciente.
- Una función tiene un **mínimo relativo** (o un **mínimo**) en $x = a$ cuando en ese punto pasa de ser decreciente a creciente.

Si un máximo es el mayor valor que alcanza una función, se le llama **máximo absoluto**. Si un mínimo es el menor valor de la función, es el **mínimo absoluto**.

4.2. Tasa de variación media

GEOGEBRA

- La **tasa de variación absoluta** de una función en un intervalo $[a, b]$ es la diferencia entre los valores alcanzados por dicha función en a y en b.

$$TVA\,[a, b] = f(b) - f(a)$$

- La **tasa de variación media** de una función en un intervalo $[a, b]$ mide el aumento o la disminución de dicha función en $[a, b]$.

$$TVM\,[a, b] = \frac{f(b) - f(a)}{b - a}$$

RETO

¿Qué signo tendrá la tasa de variación media en un intervalo donde la función es creciente? ¿Y si es decreciente?

ACTIVIDADES

29 Estudia el crecimiento de la función y la existencia de máximos y mínimos.

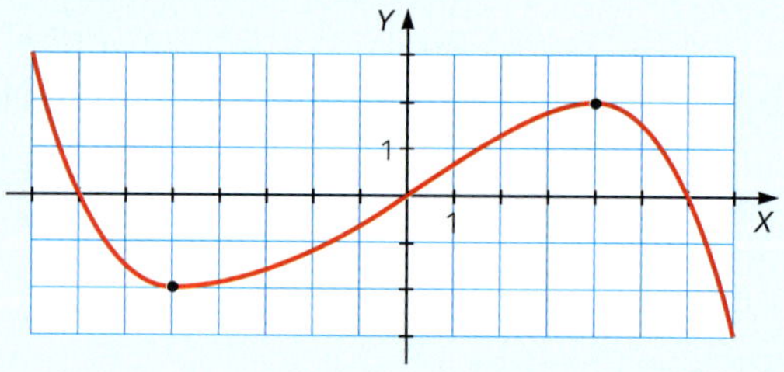

30 Halla la tasa de variación absoluta y la tasa de variación media de las siguientes funciones en el intervalo [1, 3].

a) $f(x) = x^3$

b) $f(x) = x - 2x$

31 **REFLEXIONA.** Si una función es siempre creciente:

a) ¿Cuántos máximos tiene?

b) ¿Cuántos mínimos puede tener?

Cómo se estudia el crecimiento y el decrecimiento de una función

Una función no necesariamente tiene máximos o mínimos.

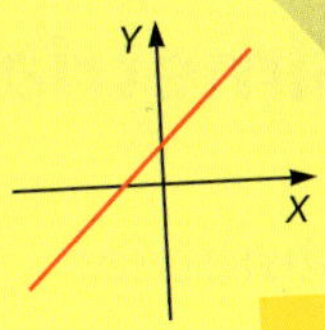

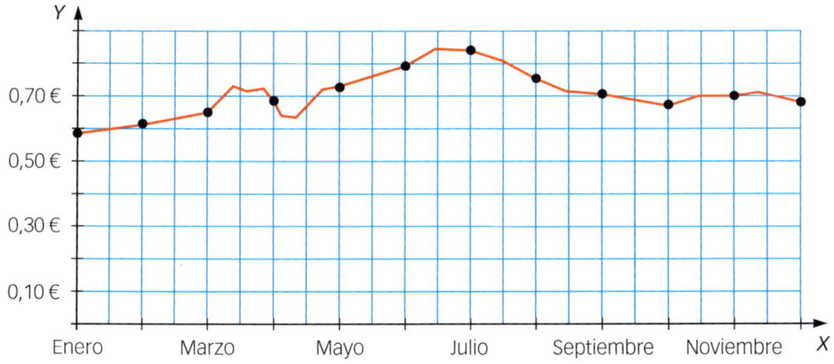

En esta gráfica se muestra la evolución del precio de la gasolina durante 2022.

Estudia cómo crece y decrece. ¿En qué mes estuvo más bajo? ¿Cuándo estuvo más alto?

① **Determinamos los intervalos de crecimiento y decrecimiento, y si hay algún tramo constante.**

- La función crece desde enero hasta julio y desde octubre hasta noviembre.
- La función decrece desde julio hasta octubre y desde noviembre hasta diciembre.
- No hay tramos constantes.

② **Interpretamos los resultados obtenidos.**

El precio de la gasolina subió progresivamente desde enero hasta julio.

A partir de julio, el precio bajó hasta octubre, para después subir hasta noviembre.

Finalmente, descendió ligeramente hasta final de año.

En ningún momento del año el precio fue el mismo de un mes a otro.

③ **Estudiamos si hay algún máximo o mínimo.**

- Hay un máximo absoluto en julio y un máximo relativo en noviembre.
- Hay un mínimo relativo en octubre.

④ **Interpretamos los resultados obtenidos.**

El precio máximo de la gasolina durante el año se produjo en el mes de julio. También hubo un precio máximo en noviembre, pero fue inferior al de julio.

El precio mínimo fue al principio del año, por eso no hay mínimo absoluto. Se produjo otro precio mínimo en octubre, aunque fue superior al precio de principios del año.

ACTIVIDADES

32 Esta gráfica representa los litros por metro cuadrado que llovió durante 9 días. Estudia su crecimiento e indica los días que llovió más y menos.

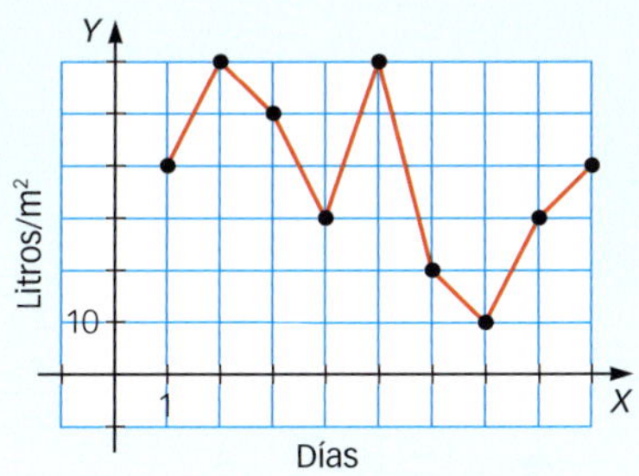

33 Estudia e interpreta el crecimiento de la siguiente gráfica, que muestra la velocidad alcanzada por un coche durante un trayecto de 4 horas.

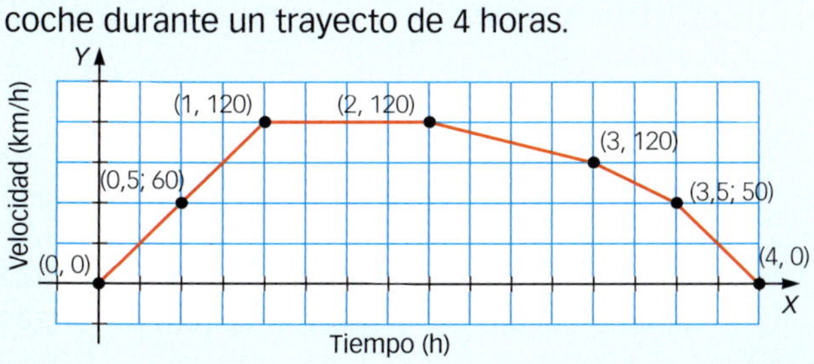

34 La gráfica relaciona el porcentaje de ventas de acciones y el año de su venta. ¿En qué año hubo mayor número de ventas? ¿Cuál fue el peor año?

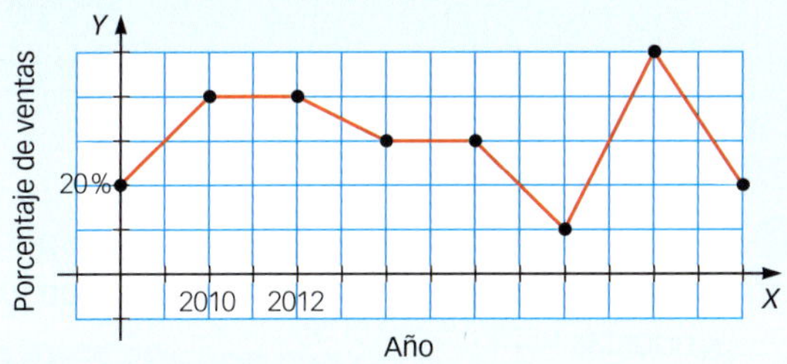

35 La siguiente tabla muestra la cantidad de ruido ambiental medida en una calle de una ciudad durante un día.

Hora	0	5	7	10	17	20	22	24
Ruido (dB)	30	50	60	60	70	70	50	40

Dibuja la gráfica y estudia su crecimiento.

5. Simetría y periodicidad

5.1. Simetrías

GEOGEBRA

En una función se distinguen dos tipos de simetrías:

- **Función simétrica respecto del eje *Y*,** cuando $f(-x) = f(x)$. Este tipo de función se llama **función par.**

  Gráficamente, si *doblamos* por el eje *Y*, las dos ramas de la función coinciden.

- **Función simétrica respecto del origen,** cuando $f(-x) = -f(x)$. Este tipo de función se llama **función impar.**

  Gráficamente, si giramos la gráfica 180° respecto del origen, la gráfica se ve igual.

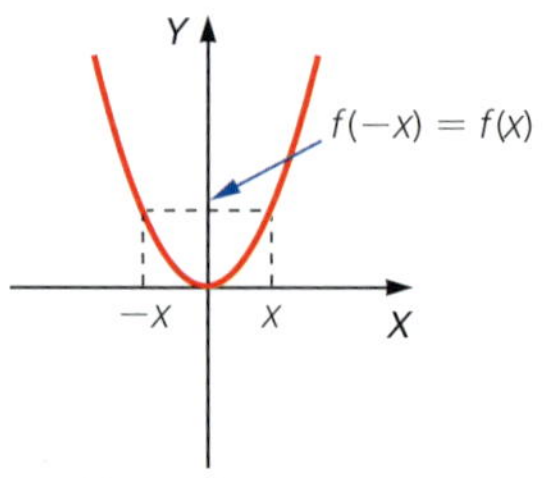

Función par

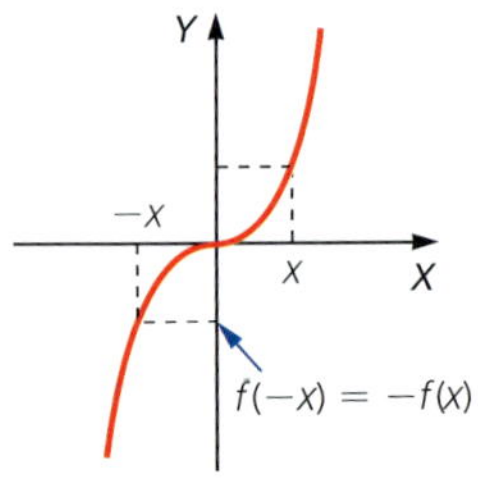

Función impar

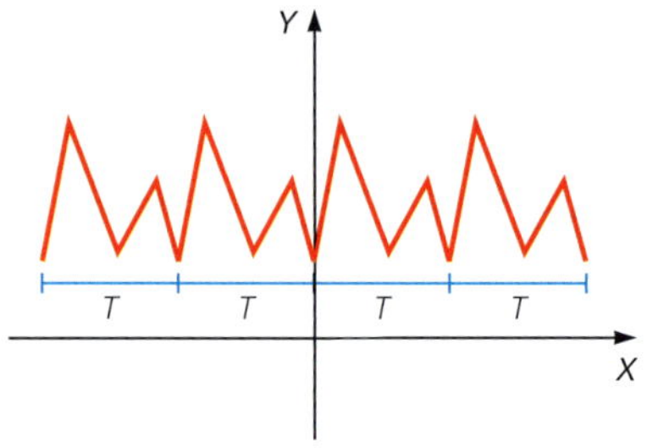

5.2. Periodicidad

GEOGEBRA

Una **función** es **periódica** cuando los valores de $f(x)$ se repiten cada cierto intervalo.

$$f(x) = f(x + T) = f(x + 2T) = \ldots = f(x + k \cdot T)$$

La amplitud, T, del intervalo es el **periodo**, con k un número entero.

EJEMPLO

4. Estudia la simetría y la periodicidad de estas funciones.

a)

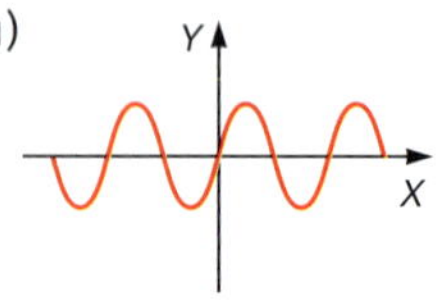

b)

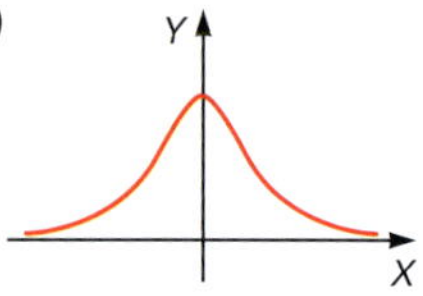

c)

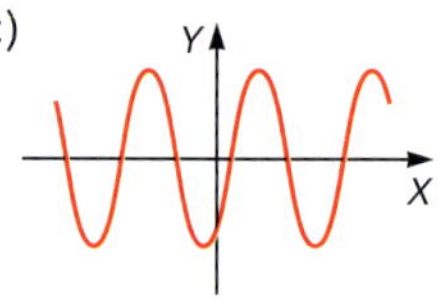

a) La función es periódica y es simétrica respecto del origen.

b) La función no es periódica y es simétrica respecto del eje *Y*.

c) La función es periódica y no presenta simetría par ni impar.

RETO

Dibuja la gráfica de la función que relaciona el tiempo con el ángulo formado por las agujas del reloj. ¿Es periódica?

ACTIVIDADES

36 Estudia la simetría respecto del eje *Y* y respecto del origen de las siguientes funciones. ¿Son funciones periódicas?

a)

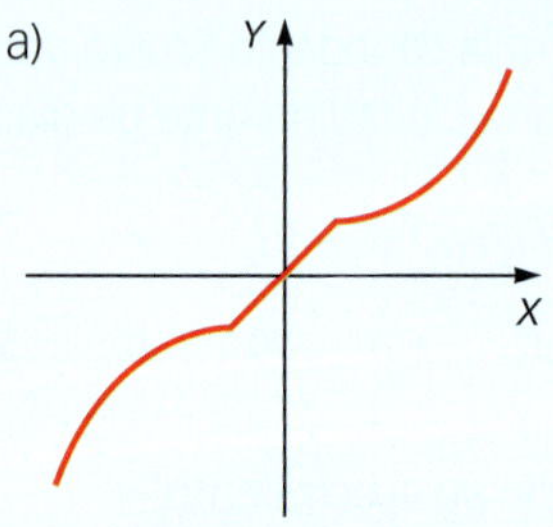

b)

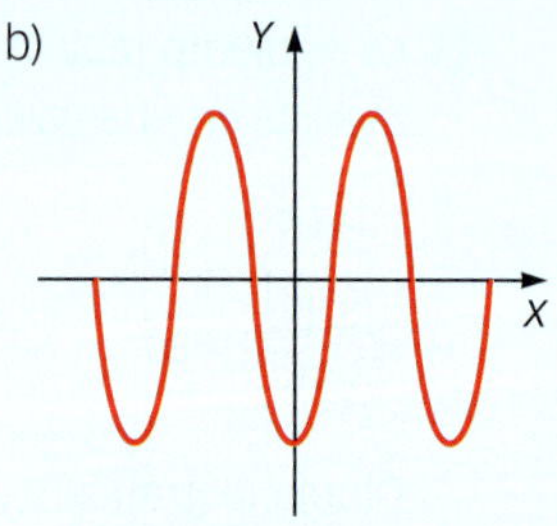

37 Determina algebraicamente si estas funciones presentan algún tipo de simetría.

a) $f(x) = x^3 + x$

b) $f(x) = x^3 - x^2$

c) $f(x) = \dfrac{2}{x^3}$

d) $f(x) = \sqrt{x^3}$

e) $f(x) = x^2 + 1$

f) $f(x) = x^4 + x^3$

g) $f(x) = \dfrac{x^2 + 1}{x^2 - 1}$

h) $f(x) = \sqrt{4 - x^2}$

38 **REFLEXIONA.** ¿Puede ser una función simétrica respecto del eje *Y* y, a la vez, respecto del origen?

Cómo se estudia una función

Estudia la siguiente función cuya gráfica ves representada.

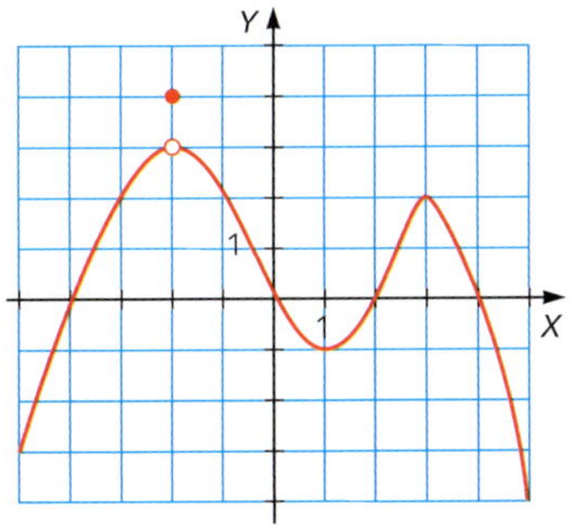

- Si la gráfica se repite en el 1.er y 2.º cuadrantes y en el 3.º y 4.º, existe simetría respecto del eje Y.
- Si la gráfica se repite en el 1.er y 3.er cuadrantes y en el 2.º y 4.º, hay simetría respecto del origen.

① **Estudiamos el dominio y el recorrido.**

- En el eje X, la función toma todos los valores comprendidos entre $-\infty$ y $+\infty$ → $\text{Dom } f = \mathbb{R}$.
- En el eje Y, la función toma todos los valores comprendidos entre $-\infty$ y 3 y, además, un valor aislado, 4 → $\text{Im } f = (-\infty, 3) \cup \{4\}$.

② **Observamos si presenta puntos de discontinuidad.**

Presenta un punto de discontinuidad en $x = -2$.

La discontinuidad es evitable.

Si definimos $f(-2) = 3$, la función sería continua.

③ **Determinamos los puntos de corte con los ejes.**

- Puntos de corte con el eje X: $(-4, 0)$, $(0, 0)$, $(2, 0)$ y $(4, 0)$.
- Punto de corte con el eje Y: $(0, 0)$.

④ **Analizamos el crecimiento y decrecimiento de la función.**

- La función crece en $(-\infty, -2) \cup (1, 3)$.
- La función decrece en $(-2, 1) \cup (3, +\infty)$.

Determinamos los máximos y los mínimos.

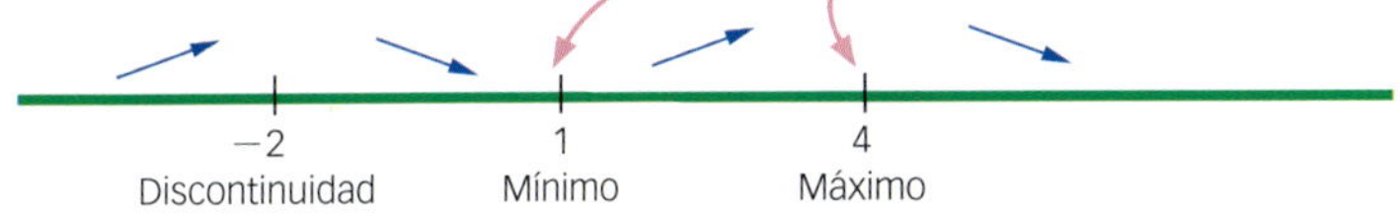

La función presenta un mínimo en $(1, -1)$ y un máximo en $(4, 2)$.

El punto $(-2, 4)$ no es máximo relativo por ser un punto de discontinuidad; sin embargo, es un máximo absoluto.

⑤ **Comprobamos si la función es periódica.**

No hay partes de la gráfica que se repitan.
La función no es periódica.

⑥ **Comprobamos si la función presenta simetrías.**

La función no es simétrica.

ACTIVIDADES

39 Estudia las siguientes funciones.

a)

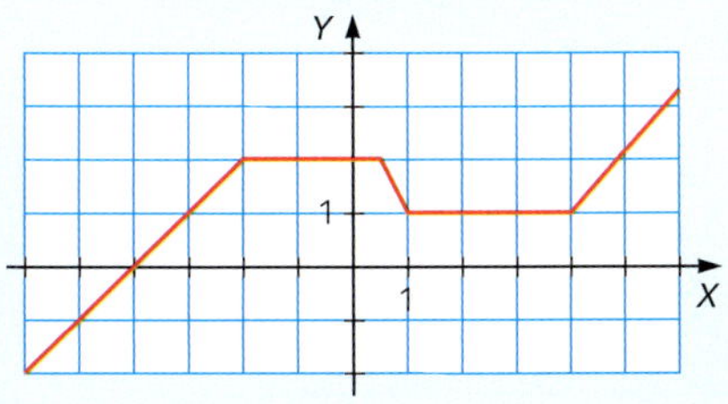

b)

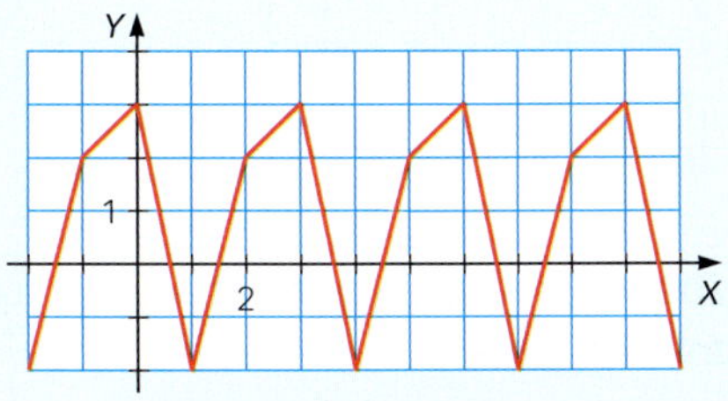

40 Realiza el estudio de estas funciones.

a)

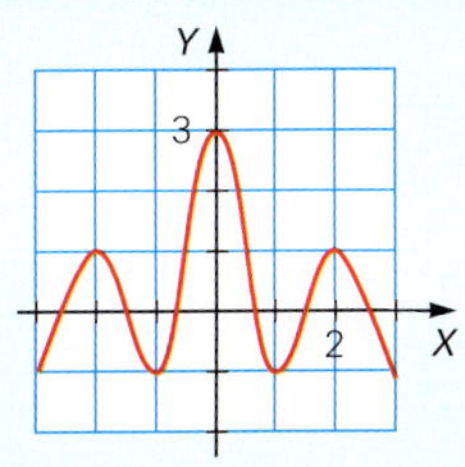

b)

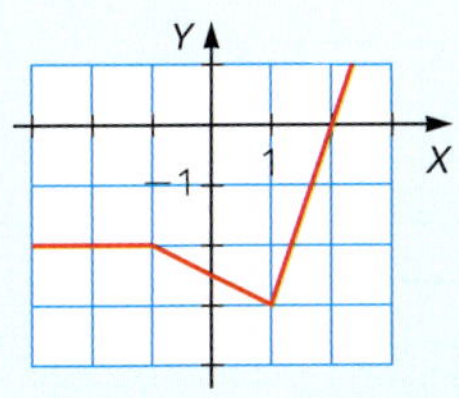

c)

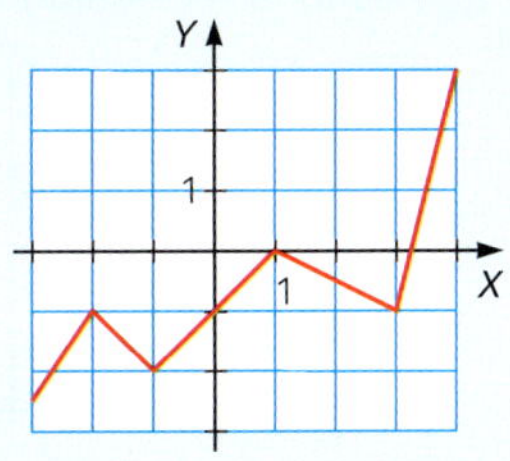

d)

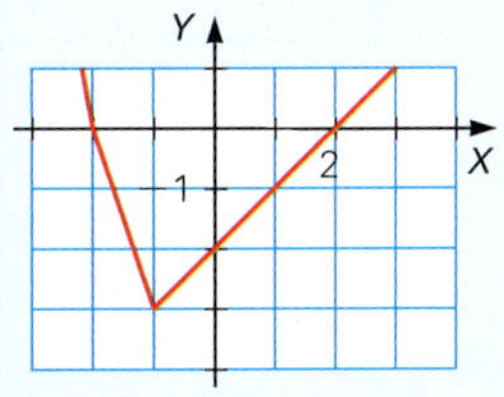

6. Funciones definidas a trozos

Existen funciones que se definen con distintas expresiones algebraicas para diferentes intervalos. Estas funciones se llaman **funciones definidas a trozos.**

En la gráfica, se utiliza:

- El símbolo ● cuando el punto pertenece a la gráfica.
- El símbolo ○ cuando el punto no pertenece a la gráfica.

EJEMPLO

5. Observa la gráfica de la función definida a trozos y determina su expresión algebraica.

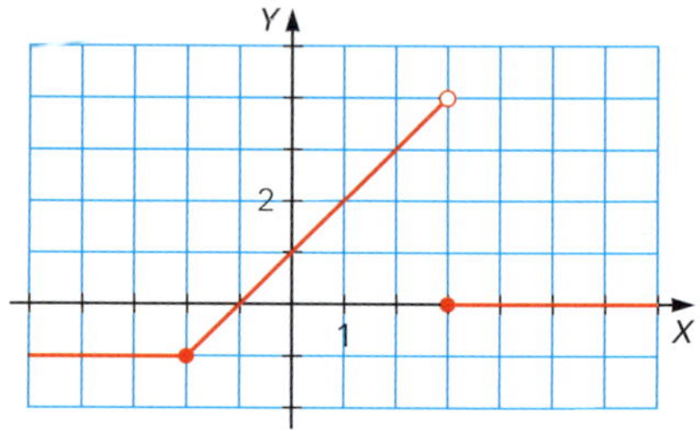

La función está compuesta por tres tramos:

- El primer tramo es una línea recta que toma valores en el eje X entre $-\infty$ y -2, y que solo toma un valor en el eje Y, -1.

$$f(x) = -1 \text{ si } x \leq -2$$

- El segundo tramo es una línea recta con pendiente $m = \frac{-2}{-2} = 1$ y ordenada en el origen $n = 1$.

$$f(x) = x + 1 \text{ si } -2 \leq x < 3$$

- El tercer tramo toma valores en el eje X entre 3 y $+\infty$ y el valor 0 en el eje Y.

$$f(x) = 0 \text{ si } x \geq 3$$

La expresión algebraica de la función es:

$$f(x) = \begin{cases} -1 & \text{si } x \leq -2 \\ x + 1 & \text{si } -2 \leq x < 3 \\ 0 & \text{si } x \geq 3 \end{cases}$$

ACTIVIDADES

41 Halla la expresión algebraica de estas gráficas.

a)

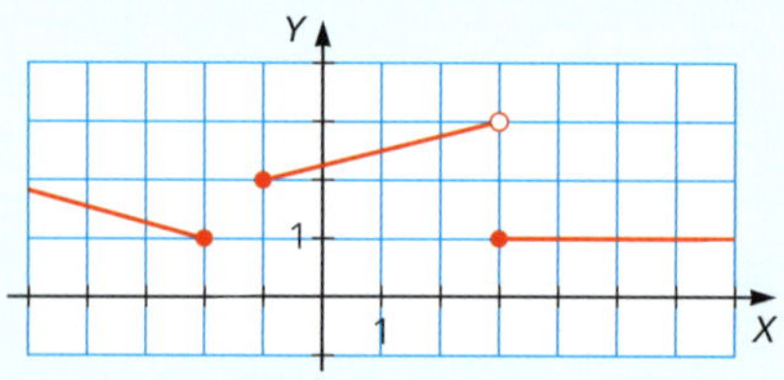

b)

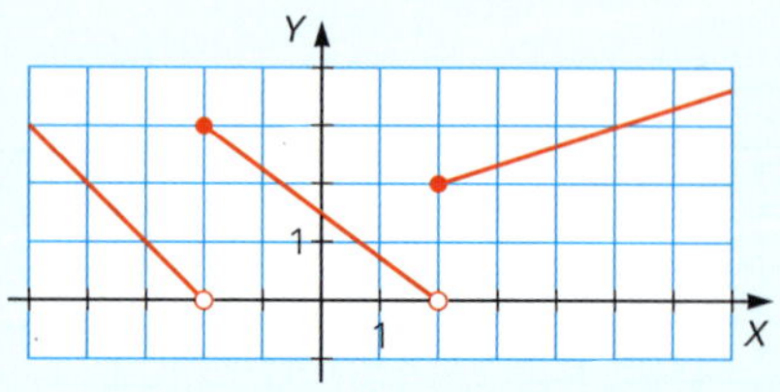

42 Calcula la expresión algebraica de cada función.

a)

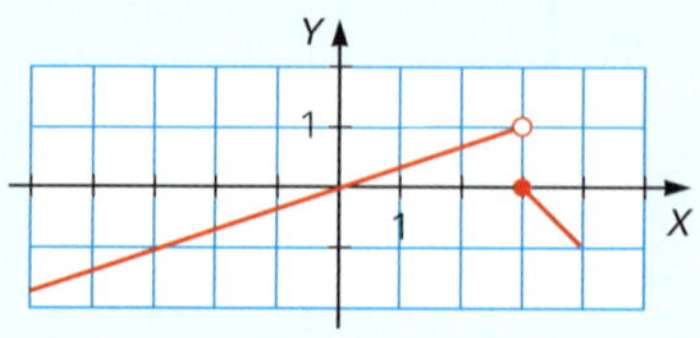

b)

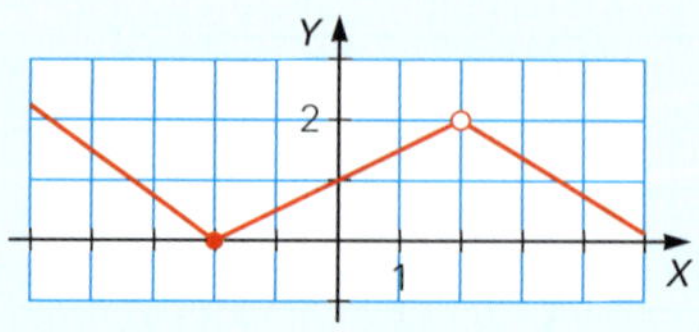

43 **REFLEXIONA.** Escribe la función $f(x) = |x|$ como una función definida a trozos.

Cómo se representa una función definida a trozos

Para representar cada trozo de la función no es necesario tomar valores en el intervalo en el que está definida.

Representa esta función definida a trozos.

$$f(x) = \begin{cases} -x + 1 & \text{si } x < -3 \\ 0 & \text{si } x = -3 \\ x - 2 & \text{si } -3 < x < 1 \\ 2x - 5 & \text{si } x \geq 1 \end{cases}$$

① **Identificamos el tipo de representación gráfica de las funciones que intervienen.**

- Si $x < -3 \rightarrow f(x) = -x + 1 \rightarrow$ Su gráfica es una recta.
  $f(0) = 0 + 1 = 1 \rightarrow$ Pasa por el punto (0, 1).
  $f(1) = -1 + 1 = 0 \rightarrow$ Pasa por el punto (1, 0).
- Si $x = -3 \rightarrow f(-3) = 0 \rightarrow$ Su gráfica es el punto $(-3, 0)$.
- Si $-3 < x < 1 \rightarrow f(x) = x - 2 \rightarrow$ Su gráfica es una recta.
  $f(0) = 0 - 2 = -2 \rightarrow$ Pasa por el punto $(0, -2)$.
  $f(1) = 1 - 2 = -1 \rightarrow$ Pasa por el punto $(1, -1)$.
- Si $x \geq 1 \rightarrow f(x) = 2x - 5 \rightarrow$ Su gráfica es una recta.
  $f(0) = 0 - 5 = -5 \rightarrow$ Pasa por el punto $(0, -5)$.
  $f(1) = 2 - 5 = -3 \rightarrow$ Pasa por el punto $(1, -3)$.

Para representar una recta solo necesitamos dos puntos.

② **Representamos cada función y la restringimos al intervalo indicado.**

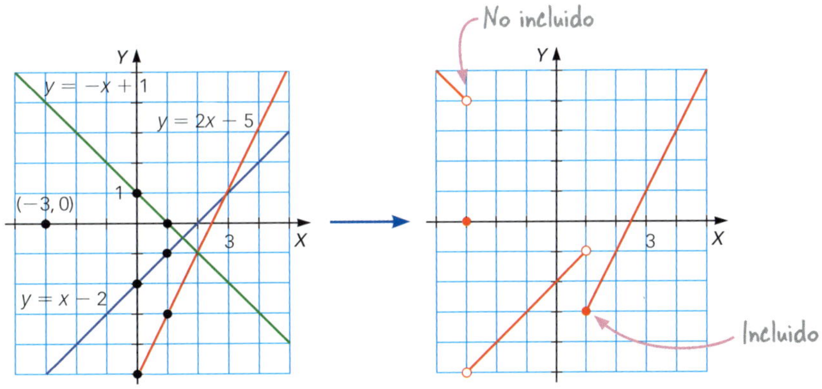

ACTIVIDADES

44 Relaciona cada función con su representación gráfica.

a) $y = \begin{cases} x + 2 & \text{si } x \leq -2 \\ -x & \text{si } -2 < x \leq 0 \\ -2 & \text{si } x > 0 \end{cases}$

b) $y = \begin{cases} -(x + 2) & \text{si } x \leq -2 \\ x + 2 & \text{si } -2 < x \leq 0 \\ 2 & \text{si } x > 0 \end{cases}$

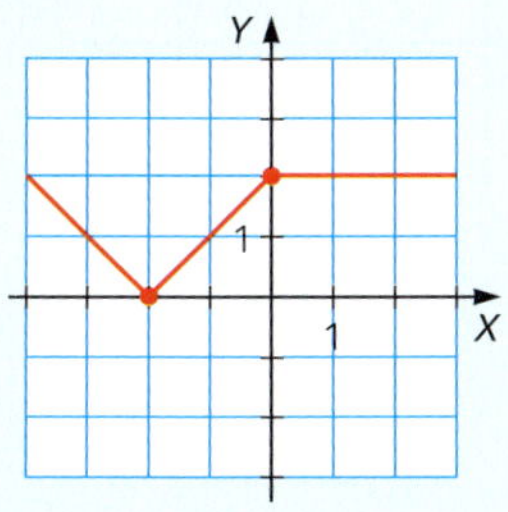

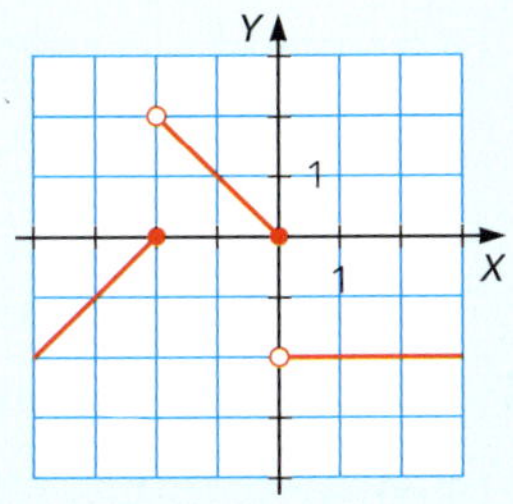

45 Representa estas funciones definidas a trozos.

a) $f(x) = \begin{cases} x - 2 & \text{si } x < -1 \\ 3 & \text{si } -1 \leq x \leq 2 \\ 3 - 2x & \text{si } x > 2 \end{cases}$

b) $f(x) = \begin{cases} -x & \text{si } x < 0 \\ 1 & \text{si } 0 \leq x \leq 2 \\ 0 & \text{si } x > 2 \end{cases}$

c) $f(x) = \begin{cases} -4 & \text{si } -5 < x < 2 \\ x & \text{si } 2 \leq x \leq 7 \\ -x & \text{si } 7 < x < 10 \end{cases}$

46 Representa y estudia la función $f(x)$.

$$f(x) = \begin{cases} -x & \text{si } x < 2 \\ x - 4 & \text{si } 2 \leq x \leq 4 \\ 10 - 2x & \text{si } x > 4 \end{cases}$$

ACTIVIDADES FINALES

1. Identifica relaciones entre magnitudes que se pueden describir como funciones

ACTIVIDADES FLASH

47 Razona cuáles de las siguientes relaciones corresponden a funciones.

a) El tamaño de una pared y la cantidad de pintura necesaria para pintarla.

b) Cada mes del año y su número de días.

48 Halla la expresión algebraica de estas funciones.

a) El perímetro de un cuadrado en función de su lado.

b) El precio de los tomates en función de los kilogramos comprados si el precio es 1,25 €/kg.

c) La longitud de una circunferencia y el radio de esta.

d) El espacio que recorre un coche con respecto al tiempo que tarda si su velocidad es 1,5 m/s.

49 **INVENTA.** Describe dos relaciones entre magnitudes que sean una función. ¿Puedes dar una expresión algebraica que corresponda a esas funciones?

50 Completa el sudoku 2 × 2. Ayúdate de los valores de esta tabla para la función $y = -3x + 4$.

x	0	b	1	d
y	a	-2	c	-5

	c		
b	d		1
3	a		2
	b		

CÁLCULO MENTAL

51 Realiza una tabla de valores y representa la función $f(x) = -x + 2$.

52 Para cada una de las funciones, calcula la imagen de 2, −2, 3, −3, 1 y −1.

a) $f(x) = 5x^2 - 1$

b) $f(x) = x^3 - 1$

c) $f(x) = \dfrac{1}{x^2 + 2}$

d) $f(x) = x^2 - x - 1$

e) $f(x) = \sqrt{\dfrac{x}{2} + 5}$

f) $f(x) = \dfrac{x^2}{3} - 2x + \dfrac{3}{5}$

53 **INVENTA.** Encuentra dos funciones diferentes que se correspondan con esta tabla y complétala en cada caso.

x	−1	0	1	2
y			0	

54 Calcula la expresión algebraica de la función en la que a cada número le corresponde su triple menos su cuadrado y realiza una tabla de valores.

55 Determina la expresión algebraica de la función que relaciona el volumen de una esfera con su radio. Halla el volumen de la esfera de radio 3 cm.

56 Expresa de manera algebraica, y mediante una tabla, la función que, dado el vector $\vec{v} = (x, 3)$, devuelve su módulo.

57 Expresa la medida del cateto opuesto al ángulo x, sabiendo que la hipotenusa mide 2 cm.

58 **INVESTIGA.** Considera los triángulos cuya superficie mide S.

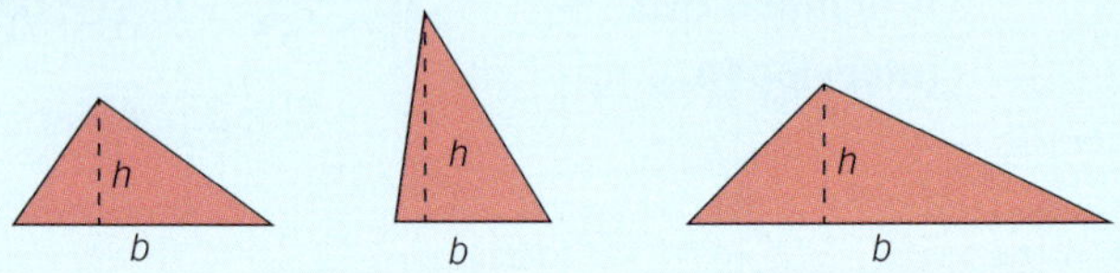

a) Escribe la expresión algebraica que determina la base en función de la altura en estos triángulos.

b) ¿Cuál es la función que determina la altura a partir de la base?

c) Representa ambas funciones.

59 **RETO.** La función f verifica que $f(3x - 1) = x^3 + x + 1$ para cualquier número real x. ¿Cuál es el valor de $f(5)$?

2. Identifica e interpreta las características más relevantes de una función

Dominio y recorrido

ACTIVIDADES FLASH

60 Determina el dominio y el recorrido.

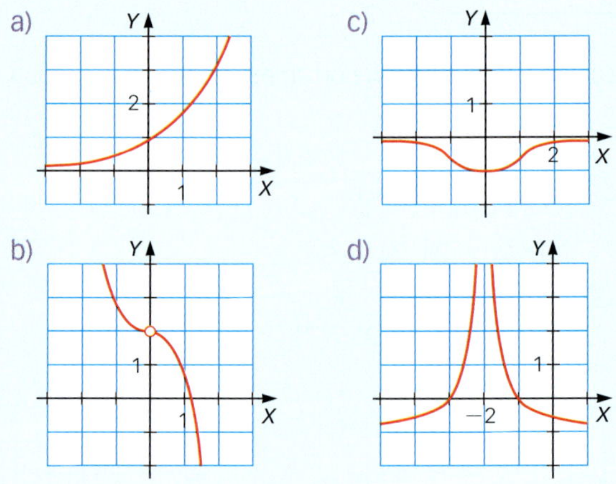

61 **INVENTA.** Dibuja una función con cada dominio.

a) $\mathbb{R}$ b) $[1, +\infty)$ c) $\mathbb{R} - \{-3, 2\}$

62 Calcula el dominio de estas funciones y haz una tabla de valores.

a) $f(x) = -4x + 2$ c) $f(x) = x - 7$

b) $f(x) = x^2 - 3x + 1$ d) $f(x) = -x^2 + 5x - 2$

63 Calcula el dominio de las siguientes funciones.

a) $f(x) = \sqrt{x+3}$ c) $f(x) = \sqrt{x^2 - 16}$

b) $f(x) = \sqrt{3x+4}$ d) $f(x) = \sqrt{x^2 + x}$

64 Calcula el dominio de las funciones.

a) $f(x) = \dfrac{2x}{x+7}$ c) $f(x) = \dfrac{-1}{3x^2 - 12x}$

b) $f(x) = \dfrac{1}{3x-1}$ d) $f(x) = \dfrac{x-7}{7x^2 + 5x}$

65 **INVENTA.** Escribe la ecuación de una función con estos dominios.

a) $\mathbb{R}$ b) $[1, +\infty)$ c) $(-\infty, 2]$ d) $\mathbb{R} - \{-3, 2\}$

66 **JUEGO.** En la primera ronda, cada estudiante escribe la ecuación de una función cuyo dominio sea $[1, +\infty)$; en la segunda ronda, $(-\infty, -2]$; en la tercera ronda, $[3, +\infty)$, etc. Pierden las personas que se equivoquen o no escriban ninguna.

67 **INVESTIGA.** Comprueba que se cumple que $\dfrac{x^2 - 1}{x - 1} = x + 1$. ¿Qué diferencia hay entre el dominio de $f(x) = \dfrac{x^2 - 1}{x - 1}$ y el de $g(x) = x + 1$?

68 **RETO.** Estudia el dominio de las siguientes funciones.

a) $f(x) = \sqrt{\dfrac{1}{x}}$ b) $f(x) = \sqrt{\dfrac{2}{x+1}}$

Continuidad y puntos de corte con los ejes

ACTIVIDADES FLASH

69 Estudia el tipo de discontinuidad de las funciones.

a)

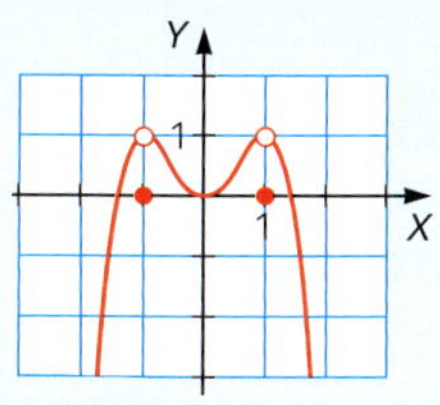

b)

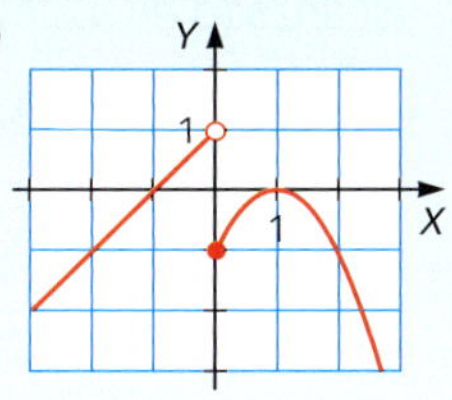

70 Indica los puntos de corte con los ejes.

a)

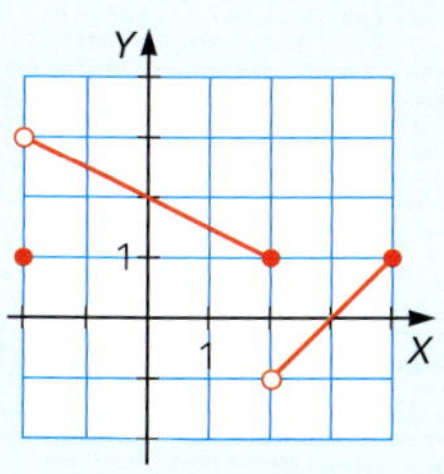

b)

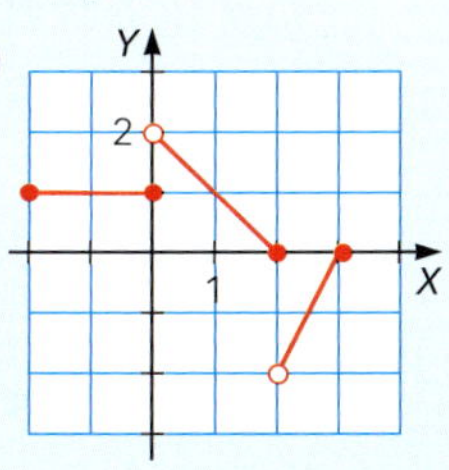

71 Halla la discontinuidad y los puntos de corte.

a)

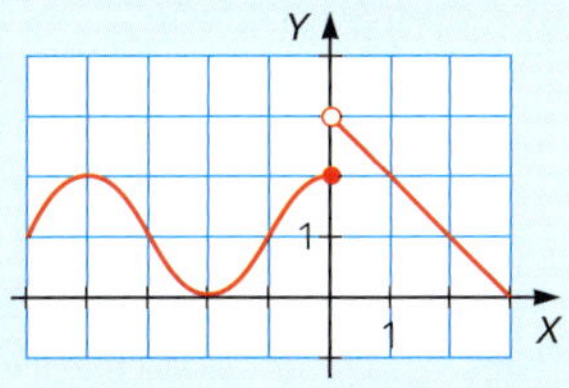

b)

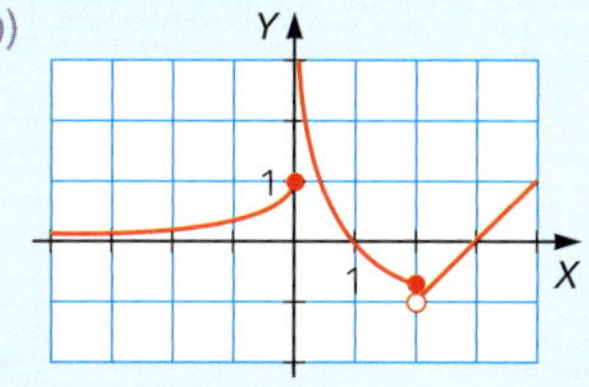

72 Calcula los puntos de corte con los ejes.

a) $f(x) = 144x^2 - 16$ c) $f(x) = x^3 - 16x$

b) $f(x) = 4x^2 - 7x$ d) $f(x) = x^4 - 13x^2 + 36$

73 Completa la tabla hallando ordenadamente los puntos de corte con el eje X de las funciones.

Artículos	Masculino singular	Femenino singular
Determinado	$f(x) = x^2 + 2x - 3$	$f(x) = x^2 - 5x + 4$
Indeterminado	$f(x) = x^2 - x - 2$	$f(x) = x^3 - 5x^2 + 2x + 8$

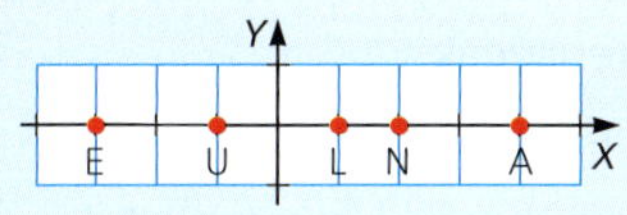

74 Calcula la expresión algebraica de una función polinómica de primer grado cuyos puntos de corte son $A(2, 0)$ y $B(0, 2)$.

75 **JUEGO.** En la primera ronda, cada estudiante escribe la ecuación de una función que corte los ejes en (1, 0); en la segunda ronda, en (0, 2); en la tercera ronda, en (3, 0), etc. Pierden las personas que coincidan en una función o no escriban ninguna.

76 **INVESTIGA.** Determina qué afirmaciones son ciertas.

a) Una función $y = mx$ no corta los ejes.

b) Una función $y = mx + n$ corta siempre los dos ejes.

c) Una función $y = n$ no corta el eje Y.

77 **RETO.** Calcula los puntos de corte con los ejes.

a) $f(x) = \sqrt{x^2 + a}$ b) $f(x) = \dfrac{x^2 + a}{x^2 - 5x + 6}$

Crecimiento y decrecimiento

ACTIVIDADES FLASH

78 Estudia el crecimiento y decrecimiento de las funciones.

a)

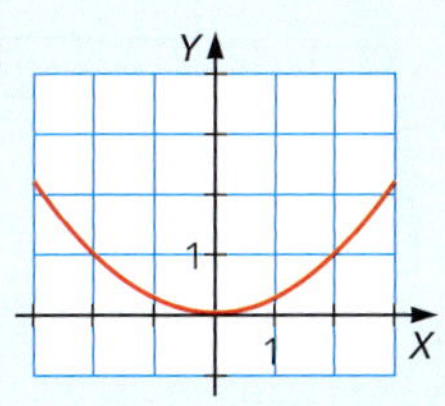

b)

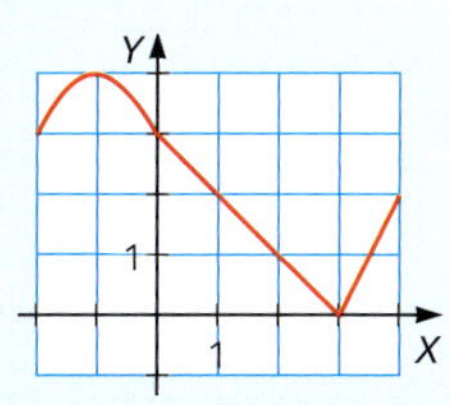

CÁLCULO MENTAL

79 Determina los intervalos de crecimiento y decrecimiento y los máximos y mínimos de las funciones.

a)

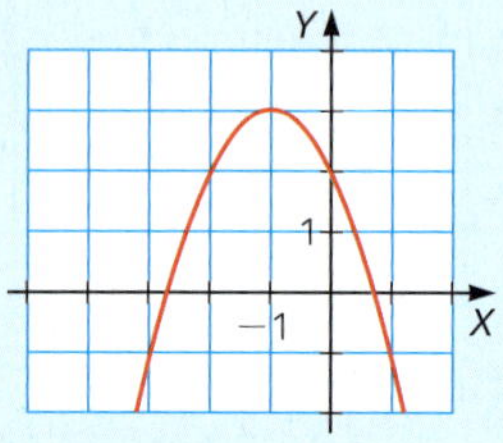

b)

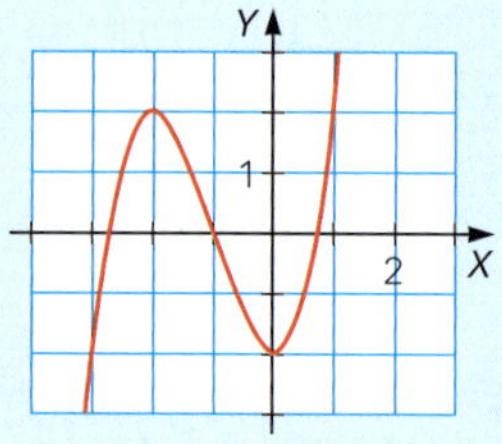

80 Dibuja los ejes para que el mínimo esté en $(1, -1)$.

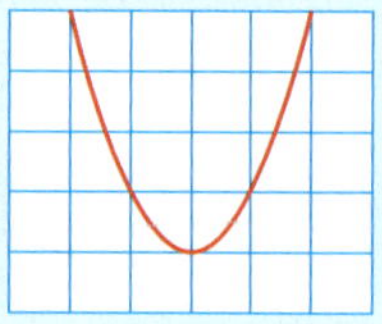

a) ¿Cuáles son los puntos de corte con los ejes?

b) Dibuja ahora los ejes para que el mínimo sea $(1, -4)$. ¿Cuáles son los puntos de corte?

81 **INVENTA.** Representa una función con las siguientes características:

- Tiene un máximo en $P(2, 4)$.
- Es creciente en el intervalo $(-\infty, 2)$.
- Es decreciente en el intervalo $(2, +\infty)$.

82 Estudia el crecimiento y el decrecimiento de estas gráficas. ¿En qué puntos alcanzan los valores máximos y mínimos? ¿Son máximos y mínimos?

a)

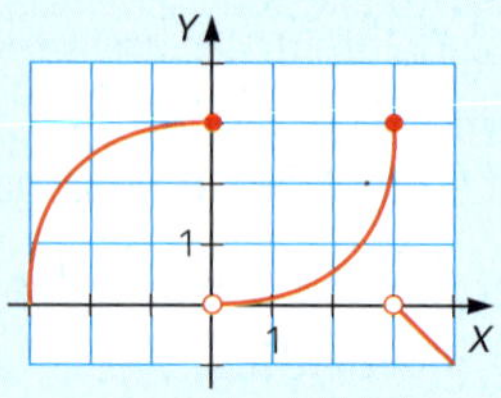

b)

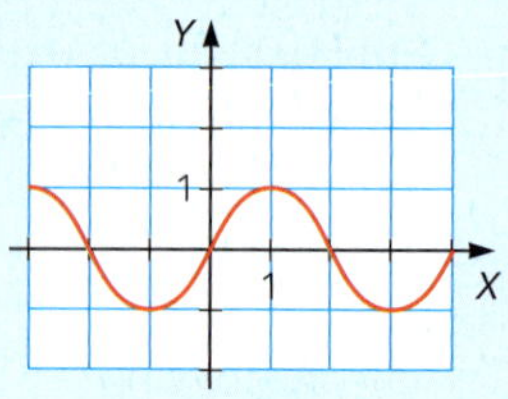

83 Resuelve el crucigrama.

HORIZONTALES

1. Punto de una función en el que esta pasa de ser creciente a decreciente.
4. Dados $x_1, x_2 \in (a, b)$ con $x_1 < x_2$, si $f(x_1) = f(x_2)$ la función es ___ en (a, b).
5. Dados $x_1, x_2 \in (a, b)$ con $x_1 < x_2$, si $f(x_1) < f(x_2)$ la función es ___ en (a, b).

VERTICALES

2. Punto de una función en el que esta pasa de ser decreciente a creciente.
3. Dados $x_1, x_2 \in (a, b)$ con $x_1 < x_2$, $f(x_1) > f(x_2)$ la función es ___ en (a, b).

84 La evolución de la temperatura a lo largo de un día en una ciudad ha sido recogida en la siguiente gráfica.

Determina cuándo se alcanzó la temperatura máxima y mínima, y di si ese máximo es absoluto o relativo.

85 **INVESTIGA.** Una función $f(x)$ es creciente, su dominio es $[-6, 3]$ y su recorrido es $[3, 6]$. Calcula $f(-6)$ y $f(3)$.

86 Completa el crucigrama con la tasa de variación media.

a) $f(x) = x^3 - 5$ en $[4, 8]$

b) $f(x) = x^2 - 2x$ en $[3, 5]$

c) $f(x) = x^2 + x$ en $[11, 13]$

d) $f(x) = x^3 + x$ en $[1, 3]$

e) $f(x) = 5x + 2$ en $[1, 3]$

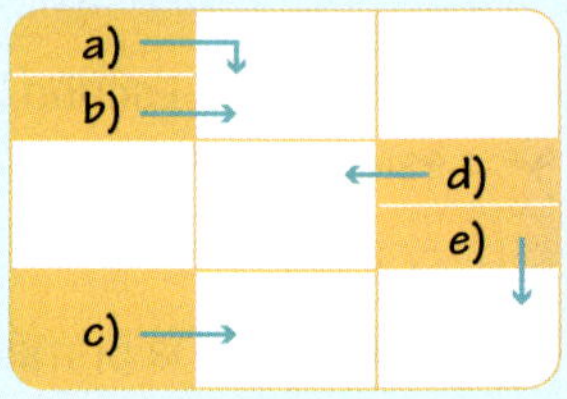

87 **INVESTIGA.** Determina qué afirmaciones son ciertas.

a) Si la *TVM* de una función en un intervalo es 7, la función es creciente en ese intervalo.

b) En una función $y = mx$, la *TVM* es la pendiente.

c) Dos funciones de la forma $y = mx + n$ tienen la misma *TVM*.

Cómo se calcula la tasa de variación relativa de una función

88 Halla la tasa de variación relativa de la función $f(x) = x^2$ en el intervalo $[2, 4]$.

La **tasa de variación relativa** de una función en un intervalo $[a, b]$ mide la variación, en tanto por ciento, de dicha función en $[a, b]$ respecto del valor alcanzado en a.

$$TVR[a,b] = \frac{f(b) - f(a)}{f(a)} \cdot 100$$

PRIMERO. Se halla la variación de la función y su valor en a.

Valor de $f(a)$: $f(2) = 4$

Valor de $f(b)$: $f(4) - f(2) = 16 - 4 = 12$

SEGUNDO. Se aplica la fórmula para calcular la *TVR*.

$$\frac{f(4) - f(2)}{f(2)} \cdot 100 = \frac{16 - 4}{4} \cdot 100 = 300\,\%$$

Este cociente es la tasa de variación relativa en $[2, 4]$.

89 Halla la tasa de variación relativa en $[-1, 2]$.

a) $y = 3x - 1$ b) $y = 1 - 3x$ c) $y = x^2 - 5x + 2$

90 **INVESTIGA.** Dibuja las gráficas de dos funciones que tengan la misma tasa de variación media en el intervalo $[1, 5]$ y que pasen por los puntos $A(1, 2)$ y $B(5, 7)$. ¿Podrías dibujar alguna más? ¿Cuántas?

Simetría y periodicidad

ACTIVIDADES FLASH

91 Dadas las siguientes gráficas, estudia su simetría.

a)
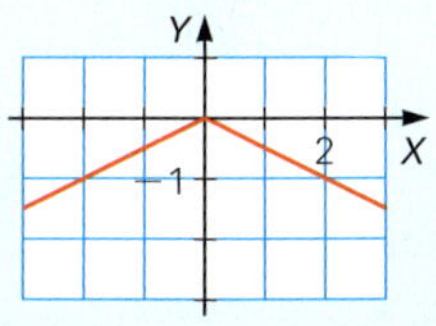

c)
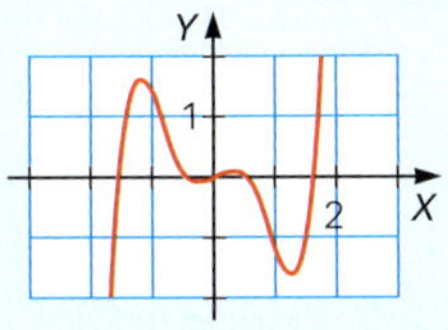

b)
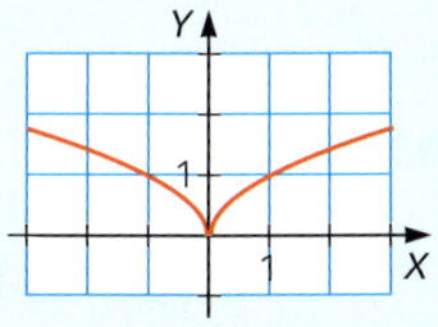

d)
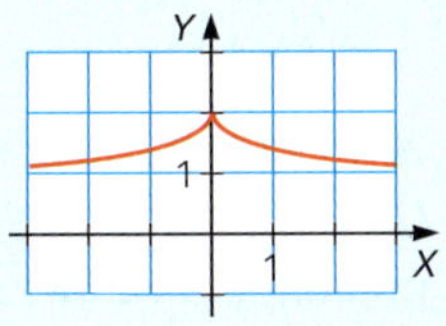

92 Di qué funciones son periódicas y halla su periodo.

a)
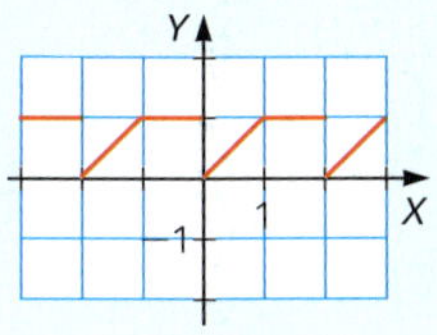

c)
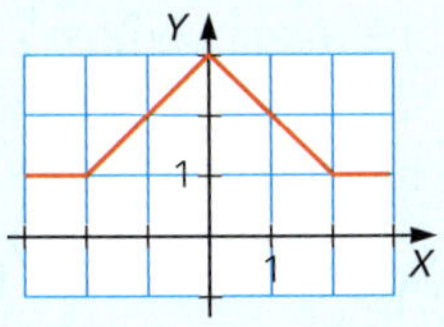

b)
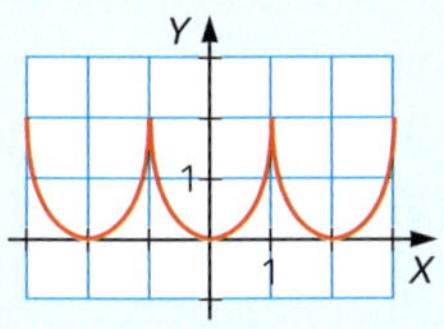

d)
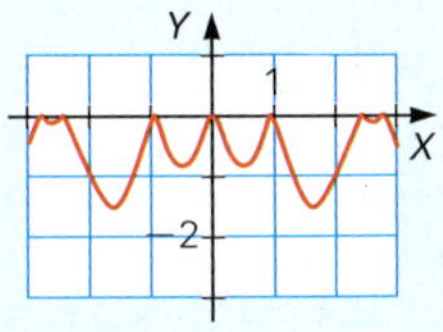

93 Determina la simetría de estas funciones si la tienen.

a) $f(x) = x^3 - 11x + 3$

b) $f(x) = x^3 - 15x^2$

c) $f(x) = x^3 - 5x$

d) $f(x) = x^5 - x$

e) $f(x) = x^4 + 13x^2$

f) $f(x) = x^4 - 21x^2 + 3$

g) $f(x) = x^4 - 2x^2$

h) $f(x) = x^6 + 8x^4$

94 Indica la simetría de estas funciones si la tienen.

a) $f(x) = \dfrac{1}{x^3}$ b) $f(x) = \dfrac{3}{x^3 - x}$ c) $f(x) = \dfrac{x}{2x^2 - 1}$

95 **INVESTIGA.** Una función es simétrica respecto de la recta $x = -1$. Si no está definida para $x = 2$, ¿para qué otro valor no estará definida?

96 **RETO.** ¿Puedes encontrar alguna función con simetría par e impar a la vez?

Cómo se representa una función conociendo algunas de sus características

97 Representa una función que cumpla:

- $\text{Dom } f = \mathbb{R}$
- $f(2) = -1$
- Corta los ejes en $(1, 0)$, $(3, 0)$ y $(0, 2)$.
- Decrece en $(-\infty, 2)$ y crece en $(2, +\infty)$.

PRIMERO. Se representan los puntos por los que pasa.

SEGUNDO. Se dibujan flechas en las curvas que describen el crecimiento y el decrecimiento.

TERCERO. Se representa la función siguiendo las flechas y pasando por los puntos señalados.

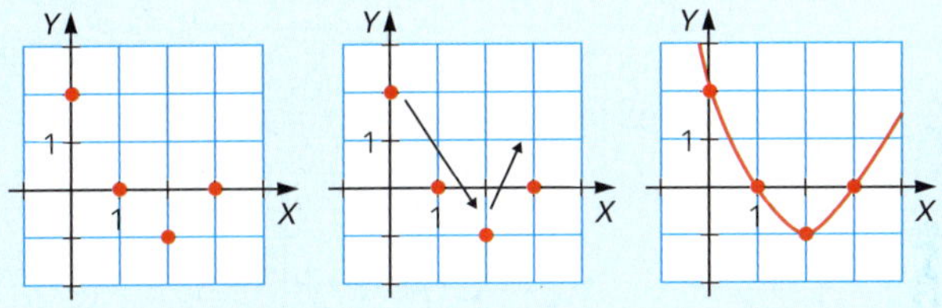

98 Determina la gráfica de una función con estas características:

- Tiene un máximo en $A(-1, 3)$.
- Tiene un mínimo en $B(0, 0)$.
- Es creciente en el intervalo $(-\infty, -1) \cup (1, +\infty)$.
- Es decreciente en el intervalo $(-1, 1)$.

99 Representa la gráfica de una función tal que:

- Tiene un máximo en $A(-2, 2)$.
- Tiene un mínimo en $x = 2$.
- Presenta simetría impar.

Funciones definidas a trozos

100 Representa la función y obtén el dominio y el recorrido.

$$f(x) = \begin{cases} 2x - 2 & \text{si } x \leq 1 \\ 2 - 2x & \text{si } 1 < x \leq 3 \\ -4 & \text{si } x > 3 \end{cases}$$

101 Completa para que las funciones sean continuas.

a) $f(x) = \begin{cases} x^2 - 7x + 1 & \text{si } x \neq 1 \\ \square & \text{si } x = \square \end{cases}$

b) $f(x) = \begin{cases} x^2 & \text{si } x \leq 0 \\ \square & \text{si } 0 < x < 3 \\ 5 & \text{si } x \geq \square \end{cases}$

102 ●●○ Halla la expresión algebraica de las siguientes funciones definidas a trozos.

a)

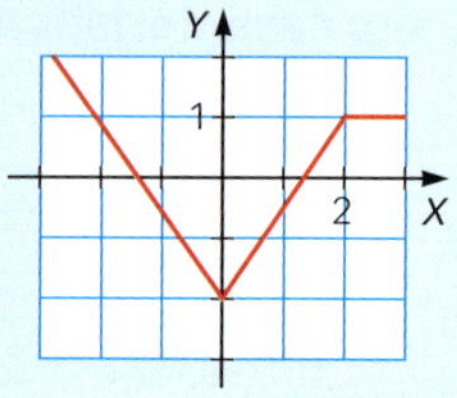

b)

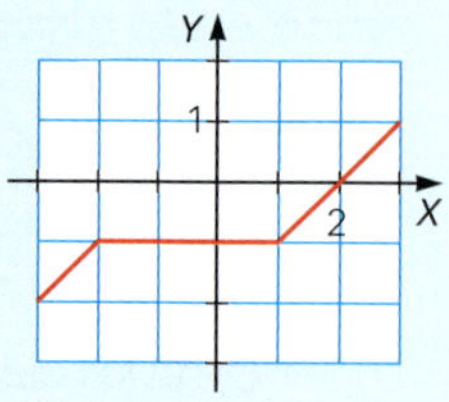

103 ●●● Calcula la expresión algebraica de la siguiente función.

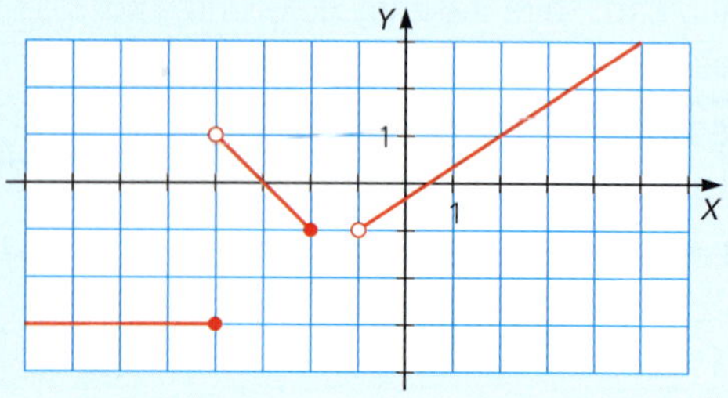

104 ●●● **RETO.** ¿Cuál es la gráfica de $f(x) = x - \frac{x}{|x|}$?

a) b) c) d)

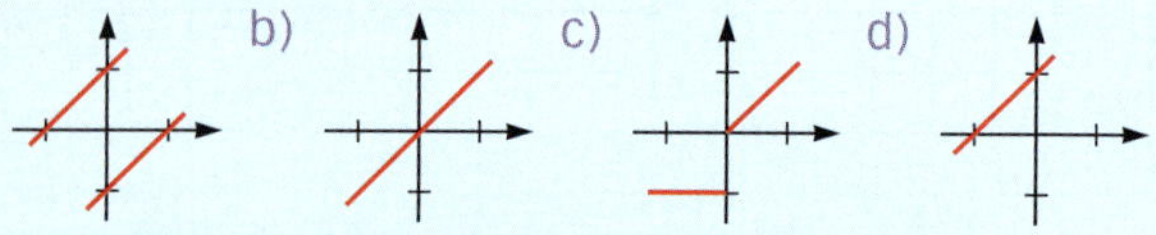

3. Interpreta y relaciona las funciones elementales con fenómenos cotidianos

105 ●●○ **MATEMÁTICAS Y... FÍSICA.** El movimiento de un columpio se puede describir como un movimiento oscilatorio. Cuando alguien lo empuja, la fuerza inicial hace que se mueva hacia delante, y la fuerza de la gravedad actúa sobre él, haciendo que vuelva hacia atrás. La fuerza de la gravedad hace disminuir su velocidad. Esto hace que el movimiento de oscilación cada vez tenga menos recorrido y termine parándose. Si el eje vertical de estas gráficas representa la altura de los pies de quien se columpia, y el eje horizontal, el tiempo que transcurre, ¿cuál de estas gráficas corresponde al movimiento de un columpio?

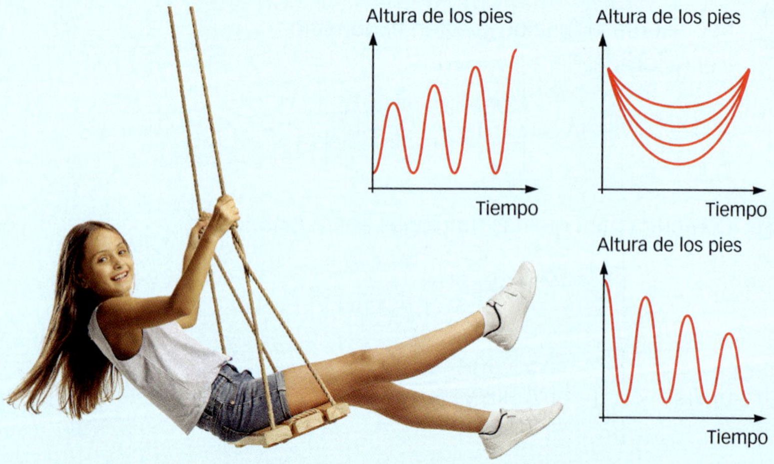

106 ●●○ **MATEMÁTICAS Y... FÍSICA.** El sonido se propaga a una velocidad de 340 m/s. Dibuja estas gráficas:

a) La relación entre la velocidad del sonido y el tiempo.

b) La relación entre los metros que recorre y el tiempo.

c) Las relaciones anteriores para un coche que circula a una velocidad media de 80 km/h.

107 ●●○ **MATEMÁTICAS Y... AUTOMOVILISMO.** En el Gran Premio de Hungría de Automovilismo, el piloto Fernando Alonso obtuvo su primera victoria en Fórmula 1, en un circuito de 4 381 m de longitud.

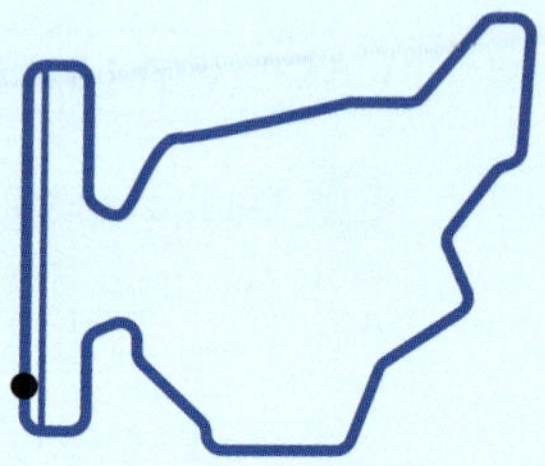

a) Representa aproximadamente la evolución de la velocidad del coche durante 4 vueltas.

b) Dibuja la gráfica que corresponde a la vuelta en la que el piloto se detuvo a repostar.

108 ●●○ **MATEMÁTICAS Y... MEDICINA.** Un electrocardiograma presenta la variación de la actividad coronaria, marcando los movimientos del corazón. ¿Es una función periódica?

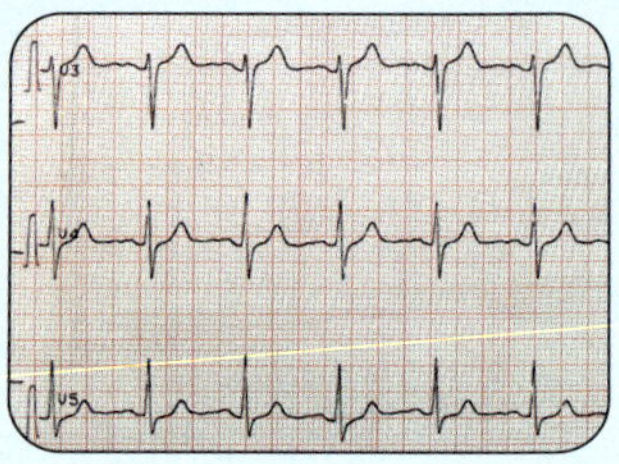

109 ●●○ **MATEMÁTICAS Y... VIDEOJUEGOS.** En un videojuego, el único suelo por el que el personaje puede desplazarse para no caerse es el que forman las setas. ¿Es continua la función suelo? ¿De qué tipo de función se trata? Escribe la ecuación de la función.

110 ●●○ La variación del precio de una acción de una empresa se muestra en la siguiente gráfica. Estudia su crecimiento.

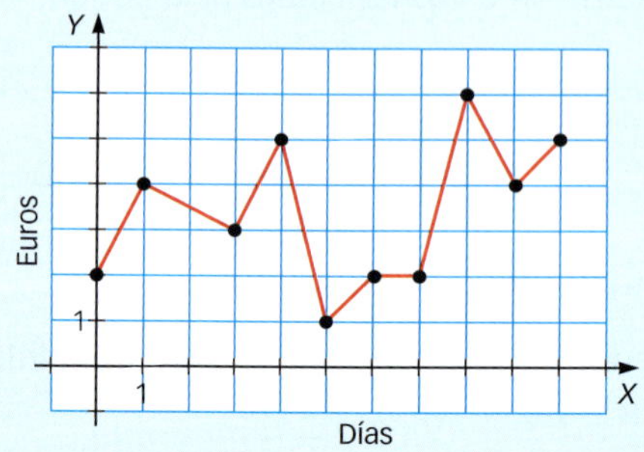

a) ¿Cuándo tuvo el mayor precio?

b) ¿Y el menor?

c) ¿Cuál fue el precio en cada caso?

111 **MATEMÁTICAS Y... CIRCULACIÓN.** La distancia de frenado de un vehículo es la distancia que recorre desde que se pisa el freno hasta que se detiene. Esta distancia depende de varios factores: la velocidad del vehículo, el estado de los neumáticos, las condiciones de la carretera... Para calcular la distancia de frenado, se puede utilizar la siguiente fórmula:

$$\text{D. de frenado} = \frac{\text{Velocidad del vehículo}^2}{2 \cdot \text{coeficiente de fricción} \cdot \text{gravedad}}$$

Donde el coeficiente de fricción es una medida de la capacidad de los neumáticos para agarrarse a la superficie de la carretera. Puede variar según los neumáticos y la carretera, pero, en general, se considera que es aproximadamente 0,7.

a) ¿Es esta relación una función?

b) ¿Cuál es la distancia de frenado de un vehículo que circula a 90 km/h?

c) ¿Cuál será su mínimo? ¿Tendrá un máximo absoluto?

112 **MATEMÁTICAS Y... COSTES.** Expresa el coste de los envíos mediante una función definida a trozos.

Envío de pedidos grandes

Precio del pedido	Precio del servicio
menos de 400 €	39 €
400 € - 990 €	10% importe del pedido
990 € o más	99 €

FAKE NEWS

Cuántas veces se puede doblar una hoja de papel

Una hoja de papel solo puede doblarse 7 veces y, si lo consiguiéramos, el papel doblado alcanzaría la altura de la torre Eiffel.

Y tú, ¿qué opinas?

PROBLEMAS APARENTEMENTE DISTINTOS

113 Representa la función:

$$f(t) = 2t$$

114 Representa la función que relaciona el espacio que recorre un coche y el tiempo que transcurre, si la velocidad del vehículo es 2 m/s.

115 Calcula la tasa de variación absoluta y media de la función $f(t) = \frac{t}{12}$ en [12, 24].

116 Susana sale a dar un paseo por un parque. Si camina a 5 km/h:

a) Calcula la distancia que recorre entre los minutos 12 y 24.

b) Halla la velocidad media que llevó durante el paseo en km/min.

117 Observa la gráfica de la función.

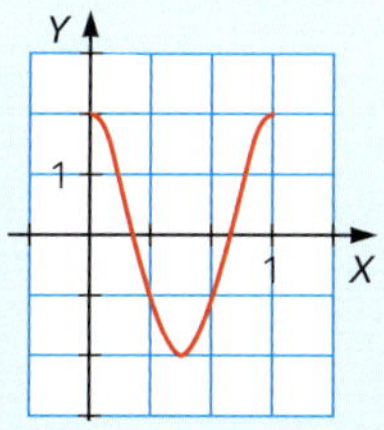

a) Completa la gráfica para que sea periódica de periodo $T = 1$.

b) ¿Qué valor máximo alcanza la función?

118 Esta gráfica muestra la altura a la que se encuentra la punta de la aguja segundero en un reloj durante un minuto.

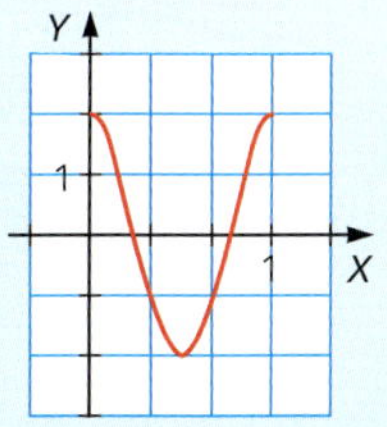

a) Completa la gráfica para el minuto anterior y el minuto siguiente.

b) ¿Cuánto mide la aguja?

Distintos países, distintas monedas

El valor de la moneda de un país fluctúa dependiendo de factores económicos y políticos. El Forex (abreviatura de Foreign Exchange) es el mercado financiero global donde se compran y venden las monedas de diferentes países.

Tipos de cambio del euro contra el dólar estadounidense, la libra esterlina y el yen japonés

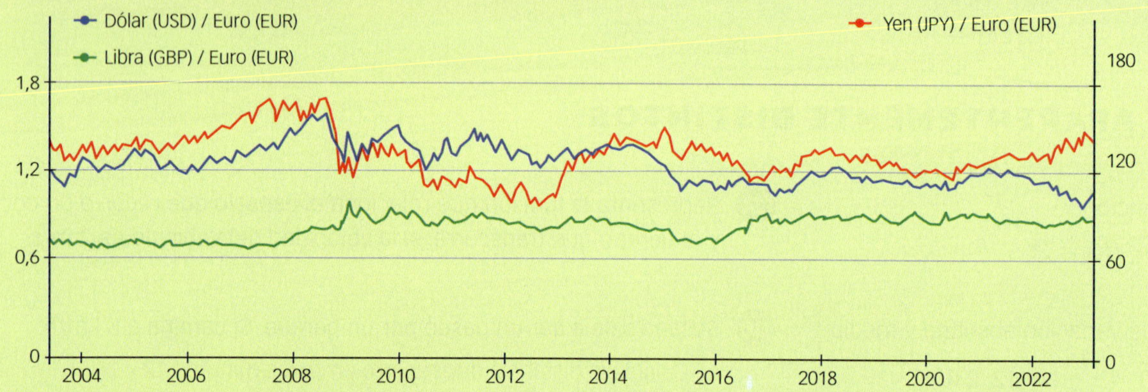

Tipos de cambio del euro contra el franco suizo y el yuan chino

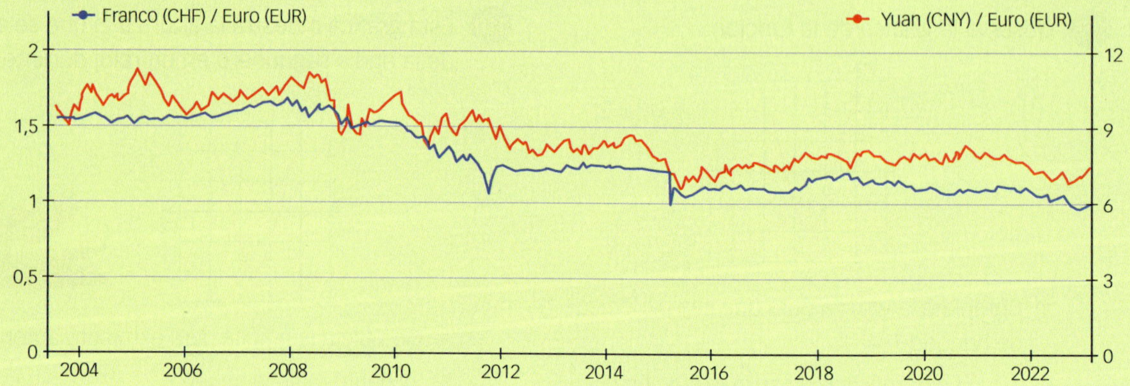

1 Causas y consecuencias

La fluctuación de las divisas se debe a muchos factores; por tanto, es muy complicado elaborar modelos fiables que permitan predecirla.

- Halla de forma aproximada el dominio y el recorrido de la función que representa cada gráfica.
- Indica aproximadamente cuándo alcanzó cada divisa su máximo y su mínimo.
- ¿Cuál de las divisas ha sufrido más fluctuaciones? ¿Y cuál ha sido más estable?
- Indica el valor aproximado de cada una de ellas con respecto al euro en enero de 2022.

2 ¿Qué moneda vale más?

La opción de teletrabajar desde casa permite a muchas personas aceptar empleos en países extranjeros sin necesidad de emigrar. El salario se cobra en la divisa del país en el que se reside. Sin embargo, las empresas y trabajadores autónomos pueden negociar el pago de sus servicios en la divisa del país del cliente.

Busca la versión interactiva del gráfico en la web del Banco de España y contesta.

- Si un autónomo ha prestado un servicio a una empresa americana en enero de 2008 y otro en enero de 2022, cobrando 2500 $, ¿cuándo ha cobrado más dinero? ¿Cuál ha sido la diferencia aproximada?
- En enero de 2016 prestó el mismo servicio, por el mismo importe, en China y en Japón. ¿Qué cantidad facturó en cada divisa?

3 Informarse es ahorrar

Cuando viajamos a países cuya moneda es distinta de la nuestra debemos cambiar nuestro dinero. Decidir adecuadamente cuándo hacerlo puede suponer un gran ahorro.

- Busca en internet la fluctuación de los últimos 6 meses de tres divisas y elabora una tabla para cada una de ellas con los datos obtenidos. Represéntalos en un sistema de coordenadas y únelos mediante segmentos.
- Halla la expresión analítica de cada función representada como una función definida a trozos.
- Haz el estudio completo de cada una de las funciones obtenidas.
- ¿Cuál habría sido el mejor momento para viajar a cada país?

RESUMEN DE UNIDAD

FUNCIÓN

$f(x) = x^3 - 6x^2 + 9x$

Variable independiente: x

Variable dependiente: y

Tabla de valores:

x	0	1	2	3	4
y	0	4	2	0	4

ESTUDIO DE UNA FUNCIÓN

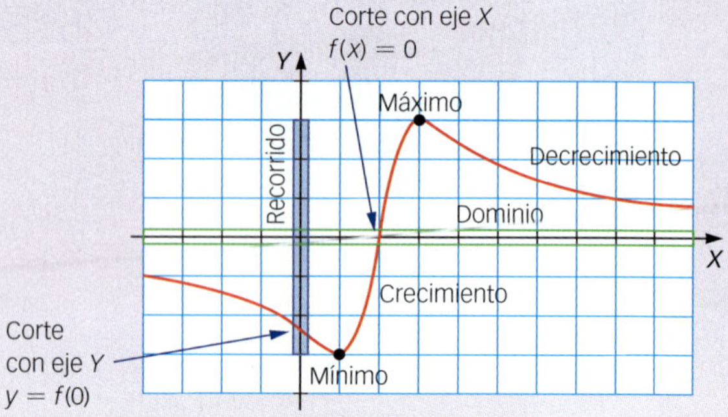

SIMETRÍA

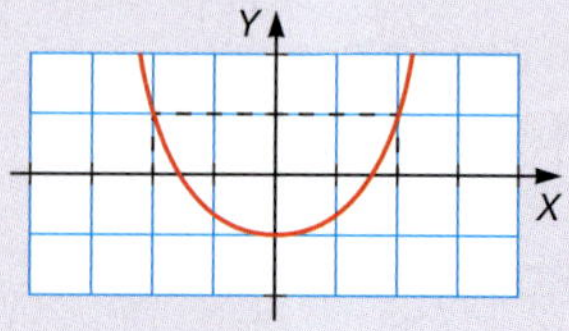

Simetría par: $f(x) = f(-x)$

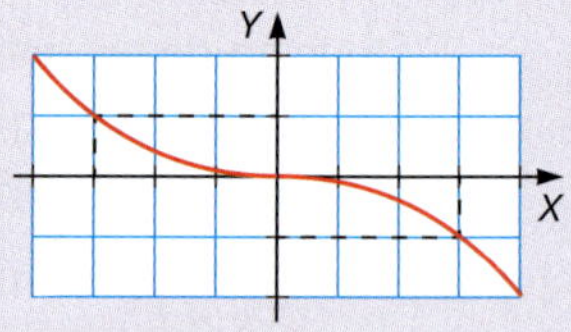

Simetría impar: $-f(x) = f(-x)$

PERIODICIDAD

$f(x) = f(x + T) =$
$= f(x + 2T) = \ldots =$
$= f(x + kT)$

con k un número entero.

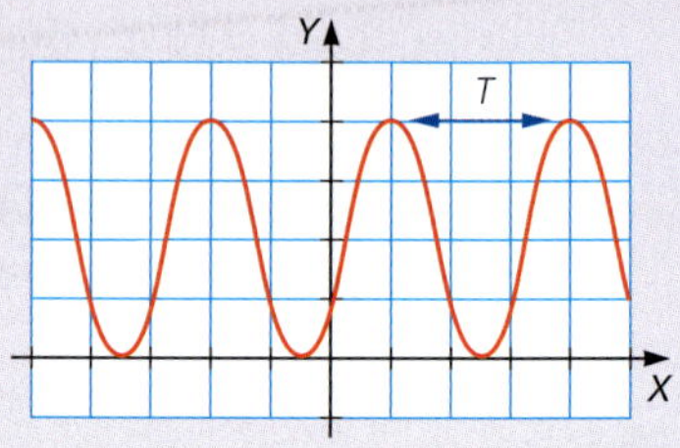

AUTOEVALUACIÓN

1. Identifica relaciones entre magnitudes que se pueden describir como funciones

1 Señala la función que corresponde con la siguiente tabla:

Naranjas (kg)	2	3	4
Precio (€)	4,46	6,69	8,92

a) $y = \dfrac{6{,}69}{2}x$

b) $y = 4{,}46x$

c) $y = 2{,}23x + 4{,}46$

d) $y = 2{,}23x$

2. Identifica e interpreta las características más relevantes de una función

2 Calcula el dominio de la función $f(x) = \dfrac{1}{\sqrt{2x - 5}}$.

a) $(0, +\infty)$ b) $\mathbb{R} = \left\{\dfrac{5}{2}\right\}$ c) $\left(\dfrac{5}{2}, +\infty\right)$ d) $\left[\dfrac{5}{2}, +\infty\right)$

3 Indica la función con simetría par.

a)

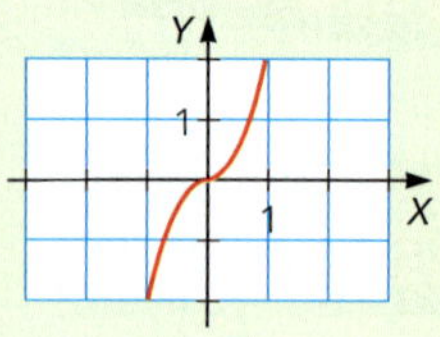

c)

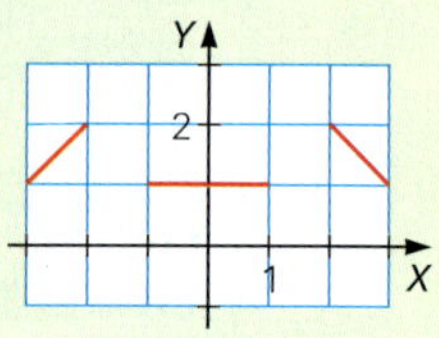

b)

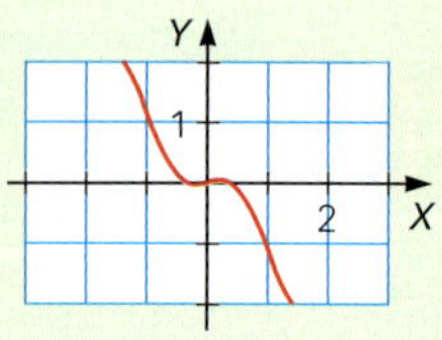

d)

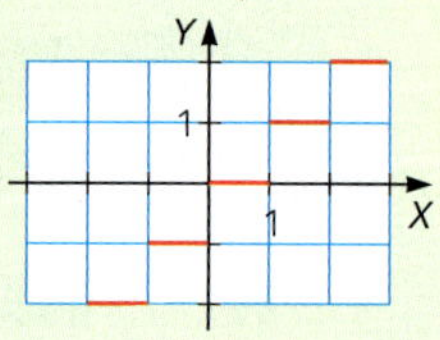

4 Indica los intervalos de crecimiento.

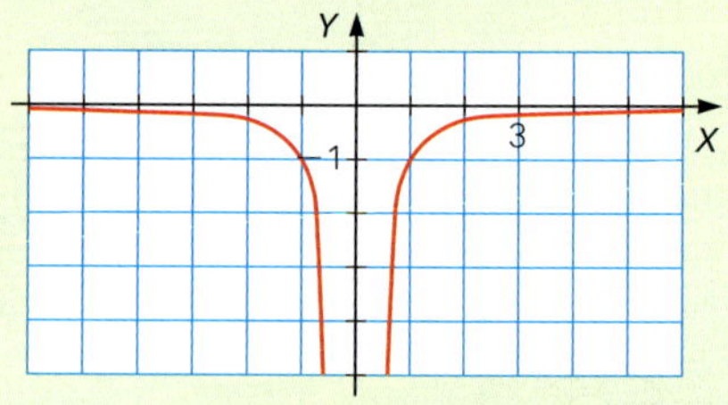

a) $[0, +\infty)$

b) $(0, +\infty)$

c) $(-\infty, 0) \cup (0, +\infty)$

d) No tiene intervalos de crecimiento.

3. Interpreta y relaciona las funciones elementales con fenómenos cotidianos

5 El resto de vida útil de un electrodoméstico viene dado por la función $f(x) = \dfrac{54}{x + 1} - 6$, siendo el valor de x el tiempo medido en años. ¿Cuántos años durará ese electrodoméstico?

a) 6 años.

b) 8 años.

c) 10 años.

d) 12 años.

VALORA TU APRENDIZAJE

- ¿Cómo notas el efecto de las matemáticas en tu vida?
- ¿Aceptas las opiniones discrepantes con la tuya?

9 Representación de funciones elementales

DESAFÍO

Pirámide de funciones

Cada entrada en la pirámide está determinada por las dos de debajo mediante $f(x, y) = x + y$.

¿Qué función expresa la entrada superior de la pirámide?

¿Qué sabes ya?

Cómo se resuelven ecuaciones de segundo grado

$$ax^2 + bx + c = 0 \rightarrow x = \frac{-b \pm \sqrt{b^2 - 4ac}}{2a}$$

Este tipo de ecuaciones pueden tener dos, una o ninguna solución.

EJEMPLO

$$2x^2 - 5x + 3 = 0 \rightarrow x = \frac{5 \pm \sqrt{25 - 24}}{4}$$

$$= \frac{5 \pm 1}{4} = \begin{cases} x_1 = \frac{3}{2} \\ x_2 = 1 \end{cases}$$

ACTIVIDADES

1 Resuelve la ecuación $x^2 - 2x + 1 = 0$ y determina su número de soluciones.

a) Tres soluciones.
b) Dos soluciones.
c) Una solución.
d) Ninguna solución.

Cuándo dos magnitudes son inversamente proporcionales

Dos magnitudes son inversamente proporcionales cuando el producto de cantidades correspondientes es constante.

M	a	b	c	...
M'	a'	b'	c'	...

$$a \cdot a' = b \cdot b' = c \cdot c' = \ldots = k$$

ACTIVIDADES

2 Determina a y b para que las magnitudes representadas en la tabla sean inversamente proporcionales.

M	8	2	b
M'	6	a	4

a) $a = 12$ y $b = 24$
b) $a = 24$ y $b = 12$
c) $a = 1{,}5$ y $b = 0{,}6$
d) $a = 0{,}6$ y $b = 1{,}5$

1. Funciones polinómicas de primer grado

GEOGEBRA

Una **función polinómica** es una función cuya expresión algebraica es un polinomio.

Las **funciones polinómicas de primer grado** son funciones de la forma $y = mx + n$, y su gráfica es una recta, donde m es la **pendiente** y n es la **ordenada en el origen**.

Las funciones polinómicas de primer grado son continuas en todo $\mathbb{R}$.

- Si $m > 0$, son siempre crecientes.
- Si $m < 0$, son siempre decrecientes.
- Si $m = 0$, son constantes.

Si dos rectas tienen la misma pendiente, sus gráficas son rectas paralelas.

RETO

Clasifica estas funciones polinómicas de primer grado.

a) Solo pasa por el 1.er y el 2.° cuadrantes.

b) Solo pasa por el 2.° y el 4.° cuadrantes.

c) Pasa por 3 cuadrantes.

Tipos de funciones polinómicas de primer grado

Las funciones polinómicas de primer grado o funciones lineales pueden expresarse con ecuaciones del tipo $y = mx + n$ y se pueden clasificar según el valor de sus coeficientes, m y n.

- Si $m \neq 0$ y $n \neq 0$, es una **función lineal**: su gráfica es una recta de pendiente m y pasa por el punto $(0, n)$.

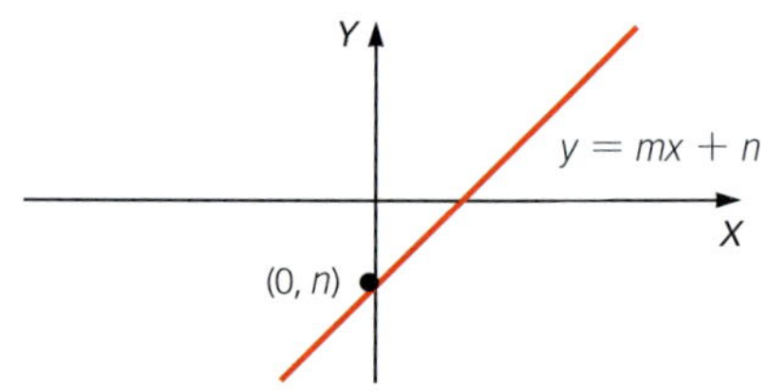

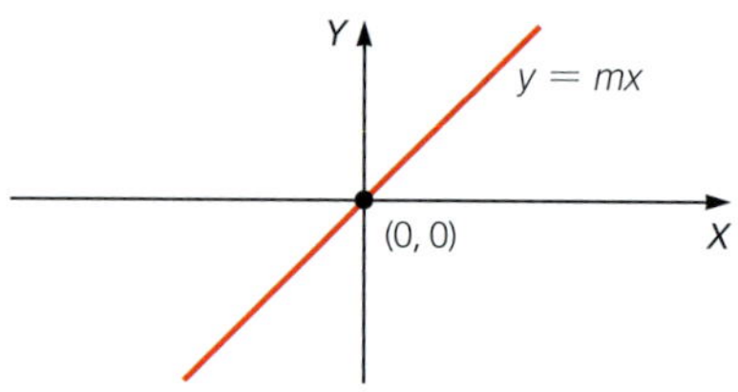

- Si $m \neq 0$ y $n = 0$, es una **función de proporcionalidad directa**: su gráfica es una recta que pasa por el origen de coordenadas.

- Si $m = 0$, es una **función constante**: su gráfica es una recta paralela al eje X y pasa por el punto $(0, n)$.

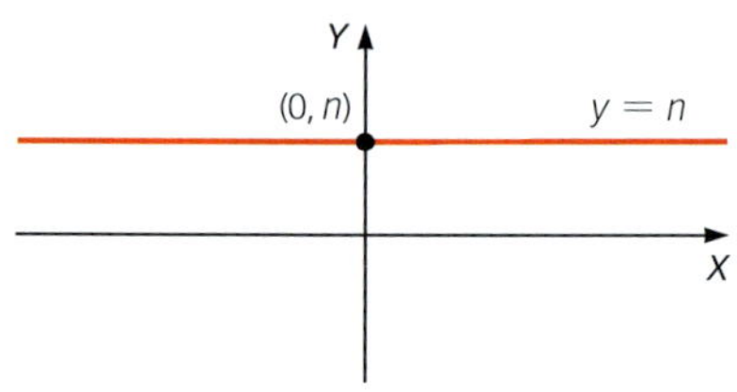

ACTIVIDADES

1. Decide y explica si las siguientes funciones son polinómicas o no.

   a) $y = -x + 2$

   b) $y = -x + \dfrac{2}{x}$

   c) $y = 5x$

   d) $y = 5\sqrt{x} + 2$

2. Pon un ejemplo de función lineal, uno de función de proporcionalidad directa y otro de función constante. Enumera sus semejanzas y diferencias.

3. **REFLEXIONA.** Razona de qué tipo es la función representada, y determina su ecuación y su pendiente.

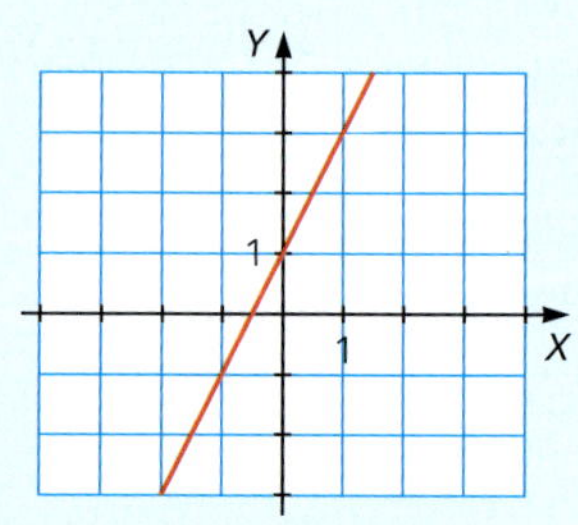

Cómo se representan funciones polinómicas de primer grado

Para representar una recta basta con conocer dos de sus puntos.

Representa gráficamente estas funciones lineales.

a) $y = -3x + 1$　　　　b) $y = 3x$　　　　c) $y = 3$

① Determinamos el tipo de función que es y sus características.

a) $y = -3x + 1$ → Función lineal → $\begin{cases} m = -3 < 0 \rightarrow \text{Función decreciente} \\ n = 1 \rightarrow \text{Punto de corte con el eje } Y\text{: } (0, 1) \end{cases}$

(m: -3; n: 1)

b) $y = 3x$ → Función de proporcionalidad directa → $\begin{cases} m = 3 > 0 \rightarrow \text{Función creciente} \\ n = 0 \rightarrow \text{Punto de corte con el eje } Y\text{: } (0, 0) \end{cases}$

(m: 3; $y = 3x + 0$)

c) $y = 3$ → Función constante → $\begin{cases} m = 0 \\ n = 3 \rightarrow \text{Punto de corte con el eje } Y\text{: } (0, 3) \end{cases}$

(n: 3; $y = 0x + 3$)

② Determinamos dos puntos por los que pasa la función.

a) Corta el eje Y en (0, 1).

$y = -3x + 1 \xrightarrow{x = 1} y = (-3) \cdot 1 + 1 = -2$

La recta pasa por (1, −2).

b) Corta el eje Y en (0, 0).

$y = 3x \xrightarrow{x = 1} y = 3 \cdot 1 = 3$

La recta pasa por (1, 3).

c) Corta el eje Y en (0, 3).

$y = 3 \xrightarrow{x = 2} y = 3$

La recta pasa por (2, 3).

③ Representamos los puntos y trazamos la recta que pasa por ellos.

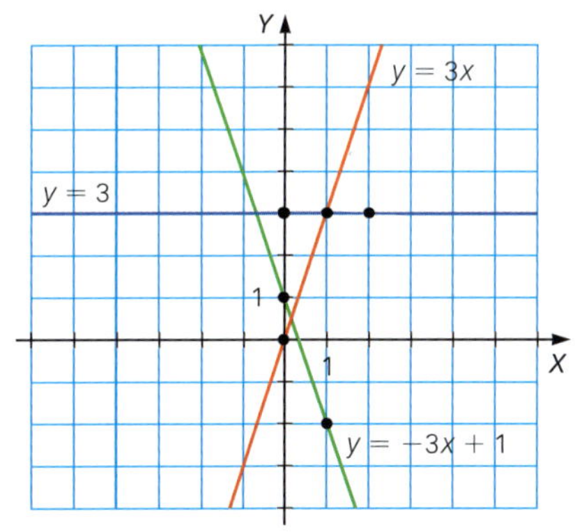

ACTIVIDADES

4 Di de qué tipo son estas funciones y represéntalas.

a) $y = -0{,}7x + 2$　　b) $y = -\frac{1}{3}x$　　c) $y = -1$

5 Representa, en unos mismos ejes, estas funciones y explica sus diferencias.

a) $y = 2x$　　b) $y = 2x - 3$　　c) $y = 2x + 1$

6 Asocia cada recta representada con su expresión algebraica.

a) $y = x - 1$

b) $y = -x - 3$

c) $y = 2x + 1$

d) $y = -x$

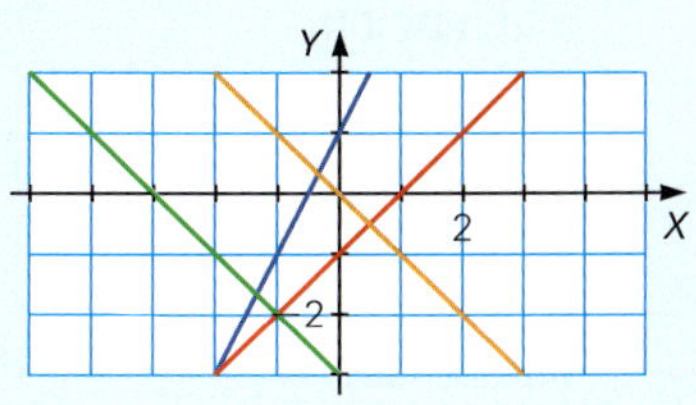

7 Halla la expresión algebraica de las siguientes funciones polinómicas de primer grado y represéntalas en unos ejes de coordenadas.

a) La función que pasa por los puntos $A(-1, 1)$ y $B(3, 1)$.

b) La función con pendiente 4 y que pasa por el origen.

c) La función que pasa por $C(0, 2)$ y tiene pendiente -1.

d) La función con pendiente 2 y que pasa por $D(0, -2)$.

e) La función que pasa por el punto $A\left(2, \frac{1}{5}\right)$ y cuya pendiente es nula.

f) La función que a cada valor le asocia su mitad más tres unidades.

g) La función que a cada valor le asocia su doble menos una unidad.

2. Funciones polinómicas de segundo grado

GEOGEBRA

Las **funciones polinómicas de segundo grado o funciones cuadráticas** son funciones de la forma $y = ax^2 + bx + c$, con $a \neq 0$.

Su gráfica es una curva con dos ramas, una creciente y otra decreciente, y se llama **parábola**.

Las funciones polinómicas de segundo grado son continuas en todo $\mathbb{R}$.

Una parábola tiene los siguientes elementos y características:

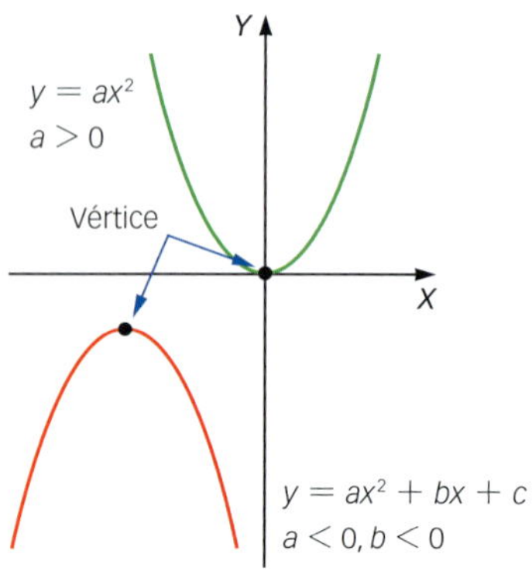

- **Vértice:** es el punto en el que la función pasa de ser creciente a decreciente, o viceversa, y, por tanto, un máximo o un mínimo de la función. Es el punto cuya primera coordenada es $x = \frac{-b}{2a}$.
  - Si $a > 0$, las ramas van hacia arriba y el vértice es un **mínimo**.
  - Si $a < 0$, las ramas van hacia abajo y el vértice es un **máximo**.
  - Si a y b tienen el mismo signo, el vértice está situado a la izquierda del eje Y. Y, si tienen distinto signo, el vértice está a la derecha de Y.
- **Eje de simetría:** es una recta que pasa por el vértice, es paralela al eje Y y divide la curva en dos partes simétricas. Es la recta $x = \frac{-b}{2a}$.

EJEMPLO

1. Razona cuál es la expresión algebraica de cada parábola.

a) $y = 2x^2 - 8x + 6$
b) $y = 2x^2$
c) $y = 2x^2 + 8x + 6$
d) $y = -2x^2 + 8x - 7$

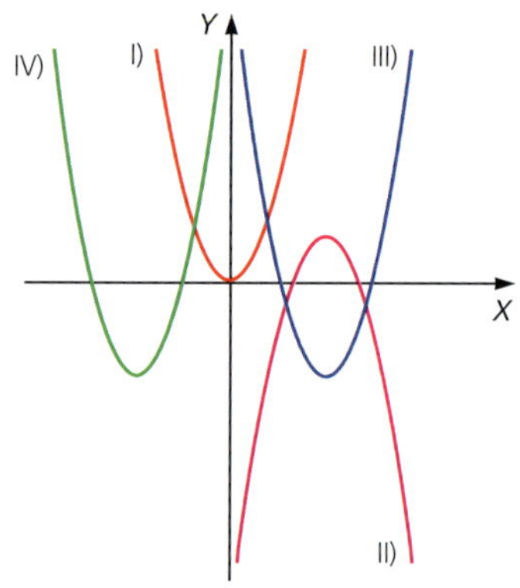

- La gráfica I) tiene su vértice situado en el origen de coordenadas, es decir, en su expresión algebraica $b = c = 0 \rightarrow y = 2x^2$.
- La gráfica II) tiene un máximo relativo, luego en su expresión algebraica $a < 0 \rightarrow y = -2x^2 + 8x - 7$.
- La gráfica III) tiene su vértice situado a la derecha del eje Y, por lo que a y b en su expresión algebraica tienen distinto signo $\rightarrow y = 2x^2 - 8x + 6$.
- La gráfica IV) tiene su vértice situado a la izquierda del eje Y. En su expresión algebraica, a y b tienen el mismo signo $\rightarrow y = 2x^2 + 8x + 6$.

ACTIVIDADES

8 Relaciona cada función con su representación gráfica.

a) $y = 2(x - 3)^2$
b) $y = x^2 + 3x - 1$
c) $y = x^2 - 1$
d) $y = -x^2 + x$

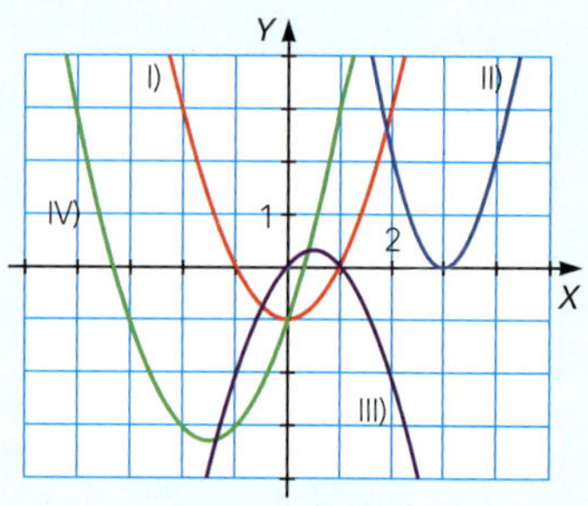

9 **REFLEXIONA.** Si la parábola de color naranja corresponde a la función $y = 3x^2$, ¿a qué funciones corresponden las otras dos parábolas?

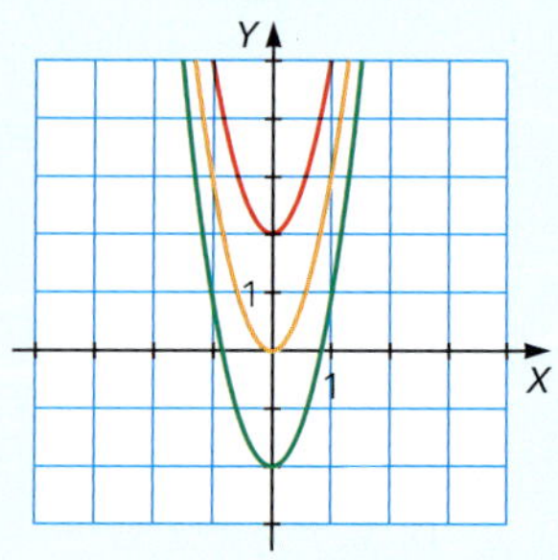

Cómo se representan funciones cuadráticas

Cuanto mayor valor absoluto tenga a, más cerrada es la parábola.

Representa las siguientes funciones cuadráticas.

a) $y = x^2 - x - 6$ b) $y = -2x^2 - 5x - 3$

① **Calculamos el vértice de la parábola.**

a) $x = -\frac{b}{2a} = -\frac{-1}{2 \cdot 1} = \frac{1}{2}$ ($a = 1$, $b = -1$)

$y = x^2 - x - 6 \xrightarrow{x = \frac{1}{2}} y = -\frac{25}{4}$

b) $x = -\frac{b}{2a} = -\frac{-5}{2 \cdot (-2)} = -\frac{5}{4}$ ($a = -2$, $b = -5$)

$y = -2x^2 - 5x - 3 \xrightarrow{x = \frac{5}{4}} y = \frac{1}{8}$

② **Estudiamos si el vértice es un máximo o un mínimo.**

$a = 1 > 0 \rightarrow$ El vértice es un mínimo. $V\left(\frac{1}{2}, -\frac{25}{4}\right)$

$a = -2 < 0 \rightarrow$ El vértice es un máximo. $V\left(-\frac{5}{4}, \frac{1}{8}\right)$

③ **Calculamos los puntos de corte con los ejes.**

a) Con el eje X: ($y = 0$)

$x^2 - x - 6 = 0 \rightarrow x = \frac{1 \pm 5}{2} \rightarrow$

$\rightarrow \begin{cases} x_1 = -2 \rightarrow \text{Punto } (-2, 0) \\ x_2 = 3 \rightarrow \text{Punto } (3, 0) \end{cases}$

Con el eje Y:

$y = 0^2 - 0 - 6 = -6 \rightarrow$ Punto $(0, -6)$ ($x = 0$)

b) Con el eje X: ($y = 0$)

$-2x^2 - 5x - 3 = 0 \rightarrow x = \frac{5 \pm 1}{-4} \rightarrow$

$\rightarrow \begin{cases} x_1 = -1 \rightarrow \text{Punto } (-1, 0) \\ x_2 = -\frac{3}{2} \rightarrow \text{Punto } \left(-\frac{3}{2}, 0\right) \end{cases}$

Con el eje Y:

$y = -2 \cdot 0^2 - 5 \cdot 0 - 3 = -3 \rightarrow$ Punto $(0, -3)$ ($x = 0$)

④ **Construimos una tabla con valores alrededor del vértice.**

x	-1	0	$\frac{1}{2}$	1	2
y	-4	-6	$-\frac{25}{4}$	-6	-4

x	-3	-2	$-\frac{5}{4}$	-1	0
y	-6	-1	$\frac{1}{8}$	0	-3

⑤ **Representamos la parábola.**

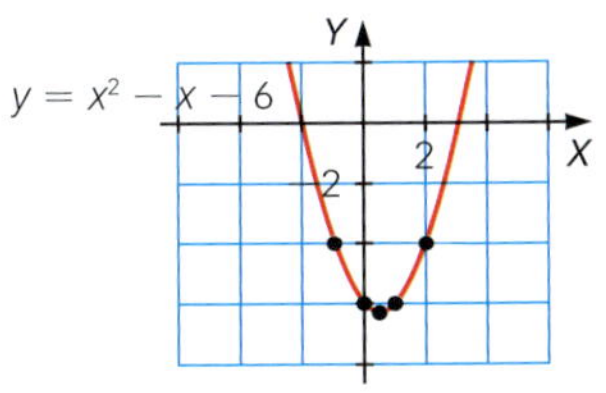

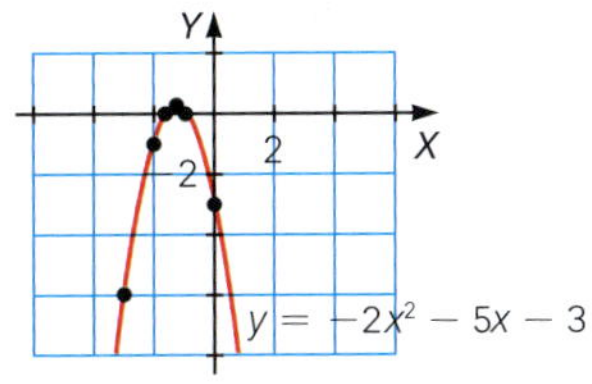

ACTIVIDADES

10 Representa las siguientes funciones polinómicas de segundo grado.

a) $y = 3x^2$ b) $y = \frac{1}{3}x^2$ c) $y = -2x^2$

11 Representa la función $y = -3x^2$ y, a partir de ella, explica cómo se representan estas funciones.

a) $y = -3x^2 - 1$ b) $y = -3x^2 + 4$

12 Dibuja las gráficas de las funciones $y = -3x^2$ e $y = -3x^2 + 4x$.

Estudia el desplazamiento que presenta la última con respecto a la primera y formula una regla general.

13 Representa estas funciones y compara sus gráficas.

a) $y = x^2$ c) $y = x^2 + x$ e) $y = x^2 + x + 1$

b) $y = -x^2$ d) $y = x^2 - x$ f) $y = x^2 - x - 1$

3. Funciones racionales

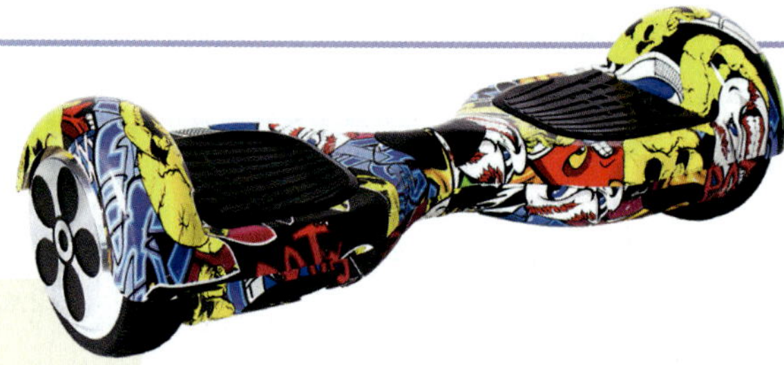

3.1. Funciones de proporcionalidad inversa

Una **función de proporcionalidad inversa** es una función cuya expresión algebraica es $y = \frac{k}{x}$, con $k \neq 0$. Su gráfica es una **hipérbola**.

Las funciones $y = \frac{k}{x}$ no están definidas en $x = 0$, porque no se puede dividir entre 0.

- La función no es continua en $x = 0$ y su gráfica no corta los ejes.
- A medida que los valores de x se aproximan a cero, la gráfica se acerca al eje Y. Decimos que tiene una **asíntota vertical** en $x = 0$.
- A medida que los valores de x crecen o decrecen, la gráfica se acerca al eje X. Decimos que tiene una **asíntota horizontal** en $y = 0$.

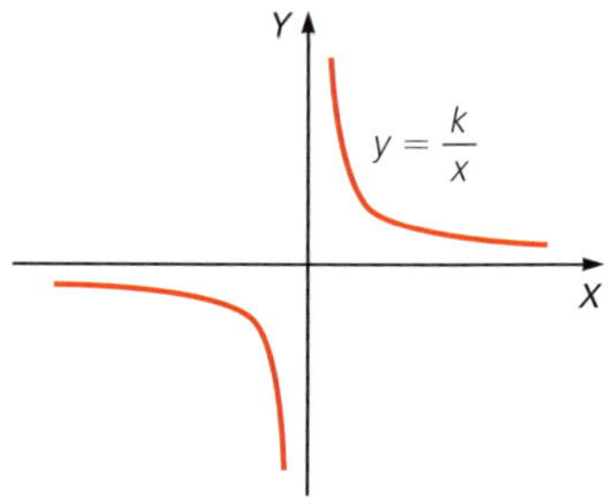

- La función es simétrica respecto del origen de coordenadas.
- Si $k > 0$, la función es decreciente y la gráfica está en los cuadrantes 1.º y 3.º. Y, si $k < 0$, la función es creciente y la gráfica está en los cuadrantes 2.º y 4.º.

EJEMPLO

2. Representa gráficamente la función $y = -\frac{4}{x}$.

Como $k = -4 < 0$, la función es creciente y está en el 2.º y el 4.º cuadrantes.

x	-6	-4	-2	-1	1	2	4	6
y	$\frac{2}{3}$	1	2	4	-4	-2	-1	$-\frac{2}{3}$

Representamos estos puntos y uniéndolos obtenemos la hipérbola.

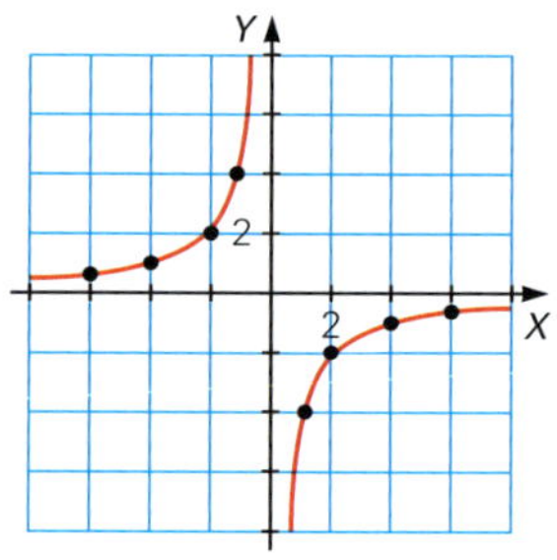

3.2. Funciones del tipo $y = \frac{k}{x - a} + b$

La gráfica de este tipo de funciones es una hipérbola que se obtiene trasladando la hipérbola que representa la función $y = \frac{k}{x}$.

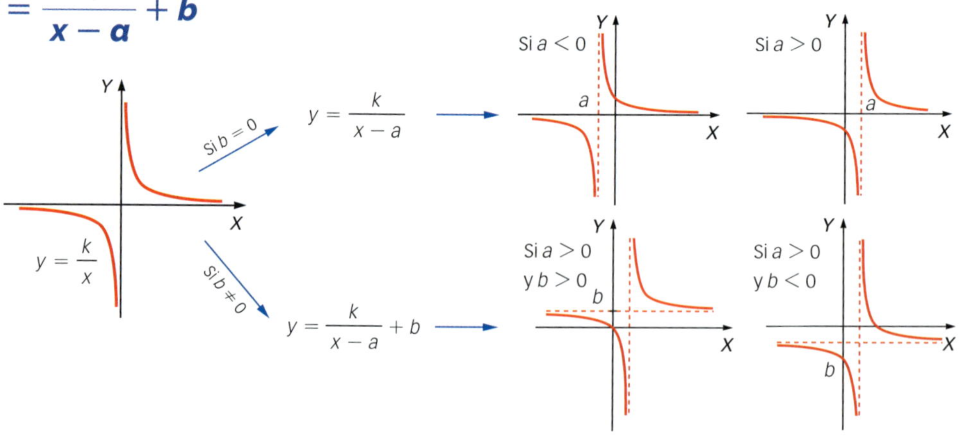

ACTIVIDADES

14 Halla la función de proporcionalidad inversa que:

a) Pasa por $P(1, -2)$.

b) Pasa por $Q(-1, -1)$.

15 **REFLEXIONA.** A partir de la gráfica de $y = \frac{1}{x}$, ¿cómo se representa la gráfica de $y = -\frac{1}{x}$?

Cómo se representan funciones racionales del tipo $y = \frac{k}{x - a} + b$

El coeficiente de x debe ser positivo. Si es negativo, hay que cambiar de signo el numerador y el denominador.

$y = \frac{3}{1 - x} + 2 = \frac{-3}{-1 + x} + 2 \rightarrow$

$\rightarrow a = 1,\ b = 2$ y $k = -3$

Representa las siguientes funciones racionales.

a) $y = \frac{2}{x - 1}$ b) $y = -\frac{1}{x + 1} + 2$

① **Calculamos a, b y k.**

a) $a = 1, b = 0, k = 2$

b) $a = -1, b = 2, k = -1$

② **Estudiamos el valor de k para determinar en qué cuadrantes se encuentra la gráfica.**

a) $k = 2 > 0$
La gráfica de la función está en el 1.er y el 3.er cuadrantes.

b) $k = -1 < 0$
La gráfica de la función está en el 2.º y el 4.º cuadrantes.

③ **Determinamos el desplazamiento horizontal de la gráfica de $y = \frac{k}{x}$ que tenemos que hacer.**

a) $a > 0$
La gráfica se desplaza hacia la derecha. La nueva asíntota vertical es $x = 1$.

b) $a < 0$
La gráfica se desplaza hacia la izquierda. La nueva asíntota vertical es $x = -1$.

④ **Determinamos el desplazamiento vertical que tenemos que hacer.**

a) $b = 0$
No hay desplazamiento vertical de la gráfica.

b) $b = 2 > 0$
La gráfica se desplaza hacia arriba. La nueva asíntota horizontal es $y = 2$.

⑤ **Representamos la gráfica.**

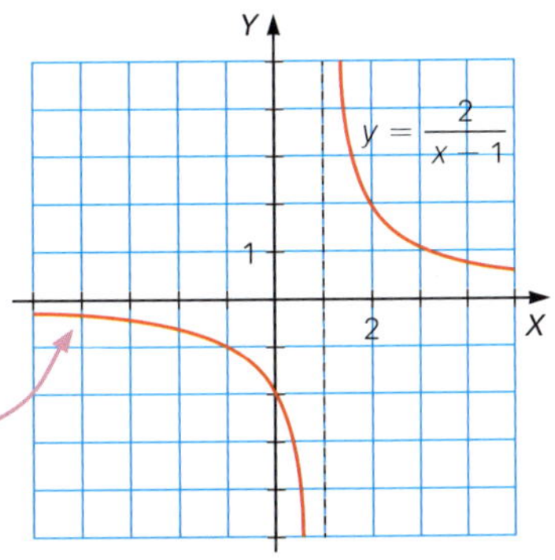

Se desplaza 1 unidad hacia la derecha.

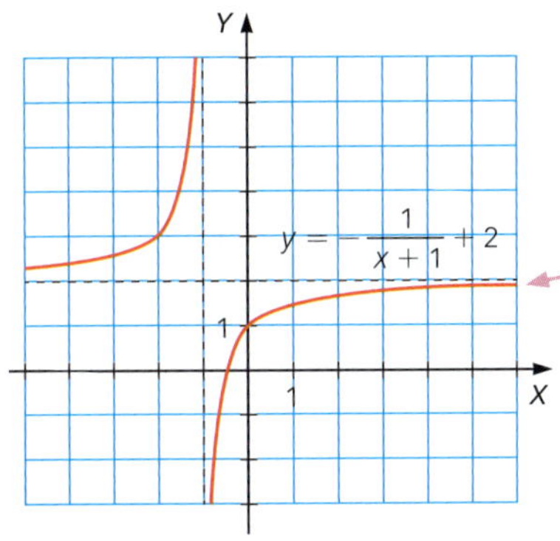

1 hacia la izquierda y 2 hacia arriba.

ACTIVIDADES

16 Representa las siguientes funciones.

a) $y = \frac{3}{x + 1} + 4$ c) $y = \frac{1}{x + 2} + 3$

b) $y = \frac{2}{x + 2} + 6$ d) $y = \frac{4}{x + 3} + 13$

17 Halla la representación gráfica de estas funciones.

a) $y = 2 - \frac{1}{x - 1}$ c) $y = 5 - \frac{2}{x - 3}$

b) $y = 3 - \frac{2}{x - 2}$ d) $y = -1 - \frac{3}{x - 1}$

18 Calcula la expresión algebraica.

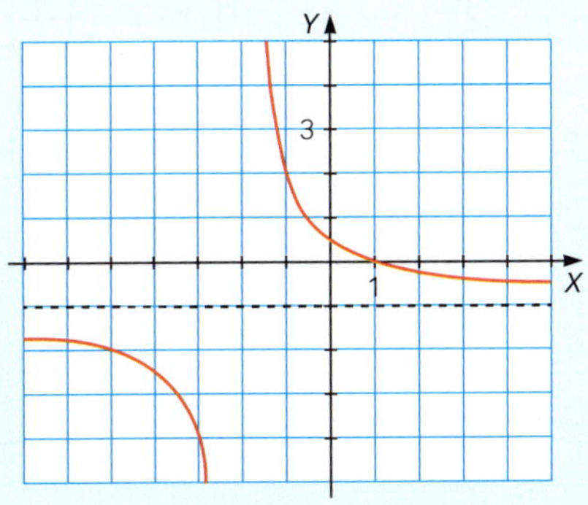

4. Funciones exponenciales

Una **función exponencial** es una función de la forma $f(x) = a^x$, donde a es un número real positivo ($a > 0$) y distinto de 1 ($a \neq 1$).

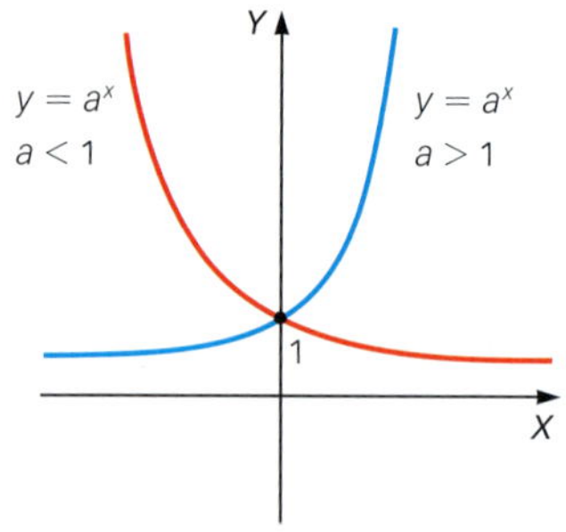

Las funciones exponenciales del tipo $y = a^x$ tienen estas características:

- $f(0) = a^0 = 1$ → La gráfica pasa por el punto (0, 1).
- $f(1) = a^1 = a$ → La gráfica pasa por el punto (1, a).
- Si $0 < a < 1$, la función es siempre decreciente y la gráfica es más cerrada cuanto menor sea el valor de a.
- Si $a > 1$, la función es siempre creciente y la gráfica es más cerrada cuanto mayor sea el valor de a.

EJEMPLO

3. Razona cuál es la expresión algebraica de cada una de las gráficas representadas.

a) $y = 3^x$

b) $y = \left(\frac{1}{2}\right)^x$

c) $y = 4^x$

d) $y = \left(\frac{1}{3}\right)^x$

Las gráficas I) y II) son decrecientes, entonces $a < 1$.

La gráfica II) es más cerrada que la gráfica I):

Gráfica I) → $y = \left(\frac{1}{2}\right)^x$ Gráfica de II) → $y = \left(\frac{1}{3}\right)^x$

Las gráficas III) y IV) son crecientes, entonces $a > 1$.

La gráfica III) es más cerrada que la gráfica IV):

Gráfica III) → $y = 4^x$ Gráfica IV) → $y = 3^x$

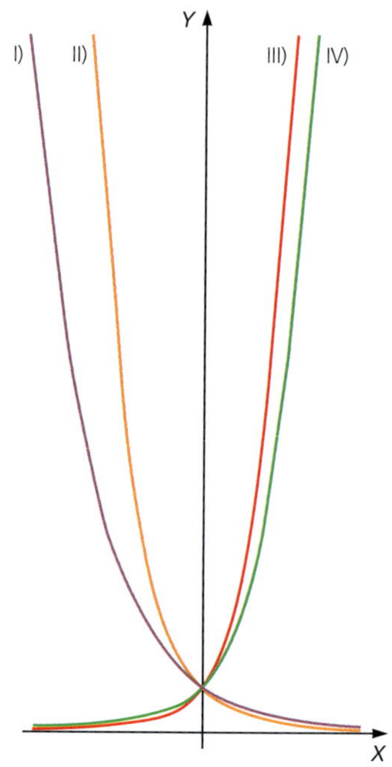

Para calcular valores en una función exponencial se utiliza la tecla $x^{\blacksquare}$.

2^{-3} → 2 $x^{\blacksquare}$ (−) 3 = 0,125

RETO

Escribe la expresión de una función exponencial cuyo recorrido sea $(-\infty, 0)$.

ACTIVIDADES

19 Relaciona cada función con su gráfica.

a) $y = 1{,}2^x$

b) $y = 2^x$

c) $y = \left(\frac{1}{5}\right)^x$

d) $y = \left(\frac{3}{4}\right)^x$

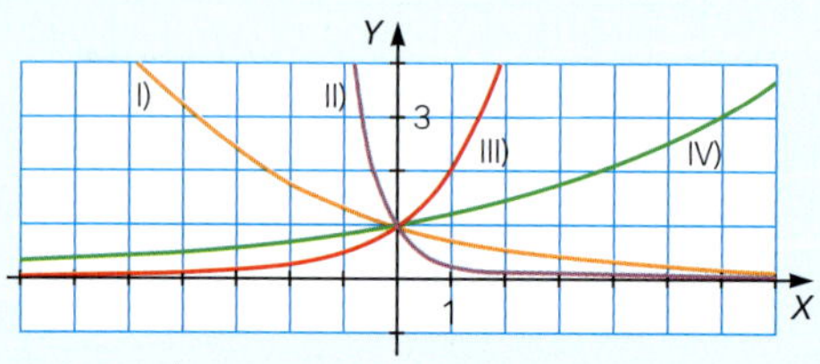

20 Relaciona cada expresión con su gráfica.

a) $y = 1{,}5^x$

b) $y = 3^x$

c) $y = \left(\frac{1}{4}\right)^x$

d) $y = \left(\frac{1}{2}\right)^x$

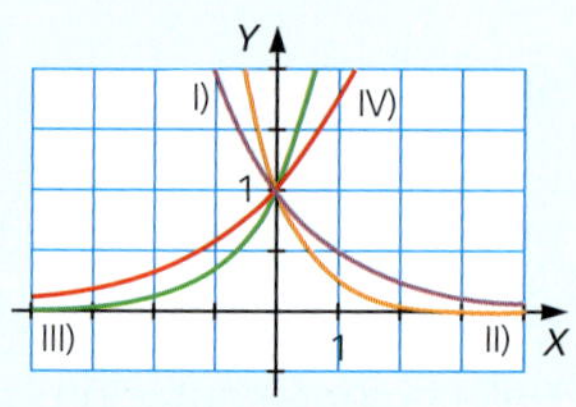

21 **REFLEXIONA.** ¿Qué relación tienen las funciones $f(x) = \left(\frac{3}{5}\right)^x$ y $g(x) = \left(\frac{5}{3}\right)^{-x}$?

Cómo se representan funciones exponenciales

En las funciones de la forma $y = a^x$, y solo toma valores positivos, y en las funciones de la forma $y = -a^x$, negativos.

Representa las siguientes funciones exponenciales.

a) $y = 2^x$ b) $y = \left(\frac{1}{2}\right)^x$

① Consideramos las características de las funciones exponenciales del tipo $y = a^x$.

- Todas pasan por el punto (0, 1).
- Todas pasan por el punto (1, a).
- Si $a > 1$, la función es creciente.
- Si $a < 1$, es decreciente.

a) Corta el eje Y en el punto (0, 1).

$a = 2$

$y = 2^x \rightarrow$ Pasa por (1, 2).

$2 > 1 \rightarrow y = 2^x$ es creciente.

b) Corta el eje Y en el punto (0, 1).

$a = \frac{1}{2}$

$y = \left(\frac{1}{2}\right)^x \rightarrow$ Pasa por $\left(1, \frac{1}{2}\right)$.

$\frac{1}{2} < 1 \rightarrow y = \left(\frac{1}{2}\right)^x$ es decreciente.

② Construimos una tabla de valores.

x	y
−3	0,125
−2	0,25
−1	0,5
0	1
1	2
2	4
3	8

Todas las funciones $y = a^x$ pasan por (0, 1).

x	y
−3	8
−2	4
−1	2
0	1
1	0,2
2	0,25
3	0,125

③ Representamos los puntos de la tabla y los unimos mediante una curva.

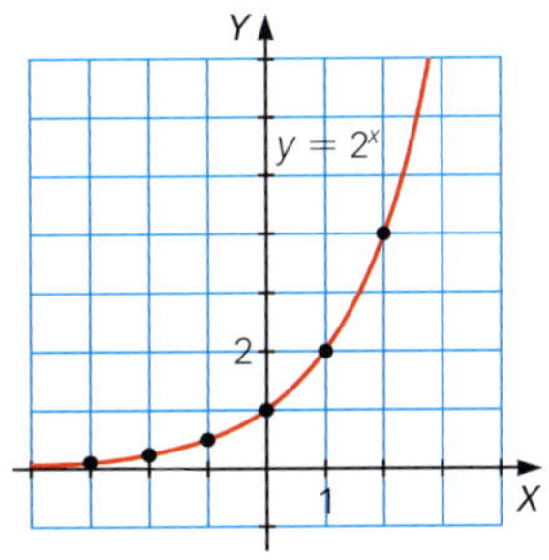

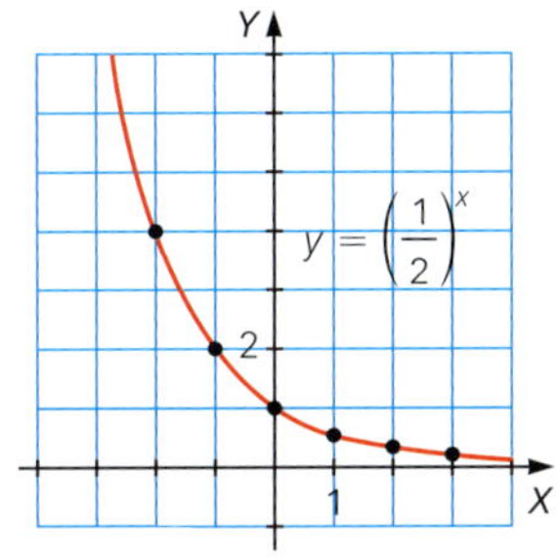

ACTIVIDADES

22 Realiza una tabla de valores y representa las funciones exponenciales.

a) $y = 3^x$ c) $y = \left(\frac{2}{5}\right)^x$

b) $y = \left(\frac{1}{3}\right)^x$ d) $y = 0{,}2^x$

23 Estudia y representa estas funciones.

a) $y = -3^x$ b) $y = 3^{-x}$

¿Podrías representar $y = (-3)^x$?

24 Representa las siguientes funciones de tipo exponencial.

a) $y = 2^{3x}$ c) $y = 2^{-2x}$

b) $y = 2^{\frac{3}{2}x}$ d) $y = 2^{-\frac{2}{3}x}$

25 Construye una tabla de valores y representa.

a) $y = 3^{2x}$ c) $y = 2^{\frac{3x}{2}}$

b) $y = \sqrt[3]{3^x}$ d) 3^{-2x}

4.1. Funciones del tipo $y = a^x + b$

Las gráficas de las funciones del tipo $y = a^x + b$ se pueden obtener trasladando verticalmente la gráfica de $y = a^x$.

- Si $b > 0$, la gráfica se traslada b unidades hacia arriba.
- Si $b < 0$, la gráfica se traslada b unidades hacia abajo.

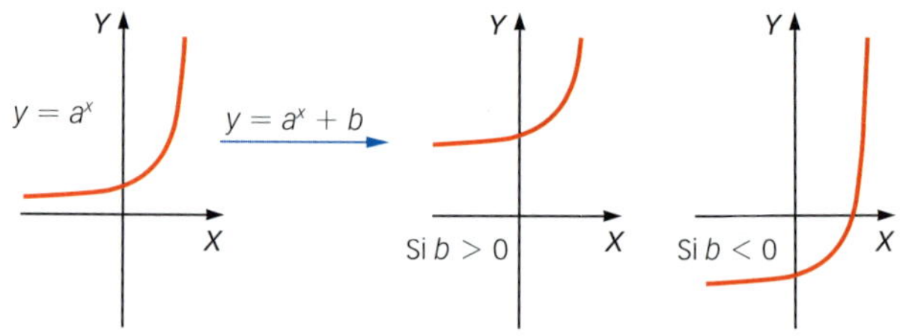

EJEMPLO

4. Relaciona cada gráfica con su correspondiente expresión algebraica.

a) $y = 2^x - 2$ b) $y = 2^x + 1$

La gráfica I) es la gráfica $y = 2^x$ trasladada 1 unidad hacia arriba.

La gráfica II) es la gráfica $y = 2^x$ trasladada 2 unidades hacia abajo.

Gráfica I) → $y = 2^x + 1$ Gráfica II) → $y = 2^x - 2$

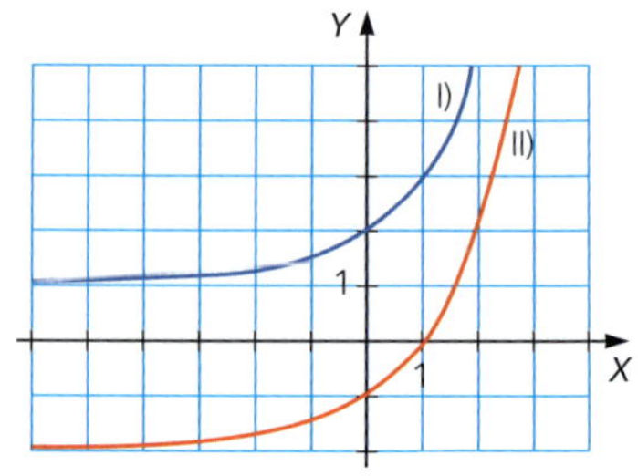

GEOGEBRA

4.2. Funciones del tipo $y = a^{x+b}$

Las gráficas de las funciones del tipo $y = a^{x+b}$ se pueden obtener trasladando horizontalmente la gráfica de $y = a^x$.

- Si $b > 0$, la gráfica se traslada b unidades hacia la izquierda.
- Si $b < 0$, la gráfica se traslada b unidades hacia la derecha.

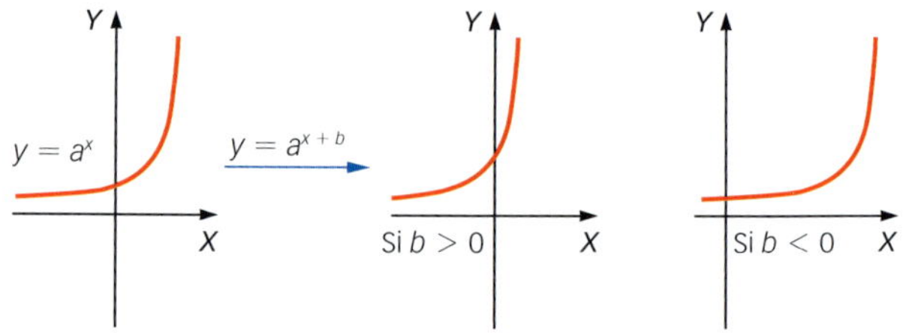

EJEMPLO

5 Relaciona cada gráfica con su correspondiente expresión algebraica.

a) $y = 2^{x-2}$ b) $y = 2^{x+3}$

La gráfica I) es la gráfica $y = 2^x$ trasladada 3 unidades hacia la izquierda.

La gráfica II) es la gráfica $y = 2^x$ trasladada 2 unidades hacia la derecha.

Gráfica I) → $y = 2^{x+3}$ Gráfica II) → $y = 2^{x-2}$

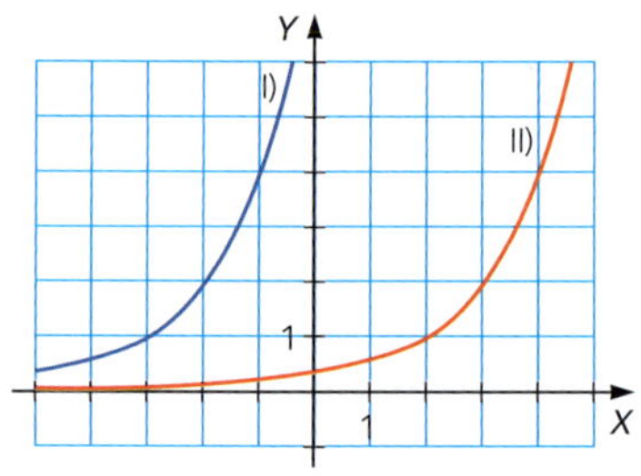

ACTIVIDADES

26 Relaciona cada función con su gráfica.

$f(x) = 2^x$ $g(x) = 2^{x+2}$ $h(x) = 2^x + 2$

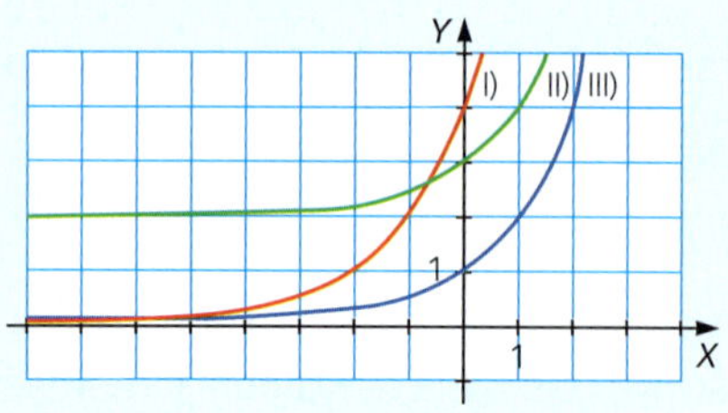

27 Determina cómo se podría obtener la función $f(x) = 3^{x-1} + 3$ a partir de $g(x) = 3^x$.

28 **REFLEXIONA.** Determina la expresión algebraica de la función que aparece representada sabiendo que procede de la función $f(x) = \left(\frac{1}{2}\right)^x$.

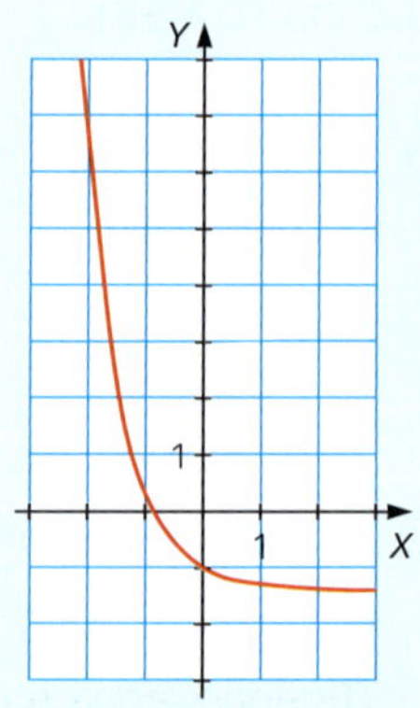

Cómo se representan funciones del tipo $y = a^x + b$ e $y = a^{x+b}$

Las funciones $y = a^{kx+b}$ son funciones exponenciales del tipo $y = a^{x+b}$.

$$y = a^{kx+b} = a^{k\left(x+\frac{b}{k}\right)} = (a^k)^{\left(x+\frac{b}{k}\right)}$$

$$y = 3^{2x+1} = 3^{2\left(x+\frac{1}{2}\right)} = (3^2)^{\left(x+\frac{1}{2}\right)} = 9^{\left(x+\frac{1}{2}\right)}$$

Representa gráficamente estas funciones exponenciales.

a) $y = 3^x - 2$

b) $y = 3^{x+1}$

1 Representamos la función $y = a^x$ con la que está relacionada.

En este caso, ambas funciones están relacionadas con la función $y = 3^x$.

x	-2	-1	0	1
y	$\frac{1}{9}$	$\frac{1}{3}$	1	3

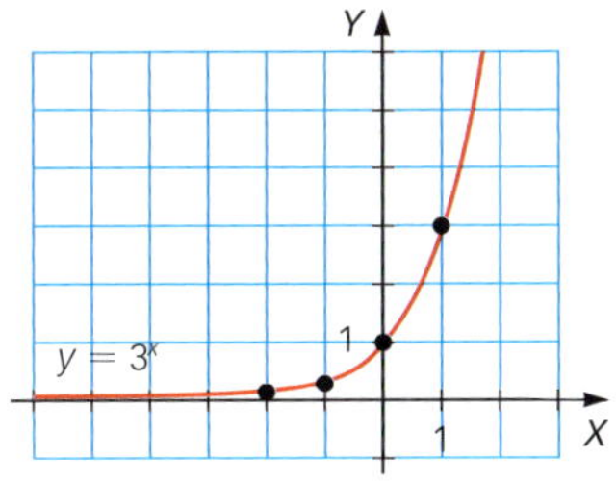

2 Determinamos el tipo de traslación.

- Para $y = a^x + b$:
  $b > 0 \rightarrow b$ unidades hacia arriba.
  $b < 0 \rightarrow b$ unidades hacia abajo.
- Para $y = a^{x+b}$:
  $b > 0 \rightarrow b$ unidades hacia la izquierda.
  $b < 0 \rightarrow b$ unidades hacia la derecha.

a) $y = 3^x - 2$

Función del tipo $y = a^x + b$

Traslación vertical $b = -2 < 0$

2 unidades hacia abajo.

b) $y = 3^{x+1}$

Función del tipo $y = a^{x+b}$

Traslación horizontal $b = 1 > 0$

1 unidad hacia la izquierda.

3 Dibujamos la gráfica correspondiente.

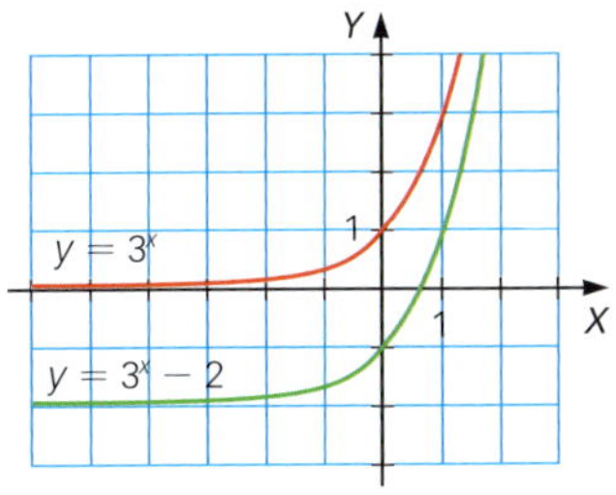

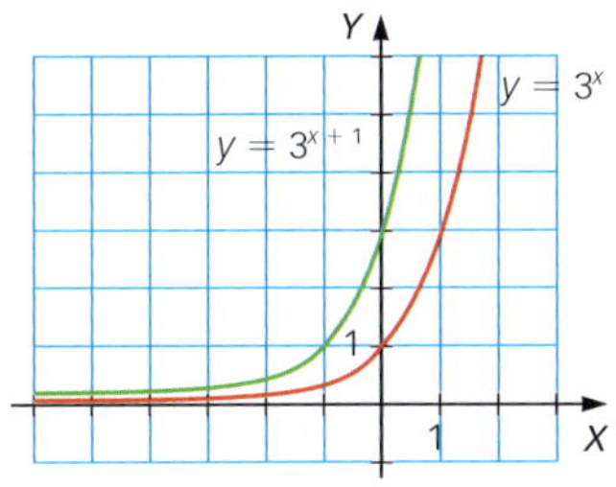

ACTIVIDADES

29 Dibuja la gráfica de la función $y = 4^x$ y, a partir de ella, representa estas funciones exponenciales sin realizar las tablas de valores.

a) $y = 4^{x-3}$
b) $y = 4^{x+1}$
c) $y = 4^x + 1$
d) $y = 4^x - 1$

30 Representa estas funciones ayudándote de la gráfica de la función $y = 5^x$.

a) $y = 5^{x-1} + 3$
b) $y = 5^{x+1} - 4$

31 A partir de la gráfica de la función exponencial $f(x) = 2^x$, representa gráficamente estas funciones.

a) $g(x) = 2^{x+2}$
b) $h(x) = 2^x + 2$

32 Dibuja la gráfica de la función $f(x) = 3^x$. A partir de ella, genera las siguientes gráficas.

a) $g(x) = 3^{x-1}$
b) $g(x) = 3^{x+3}$
c) $g(x) = 3^x + 3$
d) $g(x) = 3^x - 3$

33 Realiza la representación gráfica de estas funciones.

a) $f(x) = \left(\frac{1}{2}\right)^{x-2}$
b) $f(x) = \left(\frac{1}{2}\right)^x + 2$
c) $f(x) = \left(\frac{1}{2}\right)^x - 2$
d) $f(x) = \left(\frac{1}{2}\right)^{x+2}$

34 Representa las siguientes funciones.

a) $f(x) = 4^{x-2} + 3$
b) $f(x) = \left(\frac{1}{3}\right)^{x-3} - 1$

1. Representa gráficamente dos magnitudes que guardan relación lineal

ACTIVIDADES FLASH

35 Clasifica las funciones polinómicas de primer grado e indica los puntos de corte con los ejes.

a)

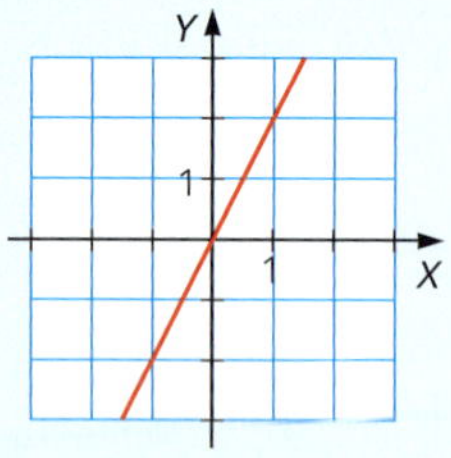

b)

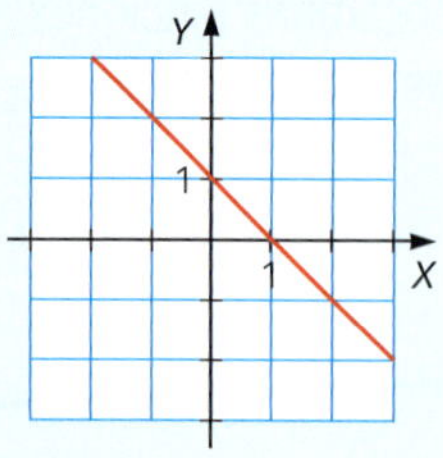

36 Di qué puntos pertenecen a la función $y = -x + 2$.

a) (0, 1) b) (1, 0) c) (−7, 9) d) (3, −1)

37 Determina la representación gráfica de las funciones.

a) $f(x) = -2$

b) $f(x) = \frac{3}{4}$

c) $f(x) = -2x$

d) $f(x) = \frac{5}{2}x$

e) $f(x) = -2x + 1$

f) $f(x) = \frac{3}{2}x + 3$

38 **INVENTA.** Escribe la ecuación de una función lineal, una de proporcionalidad directa y una constante. Indica, en cada una, la pendiente y la ordenada en el origen.

39 Determina la expresión algebraica de cada función lineal conocida su pendiente y un punto por el que pasa.

a) Su pendiente vale 3 y pasa por el origen.

b) Su pendiente vale −1 y pasa por el punto (0, 2).

40 Representa la función polinómica de primer grado que pasa por cada par de puntos y determina su ecuación.

a) $A(1, 3)$ y $B(2, 4)$ b) $C(3, 2)$ y $D(5, 5)$

41 **INVENTA.** Escribe la ecuación de una función lineal, una de proporcionalidad directa y una constante a las que pertenezca el punto (−1, 2).

42 Determina la ecuación de estas funciones.

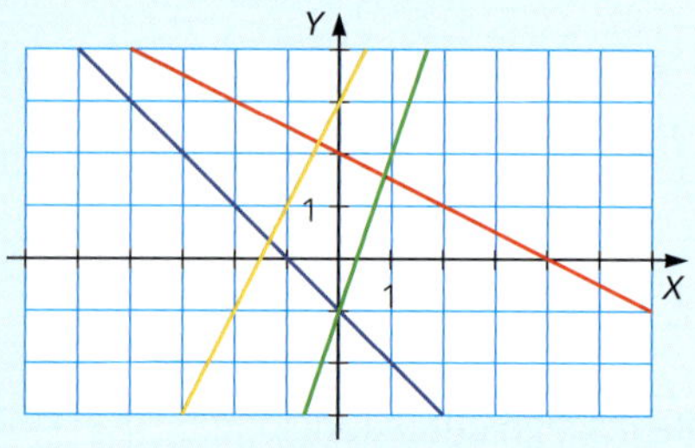

43 **INVESTIGA.** Sea f una función lineal tal que $f(6) - f(2) = 12$. ¿Cuánto vale $f(12) - f(2)$?

44 **RETO.** Dibuja la gráfica de la función $y = \frac{x}{|x|}$.

2. Representa gráficamente dos magnitudes que guardan relación cuadrática

45 Representa las siguientes funciones.

a) $y = -5x^2$ b) $y = 5x^2$ c) $y = \frac{x^2}{4}$

46 Relaciona cada función con su representación gráfica.

a) $y = (x + 1)^2 - 1$

b) $y = -(x + 2)^2 + 4$

c) $y = 2(x + 1)^2 - 2$

d) $y = -(x - 3)^2 + 5$

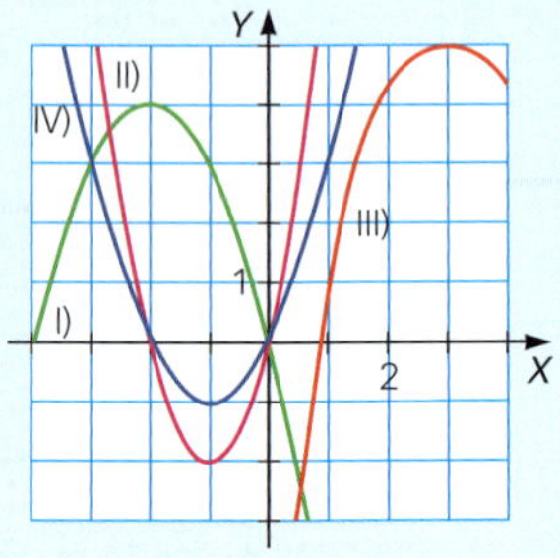

47 Determina el vértice, el eje y los puntos de corte con los ejes de cada gráfica. Después, escribe su expresión algebraica.

a)

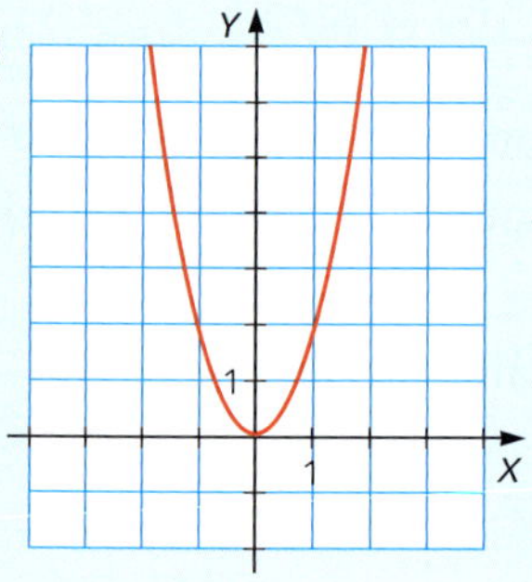

c)

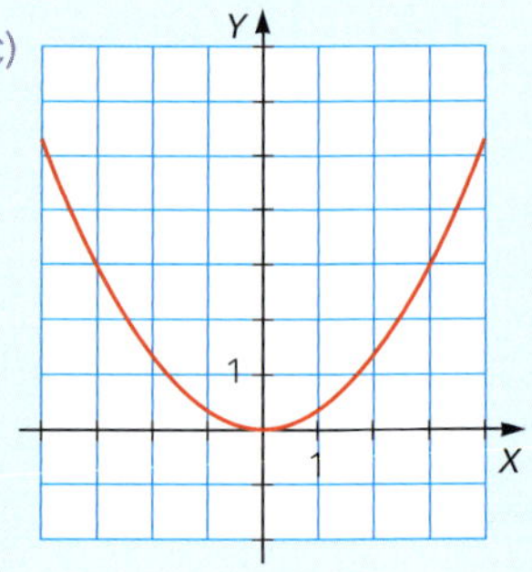

b)

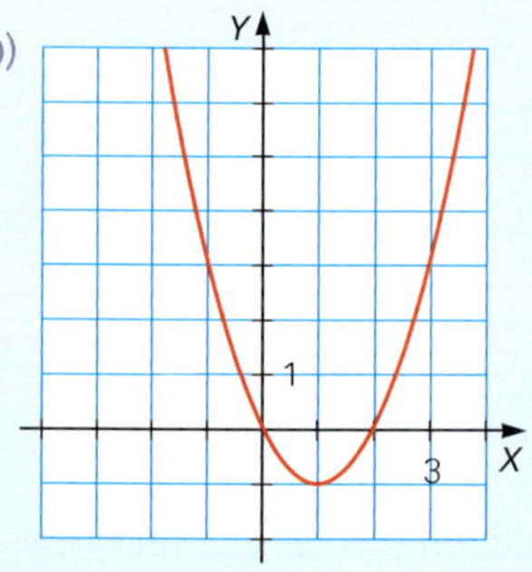

d)

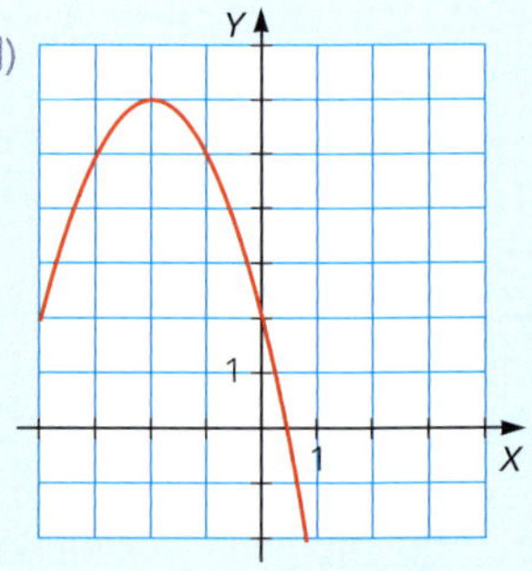

48 Resuelve el cuadrado mágico donde la suma de cada fila, columna y diagonal coincide. Para ello, ayúdate de los ejes de simetría, $x = a$, de estas parábolas.

c)		
	5	
	a)	b)

a) $y = x^2 - 2x$ b) $y = -x^2 + 12x$ c) $y = x^2 - 8x$

49 Halla el vértice de las siguientes parábolas y represéntalas. Razona, en cada caso, si es un máximo o un mínimo.

a) $y = -2x^2 + 1$

b) $y = 3x^2 - 6$

c) $y = 5x^2 - 4$

d) $y = -4x^2 + 2$

e) $y = x^2 - 8x + 15$

f) $y = x^2 + 9x + 18$

50 **RETO.** Expresa las coordenadas del vértice de cada parábola en función de a, b y c.

a) $y = ax^2$
b) $y = ax^2 + bx$
c) $y = ax^2 + c$
d) $y = ax^2 + bx + c$

51 Representa estas parábolas.

a) $y = -x^2 + 7x$
b) $y = -\left(x - \frac{1}{2}\right)^2 + \frac{1}{4}$
c) $y = 3x^2 - 4x$
d) $y = -\left(\frac{1}{3} - x\right)^2 + \frac{1}{9}$

52 **RETO.** Representa la gráfica correspondiente a la función $y = |x^2 - x - 6|$.

53 Una función de segundo grado tiene como ecuación $y = x^2 + bx + 8$ y pasa por el punto $P(2, 8)$. Calcula el valor de b y representa gráficamente la parábola.

54 **INVENTA.** Escribe la ecuación de dos parábolas:

a) Que tengan vértice en $(2, -1)$.
b) Que pasen por el punto $(-1, 4)$.

55 **JUEGO.** Jugad al *Quién es quién*. Cada participante elige una parábola y trata de averiguar la del oponente haciendo preguntas de sí o no. Por ejemplo: ¿su coeficiente principal es positivo?, ¿tiene un punto de corte en $x = 1$?

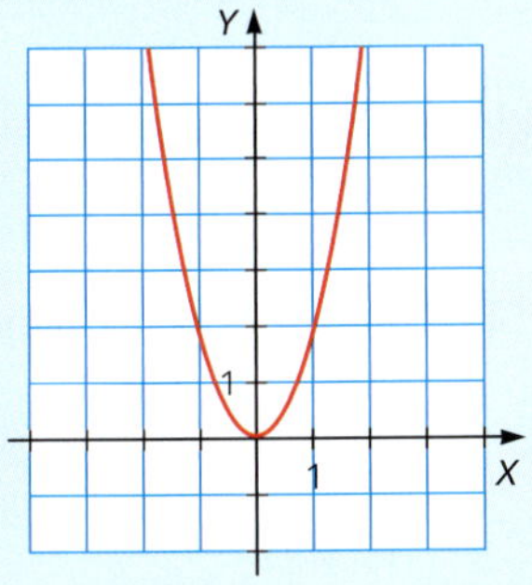

Cómo se hallan los puntos de intersección de las gráficas de dos funciones

56 Halla los puntos de intersección de las funciones $y = -x + 3$ e $y = 2x^2 - x + 1$.

PRIMERO. Se plantea un sistema de ecuaciones.

$$\left.\begin{array}{l} y = -x + 3 \\ y = 2x^2 - x + 1 \end{array}\right\}$$

SEGUNDO. Se resuelve el sistema.

$$-x + 3 = 2x^2 - x + 1 \rightarrow 2x^2 - 2 = 0 \rightarrow$$
$$\rightarrow x^2 = 1 \rightarrow x_1 = 1,\ x_2 = -1$$

TERCERO. Se sustituyen estos valores en cualquiera de las ecuaciones obteniendo los puntos de corte.

$$y = -x + 3 \xrightarrow{x = 1} y = 2 \rightarrow A(1, 2)$$
$$\xrightarrow{x = -1} y = 4 \rightarrow B(-1, 4)$$

Los puntos de corte son (1, 2) y (−1, 4).

57 Calcula los puntos de intersección entre la recta $y = x$ y la parábola de ecuación $y = -x^2 + 2x + 2$.

58 Determina los puntos de intersección entre la recta $y = x + 1$ y la parábola $y = -x^2 + 2x + 3$.

59 **INVESTIGA.** ¿Cuál es la distancia mínima entre las parábolas $y = 4x^2 + 2$ e $y = -3x^2 - 4$?

INTERNET

60 Completa los refranes y escribe las ecuaciones de las parábolas que pasan por estos puntos.

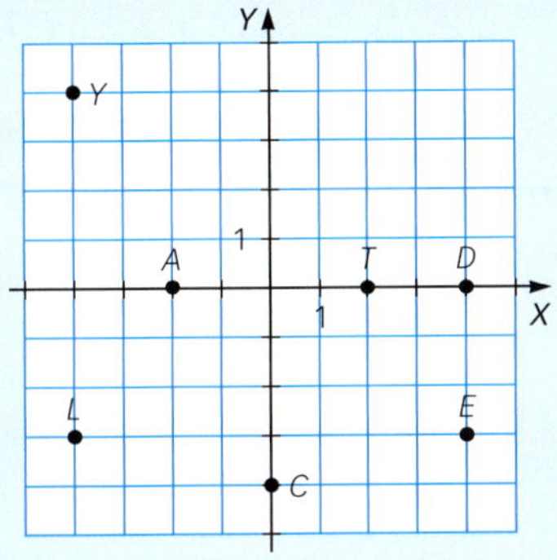

a) An apple a _____ keeps the doctor away.
b) Better _____ than never.
c) Curiosity killed the _____ .

61 **RETO.** De una función polinómica sabemos que:

$f(0) = 3$ $f(1) = 2$ $f(-1) = 8$

a) ¿Cuántas funciones polinómicas de grado 2 cumplen estas condiciones?
b) ¿Y cuántas de grado superior a 2?

3. Representa gráficamente dos magnitudes que guardan relación de proporcionalidad inversa

ACTIVIDADES FLASH

62 Relaciona cada función con su ecuación.

a) $y = \frac{1}{x}$
b) $y = -\frac{1}{x}$
c) $y = \frac{2}{x}$
d) $y = -\frac{3}{x}$

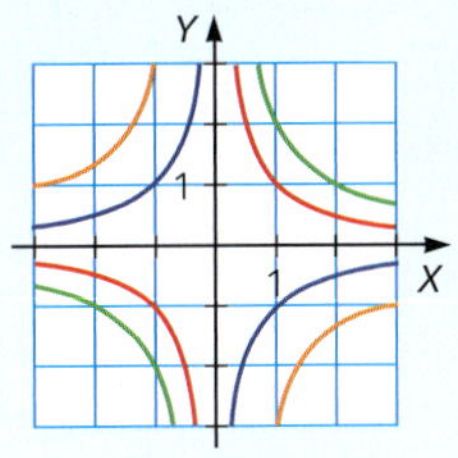

63 La tabla muestra la relación entre dos números positivos.

x	0,02	0,1	0,2	0,5	1	2	…
y	300	60	30	12	6	3	…

a) ¿Cuál es su expresión algebraica?
b) Represéntala gráficamente.
c) Da valores a x próximos a 0. ¿Qué ocurre con los de y?

64 Representa gráficamente las siguientes funciones de proporcionalidad inversa.

a) $y = \frac{7}{x}$ b) $y = -\frac{11}{x}$ c) $y = -\frac{8}{x}$

65 Dada la función $y = -\frac{5}{x}$:

a) ¿Para qué valores es creciente la función?

b) ¿Tiene máximo o mínimo?

c) Haz una tabla donde x tome valores de -1 a 0 y de 1 a 0, cercanos a 0. ¿A qué valores se acerca la función?

66 Conocida la hipérbola $y = \frac{1}{x}$ representada en color azul, escribe la expresión algebraica de las hipérbolas de color rojo y verde.

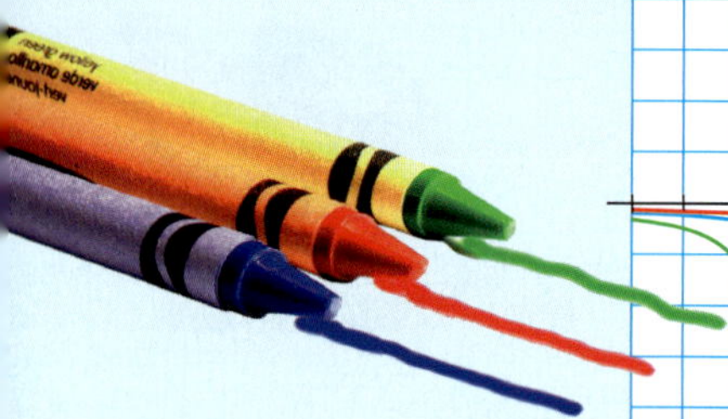

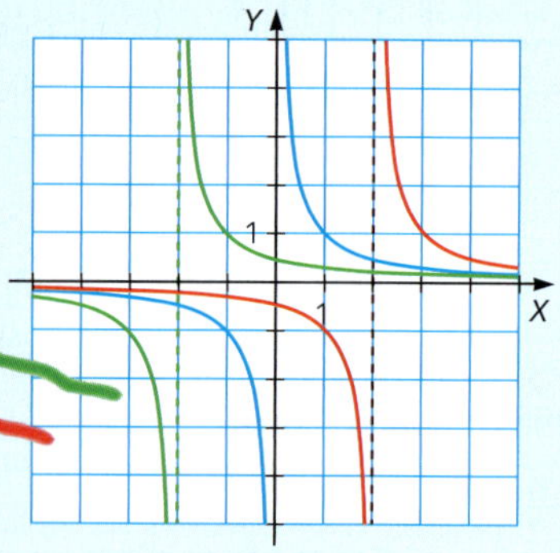

67 Representa las hipérbolas.

a) $y = \frac{1}{x+2}$ c) $y = \frac{1}{x+2} + 2$

b) $y = \frac{1}{x} + 2$ d) $y = \frac{-1}{x+2} + 2$

68 Halla la expresión algebraica de las funciones representadas.

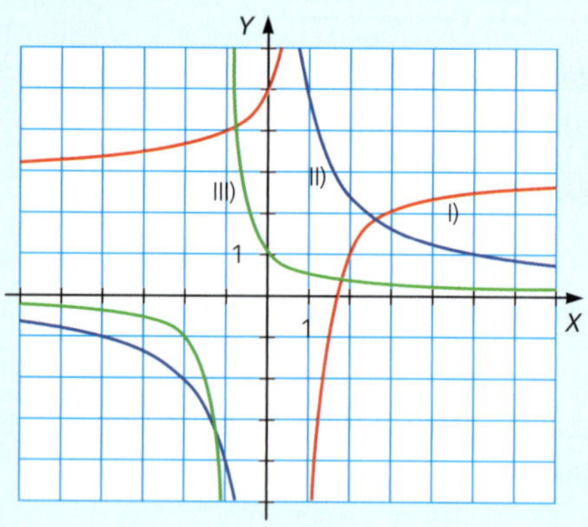

69 **JUEGO.** El primer participante elige un punto $A(x, y)$. El resto tiene que buscar una función que pase por él. Gana 1 punto quien diga primero una función de primer grado, 2 puntos quien diga primero una de segundo grado y 3 puntos quien diga primero una función racional.

70 **INVESTIGA.** Calcula el dominio y los puntos de corte con los ejes de estas funciones. Después, represéntalas.

a) $y = \frac{4}{x-2} + 2$ b) $y = \frac{3-2x}{x-1}$

Cómo se transforma una función $y = \frac{x+a}{x+b}$ en otra de tipo $y = \frac{k}{x+c} = d$

71 Expresa la función $y = \frac{2x-3}{x-4}$ como otra del tipo $y = \frac{k}{x+c} + d$.

PRIMERO. Se dividen los polinomios.

$$\begin{array}{r|l} 2x - 3 & x - 4 \\ \hline -2x + 8 & 2 \\ \hline 5 & \end{array}$$

SEGUNDO. Se expresa la función como la suma del cociente más el resto.

$$y = \frac{2x-3}{x-4} = 2 + \frac{5}{x-4}$$

72 Representa las siguientes funciones.

a) $y = \frac{x-6}{x-5}$ c) $y = \frac{x+2}{x+1}$

b) $y = \frac{3x+7}{x+2}$ d) $y = \frac{2x-15}{x-7}$

73 Representa estas funciones.

a) $f(x) = \begin{cases} \frac{1}{2} & \text{si } x < -1 \\ 2 & \text{si } -1 \le x \le 2 \\ -x^2 & \text{si } x > 2 \end{cases}$

b) $f(x) = \begin{cases} -x^2 + 1 & \text{si } x \le -2 \\ x + 2 & \text{si } -2 < x < 3 \\ \frac{2}{x-1} & \text{si } x \ge 3 \end{cases}$

4. Representa gráficamente dos magnitudes que guardan relación exponencial

ACTIVIDADES FLASH

74 Relaciona cada función con su gráfica.

a) $y = 1{,}2^x$ c) $y = 3^x$

b) $y = \left(\frac{1}{2}\right)^x$ d) $y = \left(\frac{3}{4}\right)^x$

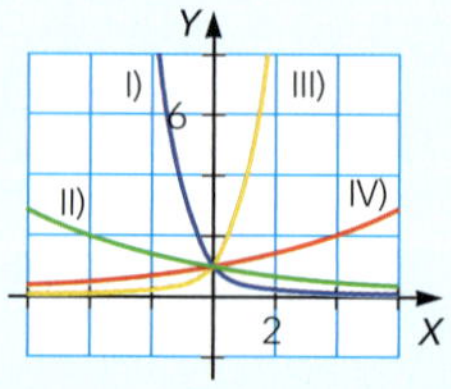

75 Representa las siguientes funciones exponenciales sobre los mismos ejes coordenados.

a) $y = 2^{2x}$ b) $y = 4^{-2x}$ c) $y = \left(\frac{1}{2}\right)^{\frac{x}{2}}$

76 **INVENTA.** Escribe la ecuación de una función exponencial que sea decreciente y pase por el punto (0, 2). Represéntala gráficamente.

77 Calcula la expresión algebraica correspondiente a cada una de las siguientes funciones del tipo $y = a^x$.

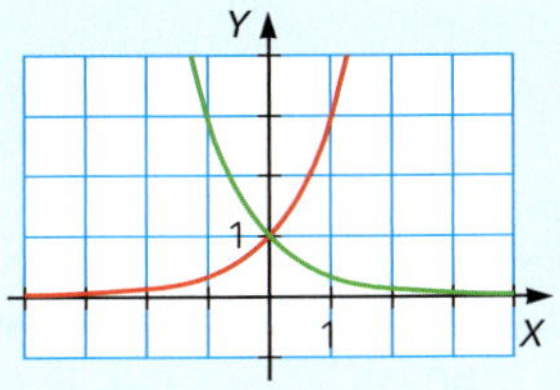

78 Represente las siguientes funciones.

a) $y = 2^{x+1}$ c) $y = 2^{x-2}$

b) $y = \left(\frac{1}{4}\right)^x + 2$ d) $y = \left(\frac{1}{2}\right)^x - 1$

79 Conocida la gráfica de la función $y = 3^x$, halla la expresión algebraica de estas funciones.

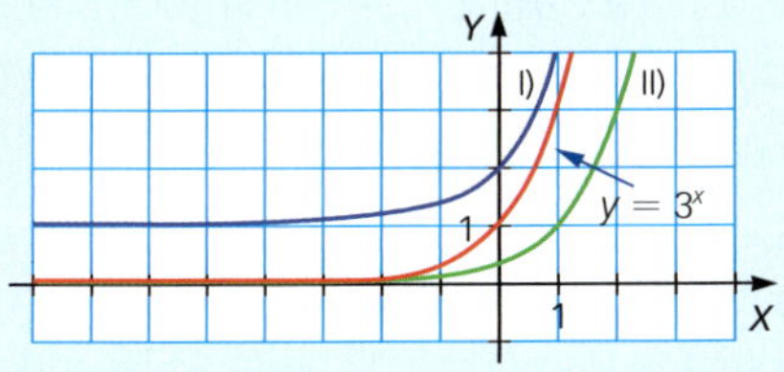

80 Calcula la expresión de las funciones en verde.

a)

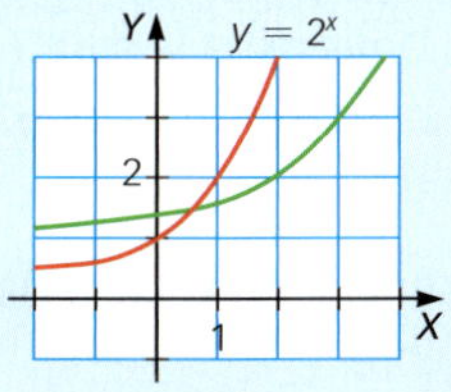

b)

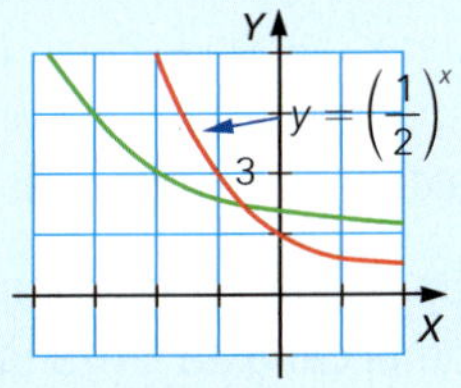

81 Dibuja la gráfica de una función exponencial que verifique estas condiciones:

- Es decreciente.
- Corta el eje Y en el punto (0, 3).
- No corta el eje X en ningún punto.
- Pasa por el punto $\left(1, \frac{3}{2}\right)$.

82 Realiza la gráfica de una función exponencial que tenga las siguientes propiedades:

- Es creciente.
- Corta el eje Y en el punto (0, −3).
- Pasa por el punto (1, 3).

83 **INVESTIGA.** Estudia y representa las funciones.

a) $y = 3^{-x+2} + 1$ d) $y = \frac{2}{3} - 3^{x+3}$

b) $y = 3 - 3^{x+\frac{2}{3}}$ e) $y = 2 - 3^x + \frac{2}{3}$

c) $y = 3^{x-1} - 5$ f) $y = 1 - \frac{1}{3} - 4^x$

84 **RETO.** La suma de las cifras del número $(10^{2009n} + 1)^2$, siendo $n > 0$, no es un número extraordinariamente grande. ¿Crees que la suma de las cifras de ese número depende de n? ¿Cuánto vale exactamente?

5. Interpreta situaciones reales que corresponden a funciones

85 Andrea camina sobre un pasillo móvil y Laura, al mismo ritmo, en paralelo por fuera del pasillo móvil.

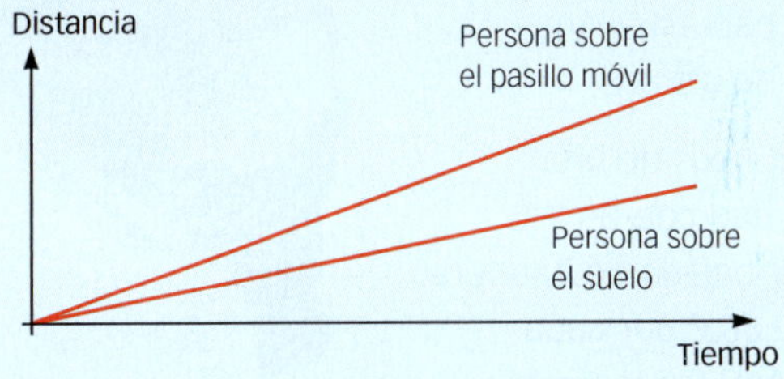

Copia en tu cuaderno estas gráficas y añade otra gráfica que represente el movimiento de una persona que vaya sobre el pasillo móvil sin moverse.

86 **MATEMÁTICAS Y... VIDEOJUEGOS.** En una pantalla de un videojuego, el personaje salta describiendo una parábola y alcanza la máxima altura en el punto (4, 4) para caer sobre el enemigo. ¿Desde dónde pudo saltar? Escribe la ecuación de la parábola.

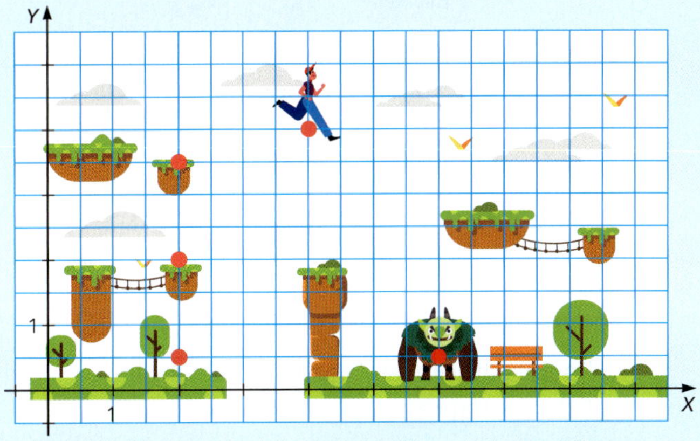

87 El coste fijo de la factura mensual de electricidad es de 10 €. Además, cada kilovatio-hora cuesta 0,02 €. Haz una tabla que relacione el gasto mensual, en kWh, y el importe, en euros. Escribe la función y represéntala.

88 La gráfica refleja la temperatura del aire, en °C, en función de los kilómetros de altitud a los que nos encontramos.

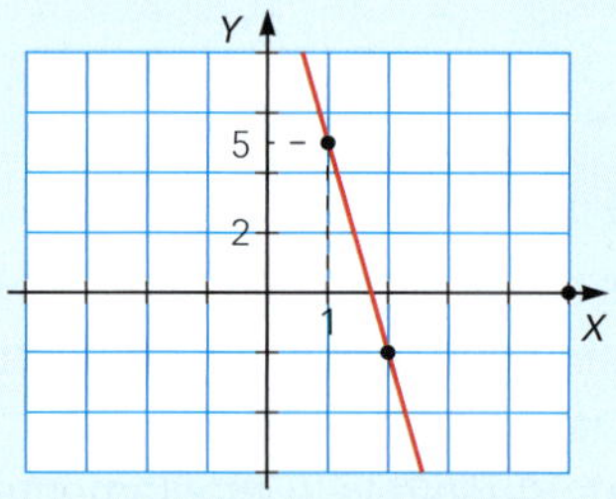

a) Escribe la expresión algebraica de la función que relaciona la altitud con la temperatura.

b) ¿Cuál es su ordenada en el origen? ¿Qué significado tiene?

c) ¿Qué temperatura habrá a 9 km de altitud?

89 Los taxis de una ciudad cobran 1 € por bajada de bandera y 0,80 € por cada kilómetro recorrido.

a) Haz una tabla que exprese el precio del viaje en función de los kilómetros recorridos.

b) Escribe la función que relaciona ambas magnitudes y represéntala.

90 Existen varias escalas numéricas para medir la temperatura.

	Agua	
Escalas	$P_{fusión}$	$P_{ebullición}$
Celsius	0	100
Farenheit	32	212
Kelvin	273,15	373,15

Escribe una expresión algebraica que transforme:

a) Grados Celsius a grados Kelvin.

b) Grados Celsius a grados Farenheit.

Representa ambas funciones y determina la temperatura a la que coinciden.

91 En un momento del día, la sombra de un palo de 1 m de altura es de 0,3 m.

Haz una tabla donde se refleje la longitud de la sombra en función de su altura, escribe la función y represéntala.

92 Los estudiantes de 4.º de ESO quieren ir de viaje de estudios. Para obtener fondos compran 360 cajas de apolvorones que han de vender entre todos.

a) Haz una tabla que relacione el número de estudiantes que van a viajar con el número de cajas que ha de vender cada uno.

b) Escribe su expresión algebraica y representa la función.

c) Comprueba que el producto del número de estudiantes y el de cajas es constante. ¿Cuál es ese valor?

93 Carlos se va de vacaciones y quiere alquilar una caravana. Por ello acude a dos empresas de alquiler de caravanas que le ofrecen diferentes posibilidades.

Tarifa A
50 € + 10 €/día

Tarifa B
30 € + 12 €/día

a) Si Carlos va a viajar 8 días con la caravana, ¿en qué empresa le resulta más barato hacerlo?

b) ¿Y si va a viajar 15 días?

c) Escribe las funciones *Precio-Tiempo* y represéntalas en los mismos ejes. ¿Dónde se cortan? ¿Qué representan los puntos de corte de las funciones?

94 El lanzamiento de un balón sigue una trayectoria de ecuación $h(t) = 2t - t^2$. Determina la altura en metros y los segundos necesarios para que el balón alcance el punto más alto de la trayectoria.

INTERNET

95 Un jugador de baloncesto situado en la línea de 4,6 m de la canasta lanza un tiro libre.

a) ¿Qué tipo de función es la trayectoria del balón?

b) Halla su ecuación sabiendo que el punto más alto de la trayectoria se encuentra a la mitad de la distancia entre el jugador y la canasta, y su altura es 3,5 m.

96 Se lanza un bumerán que sigue la trayectoria $f(x) = -x^2 + 5x$. Un pájaro vuela al mismo tiempo siguiendo la recta $y = x + 3$.

¿Se cortan sus trayectorias en algún punto? ¿En qué punto se producirá el choque?

97 **MATEMÁTICAS Y... BIOLOGÍA.** La bacteria *E. coli*, que habita en el intestino de algunos animales es capaz de reproducirse por bipartición cada 25 minutos.

Calcula la expresión de la función que relaciona el número de bacterias, n, con el tiempo, t, transcurrido desde que la primera bacteria se reproduce.

98 **MATEMÁTICAS Y... QUÍMICA.** A nivel del mar, el agua hierve a 100 °C, pero cada 100 m más de altitud supone una décima de grado menos para hervir.

a) Calcula el punto de ebullición del agua en las cimas del Aneto (3 404 m) y del Everest (8 850 m).

b) Escribe la ecuación de la función que relaciona la temperatura de ebullición del agua y la altitud.

INTERNET

99 **MATEMÁTICAS Y... CIRCULACIÓN.** La relación entre la longitud recorrida y la altura alcanzada al subir un puerto de montaña se determina por la señal de tráfico que informa de la pendiente.

Si en un puerto de montaña la pendiente es del 8 %, expresa la relación que existe entre la longitud recorrida y la altura alcanzada de forma algebraica, y representa la función.

100 **MATEMÁTICAS Y... AYUDA HUMANITARIA.** En situaciones de catástrofe se suelen utilizar aviones de carga para lanzar alimentos y medicinas sobre las poblaciones que quedan aisladas. Los aviones intentan volar lo más bajo posible para evitar que el impacto con el suelo deteriore el contenido. La velocidad, v, en metros por segundo, con la que llega al suelo un objeto que cae desde una altura, h, en metros, se calcula como $v = \sqrt{20h}$.

Representa gráficamente la función que relaciona la altura desde la que se debe lanzar un objeto para que llegue con una velocidad dada.

FAKE NEWS

Decisiones diarias

Los lectores de nuestro diario ahora pueden convertirse en socios por muy poco dinero y tener acceso a todos nuestros servicios.

A simple vista parece que la suscripción anual es mucho más cara que la suscripción mensual.

Y tú, ¿qué opinas?

PROBLEMAS APARENTEMENTE DISTINTOS

101 Calcula los puntos de intersección de estas funciones.

$y = x^2 - 4x + 5$ $\qquad$ $y = 5 - 2x$

102 Mara y Lo salen de casa con trayectorias distintas.

Mara: $y = x^2 - 4x + 5$ $\qquad$ Lo: $2x + y = 5$

¿Dónde se encontrarán? ¿Dónde viven?

103 Dada la función $f(x) = 4^x$:

a) Elabora una tabla de valores.

b) Represéntala gráficamente.

104 Una sustancia radiactiva se va desintegrando en cuatro partes iguales al cabo de una hora. Representa la situación en función del tiempo.

105 Dada la función $y = \frac{1}{4}x^2 + 4x + 20$:

a) Calcula su vértice.

b) Halla $f(15)$.

106 En una fábrica de tractores, el coste de fabricación por unidad, en miles de euros, viene dado por la función $y = \frac{1}{4}x^2 + 4x + 20$.

a) ¿Cuál es el precio máximo de coste de una unidad?

b) ¿Cuál será el coste de un tractor si hoy se han fabricado15?

¡Acelera!

En atletismo hay varias modalidades de carrera de velocidad según la distancia recorrida. Los atletas de carreras de velocidad son velocistas.

En este tipo de carreras, los atletas se encuentran semiincorporados sobre unos tacos fijados a la pista detrás de la línea de salida para traccionar empujando los pies contra ellos. Al oír el sonido del disparo de salida los velocistas corren a la máxima velocidad hacia la línea de meta.

Estos son los velocistas que consiguieron el récord mundial en cada una de las categorías, en las modalidades masculina y femenina.

Distancia de carrera (m)	Velocista	Tiempo (s)	Año
60	Christian Coleman	6,34	2018
	Irina Privalova	6,92	1993
100	Usain Bolt	9,58	2009
	Florence Griffith Joyner	10,49	1988
200	Usain Bolt	19,19	2009
	Florence Griffith Joyner	21,34	1988
400	Wayde van Niekerk	43,03	2016
	Marita Koch	47,60	1985

1 En sus marcas

Los velocistas corren acelerando hasta alcanzar su máxima velocidad e intentan mantenerla hasta el final de la carrera. Teniendo en cuenta que la aceleración puede calcularse como $a = \frac{2s}{t^2}$ o como $a = \frac{v}{t}$, siendo s la distancia recorrida, t el tiempo transcurrido y v la velocidad alcanzada, calcula:

- La aceleración media de los velocistas que consiguieron el récord mundial en la prueba de 60 m.
- La velocidad de los atletas que consiguieron los récords en la modalidad de 100 m si hubieran llevado la misma aceleración que los de 60 m.
- Escribe la función que determina la relación entre el espacio y el tiempo en cada caso. ¿De qué tipo de funciones se trata?

2 Vive la velocidad

La función que relaciona el tiempo transcurrido desde el inicio de la carrera y la distancia recorrida en un movimiento con aceleración constante es $s = v_0 t + \frac{1}{2}at^2$, siendo s el espacio recorrido, v_0 la velocidad inicial, a la aceleración y t el tiempo transcurrido.

- ¿Qué tipo de función es?
- Escribe las expresiones de las funciones correspondientes a los velocistas de la prueba de 60 m y represéntalas.

Los velocistas del resto de las modalidades masculinas alcanzan su velocidad máxima a los 3,5 s, y de las femeninas, a los 3,8 s. Después, mantienen la velocidad hasta el final de la carrera. Su aceleración es la misma que la de los corredores de 60 m.

- Escribe en cada caso la expresión de la función como una función definida a trozos y represéntala.
- Comprueba si pueden corresponderse con alguno de los velocistas récord.

3 ¡Reacciona!

El tiempo de reacción al disparo de salida es un factor clave para alcanzar una buena marca. Los estudios realizados revelan que el tiempo de reacción desde que suena el disparo hasta que el atleta comienza a correr es de 0,15 s.

- Escribe la expresión algebraica de la función correspondiente a un corredor y una corredora teniendo en cuenta su tiempo de reacción, si su aceleración media es la misma que la de los corredores de la modalidad de 60 m.
- Representa la gráfica correspondiente a cada uno.

RESUMEN DE UNIDAD

FUNCIÓN POLINÓMICA DE PRIMER GRADO

$y = mx + n$

Su representación gráfica es una recta.

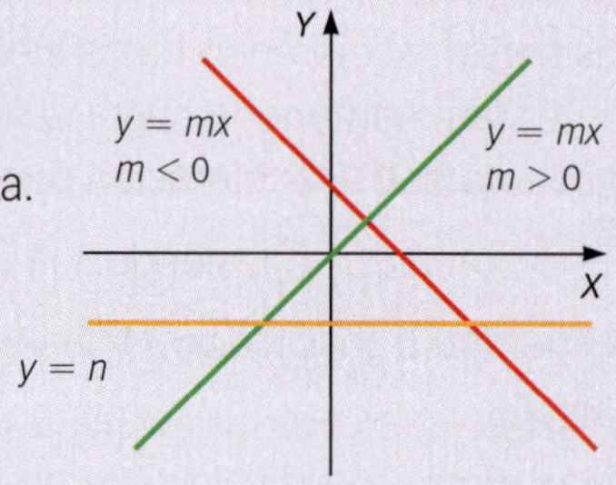

FUNCIÓN RACIONAL

$y = \dfrac{k}{x - a} + b$

Su representación gráfica es una hipérbola.

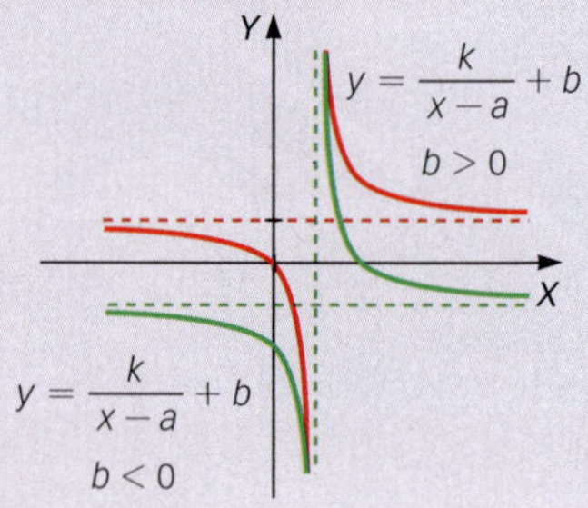

FUNCIÓN POLINÓMICA DE SEGUNDO GRADO

$y = ax^2 + bx + c$

Su representación gráfica es una parábola.

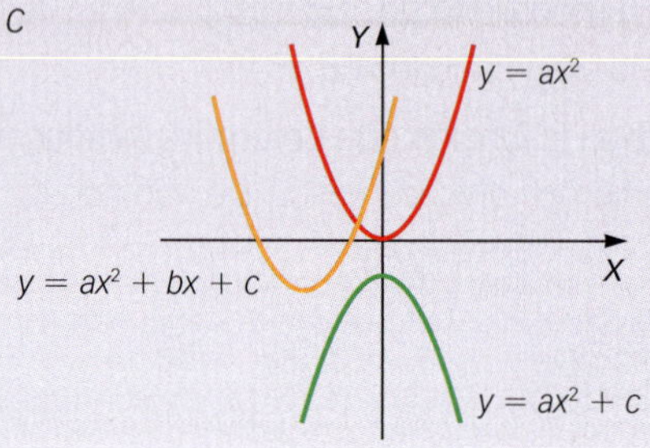

FUNCIÓN EXPONENCIAL

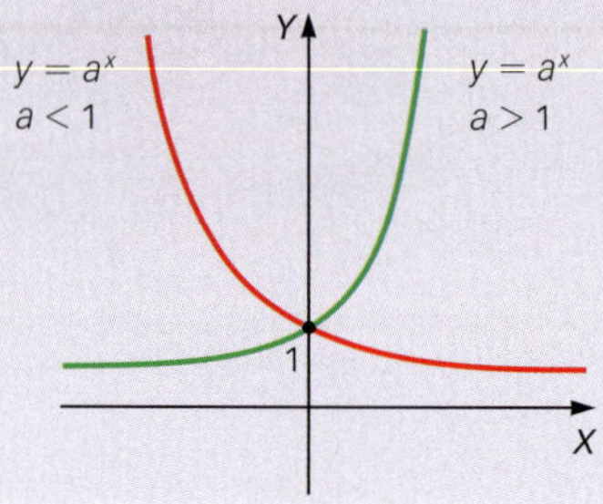

AUTOEVALUACIÓN

1. Representa gráficamente magnitudes con relación polinómica, racional o exponencial

1 Determina la ecuación de la recta representada.

a) $y = x + 1$

b) $y = -x + 1$

c) $y = x - 1$

d) $y = -x - 1$

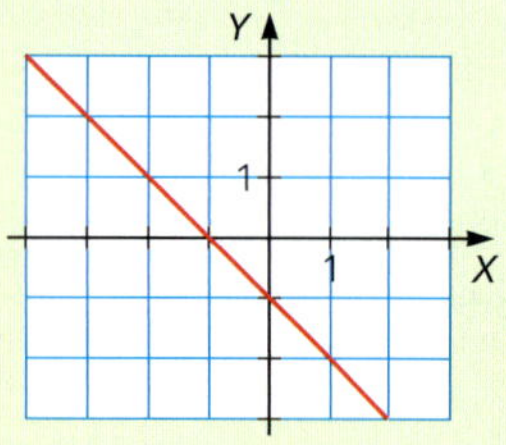

2 Señala a qué función corresponde la parábola.

a) $y = x^2 - 3$

b) $y = -x^2 + 1$

c) $y = x^2 + 2$

d) $y = -x^2 - 3$

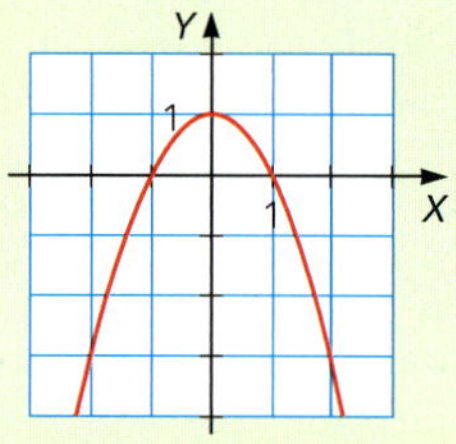

3 Relaciona la gráfica con su expresión algebraica.

a) $y = \dfrac{x + 4}{x - 2}$

b) $y = \dfrac{x}{x - 1}$

c) $y = \dfrac{x - 1}{x + 2}$

d) $y = \dfrac{x - 2}{x}$

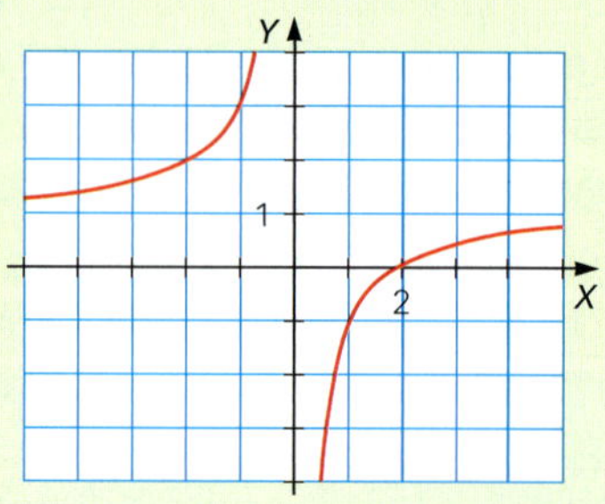

4 Indica a qué gráfica corresponde $y = 2^{x-1}$.

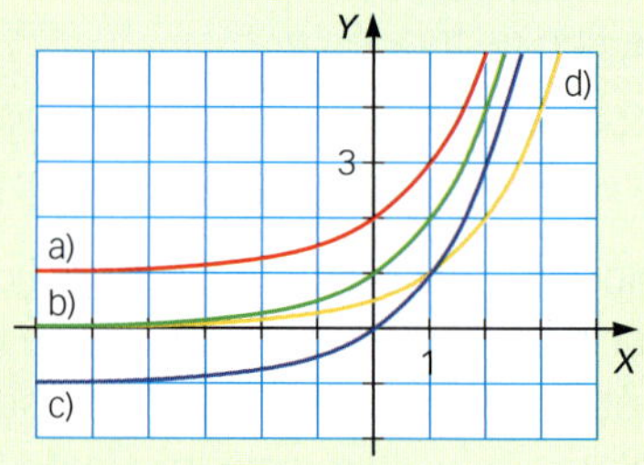

2. Interpreta situaciones reales que corresponden a funciones

5 El coste fijo de la factura mensual de electricidad es de 21,84 €. Además, cada kWh cuesta 0,156 €. ¿Cuál es la función que expresa esta relación?

a) $y = 21{,}84 + \log 0{,}156x$

b) $y = 21{,}84 + 0{,}156x^2$

c) $y = 21{,}84 + 0{,}156^x$

d) $y = 21{,}84 + 0{,}156x$

VALORA TU APRENDIZAJE

- ¿Disfrutas al aprender cosas nuevas?
- ¿Opinas que el trabajo en equipo es enriquecedor?

10 Límites y derivadas

DESAFÍO

Al límite

$$2+\cfrac{3}{2+\cfrac{3}{2+\cfrac{3}{2+\cfrac{3}{2+\cfrac{3}{2\cdots}}}}}$$

¿Cuál es el resultado de esta operación?

¿Qué sabes ya?

Cómo se calculan los términos de una sucesión

Dada una sucesión, su **término general** es una expresión algebraica que nos permite calcular cualquier término de la sucesión sabiendo el lugar, n, que ocupa. Se representa por a_n.

EJEMPLO

Dada la sucesión con término general: $a_n = n^2 - 2n + 1$:

- El primer término de la sucesión es:

$$a_1 = 1^2 - 2 \cdot 1 + 1 = 0$$

- El término 1000 de la sucesión es:

$$a_{1000} = 1000^2 - 2 \cdot 1000 + 1 = 998\,001$$

ACTIVIDADES

1 Halla el término 996 de la sucesión $a_n = \dfrac{n+1}{n+4}$.

a) 997 b) 99,7 c) 9,97 d) 0,997

Cómo se representa gráficamente una función racional

Dada la función racional del tipo $f(x) = \dfrac{k}{x-a}$:

- Tiene una asíntota vertical en $x = a$. A medida que los valores de x se aproximan a a, la función toma valores muy grandes o muy pequeños.
- Tiene una asíntota horizontal en $x = 0$. A medida que los valores de x se hacen muy grandes o muy pequeños, la función toma valores próximos a 0.

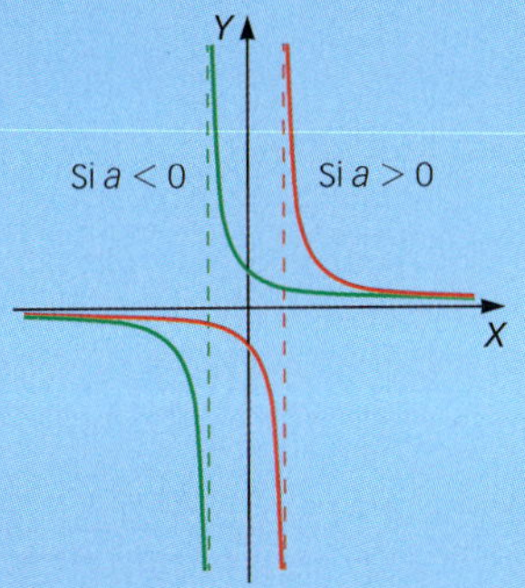

ACTIVIDADES

2 ¿Cuál es la asíntota vertical de la función $f(x) = \dfrac{6}{x+2}$?

a) $y = -2$ b) $y = 2$ c) $x = 2$ d) $x = -2$

1. Límite de una sucesión

1.1. Sucesiones

Una **sucesión** es un conjunto de números reales que se pueden numerar:

$a_1, a_2, a_3, a_4, \ldots, a_{n-1}, a_n, a_{n+1}, \ldots \qquad \text{con } n \in \mathbb{N}$

A cada uno de los elementos que forman la sucesión se le llama **término** de la sucesión.

El **término general** de una sucesión es una expresión algebraica que permite calcular cualquier término de la sucesión, sabiendo el lugar que ocupa, n, y se representa por a_n.

EJEMPLOS

1. Dada la sucesión 2, 4, 6, 8, 10, 12, …
   a) Indica los términos a_1, a_4 y a_6.
   b) ¿Cuál es su término general?
   c) Halla los términos a_{10} y a_{62}.

   a) $a_1 \rightarrow$ Es el primer término de la sucesión: $a_1 = 2$
   $a_4 \rightarrow$ Es el cuarto término de la sucesión: $a_4 = 8$
   $a_6 \rightarrow$ Es el sexto término de la sucesión: $a_6 = 12$

   b) 2, 4, 6, 8, 10, 12, …
   ↓ ↓ ↓ ↓ ↓ ↓
   $2 \cdot 1,\ 2 \cdot 2,\ 2 \cdot 3,\ 2 \cdot 4,\ 2 \cdot 5,\ 2 \cdot 6, \ldots \rightarrow$ Cada término es el doble del lugar que ocupa.

   El término general de la sucesión es $a_n = 2n$, siendo n el lugar que ocupa el término en la sucesión.

   c) $a_n = 2n \xrightarrow{n\,=\,10} a_{10} = 2 \cdot 10 = 20 \qquad a_n = 2n \xrightarrow{n\,=\,62} a_{62} = 2 \cdot 62 = 124$

2. Una sucesión tiene por término general $a_n = \dfrac{n^2 - 2}{n + 4}$.
   Calcula los términos a_1, a_2, a_{18}, a_{1000}.

$$a_n = \frac{n^2-2}{n+4} \xrightarrow{n\,=\,1} a_1 = \frac{1^2-2}{1+4} = -\frac{1}{5}$$

$$a_n = \frac{n^2-2}{n+4} \xrightarrow{n\,=\,2} a_2 = \frac{2^2-2}{2+4} = \frac{2}{6} = \frac{1}{3}$$

$$a_n = \frac{n^2-2}{n+4} \xrightarrow{n\,=\,18} a_{18} = \frac{18^2-2}{18+4} = \frac{322}{22} = \frac{161}{11}$$

$$a_n = \frac{n^2-2}{n+4} \xrightarrow{n\,=\,1000} a_{1000} = \frac{1000^2-2}{1000+4} = \frac{999\,998}{1004} = \frac{499\,999}{502}$$

RETO

Escribe dos términos generales de sucesiones cuyos primeros términos sean: 2, 3, 6.

ACTIVIDADES

1 Calcula los términos a_{100}, a_{101} y a_{102} de la sucesión con este término general.

$$a_n = \frac{n-2}{n^2}$$

2 **REFLEXIONA.** Obtén el término general de estas sucesiones.

a) $\dfrac{3}{5}, \dfrac{7}{15}, \dfrac{11}{45}, \dfrac{15}{135}, \ldots$

b) $\dfrac{3}{1}, \dfrac{1}{4}, \dfrac{-1}{9}, \dfrac{-3}{16}, \ldots$

1.2. Límite de una sucesión

El **límite** de una sucesión de números reales, de término general a_n, es un número real a cuando, para valores muy grandes de n, los términos correspondientes de la sucesión se aproximan a él.

Esto se puede escribir de forma abreviada como:

$$\lim_{n \to \infty} a_n = a$$

Se lee «el límite de la sucesión a_n, cuando n tiende a infinito, es a».

> El límite de una sucesión, si existe, es único.

EJEMPLO

3. Escribe algunos términos de estas sucesiones y ayúdate de ellos para calcular su límite.

a) $a_n = n + 1 \rightarrow \begin{rcases} a_1, a_2, a_3, a_4, ..., a_{100}, ..., a_{1000}, ... \\ 2, 3, 4, 5, ..., 101, ..., 1001, ... \end{rcases}$

La sucesión crece indefinidamente, $a_n \rightarrow +\infty$. $\lim\limits_{n \to \infty} a_n = \lim\limits_{n \to \infty} (n + 1) = +\infty$

b) $a_n = n - 1 \rightarrow \begin{rcases} a_1, a_2, a_3, a_4, ..., a_{100}, ..., a_{1000}, ... \\ 0, -1, -2, -3, ..., -99, ..., -999, ... \end{rcases}$

La sucesión decrece indefinidamente, $a_n \rightarrow -\infty$. $\lim\limits_{n \to \infty} a_n = \lim\limits_{n \to \infty} (1 - n) = -\infty$

c) $a_n = \dfrac{1}{n} \rightarrow \begin{rcases} a_1, a_2, a_3, a_4, a_5, ..., a_{10}, ..., a_{100}, ... \\ 1, \dfrac{1}{2}, \dfrac{1}{3}, \dfrac{1}{4}, \dfrac{1}{5}, ..., \dfrac{1}{10}, ..., \dfrac{1}{100}, ... \\ 1; 0{,}5; 0{,}\widehat{3}; 0{,}25; 0{,}2; ...; 0{,}1; ...; 0{,}01; ... \end{rcases} a_n \rightarrow 0$

A medida que se avanza en la sucesión, sus términos se hacen cada vez más pequeños y próximos a 0. $\lim\limits_{n \to \infty} a_n = \lim\limits_{n \to \infty} \dfrac{1}{n} = 0$

d) $a_n = (-2)^n \rightarrow (-2)^1, (-2)^2, (-2)^3, (-2)^4, (-2)^5, ...$
$\rightarrow -2, -4, -8, -16, -32, ...$

Los términos situados en posición par son positivos y los situados en posición impar son negativos. No podemos determinar el valor al que se aproxima la sucesión con n muy grande.

Por lo tanto, no existe límite de a_n.

ACTIVIDADES

3 Calcula el límite de estas sucesiones.

a) $a_n = n^2$

b) $a_n = n^2 + 1$

c) $a_n = -n^2$

d) $a_n = -n^2 + 2$

e) $a_n = \dfrac{1}{n^2}$

f) $a_n = -\dfrac{1}{n^2}$

g) $a_n = \dfrac{2}{3n}$

h) $a_n = -\dfrac{3}{5n}$

4 **REFLEXIONA.** Calcula estos límites.

a) $\lim\limits_{n \to \infty} \left(\dfrac{1}{n^2} - 1 \right)$

b) $\lim\limits_{n \to \infty} \left(\dfrac{1}{n} - \dfrac{1}{n^2} \right)$

2. Límite de una función en el infinito

Si consideramos la expresión algebraica de una función $f(x)$ como el término general de una sucesión, el límite de la función cuando x tiende a infinito coincide con el límite de la sucesión.

- $\lim\limits_{x \to +\infty} f(x) = +\infty$ cuando para valores muy grandes de x los valores de la función crecen cada vez más.

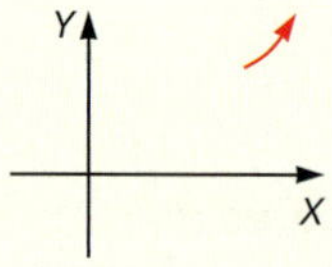

- $\lim\limits_{x \to +\infty} f(x) = -\infty$ cuando para valores muy grandes de x los valores de la función decrecen cada vez más.

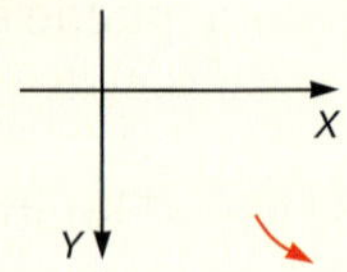

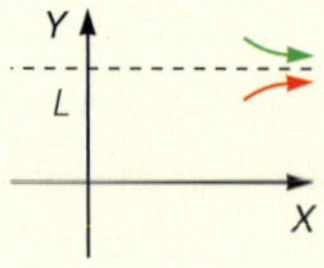

- $\lim\limits_{x \to +\infty} f(x) = L$ cuando para valores muy grandes de x los valores de la función se aproximan al número L.

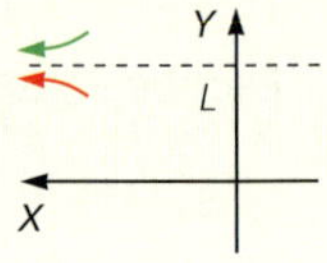

- $\lim\limits_{x \to -\infty} f(x) = L$ cuando para valores muy pequeños de x los valores de la función se aproximan al número L.

- $\lim\limits_{x \to -\infty} f(x) = +\infty$ cuando para valores muy pequeños de x los valores de la función crecen cada vez más.

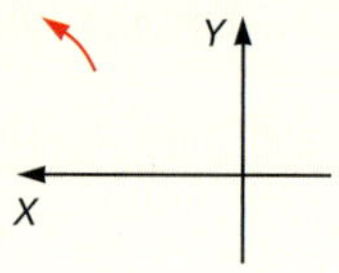

- $\lim\limits_{x \to -\infty} f(x) = -\infty$ cuando para valores muy pequeños de x los valores de la función decrecen cada vez más.

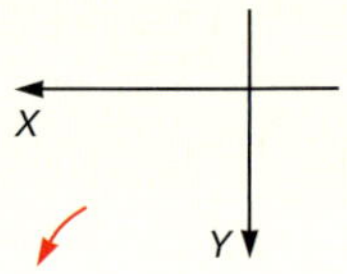

EJEMPLO

4. Calcula los siguientes límites de funciones cuando x tiende a infinito.

a) $f(x) = x^2$

Cuando x toma valores muy grandes, $x \to +\infty$, la función toma también valores muy grandes, $f(x) \to +\infty$.

$$\lim_{x \to +\infty} f(x) = \lim_{x \to +\infty} x^2 = +\infty$$

Cuando x toma valores muy pequeños, $x \to -\infty$, la función toma valores muy grandes, $f(x) \to +\infty$.

$$\lim_{x \to -\infty} f(x) = \lim_{x \to -\infty} x^2 = +\infty$$

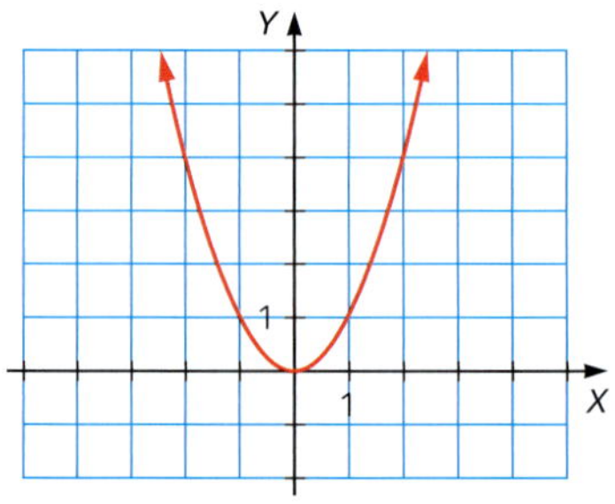

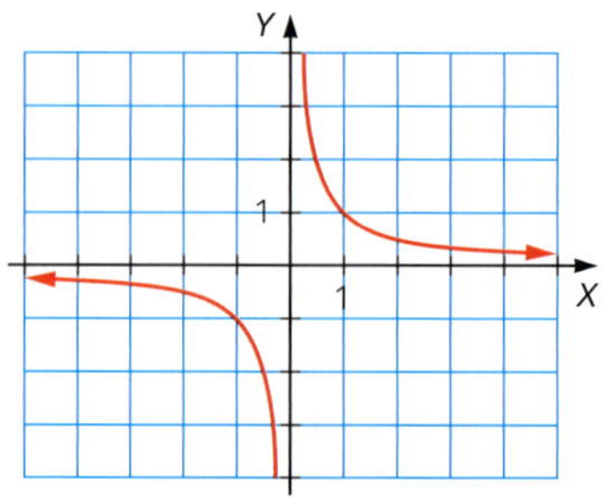

b) $f(x) = \dfrac{1}{x}$

Cuando x toma valores muy grandes, $x \to +\infty$, la función toma valores cercanos a 0, $f(x) \to 0$. $\lim\limits_{x \to +\infty} f(x) = \lim\limits_{x \to +\infty} \dfrac{1}{x} = 0$

Cuando x toma valores muy pequeños, $x \to -\infty$, la función toma valores cercanos a 0, $f(x) \to 0$. $\lim\limits_{x \to -\infty} f(x) = \lim\limits_{x \to -\infty} \dfrac{1}{x} = 0$

ACTIVIDADES

5 Calcula el límite de estas funciones en el infinito.

a) $f(x) = -x^2$ b) $f(x) = \dfrac{1}{2x}$ c) $f(x) = x + 1$

6 **REFLEXIONA.** Calcula el límite de la función $f(x) = \dfrac{x+1}{x}$ en el infinito.

3. Límite de una función en un punto

3.1. Límites laterales de una función en un punto

Para estudiar el valor que toma una función cuando se aproxima a un punto, hay que considerar la aproximación por la izquierda, con valores menores que él, y por la derecha, con valores mayores. Estas aproximaciones se llaman **límites laterales** en un punto.

- El **límite de una función $f(x)$, cuando x tiende a un punto c por la izquierda,** es un número real L, cuando para valores de x muy próximos a c y menores que c, los valores de la función se aproximan al número L.

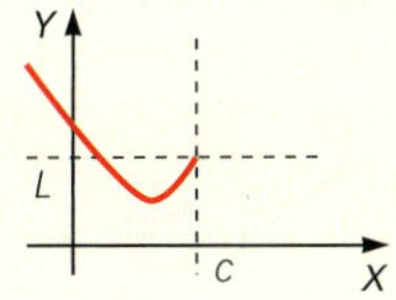

$$\lim_{x \to c^-} f(x) = L$$

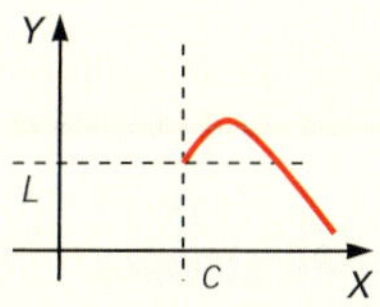

- El **límite de una función $f(x)$, cuando x tiende a un punto c por la derecha,** es un número real L, cuando para valores de x muy próximos a c y mayores que c, los valores de la función se aproximan al número L.

$$\lim_{x \to c^+} f(x) = L$$

- $\lim_{x \to c^-} f(x) = +\infty$ o $\lim_{x \to c^+} f(x) = +\infty$ cuando para valores muy próximos a c, menores que c o mayores que c, respectivamente, los valores de la función crecen cada vez más.

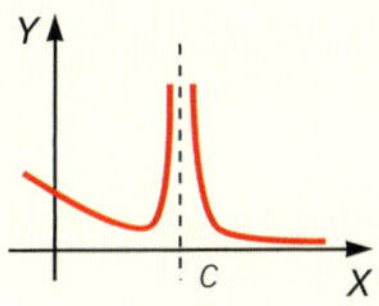

- $\lim_{x \to c^-} f(x) = -\infty$ o $\lim_{x \to c^+} f(x) = -\infty$ cuando para valores muy próximos a c, menores que c o mayores que c, respectivamente, los valores de la función decrecen cada vez más.

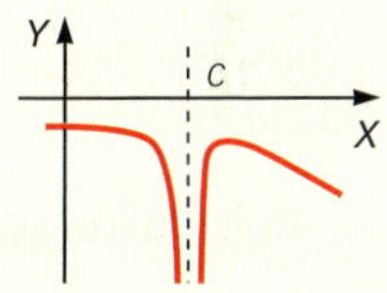

EJEMPLO

5. Calcula los límites laterales de la función $f(x) = \dfrac{1}{x-1}$ en el punto $x = 1$.

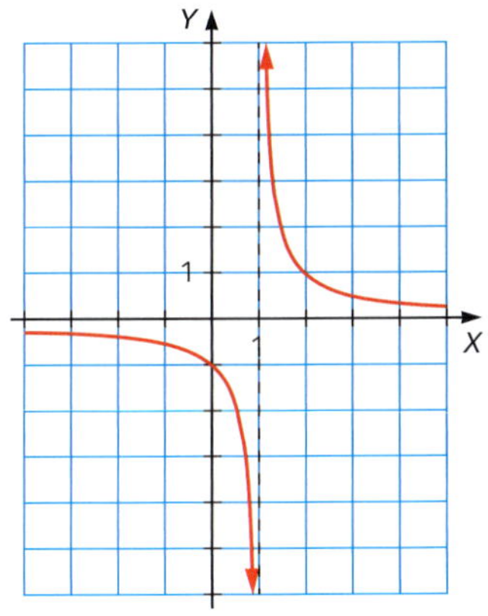

Cuando x toma valores muy próximos a 1 y menores que él, $x \to 1^-$, la función toma valores muy pequeños, $f(x) \to -\infty$.

$$\lim_{x \to 1^-} f(x) = \lim_{x \to 1^-} \frac{1}{x-1} = -\infty$$

Cuando x toma valores muy próximos a 1 y mayores que él, $x \to 1^+$, la función toma valores muy grandes, $f(x) \to +\infty$.

$$\lim_{x \to 1^+} f(x) = \lim_{x \to 1^+} \frac{1}{x-1} = +\infty$$

ACTIVIDADES

7 Calcula el límite de las siguientes funciones en $x = -1$.

a) $f(x) = \dfrac{1}{x+1}$

b) $f(x) = x + 1$

8 **REFLEXIONA.** Calcula el límite de la función $f(x) = \dfrac{4}{x^2 - 4}$ en el punto:

a) $x = 2$.

b) $x = -2$.

3.2. Límite de una función en un punto

- **El límite de una función $f(x)$, cuando x tiende a un punto c**, es un número real L, cuando $\lim\limits_{x \to c^-} f(x) = \lim\limits_{x \to c^+} f(x) = L$.

$$\lim_{x \to c} f(x) = L$$

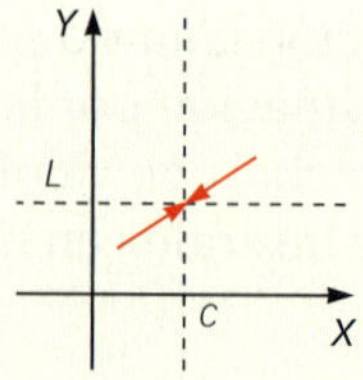

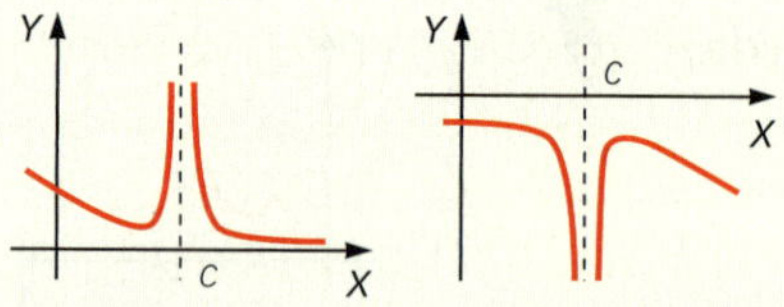

- $\lim\limits_{x \to c^-} f(x) = +\infty$ o $\lim\limits_{x \to c^+} f(x) = +\infty$ cuando sus límites laterales coinciden con estos valores.

- **No existe el límite** de una función $f(x)$, cuando x tiende a un punto c, si $\lim\limits_{x \to c^-} f(x) \neq \lim\limits_{x \to c^+} f(x)$.

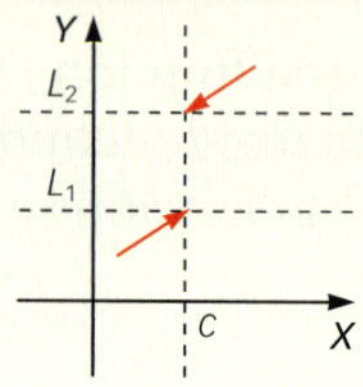

- $\lim\limits_{x \to c^-} f(x) = L \rightarrow$ Cuando x toma valores próximos a c pero menores que él, $f(x)$ tiende al valor L.
- $\lim\limits_{x \to c^+} f(x) = L \rightarrow$ Cuando x toma valores próximos a c pero mayores que él, $f(x)$ tiende al valor L.
- $\lim\limits_{x \to c} f(x) = L \rightarrow$ Cuando x toma valores próximos a c menores y mayores que él, $f(x)$ tiende al valor L.

EJEMPLO

6. Calcula los siguientes límites.

a) $\lim\limits_{x \to 1} (x^2 - 2x)$

En los valores próximos a $x = 1$, tanto por la izquierda como por la derecha, $f(x)$ tiende al valor -1.

$$\left.\begin{array}{l} \lim\limits_{x \to 1^-} f(x) = -1 \\ \lim\limits_{x \to 1^+} f(x) = -1 \end{array}\right\} \rightarrow \lim_{x \to 1} f(x) = \lim_{x \to 1} (x^2 - 2x) = -1$$

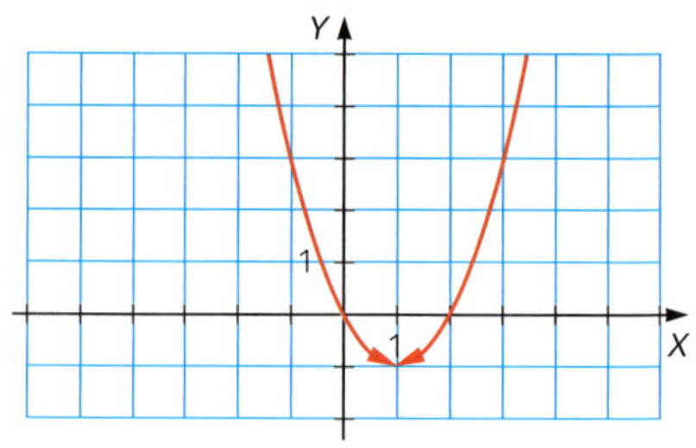

b) $\lim\limits_{x \to 0} \left(-\dfrac{1}{x}\right)$

En los valores próximos a $x = 0$ por la izquierda, $f(x)$ toma valores muy grandes. $\rightarrow \lim\limits_{x \to 0^-} f(x) = +\infty$

En los valores próximos a $x = 0$ por la derecha, $f(x)$ toma valores muy pequeños $\rightarrow \lim\limits_{x \to 0^+} f(x) = -\infty$

$\lim\limits_{x \to 0^-} f(x) \neq \lim\limits_{x \to 0^+} f(x) \rightarrow$ No existe $\lim\limits_{x \to 0} \left(-\dfrac{1}{x}\right)$.

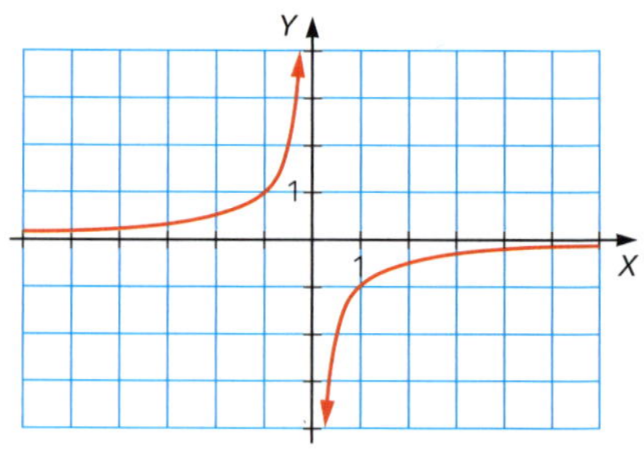

ACTIVIDADES

9 Calcula el límite de estas funciones en $x = 0$.

a) $f(x) = \dfrac{1}{x} + 2$

b) $f(x) = x^2 + x - 1$

10 Calcula el límite de la función $f(x) = x^2 + x - 2$ en:

a) $x = 0$ b) $x = -1$ c) $x = 2$ d) $x = -5$

11 **REFLEXIONA.** Escribe una función cuyo límite en un determinado punto no exista y en otro sea igual a -2.

Cómo se calcula el límite de una función en un punto

Para calcular el límite de una función en un punto no es necesario dibujar la función, basta con sustituir los valores numéricos en la función.

Calcula este límite de la función $f(x) = \dfrac{x}{x-2}$ en los puntos $x = 0$ y $x = 2$.

① **Se sustituye en la función x por el valor del cual se quiere calcular el límite. Si se obtiene un número, ese es el resultado del límite.**

Para $x = 0$: $\lim\limits_{x \to 0} \dfrac{x}{x-2} = \dfrac{0}{-2} = 0$ ($x = 0$)

Para $x = 2$: $\lim\limits_{x \to 2} \dfrac{x}{x-2} = \dfrac{2}{0} \to \infty$ ($x = 2$)

② **Si se obtiene ∞, es necesario calcular los límites laterales. Si no coinciden, no existe el límite en ese punto.**

- $\lim\limits_{x \to 2^-} \dfrac{x}{x-2}$ → Para comprobar el signo, se sustituye x en la función por un valor próximo a 2 y menor que él.

  $\dfrac{x}{x-2} = \dfrac{1{,}99}{1{,}99-2} = \dfrac{1{,}99}{-0{,}01} < 0 \to \lim\limits_{x \to 2^-} \dfrac{x}{x-2} = -\infty$ ($x = 1{,}99$)

- $\lim\limits_{x \to 2^+} \dfrac{x}{x-2}$ → Para comprobar el signo, se sustituye x en la función por un valor próximo a 2 y mayor que él.

  $\dfrac{x}{x-2} = \dfrac{2{,}01}{2{,}01-2} = \dfrac{2{,}01}{0{,}01} > 0 \to \lim\limits_{x \to 2^+} \dfrac{x}{x-2} = +\infty$ ($x = 2{,}01$)

$\lim\limits_{x \to 2^-} f(x) \neq \lim\limits_{x \to 2^+} f(x)$ → No existe $\lim\limits_{x \to 2} \dfrac{x}{x-2}$.

ACTIVIDADES

12 Calcula el límite de las siguientes funciones en el punto $x = -2$.

a) $f(x) = x$

b) $f(x) = x + 2$

c) $f(x) = x^2$

d) $f(x) = x^2 - 4$

e) $f(x) = \dfrac{x}{2}$

f) $f(x) = \dfrac{x+2}{2}$

g) $f(x) = \dfrac{x}{2} - 2$

h) $f(x) = \dfrac{x^2+1}{3}$

i) $f(x) = \dfrac{x^2-x}{2}$

j) $f(x) = \dfrac{2}{x}$

k) $f(x) = \dfrac{2}{x+2}$

l) $f(x) = \dfrac{2}{x^2-4}$

m) $f(x) = \dfrac{1}{x^2} + 1$

n) $f(x) = \dfrac{-3}{x^2+x}$

13 Calcula los siguientes límites.

a) $\lim\limits_{x \to 0} \dfrac{x+1}{x}$

b) $\lim\limits_{x \to 2} \dfrac{x+1}{x-2}$

c) $\lim\limits_{x \to -1} \dfrac{x+2}{x^2-1}$

d) $\lim\limits_{x \to 0} \dfrac{x+1}{x^2}$

e) $\lim\limits_{x \to 0} \dfrac{2x+3}{x(x-1)}$

f) $\lim\limits_{x \to -3} \dfrac{x+1}{x^2+9}$

14 Escribe en cada caso una función cuyo límite en el punto $x = 1$ sea:

a) 1

b) 2

c) $\dfrac{1}{2}$

d) 0

e) -4

f) No exista.

4. Tasa de variación media

La **tasa de variación media** de una función $f(x)$ en un intervalo $[a, b]$ es el cociente:

$$T.V.M.([a, b]) = \frac{f(b) - f(a)}{b - a}$$

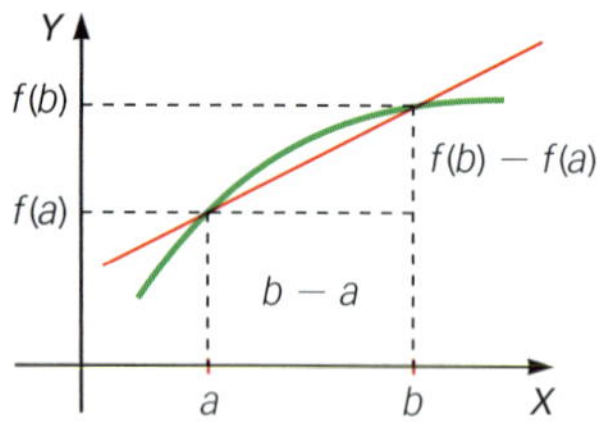

La tasa de variación media de una función en un intervalo mide el aumento o la disminución de dicha función en ese intervalo. El valor de la tasa de variación media coincide con el valor de la pendiente de la recta que pasa por los puntos $(a, f(a))$ y $(b, f(b))$.

EJEMPLO

7. Esta es la gráfica de la función $d(t)$ que relaciona la distancia a la que se encuentra un tren de alta velocidad de la estación de la que ha salido, con el tiempo que ha transcurrido desde que se ha puesto en marcha.

a) ¿Qué distancia ha recorrido el tren entre los minutos 20 y 40? ¿Y entre el minuto 60 y el 140?

La distancia que el tren ha recorrido entre los minutos 20 y 40 es:

$$d(40) - d(20) = 200 - 100 = 100 \text{ km}$$

La distancia que ha recorrido entre los minutos 60 y 140 es:

$$d(140) - d(60) = 400 - 300 = 100 \text{ km}$$

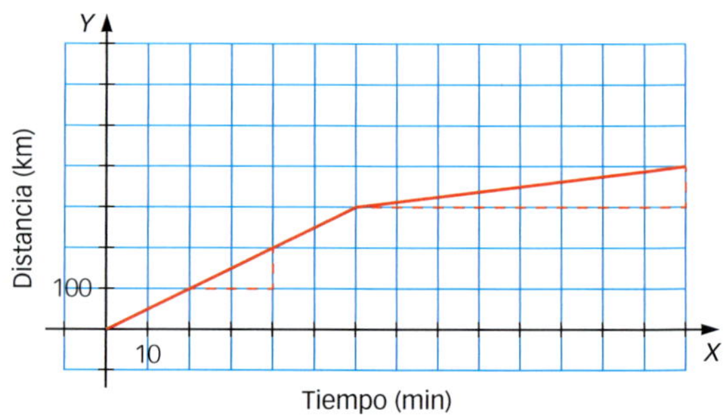

b) ¿Ha circulado a la misma velocidad en los dos tramos?

Para comparar las velocidades, calculamos la tasa de variación media en esos intervalos.

$$T.V.M.([20, 40]) = \frac{d(40) - d(20)}{40 - 20} = \frac{100}{20} = 5 \text{ km/min} \qquad T.V.M.([60, 140]) = \frac{d(140) - d(60)}{140 - 60} = \frac{100}{80} = 1{,}25 \text{ km/min}$$

En el primer intervalo de tiempo ha circulado a una velocidad bastante superior.

Con frecuencia, en la tasa de variación media se considera el intervalo $[a, a + h]$, donde h indica su longitud.

Si se da este caso, la tasa de variación media se puede definir como:

$$T.V.M.([a, a + h]) = \frac{f(a + h) - f(a)}{(a + h) - a} = \frac{f(a + h) - f(a)}{h}$$

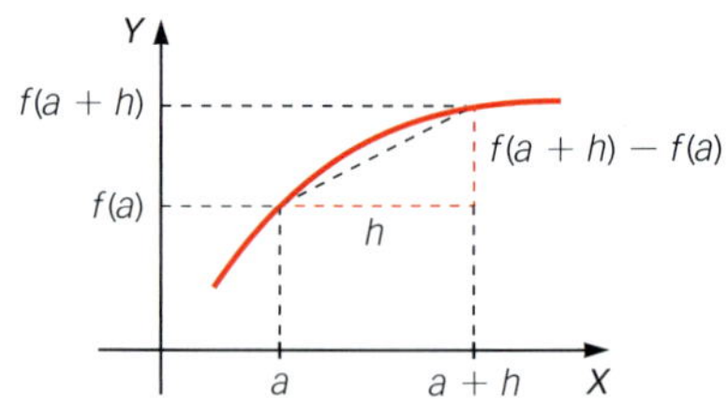

ACTIVIDADES

15 Halla la tasa de variación media de las funciones:

$$f(x) = x^2 + x \qquad g(x) = x^3 + x$$

en los siguientes intervalos.

a) [0, 1] b) [2, 3]

16 **REFLEXIONA.** La cotización de una acción sigue durante una semana la función $f(x) = 0{,}02x^2 + 1$, donde x es el día de la semana (0 = lunes, 1 = martes, …).

Halla la tasa de variación media de esa cotización de lunes a viernes.

5. Derivada de una función en un punto

Para medir la variación de una función en un punto se utiliza la tasa de variación media en un intervalo centrado en ese punto y cuya amplitud tienda a 0. A este valor le llamamos derivada de la función en ese punto.

La **derivada de una función** $f(x)$ **en un punto** $x = a$ se representa por $f'(a)$ y se obtiene calculando este límite:

$$f'(a) = \lim_{h \to 0} \frac{f(a+h) - f(a)}{h}$$

$f'(a)$ se lee como *f prima de a*, y si este límite existe y es finito, decimos que $f(x)$ **es derivable en** $x = a$.

EJEMPLO

8. Calcula las derivadas de estas funciones en los puntos que se dan.

a) $f(x) = x^2$ en $x = 1$.

Calculamos primero la diferencia del numerador para $a = 1$.

$f(1+h) - f(1) = (1+h)^2 - 1 = \cancel{1} + 2h + h^2 - \cancel{1} = 2h + h^2$

Hallamos entonces la derivada de la función en $x = 1$.

$$f'(1) = \lim_{h \to 0} \frac{f(1+h) - f(1)}{h} = \lim_{h \to 0} \frac{2h + h^2}{h} = \lim_{h \to 0} (2 + h) = 2$$

b) $f(x) = \dfrac{x+1}{x+2}$ en $x = -1$ y en $x = 0$.

Calculamos la diferencia del numerador para $a = -1$.

$$f(-1+h) - f(-1) = \frac{(-1+h)+1}{(-1+h)+2} - \frac{-1+1}{-1+2} = \frac{h}{h+1}$$

Hallamos la derivada de la función en $x = -1$.

$$f'(-1) = \lim_{h \to 0} \frac{f(-1+h) - f(-1)}{h} = \lim_{h \to 0} \frac{\frac{h}{h+1}}{h} = \lim_{h \to 0} \frac{\cancel{h}}{\cancel{h}(h+1)} = \lim_{h \to 0} \frac{1}{h+1} = 1$$

Calculamos la diferencia del numerador para $a = 0$.

$$f(h) - f(0) = \frac{h+1}{h+2} - \frac{0+1}{0+2} = \frac{h}{2h+4}$$

Hallamos la derivada de la función en $x = 0$.

$$f'(0) = \lim_{h \to 0} \frac{f(h) - f(0)}{h} = \lim_{h \to 0} \frac{\frac{h}{2h+4}}{h} = \lim_{h \to 0} \frac{\cancel{h}}{\cancel{h}(2h+4)} = \lim_{h \to 0} \frac{1}{2h+4} = \frac{1}{4}$$

RETO

¿Cuál es la derivada de la función $f(x) = \dfrac{1}{x}$ en $x = 0$?

ACTIVIDADES

17 Calcula la derivada de estas funciones en $x = 1$.

a) $f(x) = 4x + 2$

b) $f(x) = x^2 - x$

c) $f(x) = \dfrac{1}{x^2}$

d) $f(x) = 3x + 2x^2$

18 **REFLEXIONA.** Halla la derivada de las funciones en los puntos $x = 0$ y $x = 1$.

a) $f(x) = x^3$

b) $f(x) = 3x^3 + x^2$

c) $f(x) = \sqrt{x}$

d) $f(x) = x - \sqrt{x}$

6. Derivadas de funciones elementales

6.1. Función derivada

La **función derivada** de una función $f(x)$ es una función, $f'(x)$, que asocia a cada punto x la derivada de $f(x)$ en ese punto.

$$f'(x) = \lim_{h \to 0} \frac{f(x+h) - f(x)}{h}$$

La función derivada de una función se llama derivada de la función. Para hallar la derivada de algunas funciones elementales no es necesario utilizar la definición, pues existen reglas que facilitan su cálculo.

No se debe confundir la derivada de una función f en un punto con la función derivada, ya que la primera es un número real y la segunda es una función.

6.2. Derivada de las funciones constante e identidad

- La **derivada de la función constante** es 0: $f(x) = c \to f'(x) = 0$
- La **derivada de la función identidad** es 1: $f(x) = x \to f'(x) = 1$

EJEMPLO

9. Calcula la derivada de estas funciones.

a) $f(x) = 5 \to f'(x) = 0$ b) $f(x) = \frac{1}{2} \to f'(x) = 0$ c) $f(x) = -1 \to f'(x) = 0$ d) $f(x) = x \to f'(x) = 1$

6.3. Derivada de la función potencial

La **derivada de la función potencial** es igual al producto del exponente por la base elevada al exponente menos una unidad.

$$f(x) = x^n \to f'(x) = n \cdot x^{n-1}$$

EJEMPLO

10. Halla la derivada de las siguientes funciones.

a) $f(x) = x^2 \to f'(x) = 2x^{2-1} = 2x$

b) $f(x) = x^4 \to f'(x) = 4x^{4-1} = 4x^3$

c) $f(x) = \frac{1}{x^3} = x^{-3} \to f'(x) = -3x^{-3-1} = -3x^{-4} = -\frac{3}{x^4}$

d) $f(x) = \sqrt{x^3} = x^{\frac{3}{2}} \to f'(x) = \frac{3}{2}x^{\frac{3}{2}-1} = \frac{3}{2}x^{\frac{1}{2}} = \frac{3\sqrt{x}}{2}$

ACTIVIDADES

19. Calcula la derivada de estas funciones.

a) $f(x) = 329$ b) $f(x) = -\frac{14}{5}x$

20. **REFLEXIONA.** Calcula la derivada de las funciones.

a) $f(x) = \frac{1}{x^2}$ b) $f(x) = \sqrt{x}$

6.4. Derivada de las funciones exponencial y logarítmica

La **derivada de la función exponencial** es igual al producto de la función por el logaritmo neperiano de la base.

$$f(x) = a^x \rightarrow f'(x) = a^x \cdot \ln a \qquad f(x) = e^x \rightarrow f'(x) = e^x$$

La **derivada de la función logarítmica** es igual a 1 dividido entre el producto de x por el logaritmo neperiano de la base.

$$f(x) = \log_a x \rightarrow f'(x) = \frac{1}{x \cdot \ln a} \qquad f(x) = \ln x \rightarrow f'(x) = \frac{1}{x}$$

EJEMPLO

11. Calcula la derivada de estas funciones.

a) $f(x) = 3^x \rightarrow f'(x) = 3^x \cdot \ln 3$

b) $f(x) = \left(\frac{1}{2}\right)^x$

$f'(x) = \left(\frac{1}{2}\right)^x \cdot \ln\frac{1}{2} = \left(\frac{1}{2}\right)^x \cdot (\ln 1 - \ln 2) = -\left(\frac{1}{2}\right)^x \cdot \ln 2$

c) $f(x) = \log_2 x \rightarrow f'(x) = \frac{1}{x \cdot \ln 2}$

d) $f(x) = \log x \rightarrow f'(x) = \frac{1}{x \cdot \ln 10}$

6.5. Derivada de las funciones trigonométricas

La **derivada de la función seno** es la función coseno.

$$f(x) = sen\, x \rightarrow f'(x) = cos\, x$$

La **derivada de la función coseno** es la función menos coseno.

$$f(x) = cos\, x \rightarrow f'(x) = -sen\, x$$

La **derivada de la función tangente** puede ser uno más la tangente al cuadrado, o bien, uno partido por el coseno cuadrado.

$$f(x) = tg\, x \rightarrow f'(x) = 1 + tg^2\, x = \frac{1}{cos^2\, x}$$

EJEMPLO

12. Calcula la derivada de estas funciones en el punto $x = \pi$.

a) $f(x) = sen\, x \rightarrow f'(x) = cos\, x \xrightarrow{x=\pi} f'(\pi) = cos\, \pi = -1$

b) $f(x) = cos\, x \rightarrow f'(x) = -sen\, x \xrightarrow{x=\pi} f'(\pi) = -sen\, \pi = 0$

RETO

¿En qué puntos no existe la derivada de $f(x) = tg\, x$?

ACTIVIDADES

21 Calcula la derivada de estas funciones.

a) $f(x) = 2^x$ b) $f(x) = 0{,}5^x$ c) $f(x) = 4^x$

22 **REFLEXIONA.** Halla la derivada de estas funciones.

a) $f(x) = \log_3 x$ b) $f(x) = \log_{0,5} x$ c) $f(x) = \log_4 x$

7. Operaciones con derivadas

7.1. Derivada de la suma de funciones y de un número por una función

La **derivada de la suma de funciones** es la suma de las derivadas de dichas funciones.

$$[f(x) + g(x)]' = f'(x) + g'(x)$$

La **derivada del producto de un número por una función** es el producto del número por la derivada de la función.

$$[k\,f(x)]' = k \cdot f'(x)$$

- Para indicar la derivada de la suma de dos funciones escribimos $[f(x) + g(x)]'$ o $(f + g)'$.
- Para indicar la derivada del producto de un número por una función escribimos $[kf(x)]'$ o kf'.

EJEMPLOS

13. Calcula la derivada de la función $h(x) = x^2 + \text{sen}\,x$.

Si definimos $f(x) = x^2$, $g(x) = \text{sen}\,x$, tenemos que $h(x) = f(x) + g(x)$. Por tanto:

$$h'(x) = f'(x) + g'(x) = \underbrace{2x^{2-1}}_{f(x) = x^n \to f'(x) = nx^{n-1}} + \underbrace{\cos x}_{f(x) = \text{sen}\,x \to f'(x) = \cos x} = 2x + \cos x$$

14. Calcula la derivada de la función $g(x) = 3x^5$.

Si $f(x) = x^5 \to g(x) = 3 \cdot f(x) \to g'(x) = 3 \cdot f'(x) = 3 \cdot 5x^{5-1} = 15x^4$

7.2. Derivada del producto y del cociente de funciones

La **derivada del producto de funciones** es la derivada de la primera función por la segunda sin derivar más la primera función sin derivar por la derivada de la segunda.

$$[f(x) \cdot g(x)]' = f'(x) \cdot g(x) + f(x) \cdot g'(x)$$

La **derivada del cociente de funciones** es otro cociente tal que:

- El numerador es la derivada del numerador por el denominador sin derivar menos el numerador sin derivar por la derivada del denominador.
- El denominador es el cuadrado del denominador sin derivar.

$$\left[\frac{f(x)}{g(x)}\right]' = \frac{f'(x) \cdot g(x) - f(x) \cdot g'(x)}{[g(x)]^2}$$

- Para indicar la derivada del producto de dos funciones escribimos $[f(x) \cdot g(x)]'$ o $(f \cdot g)'$.
- Para indicar la derivada del cociente de dos funciones escribimos $\left[\dfrac{f(x)}{g(x)}\right]'$ o $\left(\dfrac{f}{g}\right)'$.

ACTIVIDADES

23 Calcula la derivada de estas funciones.

a) $f(x) = x^3 + x^2 - x + 1$

b) $f(x) = \dfrac{1}{x} + x$

c) $f(x) = \sqrt[3]{x} + \sqrt[4]{x^3}$

d) $f(x) = 3^x - \text{arc tg}\,x$

24 **REFLEXIONA.** Calcula la derivada de estas funciones.

a) $f(x) = 2x^3 + 4x^2 - 8x + 9$

b) $f(x) = 2\,\text{sen}\,x - 3\cos x$

c) $f(x) = 7\sqrt[3]{x} - 3\sqrt[4]{x^3}$

d) $f(x) = \dfrac{1}{2x} - 5x$

Cómo se calcula la derivada de un producto y un cociente de funciones

Calcula la derivada de estas funciones.

a) $h(x) = x^2 \cdot \cos x$

b) $h(x) = \dfrac{3^x}{\ln x}$

> No es necesario aplicar la regla del producto si uno de los factores es un número, ni la del cociente si el denominador es un número.
>
> $f(x) = \dfrac{x^2 \rightarrow \text{función}}{2 \rightarrow \text{número}}$ → No es necesario aplicar la regla del cociente.
>
> $f(x) = \dfrac{x^2}{3} = \dfrac{1}{3}x^2 \rightarrow f'(x) = \dfrac{1}{3} \cdot 2x^{2-1}$

① Se determinan las funciones que forman el producto o el cociente.

a) $h(x) = x^2 \cdot \cos x \rightarrow h(x) = f(x) \cdot g(x)$, con $f(x) = x^2$, $g(x) = \cos x$

b) $h(x) = \dfrac{3^x}{\ln x} \rightarrow h(x) = \dfrac{f(x)}{g(x)}$, con $f(x) = 3^x$, $g(x) = \ln x$

② Se halla la derivada de esas funciones.

$f(x) = x^2 \rightarrow f'(x) = 2x^{2-1} = 2x$

$g(x) = \cos x \rightarrow g'(x) = -\operatorname{sen} x$

$f(x) = 3^x \rightarrow f'(x) = 3^x \cdot \ln 3$

$g(x) = \ln x \rightarrow g'(x) = \dfrac{1}{x}$

③ Se aplica la fórmula correspondiente.

Derivada de un producto

$$h'(x) = f'(x) \cdot g(x) + f(x) \cdot g'(x) = 2x \cdot \cos x + x^2 \cdot (-\operatorname{sen} x) = 2x \cos x - x^2 \operatorname{sen} x$$

Derivada de un cociente

$$h'(x) = \frac{f'(x) \cdot g(x) - f(x) \cdot g'(x)}{[g(x)]^2} = \frac{3^x \cdot \ln 3 \cdot \ln x - 3^x \cdot \dfrac{1}{x}}{(\ln x)^2} = \frac{3^x(x \ln 3 \cdot \ln x - 1)}{x \ln^2 x}$$

ACTIVIDADES

25 Calcula la derivada de estas funciones y simplifica las expresiones siempre que sea posible.

a) $f(x) = x^4 \cdot \operatorname{sen} x$

b) $f(x) = x^3 \cdot \ln x$

c) $f(x) = \ln x \cdot \operatorname{tg} x$

d) $f(x) = 2^x \cdot \cos x$

e) $f(x) = 3x \cdot 3^x$

f) $f(x) = x^3 \cdot e^x$

g) $f(x) = \sqrt[3]{x^2} \cdot \operatorname{sen} x$

h) $f(x) = \dfrac{2}{x} \cdot \operatorname{tg} x$

i) $f(x) = (x + 2) \cdot e^x$

j) $f(x) = \dfrac{1}{x^2} \cdot e^x$

26 Halla las derivadas de estas funciones y simplifica las expresiones.

a) $f(x) = \dfrac{x + 2}{x - 1}$

b) $f(x) = \dfrac{\operatorname{sen} x}{\cos x}$

c) $f(x) = \dfrac{x^2}{\ln x}$

d) $f(x) = \dfrac{e^x}{x}$

e) $f(x) = \dfrac{x^2 - 2}{3}$

f) $f(x) = \dfrac{5^x}{5x^2}$

g) $f(x) = \dfrac{\operatorname{sen} x}{x^2 + 2x - 1}$

h) $f(x) = \dfrac{\operatorname{sen} x}{4}$

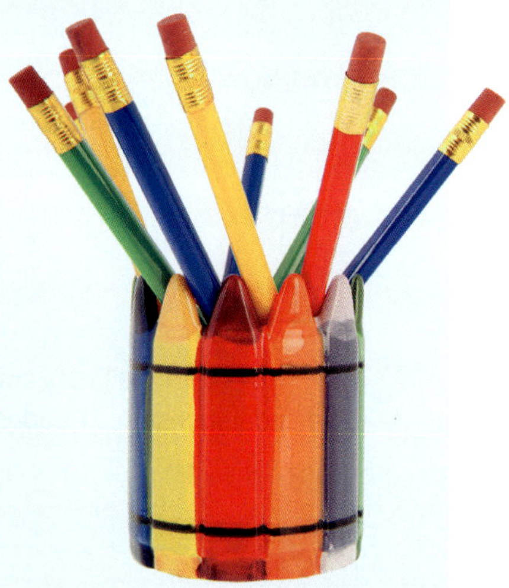

ACTIVIDADES FINALES

1. Calcula el límite de una sucesión conociendo su término general

ACTIVIDADES FLASH

27 Indica los tres siguientes términos de estas sucesiones.

a) $2, -2, 2, -2, \ldots$

b) $0, 5, 0, 5, \ldots$

c) $2, 4, 6, 8, \ldots$

d) $1, -3, 5, -7, \ldots$

e) $3, 9, 27, 81, \ldots$

f) $32, 16, 8, 4, \ldots$

28 Calcula el término general de las siguientes sucesiones.

a) $1, 2, 3, 4, \ldots$

b) $5, 5, 5, 5, \ldots$

c) $\frac{1}{2}, \frac{1}{4}, \frac{1}{8}, \frac{1}{16}, \ldots$

d) $-1, -2, -3, -4, \ldots$

e) $1, -1, 1, -1, \ldots$

f) $\frac{1}{2}, \frac{3}{4}, \frac{5}{6}, \frac{7}{8}, \ldots$

29 Rellena una tabla como esta para cada sucesión con ayuda de la calculadora.

n	1	10	100	1 000	10 000
a_n					

a) $a_n = n^3 - n - 1$ b) $a_n = \dfrac{n}{n+1}$ c) $a_n = \left(\dfrac{1}{2}\right)^n$

Halla el límite de las sucesiones.

30 **INVENTA.** Escribe una sucesión cuyo límite sea el indicado en cada caso.

a) $\lim_{n \to \infty} a_n = 1$ b) $\lim_{n \to \infty} a_n = 0$ c) $\lim_{n \to \infty} a_n = -\infty$

INTERNET

31 Utiliza el movimiento del caballo de ajedrez para localizar ordenadamente en este tablero los 8 primeros términos de esta sucesión, y calcula su límite.

$a_n = a_{n-1} + a_{n-2}$, con $a_1 = 1$, $a_2 = 4$.

54	60	24	83	17	23
32	27	91	37	72	51
15	4	36	39	14	43
29	6	48	5	25	65
1	12	49	18	33	9

32 **INVESTIGA.** Halla los cinco primeros términos de cada sucesión. ¿Puedes hallar su límite?

a) $a_n = (-1)^n$

b) $a_n = \dfrac{(-2)^n}{(-3)^n}$

c) $a_n = \cos(\pi n)$

d) $a_n = \dfrac{1}{(-2)^n}$

2. Calcula el límite de una función en un punto y en el infinito

Límite de una función en el infinito

ACTIVIDADES FLASH

33 Determina $\lim_{x \to +\infty} f(x)$ y $\lim_{x \to -\infty} f(x)$ de estas funciones.

a)

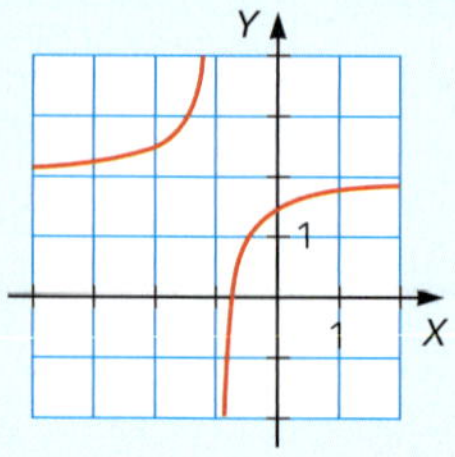

b)

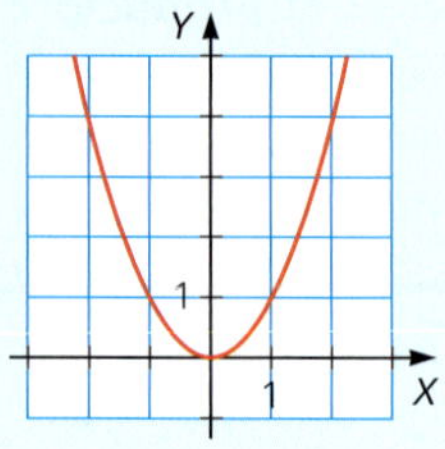

CÁLCULO MENTAL

34 Calcula los siguientes límites.

a) $\lim_{x \to +\infty} (x^2 + 1)$ b) $\lim_{x \to +\infty} \left(\dfrac{1}{3}\right)^x$ c) $\lim_{x \to +\infty} \log x$

Cómo se resuelve el límite de funciones racionales

35 Calcula los límites de las funciones en $+\infty$.

a) $\dfrac{x+2}{x^3}$ b) $\dfrac{-5x^3}{2x^3+1}$ c) $\dfrac{x^2}{2-x}$

PRIMERO. Se determina el grado del numerador y del denominador.

a) $x + 2 \to$ Grado 1 $x^3 \to$ Grado 3

b) $-5x^3 \to$ Grado 3 $2x^3 + 1 \to$ Grado 3

c) $x^2 \to$ Grado 2 $2 - x \to$ Grado 1

SEGUNDO. Se comparan los grados.

- Si el grado del numerador es menor que el del denominador, el límite es 0.

  a) $1 < 3 \to \lim_{x \to +\infty} \dfrac{x+2}{x^3} = 0$

- Si los grados coinciden, el límite es el cociente de los coeficientes de los términos de mayor grado.

  b) $3 = 3 \to \lim_{x \to +\infty} \dfrac{-5x^3}{2x^3+1} = \dfrac{-5}{2}$

- Si el grado del numerador es mayor que el del denominador, el límite es infinito. Se decide el signo según la regla de los signos.

  c) $2 > 1 \to \lim_{x \to +\infty} \dfrac{\overset{>0}{x^2}}{\underset{<0}{2-x}} = -\infty$

36 Calcula los siguientes límites.

a) $\lim_{x\to+\infty} \dfrac{x}{x^3-1}$ c) $\lim_{x\to+\infty} \dfrac{x^2}{x-2}$ e) $\lim_{x\to+\infty} \dfrac{x^2}{2-x}$

b) $\lim_{x\to+\infty} \dfrac{2x}{3-x}$ d) $\lim_{x\to-\infty} \dfrac{x^3+5}{x-x^4}$ f) $\lim_{x\to-\infty} \dfrac{x^3}{2-x^3}$

37 **JUEGO.** La primera persona elige un valor, $L = \lim_{x\to+\infty} f(x)$. Cada participante, en su turno, debe decir una función que tenga este límite. Pierde quien no diga ninguna o repita una que ya se haya dicho.

Límite de una función en un punto

ACTIVIDADES FLASH

38 Halla los límites que se piden en cada caso.

a)

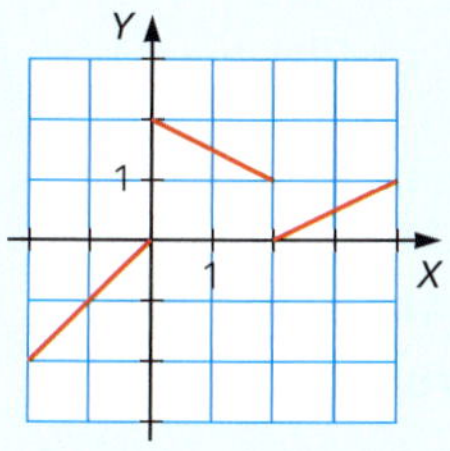

- $\lim_{x\to0^-} f(x)$
- $\lim_{x\to2^-} f(x)$
- $\lim_{x\to0^+} f(x)$
- $\lim_{x\to2^+} f(x)$

b)

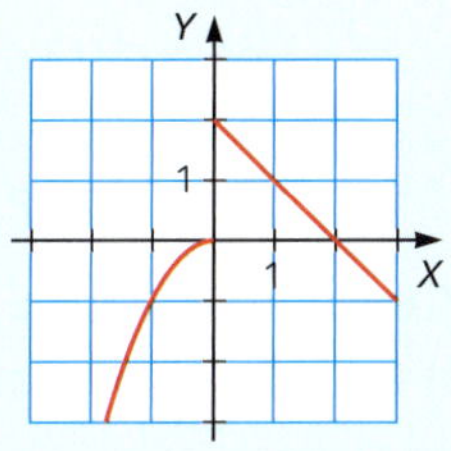

- $\lim_{x\to-1} f(x)$
- $\lim_{x\to0^-} f(x)$
- $\lim_{x\to2} f(x)$
- $\lim_{x\to0^+} f(x)$

39 Copia y completa el crucigrama.

HORIZONTALES

1. $\lim_{x\to2} (x^2+6)$
2. $\lim_{x\to3} (2x^3-x+1)$
3. $\lim_{x\to-2} (x^6-3x^3-3)$

VERTICALES

A. $\lim_{x\to0} \dfrac{5}{1-x}$

B. $\lim_{x\to7} 2^x$

C. $\lim_{x\to-3} \dfrac{x^2-9}{x}$

$\lim_{x\to1} (5e^{x-1})$

40 Copia y rellena las tablas para cada función con ayuda de la calculadora, y halla los límites pedidos.

a) $\lim_{x\to1^-} \dfrac{1}{x-1}$

n	0	0,9	0,99	0,999
a_n				

b) $\lim_{x\to-2^+} \dfrac{x^2-4}{x+2}$

n	−1	−1,9	−1,99	−1,999
a_n				

c) $\lim_{x\to0^+} \dfrac{x^2+3}{x}$

n	0,1	0,01	0,001	0,0001
a_n				

41 **INVESTIGA.** Calcula los límites pedidos.

$$f(x) = \begin{cases} x+2 & \text{si } x < 1 \\ -x-5 & \text{si } x \geq 1 \end{cases}$$

a) $\lim_{x\to0} f(x)$ b) $\lim_{x\to1^-} f(x)$ c) $\lim_{x\to1^+} f(x)$ d) $\lim_{x\to2} f(x)$

3. Calcula la derivada de funciones elementales

Tasa de variación media

42 Calcula la tasa de variación media de las funciones en los intervalos indicados.

a) $f(x) = -3x + 7$ en $[0, 1]$

b) $f(x) = 7x - 1$ en $[-2, 3]$

c) $f(x) = 2x + 13$ en $[-4, -2]$

d) $f(x) = -5x - 2$ en $[1, 3]$

e) $f(x) = \dfrac{4}{3}x + \dfrac{1}{6}$ en $\left[\dfrac{-3}{4}, \dfrac{3}{4}\right]$

43 Calcula la tasa de variación media de estas funciones en los intervalos dados.

a) $f(x) = x^2 - 3x - 7$ en $[-2, 0]$

b) $f(x) = -x^2 - 7x + 1$ en $[-4, 2]$

c) $f(x) = 2x^3 + 13$ en $[-1, 1]$

d) $f(x) = 2x^3 - 7x$ en $[2, 4]$

44 Completa el crucigrama calculando la tasa de variación media.

a) $f(x) = x^3 - 5$ en $[4, 8]$

b) $f(x) = x^2 + 2x$ en $[3, 5]$

c) $f(x) = x^2 + x$ en $[11, 13]$

d) $f(x) = x^3 + x$ en $[1, 3]$

e) $f(x) = 5x + 2$ en $[1, 3]$

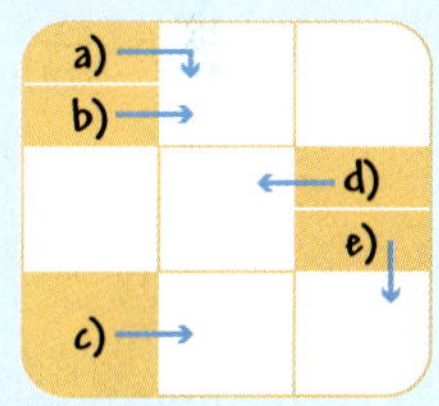

45 **INVESTIGA.** Dibuja las gráficas de dos funciones que tengan la misma tasa de variación media en el intervalo $[1, 5]$ y que pasen por los puntos $A(1, 2)$ y $B(5, 7)$. ¿Podrías dibujar alguna más? ¿Cuántas?

Derivada de una función

46 Calcula las derivadas de las siguientes funciones utilizando la definición.

a) $f(x) = 18$

b) $f(x) = 2x + 5$

c) $f(x) = 1 - x^2$

d) $f(x) = \dfrac{x-1}{3}$

e) $f(x) = -x - 2$

f) $f(x) = 3x - 1$

g) $f(x) = 2x + x^3$

h) $f(x) = \dfrac{x}{2}$

CÁLCULO MENTAL

47 Halla la derivada de estas sumas de funciones.

a $f(x) = x + sen\,x$
b) $f(x) = 2 + x$
c) $f(x) = -x + \ln x$
d) $f(x) = 5^x + 1$
e) $f(x) = sen\,x + cos\,x$
f) $f(x) = tg\,x + 3$
g) $f(x) = e^x + 2$
h) $f(x) = \ln x + e^x$

48 Calcula la derivada de estas funciones.

a) $f(x) = 5x^6$
b) $f(x) = 5\,sen\,x$
c) $f(x) = \frac{1}{3}tg\,x$
d) $f(x) = 3e^x$
e) $f(x) = -4\log_5 x$
f) $f(x) = \frac{2}{5}\ln x$

49 Halla la derivada de estas funciones.

a) $f(x) = 2x + 3x^2$
b) $f(x) = -x^3 + 2x$
c) $f(x) = 3x^2 - 2$
d) $f(x) = \frac{5\,sen\,x}{3} + 2x^2$
e) $f(x) = 4\log_2 x - 3e^x$
f) $f(x) = 2^x - 5^x$
g) $f(x) = 3\cos x - x$
h) $f(x) = \frac{\ln x}{2} - 7e^x$

50 Calcula la derivada de estos productos de funciones.

a) $f(x) = x^2 \ln x$
b) $f(x) = 2^x \log_5 x$
c) $f(x) = e^x \cos x$
d) $f(x) = \log_3 x\, tg\,x$
e) $f(x) = x^4\, 2^x$
f) $f(x) = 3^x \ln x$
g) $f(x) = x^3\, sen\,x$
h) $f(x) = sen\,x \cos x$

51 Calcula la derivada de estos cocientes de funciones.

a) $f(x) = \frac{x^2}{x+1}$
b) $f(x) = \frac{e^x}{sen\,x}$
c) $f(x) = \frac{\cos x}{2^x}$
d) $f(x) = \frac{x}{\ln x}$
e) $f(x) = \frac{\log_2 x}{x^2}$
f) $f(x) = \frac{3x-2}{2x+x^2}$

52 **INVESTIGA.** Calcula la derivada de $f(x) = x\sqrt{x}$:

a) Como un producto de funciones.
b) A partir de su expresión simplificada.

Comprueba que ambos resultados son iguales.

53 **INVESTIGA.** Determina la derivada de $f(x) = 3^x \cdot 2^x$:

a) Como un producto de funciones.
b) A partir de su expresión simplificada.

Comprueba que ambos resultados son iguales.

54 **INVESTIGA.** A partir de la expresión $tg\,x = \frac{sen\,x}{\cos x}$, deriva $f(x) = tg\,x$ y comprueba el resultado.

55 **RETO.** Atendiendo a las operaciones con logaritmos, halla la derivada de estas funciones.

a) $f(x) = \ln(5x)$
b) $f(x) = \ln\frac{x}{5}$
c) $f(x) = \ln x^2$

Derivada de una función en un punto

56 Calcula la derivada de las funciones donde se indica.

a) $f(x) = 4x^3$ en $x = 1$
b) $f(x) = 7$ en $x = 4$
c) $f(x) = \ln x$ en $x = 2$
d) $f(x) = e^x$ en $x = -1$
e) $f(x) = \sqrt{x}$ en $x = 4$
f) $f(x) = 2tg\,x$ en $x = 0$

57 Completa el sudoku con el valor de la derivada en el punto.

a) $f(x) = -x^2$ en $x = -1$
b) $f(x) = x^3$ en $x = 1$
c) $f(x) = \ln x$ en $x = 1$
d) $f(x) = 4x + 2x^2$ en $x = 0$

c)		3	d)
4	b)	1	
a)			

58 Calcula los puntos de la función $f(x) = -x^2$ en los que la derivada toma estos valores.

a) $f'(x) = 1$
b) $f'(x) = 0$
c) $f'(x) = -1$
d) $f'(x) = 4$

Cómo se calcula la recta tangente a una función en un punto

59 Calcula la ecuación de la recta tangente a $f(x) = x^2 + 1$ en $x_0 = 3$.

PRIMERO. Se evalúa la función en x_0.

$$f(3) = 3^2 + 1 = 9 + 1 = 10$$

SEGUNDO. Se deriva la función.

$$f(x) = x^2 + 1 \rightarrow f'(x) = 2x$$

TERCERO. Se evalúa la función derivada en x_0.

$$f'(x) = 2x \rightarrow f'(3) = 2 \cdot 3 = 6$$

CUARTO. Se escribe la ecuación punto-pendiente de la recta que pasa por el punto $(x_0, f(x_0))$ y tiene como pendiente $m = f'(x_0)$.

$$y - f(x_0) = f'(x_0) \cdot (x - x_0)$$
$$y - 10 = 6(x - 3)$$

60 Calcula la recta tangente a cada función en el punto indicado.

a) $f(x) = 2x + 3x^2$ en $x = 1$
b) $f(x) = e^x$ en $x = 0$
c) $f(x) = \ln x$ en $x = e$

61 Determina la recta tangente a las funciones en los puntos donde es horizontal.

a) $f(x) = 2x + 3x^2$
b) $f(x) = x^2 - 2x + 1$
c) $f(x) = x^2 - 9$
d) $f(x) = x^3 - 3x$

62 **RETO.** Demuestra que la derivada en el vértice de cualquier parábola $f(x) = ax^2 + bx + c$ es nula.

63 **MATEMÁTICAS Y... FÍSICA.** Las ecuaciones de movimiento describen el espacio recorrido, s, la velocidad, v, y la aceleración, a, de un móvil en función del tiempo. La velocidad es la derivada de la función espacio y la aceleración, la de la velocidad.

Si se deja caer un cuerpo verticalmente desde 100 m, la ecuación del espacio recorrido en cada instante es $s(t) = 100 - 4{,}9t^2$.

a) ¿Cuál es la función de la velocidad en cada instante t?

b) Deduce el valor de la gravedad.

64 **MATEMÁTICAS Y... POBLACIÓN.** ¿Cuándo, según la ONU, se espera que la población mundial supere los 8 000 millones de habitantes? ¿Cuál será su tendencia hasta el comienzo del próximo siglo?

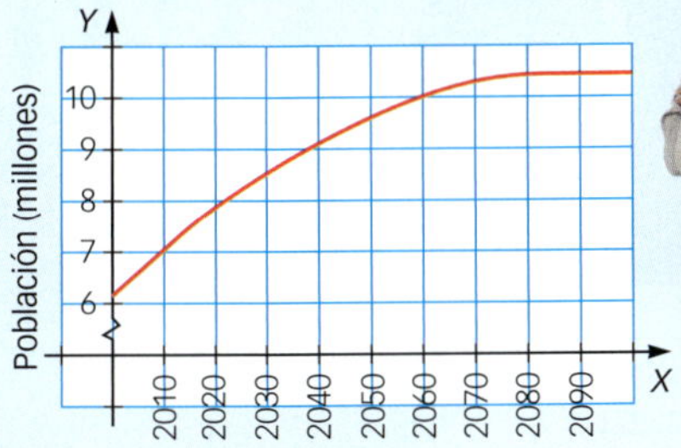

FAKE NEWS

El truco del almendruco

Las manzanas tienen propiedades que aceleran el metabolismo y ayudan a quemar grasa de manera más eficiente.

Esto hace que comer manzanas pueda lograr una reducción de peso significativa.

Se ha establecido que la pérdida de peso semanal que puede experimentar una persona en base al número de manzanas diario que consume viene dado por la función $f(x) = x^2 - 114x - 680$.

De esta manera, si comes 4 manzanas diarias:

$$f(4) = 4^2 - 114 \cdot 4 - 680 = -1\,354$$

Podrías adelgazar 1 kg y 354 g semanalmente.

Y si comieras 5 manzanas:

$$f(5) = 5^2 - 114 \cdot 5 - 680 = -1\,459$$

Podrías perder casi un kilo y medio.

Imagina si comes miles al día…

Y tú, ¿qué opinas?

PROBLEMAS APARENTEMENTE DISTINTOS

65 Dada la función $f(x) = x^3 - 6x^2 + 8x$, calcula la tasa de variación media en estos intervalos e interpreta su valor.

a) [0, 4] b) [2, 4] c) [0, 1]

66 Un delfín se sumerge y salta fuera del agua a intervalos regulares de 4 segundos, siguiendo la función $f(t) = t^3 - 6t^2 + 8t$.

¿Cuál es la variación de altura media alcanzada por segundo durante los primeros 4 segundos? ¿Y desde los 2 a los 4 segundos? ¿Cómo varía en el primer segundo?

67 Calcula el límite a $+\infty$ de la función de la gráfica.

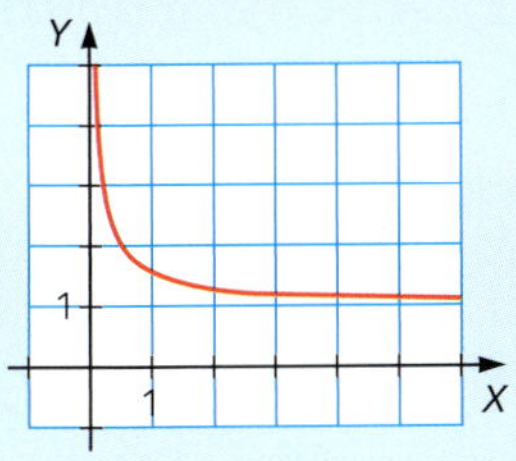

68 El número de plantas que sobreviven en un semillero a lo largo del tiempo, en cientos, sigue la función representada.

¿Cuántas plantas sobrevivirán después de mucho tiempo?

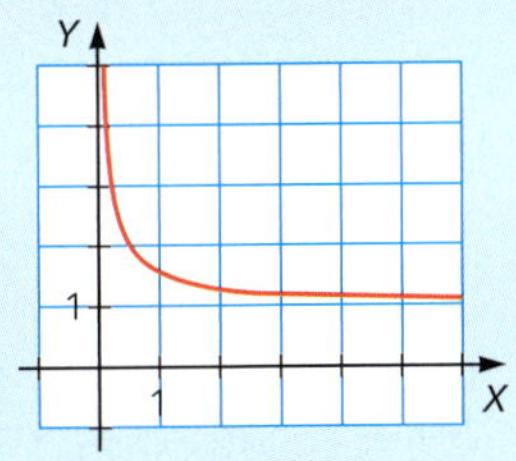

69 Halla la derivada de la función

$$f(x) = -\frac{x^2}{8} + 3x.$$

70 La cantidad de agua de un estanque sigue la función $f(t) = -\dfrac{t^2}{8} + 3t$.

Calcula la función que expresa la variación del agua en función del tiempo.

SITUACIÓN DE APRENDIZAJE

Vivir al límite

Los organismos vivos requieren recursos específicos y un entorno favorable para sobrevivir y reproducirse. Estos recursos no son ilimitados, y una población solo puede crecer hasta el límite de los recursos disponibles en su entorno.
Para las plantas el agua, la luz solar, los nutrientes y el espacio para crecer son algunos recursos fundamentales. En el caso de los animales, algunos de los recursos importantes son el alimento, el agua y el refugio.

Para estudiar la dinámica de las poblaciones, es decir, los cambios en el tamaño y la composición de las mismas a lo largo del tiempo, se utilizan diversos modelos matemáticos, que permiten describir con precisión los cambios en una población y, lo que es aún más importante, predecir su evolución futura.

Modelo de crecimiento	Descripción	Número de individuos en función del tiempo
Lineal	En cada periodo se incorpora o se pierde un número constante de individuos.	$N_t = N_0 \cdot (1 + rt)$
Exponencial	En cada periodo se incorpora o se pierde una misma fracción de la población alcanzada.	$N_t = N_0 \cdot (1 + r)^t$
Logístico	Al principio la población crece rápidamente pero cuando los recursos empiezan a agotarse, se desacelera hasta estabilizarse.	$N_t = N_0 + \dfrac{K}{1 + N_0 e^{-rt}}$

N_t → población en el momento t.
N_0 → población en el momento inicial.
t → tiempo transcurrido desde el momento inicial, en años.
r → tasa periódica media de crecimiento.
K → tamaño poblacional máximo que puede soportar un ecosistema o capacidad de carga.

1 Cuestión de tiempo

Las bacterias se reproducen por fisión binaria (se dividen por la mitad). En muchas especies bacterianas el tiempo entre divisiones es de alrededor de una hora. En un laboratorio se experimenta con un cultivo que inicialmente cuenta con 1 000 bacterias y una cantidad ilimitada de nutrientes.

- Escribe la función que devuelve el número de bacterias del cultivo en función del tiempo transcurrido en horas.
- ¿Cuántas bacterias habrá después de 1 h? ¿Y después de 2 h?
- ¿Cuántas habrá al cabo de un día?
- ¿Qué tipo de crecimiento sigue la población de bacterias?
- ¿Cuántas bacterias habría si siguieran reproduciéndose indefinidamente?

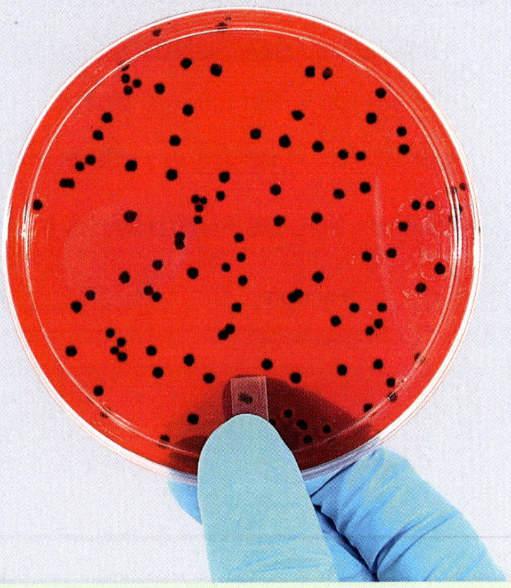

2 Sin recursos

El crecimiento de la levadura en un tubo de ensayo, se estabiliza al tiempo que la población alcanza el límite de nutrientes disponibles.

Si pasara más tiempo, es muy probable que colapsara debido a que el tubo de ensayo constituye un sistema cerrado en el cual los recursos se agotarían, mientras que los desechos alcanzarían niveles tóxicos.

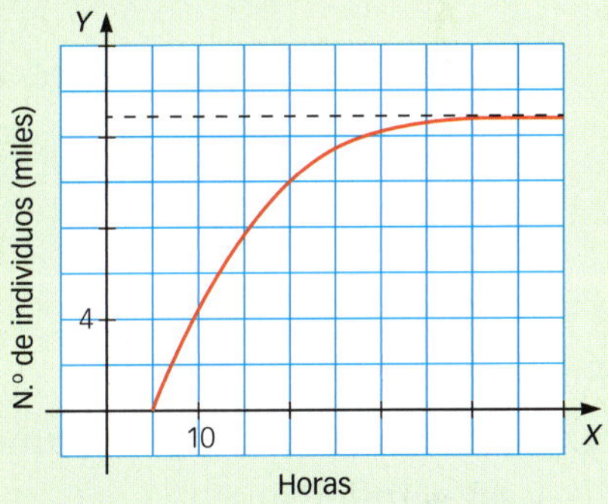

¿Con cuántos individuos se comenzó el experimento?

- ¿Cuántos había aproximadamente al cabo de 10 h? ¿Y después de 30 h?
- ¿Cuál es el límite de la función según la gráfica? ¿Qué significa?

3 ¿Superpoblación o extinción?

La tasa de crecimiento poblacional determina el cambio en el número de individuos en una población en el tiempo. Se corresponde con la derivada de la función que da el número de individuos en función del tiempo.

- Calcula la función de la tasa de crecimiento poblacional de cada uno de los modelos de crecimiento estudiados.

Queremos estudiar la evolución a largo plazo de tres poblaciones de 1 000 individuos de tres especies diferentes, de manera que el crecimiento de cada una de ellas sigue uno de los modelos dados.

- Calcula el número de individuos esperado y el valor al que tiende la tasa de crecimiento si su tasa periódica media de crecimiento es 2.
- Realiza los mismos cálculos si la tasa periódica media de crecimiento es -2.

RESUMEN DE UNIDAD

LÍMITE DE UNA FUNCIÓN EN UN PUNTO

- Si $\lim\limits_{x \to c^-} f(x) = \lim\limits_{x \to c^+} f(x) = L$, $\lim\limits_{x \to c} f(x) = L$.
- Si $\lim\limits_{x \to c^-} f(x) \neq \lim\limits_{x \to c^+} f(x)$, no existe el límite de $f(x)$ en c.

DERIVADAS DE FUNCIONES ELEMENTALES

Función	Derivada
$f(x) = c$	$f'(x) = 0$
$f(x) = x$	$f'(x) = 1$
$f(x) = x^n$	$f'(x) = nx^{n-1}$
$f(x) = a^x$ $f(x) = e^x$	$f'(x) = a^x \ln a$ $f'(x) = e^x$
$f(x) = \log_a x$ $f(x) = \ln x$	$f'(x) = \dfrac{1}{x \ln a}$ $f'(x) = \dfrac{1}{x}$
$f(x) = \operatorname{sen} x$	$f'(x) = \cos x$
$f(x) = \cos x$	$f'(x) = -\operatorname{sen} x$
$f(x) = \operatorname{tg} x$	$f'(x) = 1 + \operatorname{tg}^2 x = \dfrac{1}{\cos^2 x}$

DERIVADA

- Derivada de una función en un punto

$$f'(a) = \lim_{h \to 0} \frac{f(a+h) - f(a)}{h}$$

- Función derivada

$$f'(x) = \lim_{h \to 0} \frac{f(x+h) - f(x)}{h}$$

OPERACIONES CON DERIVADAS

Función	Derivada
$f(x) \pm g(x)$	$[f(x) \pm g(x)]' = f'(x) \pm g'(x)$
$kf(x)$	$[kf(x)]' = kf'(x)$
$f(x) \cdot g(x)$	$[f(x) \cdot g(x)]' = f'(x)g(x) + f(x)g'(x)$
$\dfrac{f(x)}{g(x)}$	$\left[\dfrac{f(x)}{g(x)}\right]' = \dfrac{f'(x)g(x) - f(x)g'(x)}{[g(x)]^2}$

AUTOEVALUACIÓN

1. Calcula el límite de una función en un punto y en el infinito

1 Calcula $\lim\limits_{x \to +\infty} \dfrac{7}{2x - 5}$.

a) $+\infty$ b) $-\infty$ c) 0 d) 7

2 Halla $\lim\limits_{x \to 1} \dfrac{x^2 - 1}{x + 1}$.

a) $+\infty$ b) $-\infty$ c) 0 d) 2

2. Calcula la derivada de funciones elementales

3 Calcula la tasa de variación media de la siguiente función en el intervalo $[-3, 1]$.

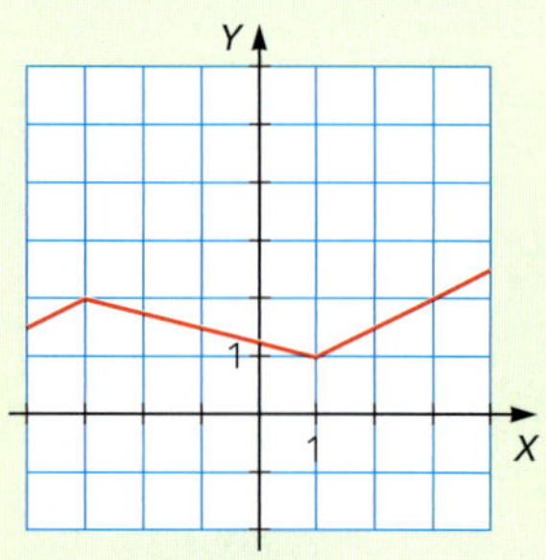

a) $\dfrac{1}{4}$ c) $-\dfrac{1}{4}$

b) $\dfrac{1}{2}$ d) $-\dfrac{1}{2}$

4 ¿Cuál es la derivada de la función $f(x) = 2x^5 - x^3 + 2$?

a) $f'(x) = 10x^5 - 3x^2$ c) $f'(x) = 10x^5 - 3x^3$

b) $f'(x) = 10x^4 - 3x^2 + 1$ d) $f'(x) = 10x^4 - 3x^2$

5 Calcula la derivada del producto $f(x) = -3e^x \cos x$.

a) $f'(x) = -3e^x(\cos x - \operatorname{sen} x)$ c) $f'(x) = -3e^x \operatorname{sen} x$

b) $f'(x) = -3e^x(\cos x + \operatorname{sen} x)$ d) $f'(x) = 3e^x \operatorname{sen} x$

6 Determina la derivada del cociente $f(x) = \dfrac{\ln x}{x + 1}$.

a) $f'(x) = \dfrac{1}{x(x+1)^2}$ c) $f'(x) = \dfrac{x + 1 - \ln x}{(x+1)^2}$

b) $f'(x) = \dfrac{x + 1 - x \ln x}{x(x+1)}$ d) $f'(x) = \dfrac{x + 1 - x \ln x}{x(x+1)^2}$

7 Halla la derivada de $f(x) = \dfrac{\operatorname{sen} x + 5}{5}$ en $x = 0$.

a) $f'(0) = 0$ c) $f'(0) = 1$

b) $f'(0) = \dfrac{1}{5}$ d) $f'(0) = \dfrac{6}{5}$

VALORA TU APRENDIZAJE

- ¿Te motiva aprender cosas nuevas?
- ¿Consideras que el trabajo en equipo es importante?

11 Estadística

DESAFÍO

La media desaparecida

La media de 100 números es 86. Si eliminamos 20 de ellos, la nueva media es 84.

¿Cuál será la media de los 20 eliminados?

¿Qué sabes ya?

Qué es una variable aleatoria

Las variables aleatorias son las características que analizamos en un estudio estadístico. Pueden ser:

- **Cualitativas.** Los valores que toman son cualidades.
- **Cuantitativas.** Sus valores son números. Pueden ser:
  - **Discretas.** En cada intervalo, la variable solo puede tomar un número finito de valores.
  - **Continuas.** La variable puede tomar infinitos valores entre cada dos.

EJEMPLO

Clasifica las siguientes variables aleatorias.

Color de ojos → Cualitativa.

Número de mascotas → Cuantitativa discreta.

Peso → Cuantitativa continua.

ACTIVIDADES

1 Señala la variable cuantitativa continua.

a) Color de pelo.　　b) Edad.　　c) Altura.

Qué son las clases y cómo calcularlas

Para hacer recuentos, cuando la variable es **continua o cuantitativa discreta** con muchos valores, agrupamos los datos en intervalos, llamados **clases**. Estos suelen ser de la misma amplitud. Tomamos como valor de la clase el punto medio del intervalo, denominado **marca de clase**.

EJEMPLO

Agrupa en cuatro clases: 2, 7, 4, 8, 11, 9, 5, 1, 1, 7.

$$\text{Amplitud de intervalo} = \frac{x_{\text{máximo}} - x_{\text{mínimo}}}{\text{N.º de intervalos}} = \frac{11-1}{4} = 2{,}5$$

Es decir, tomamos 4 intervalos de amplitud 3:

Clases	[0, 3)	[3, 6)	[6, 9)	[9, 12)
Marca de clase	1,5	4,5	7,5	10,5
Recuento	3	2	3	2

ACTIVIDADES

2 Indica la amplitud del intervalo para obtener 6 clases.

a) 1　　b) 1,6　　c) 1,7　　d) 2

1. Muestras y frecuencias

La **estadística** se encarga de **recoger** y **ordenar** datos referidos a diversos fenómenos y, después, **analizarlos** e **interpretarlos**.

- **Población** es el conjunto de elementos sobre el que se realiza un estudio estadístico.
- **Muestra** es la parte de la población que estudiamos. Su **tamaño**, N, es el número de elementos que la forman.
- **Individuo** es cada elemento de la población o muestra.

Una **muestra** es **representativa** cuando recoge las características de toda la población.

- **Muestreo aleatorio simple.** Se seleccionan individuos de una población al azar. Todos los individuos tienen la misma probabilidad de pertenecer a la muestra.
- **Muestreo por conglomerados.** Se divide la población en grupos heterogéneos y se selecciona al azar un número determinado de individuos de cada grupo.
- **Muestreo estratificado.** Se divide la población en grupos con un cierto rasgo. El número de individuos que se elige varía según la proporción que representa.

Para organizar los datos se utilizan **tablas de frecuencias**. A cada dato x_i le corresponde:

- **Frecuencia absoluta (f_i):** número de veces que aparece en la muestra.
- **Frecuencia relativa (h_i):** cociente entre la frecuencia absoluta y el total de datos, N.
- **Frecuencia absoluta acumulada (F_i):** suma de todas las frecuencias absolutas de los valores menores o iguales que él. Solo se puede calcular en variables cuantitativas.
- **Frecuencia relativa acumulada (H_i):** suma de todas las frecuencias relativas de los valores menores o iguales que él. Solo tiene sentido para variables cuantitativas.

GEOGEBRA

EJEMPLO

1. Organiza en una tabla de frecuencias las alturas, en cm, de un grupo de estudiantes: 130, 128, 141, 139, 137, 143, 140, 129, 128, 137, 124, 135, 136, 134, 131, 136, 142, 138, 144, 136.

La altura es una variable cuantitativa continua.
Los agrupamos en intervalos (clases) de amplitud:

$$\frac{x_{\text{máximo}} - x_{\text{mínimo}}}{\sqrt{N}} = \frac{144 - 126}{\sqrt{20}} = 4{,}47 \text{ cm.}$$

Tomamos una aproximación por exceso para que todos los datos estén en incluidos.

La amplitud de las clases debe ser 5 cm.

Altura	f_i	h_i	F_i	H_i
[125, 130)	4	0,2	4	0,2
[130, 135)	3	0,2	7	0,35
[135, 140)	8	0,4	15	0,75
[140, 145)	5	0,25	20	1

ACTIVIDADES

1 Di si estudiarías la población o una muestra.

a) La longitud de los tornillos que fabrica una máquina de manera continua.

b) El peso de un grupo de cinco amigos.

2 **REFLEXIONA.** Este es el color de pelo de 15 chicas:

M = moreno R = rubio P = pelirrojo

$M\ R\ P\ M\ M\ M\ P\ R\ R\ R\ M\ M\ R\ R\ P$

Construye su tabla de frecuencias.

2. Gráficos estadísticos

Para organizar e interpretar los datos obtenidos en un estudio estadístico, utilizamos **gráficos estadísticos**. Dependiendo del tipo de variable estadística que estudiemos, usaremos distintos gráficos estadísticos.

GEOGEBRA

Diagrama de barras	Histograma	Diagrama de sectores
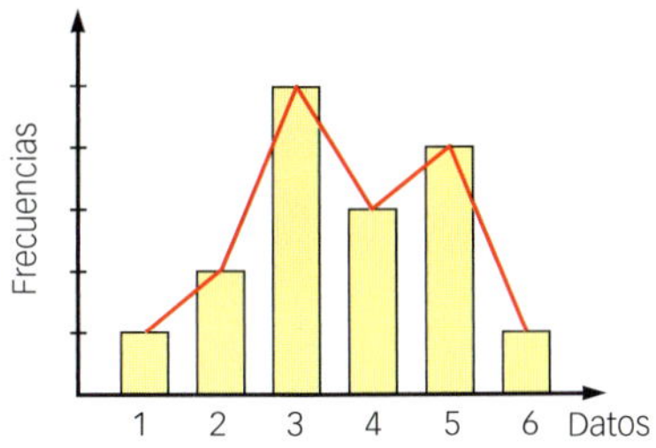	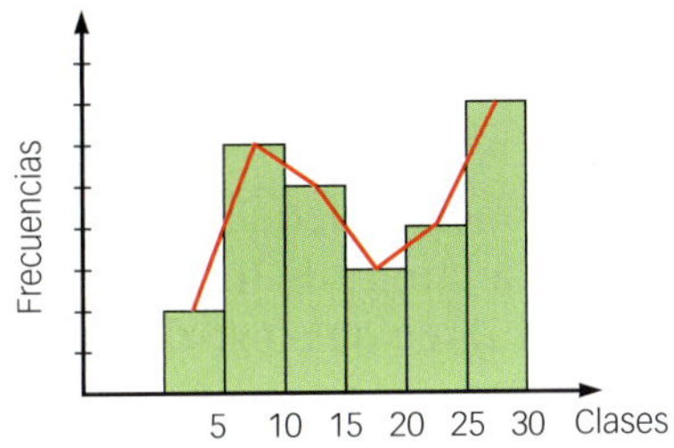	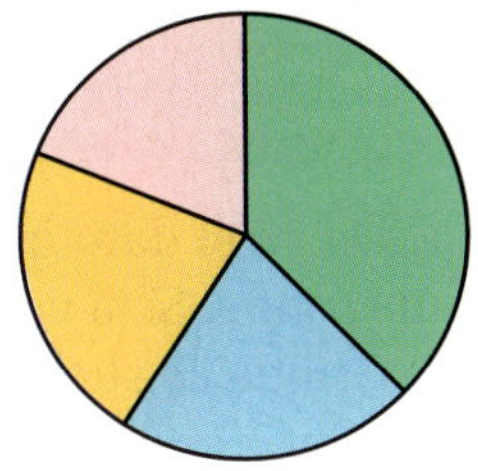
En el eje de abscisas se escriben los valores de la variable, y en el de ordenadas, las frecuencias. Sobre cada valor se levanta una barra cuya altura es igual a la frecuencia.	Se divide el eje de abscisas en intervalos, generalmente de la misma longitud, y se levanta un rectángulo en cada tramo. La altura de cada rectángulo es igual a la frecuencia asignada al intervalo (clase).	El círculo se divide en tantos sectores como valores tenga la variable, siendo su amplitud proporcional a la frecuencia del dato.

En el diagrama de barras se han unido los extremos superiores de las barras, y en el histograma, los puntos medios de los lados superiores de los rectángulos. Este gráfico es un **polígono de frecuencias**.

El gráfico elegido dependerá del tipo de variable que representemos.

- **Cualitativa.** Diagrama de barras o diagrama de sectores.
- **Cuantitativa discreta.** Diagrama de barras, polígono de frecuencias o diagrama de sectores.
- **Cualitativa continua.** Histograma o polígono de frecuencias.

Para comparar situaciones podemos representar conjuntamente los datos en un **diagrama de barras adosadas**.

Diagrama de barras adosadas

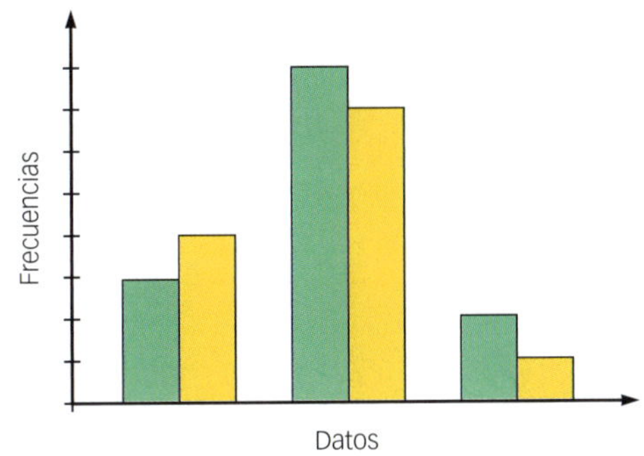

ACTIVIDADES

3 El sexo de 20 bebés nacidos en un hospital ha sido:

H M H H M M H H M M
M M M H M M H H M M

Construye su tabla asociada a estos datos y represéntalos mediante un diagrama de sectores y un diagrama de barras.

4 La siguiente tabla muestra los resultados de lanzar 50 veces un dado.

Cara	1	2	3	4	5	6
N.º de veces	8	12	5	9	6	10

a) Representa los datos con un diagrama de barras y dibuja su polígono de frecuencias.

b) ¿Podrías utilizar un histograma para representar estos mismos datos?

5 **REFLEXIONA.** Construye las tablas de frecuencias que corresponden a los siguientes gráficos estadísticos. Indica qué tipo de gráficos hay representados en cada caso y explica si podrías sustituirlos por algún otro tipo de gráfico.

a)

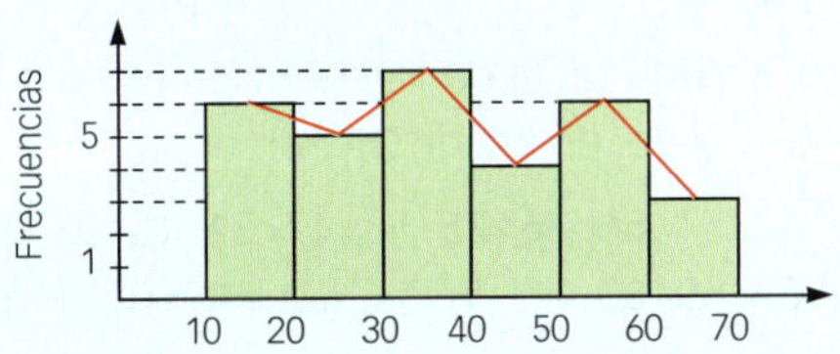

b)

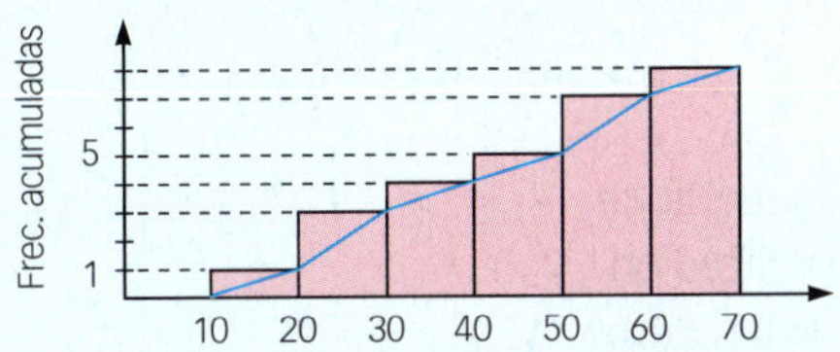

3. Medidas de centralización

Las **medidas de centralización** resumen la información de la muestra.

La **media aritmética**, $\bar{x}$, es el cociente de la suma de todos los datos multiplicados por su frecuencia y el número total de datos. En el caso de variables continuas, x_i es la marca de clase.

$$\bar{x} = \frac{\sum_{i=1}^{n} f_i \cdot x_i}{N}$$

La **moda**, *Mo*, es el dato que tiene mayor frecuencia. Puede haber más de una moda. Si la variable es continua, hablamos de **intervalo modal**, y la moda se suele considerar como la marca de clase de ese intervalo.

La **mediana**, *Me*, es el valor que ocupa la posición central de los datos, después de ordenarlos, o la media de los datos centrales, si el número de datos es par. Cuando la variable es continua, hablamos de **intervalo mediano**, y como mediana se suele tomar su marca de clase.

Dado el intervalo $[a_i, a_{i+1})$, la marca de clase es su punto medio.

$$x_i = \frac{a_i + a_{i+1}}{2}$$

RETO

Calcula las medidas de centralización.

0 0 0 0 0

10 10 10 10 10

¿Son representativas de los datos?

EJEMPLO

2. En un vivero se ha hecho un estudio sobre el crecimiento, en centímetros, que experimentan los cerezos del primer al segundo año y los resultados se han organizado en esta tabla. Calcula la media, la mediana y la moda.

Altura (cm)	x_i	f_i	F_i
[25, 30)	27,5	3	3
[30, 35)	32,5	4	7
[35, 40)	37,5	5	12
[40, 45)	42,5	8	20
Total		20	

La media aritmética es:

$$\bar{x} = \frac{27{,}5 \cdot 3 + 32{,}5 \cdot 4 + 37{,}5 \cdot 5 + 42{,}5 \cdot 8}{20} = \frac{740}{20} = 37 \text{ cm}$$

La frecuencia absoluta mayor es 8, que corresponde al intervalo [40, 45). Por tanto, el intervalo modal es [40, 45) y $Mo = 42{,}5$ cm.

La mitad de los datos es $20 : 2 = 10$. La primera frecuencia acumulada mayor o igual que 10 es 12. El intervalo mediano es [35, 40) y $Me = 37{,}5$ cm.

ACTIVIDADES

6. Organiza en una tabla de frecuencias estos datos relativos al peso, en kg, de 20 personas.

42 51 56 66 75 47 51 45 63 79

69 59 50 70 59 62 54 60 63 58

a) Representa los datos mediante el gráfico más adecuado.

b) Calcula sus medidas de centralización.

7. Halla las medidas de centralización dados estos datos.

[0, 5)	[5, 10)	[10, 15)	[15, 20)
10	12	37	21

8. **REFLEXIONA.** Decide qué valores podemos añadir a este conjunto de datos para que la mediana siga siendo la misma.

Cómo se calculan e interpretan las medidas de centralización

La media y la mediana solo existen cuando las variables estadísticas son cuantitativas.

Calcula e interpreta las medidas de centralización.

a)

Comidas al día	f_i
1	2
2	6
3	20
4	10
5	12

b)

Plato preferido	f_i
Pasta/arroz	15
Legumbres	8
Carne	10
Pescado	7
Fruta/verduras	10

c)

Peso (kg)	f_i
[50, 60)	10
[60, 70)	12
[70, 80)	20
[80, 90)	6
[90, 100)	2

① **Añadimos a la tabla los cálculos necesarios para hallar las medidas de centralización.**

Necesitamos F_i para calcular la mediana.

a)

Comidas al día	f_i	$f_i \cdot x_i$	F_i
1	2	2	2
2	6	12	8
3	20	60	28
4	10	40	38
5	12	60	50
Total	50	174	

b)

Plato preferido	f_i
Pasta/arroz	15
Legumbres	8
Carne	10
Pescado	7
Frutas/verduras	10
Total	50

c)

Peso (kg)	x_i	f_i	$f_i \cdot x_i$	F_i
[50, 60)	55	10	550	10
[60, 70)	65	12	780	22
[70, 80)	75	20	1 500	42
[80, 90)	85	6	510	48
[90, 100)	95	2	190	50
Total		50	3 530	

Necesitamos el total de $f_i \cdot x_i$ para calcular la media.

② **Calculamos las medidas de centralización.**

a) $\overline{x} = \dfrac{174}{50} = 3{,}48$ comidas

$Me = 3$ comidas

$Mo = 3$ comidas

b) $Mo =$ Pasta/arroz

c) $\overline{x} = \dfrac{3530}{50} = 70{,}6$ kg

Intervalo modal $= [70, 80) \rightarrow Mo = 75$ kg

Intervalo mediano $= [70, 80) \rightarrow Me = 75$ kg

③ **Interpretamos las medidas.**

a) Como la moda y la mediana son 3 comidas y la media es 3,48, el grupo de gente que hace más de 3 comidas es mayor que el que hace menos de 3 comidas.

b) Al ser una variable cualitativa, la única medida de centralización que existe es la moda. La mayoría de las personas encuestadas prefieren pasta o arroz.

c) La moda y la mediana coinciden, 75 kg. El valor de la media es 70,6 kg, menor que la mediana y la moda; por tanto, el número de personas con un peso inferior a 75 kg es mayor que el de quienes pesan más de esos kilos.

ACTIVIDADES

9 Calcula e interpreta las medidas de centralización.

a)

x_i	2	4	6	8	10
f_i	3	1	5	2	7

b)

Clases	[0, 15)	[15, 30)	[30, 45)	[45, 60)
F_i	6	9	14	20

10 Halla las medidas de centralización.

a)

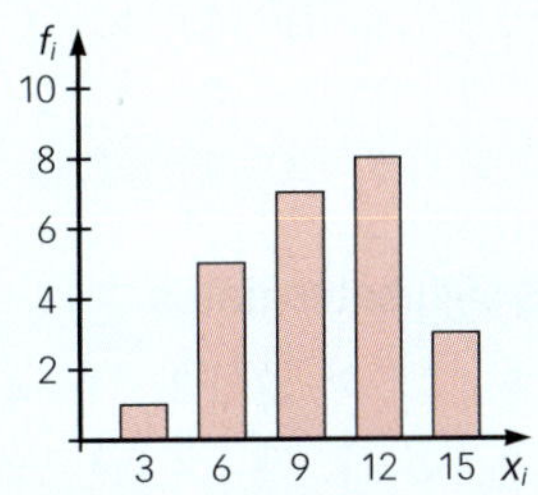

b)

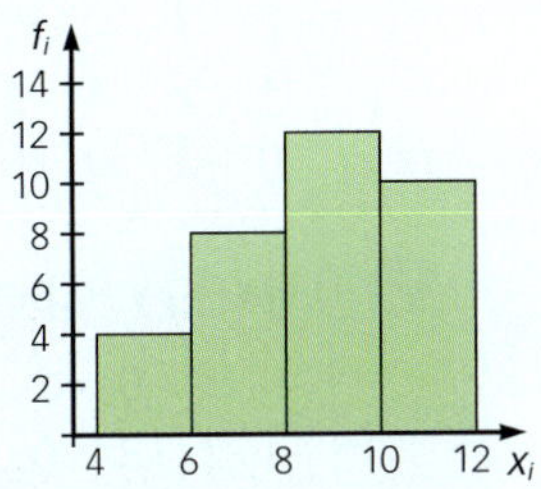

4. Medidas de posición

Las **medidas de posición** son valores de la variable que informan del lugar que ocupa un dato dentro del conjunto ordenado de valores. Para poder calcular estas medidas, la variable debe ser cuantitativa.

Los **cuartiles**, Q_1, Q_2 y Q_3, son medidas que dividen el conjunto de datos ordenados en cuatro partes iguales.

Los **percentiles** o **centiles**, P_k, son medidas que dividen el conjunto de datos en 100 partes iguales.

Estas medidas se representan en un **diagrama de caja y bigotes**.

La caja contiene el 50 % central de los datos de la distribución.

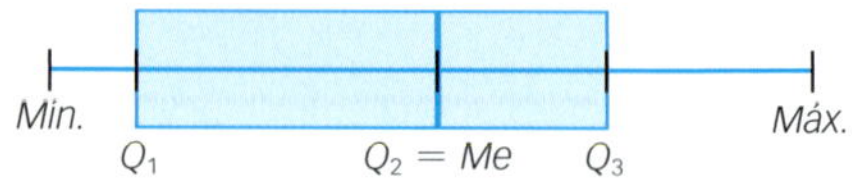

RETO

Pon un ejemplo en el que los tres cuartiles tengan el mismo valor.

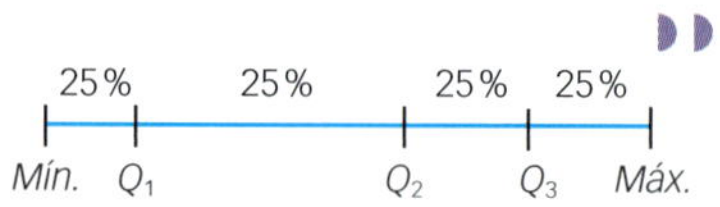

- El segundo cuartil, Q_2, coincide con la mediana y con el percentil 50, P_{50}.
- Los cuartiles, Q_1 y Q_3, coinciden con P_{25} y P_{75}, respectivamente.

EJEMPLO

3. Calcula los tres cuartiles y el percentil 65 de estos datos.

Datos	f_i	F_i
1	11	11
2	27	38
3	4	42
4	18	60
Total	60	

Primer cuartil   25 % de 60 = 60 · 0,25 = 15

Q_1 tiene 15 datos por debajo y el resto por encima.
La primera $F_i \geq 15$ es 38, que corresponde al dato 2; por tanto, $Q_1 = 2$.

Segundo cuartil   50 % de 60 = 60 · 0,5 = 30

Q_2 tiene 30 datos por debajo y 30 por encima.
La primera $F_i \geq 30$ es 38, que corresponde al dato 2, luego $Q_2 = 2$.

Tercer cuartil   75 % de 60 = 60 · 0,75 = 45

Q_2 tiene 45 datos por debajo y los demás por encima.
La primera $F_i \geq 45$ es 60, que corresponde al dato 4, luego $Q_3 = 4$.

Percentil 65   65 % de 60 = 60 · 0,65 = 39

P_{65} tiene 39 datos por debajo y los demás por encima.
La primera $F_i \geq 39$ es 42, que corresponde al dato 3 por lo que $P_{65} = 3$.
Es decir, el 65 % de los datos es menor o igual que 3.

ACTIVIDADES

11. Calcula los cuartiles para estos datos.

a) 2 2 5 4 6 5 4 7 8 9
1 3 5 6 7 8 8 7 9 1

b) 2 1 0 0 1 2 1 0 0 2 4 1 1
1 2 4 4 2 0 1 1 0 4 2 2 4
0 1 0 0 2 2 0 3 4 2 4 3 1

12. Halla P_{34} y P_8 para los siguientes datos.

1 0 3 4 5 2 2 2 3 1 4 5
2 3 0 1 4 5 1 1 2 1 4 1

13. **REFLEXIONA.** Salen 20 plazas a concurso por oposición y se presentan 200 personas.

Notas	3	4	5	6	7	8	9	10
f_i	6	25	34	42	50	27	13	3

a) ¿Con qué nota se obtiene una de las plazas mediante el concurso por oposición?

b) ¿Qué percentil es la nota 5?

c) Para aprobar con un 5, ¿cuántas plazas tendrían que haber salido a concurso?

Cómo se calculan e interpretan las medidas de posición

> Las medidas de posición solo existen cuando las variables son cuantitativas.

Dibuja el diagrama de caja y bigotes, e interpreta los datos obtenidos.

a)

Comidas al día	f_i
1	2
2	6
3	20
4	10
5	12

b)

Peso (kg)	f_i
[50, 60)	10
[60, 70)	12
[70, 80)	20
[80, 90)	6
[90, 100)	2

① *Completamos la tabla de frecuencias añadiendo las columnas necesarias para calcular los cuartiles.*

a)

Comidas al día	f_i	F_i
1	2	2
2	6	8
3	20	28
4	10	38
5	12	50
Total	50	

b)

Peso (kg)	x_i	f_i	F_i
[50, 60)	55	10	10
[60, 70)	65	12	22
[70, 80)	75	20	42
[80, 90)	85	6	48
[90, 100)	95	2	50
Total		50	

Marca de clase (x_i)

Necesitamos F_i.

② *Calculamos el dato mínimo, el máximo y los tres primeros cuartiles.*

a) Mínimo = 1 Máximo = 5

F_3: 25 % de 50 = 12,5
$28 > 12,5 \rightarrow Q_1 = 3$ (x_3)

F_3: 50 % de 50 = 25
$28 > 25 \rightarrow Me = Q_2 = 3$ (x_3)

F_4: 75 % de 50 = 37,5
$38 > 37,5 \rightarrow Q_3 = 4$ (x_4)

b) Mínimo = 50 Máximo = 100

F_2: 25 % de 50 = 12,5
$22 > 12,5 \rightarrow Q_1 = 65$ (x_2)

F_3: 50 % de 50 = 25
$42 > 25 \rightarrow Me = Q_2 = 75$ (x_3)

F_3: 75 % de 50 = 37,5
$42 > 37,5 \rightarrow Q_3 = 75$ (x_3)

③ *Representamos las medidas con un diagrama de caja y bigotes, e interpretamos el resultado.*

a)

Los datos menores están más concentrados en torno a la *Me* que los datos mayores, ya que $Q_1 = Q_2$.

b)

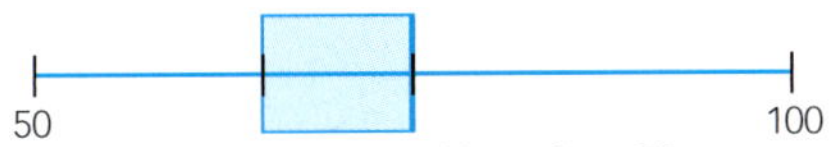

En este caso, Q_2 y Q_3 son iguales y, por tanto, los datos mayores que la *Me* se concentran más.

ACTIVIDADES

14 Calcula los cuartiles para esta distribución, realiza un diagrama de caja y bigotes, e interpreta el resultado.

x_i	3	4	6	8	9	11	12	13
f_i	4	2	5	6	5	7	4	3

15 Halla e interpreta las medidas de posición.

Clases	[0, 8)	[8, 16)	[16, 24)	[24, 32)
f_i	7	9	4	6

16 Agrupa los datos en intervalos y calcula los cuartiles.

2 4 5 3 2   4 3 2 4 5   2 7 6 5 4
6 5 4 6 4   4 8 3 7 6   2 3 4 5 7

Dibuja el diagrama de caja y bigotes correspondiente.

17 Dibuja un diagrama de caja para estos datos.

x_i	1	2	3	4	5	6
f_i	3	1	2	1	4	1

Explica cómo están distribuidos los datos.

5. Medidas de dispersión

GEOGEBRA

Las **medidas de dispersión** muestran el grado de agrupamiento de los datos en torno a las medidas de centralización. Si son pequeñas, los datos están alrededor de la media. Si son grandes, están dispersos.

La varianza también se puede calcular mediante la fórmula $\sigma^2 = \frac{\sum_{i=1}^{n} f_i \cdot x_i^2}{N} - \overline{x}^2$.

El coeficiente de variación sirve para comparar la concentración de los datos en distintas variables y suele expresarse en porcentaje.

Medida	Cálculo	Definición
Rango o recorrido	$R = Máx. - Mín.$	Es la diferencia entre el mayor y el menor valor de la variable.
Desviación media	$DM = \frac{\sum_{i=1}^{n} f_i \cdot \lvert x_i - \overline{x} \rvert}{N}$	Es la media aritmética de los valores absolutos de las desviaciones de cada dato.
Varianza	$\sigma^2 = \frac{\sum_{i=1}^{n} f_i \cdot (x_i - \overline{x})^2}{N}$	Es la media de los cuadrados de las desviaciones.
Desviación típica	$\sigma = \sqrt{\text{varianza}}$	Es la raíz cuadrada positiva de la varianza.
Coeficiente de variación	$CV = \frac{\sigma}{\overline{x}}$	Es el cociente de la desviación típica y la media.

EJEMPLO

4. Halla las medidas de dispersión de las edades de estas jugadoras de fútbol.

29 29 22 22 29 29 25 27 23 29 28 24 22 19 22 24 25 24 26 23 21 29 23 23 29

Años	x_i	f_i	$f_i \cdot x_i$	$f_i \cdot x_i^2$	$f_i \cdot \lvert x_i - \overline{x} \rvert$
[18, 20)	19	1	19	361	6,4
[20, 22)	21	1	21	441	4,4
[22, 24)	23	8	184	4 232	19,2
[24, 26)	25	5	125	3 125	2
[26, 28)	27	2	54	1 458	3,2
[28, 30)	29	8	232	6 728	28,8
Total		25	635	16 345	64

$\overline{x} = \frac{\sum_{i=1}^{6} f_i \cdot x_i}{25} = \frac{635}{25} = 25{,}4$ años

$\sigma^2 = \frac{16\,345}{25} - 25{,}4^2 = 8{,}64$

$R = 29 - 19 = 10$ años

$\sigma = \sqrt{8{,}64} = 2{,}94$ años

$DM = \frac{64}{25} = 2{,}56$ años

$CV = \frac{2{,}94}{25{,}4} = 0{,}1157 = 11{,}57\,\%$

ACTIVIDADES

18 La tabla muestra el número de vehículos por familia de un grupo de 1 000 familias.

Observa los datos y calcula.

N.º de vehículos	0	1	2	3
N.º de familias	115	456	268	161

a) El rango.
b) La desviación media.
c) La varianza.
d) La desviación típica.
e) El coeficiente de variación.

19 Lidia ha obtenido las siguientes notas en Matemáticas: 7, 5, 6, 10, 9, 7 y 6. Halla las medidas de dispersión.

20 **REFLEXIONA.** Compara la dispersión en estas dos variables: la primera mide el peso de los elefantes, con $\overline{x} = 3\,000$ kg y $\sigma = 300$ kg, y la otra mide el peso de los ratones, con $\overline{x} = 0{,}018$ kg y $\sigma = 0{,}002$ kg

Cómo se calculan e interpretan conjuntamente las medidas de centralización y dispersión

Solo se puede estudiar la dispersión en variables cuantitativas.

Calcula e interpreta conjuntamente las medidas de centralización y de dispersión.

a)

Comidas al día	1	2	3	4	5
f_i	2	6	20	10	12

b)

Peso (kg)	[50, 60)	[60, 70)	[70, 80)	[80, 90)	[90, 100)
f_i	10	12	20	6	2

① Completamos la tabla con las columnas necesarias para calcular las medidas de centralización y de dispersión.

a)

Comidas al día	f_i	F_i	$f_i \cdot x_i$	$f_i \cdot x_i^2$
1	2	2	2	2
2	6	8	12	24
3	20	28	60	180
4	10	38	40	160
5	12	50	60	300
Total	50		174	666

b)

Peso (kg)	x_i	f_i	F_i	$f_i \cdot x_i$	$f_i \cdot x_i^2$
[50, 60)	55	10	10	550	30 250
[60, 70)	65	12	22	780	50 700
[70, 80)	75	20	42	1 500	112 500
[80, 90)	85	6	48	510	43 350
[90, 100)	95	2	50	190	18 050
Total		50		3 530	254 850

Para calcular la mediana. (F_i)

Para calcular la media. ($f_i \cdot x_i$)

Para calcular la varianza. ($f_i \cdot x_i^2$)

② Calculamos las medidas de centralización y de dispersión.

a)

$\overline{x} = \frac{174}{50} = 3{,}48$ comidas al día

$Me = Mo = 3$ comidas al día

$\sigma^2 = \frac{666}{50} - 3{,}48^2 = 1{,}21$

$\sigma = \sqrt{1{,}21} = 1{,}1$ comidas al día

$CV = \frac{1{,}1}{3{,}48} = 0{,}3161 = 31{,}61\,\%$

b)

$\overline{x} = \frac{3\,530}{50} = 70{,}6$ kg

$Me = Mo = 75$ kg

$\sigma^2 = \frac{254\,850}{50} - 70{,}6^2 = 112{,}64$

$\sigma = \sqrt{112{,}64} = 10{,}61$ kg

$CV = \frac{10{,}61}{70{,}6} = 0{,}1503 = 15{,}03\,\%$

③ Interpretamos conjuntamente las medidas calculadas.

a) La cercanía de las tres medidas de centralización indica que los datos se reparten de forma equilibrada respecto a la mediana. El coeficiente de variación es muy grande (casi el 32 %), lo que indica que los datos están bastante dispersos, es decir, alejados de la media.

b) Las medidas de centralización tienen valores próximos. Por tanto, los datos se distribuyen de forma semejante por debajo y por encima de la mediana. El coeficiente de variación es pequeño (apenas el 15 %), lo que indica que los datos se agrupan alrededor de la media.

ACTIVIDADES

21 La tabla muestra el número de veces que un grupo de pacientes han acudido a consulta durante un mes.

N.º de visitas	2	5	6	7	10
N.º de pacientes	3	8	2	1	4

Calcula e interpreta conjuntamente las medidas de centralización y de dispersión.

22 La tabla muestra el número de accidentes laborales que han tenido lugar en el último año.

N.º de accidentes	[0, 10)	[10, 20)	[20, 30)	[30, 40)
N.º de meses	1	5	4	2

Halla las medidas de dispersión y de centralización e interpreta los resultados.

6. Variable estadística bidimensional

Una **variable estadística bidimensional** resulta al estudiar dos características diferentes de los individuos de una población, y está formada por dos variables estadísticas unidimensionales. La variable bidimensional (X, Y) queda determinada por los pares de datos $(x_1, y_1), (x_2, y_2), \ldots, (x_n, y_n)$.

RETO

¿Puede una variable bidimensional estar formada por una variable cualitativa y otra cuantitativa? Pon un ejemplo.

EJEMPLO

5. Se va a realizar un estudio sobre el número de profesores de Matemáticas de varios centros escolares y el número de estudiantes de los mismos. ¿Qué variables estadísticas se van a estudiar? ¿Qué representaría el par de datos (6, 472)?

$X \rightarrow$ Número de profesores de Matemáticas en un centro escolar.

$Y \rightarrow$ Número de estudiantes en un centro escolar.

Para cada cada centro hay un par de datos: $(x_1, y_1), (x_2, y_2), \ldots, (x_n, y_n)$.

Este conjunto se corresponde con la variable estadística bidimensional (X, Y).

Así, el par (6, 472) son los centros formados por 6 profesores de Matemáticas y 472 estudiantes.

Para organizar los datos en las variables bidimensionales se utilizan las **tablas de contingencia**.

En ellas establecemos dos entradas, una para los datos de cada variable, y colocamos las frecuencias absolutas de cada par de datos en las casillas centrales.

EJEMPLO

6. Esta tabla muestra las calificaciones del 1 al 5 que dieron los estudiantes de una clase a los dos destinos del viaje de fin de curso, $X =$ Mallorca e $Y =$ Ibiza.

Y \ X	1	2	3	4	5
1	0	3	1	0	1
2	4	3	2	0	0
3	1	2	5	4	0
4	0	1	3	6	4
5	0	1	4	2	3

a) ¿Cuántos estudiantes valoraron con un 5 ir a Mallorca?

b) ¿Cuántos valoraron con un 1 ir a Ibiza?

c) ¿Cuántos valoraron con un 3 ambos destinos?

a) Hay $1 + 4 + 3 = 8$ estudiantes que valoraron con un 5 ir a Mallorca.

b) Hay $3 + 1 + 1 = 5$ estudiantes que valoraron con un 1 ir a Ibiza.

c) De los estudiantes que valoraron con un 3 ir a Mallorca, 5 valoraron también con un 3 ir a Ibiza.

ACTIVIDADES

23 Considera estas variables bidimensionales y escribe las unidimensionales que las forman y tres pares de valores que las determinan.

a) Edad y curso de los estudiantes de un centro.

b) Edad de un árbol y grosor de su tronco.

c) Sueldo mensual de una persona y precio que paga por el alquiler de su piso.

24 Estas son las notas de 21 estudiantes en Física y en Música. Ordénalas en una tabla de contingencia.

(8, 6) (5, 9) (4, 7) (6, 6) (9, 5) (10, 6) (9, 5)
(7, 6) (10, 9) (8, 6) (8, 9) (5, 6) (4, 7) (6, 6)
(8, 7) (7, 8) (8, 7) (6, 2) (7, 6) (5, 9) (6, 9)

25 **REFLEXIONA.** Inventa dos variables bidimensionales que puedan tomar los mismos valores.

7. Diagramas de dispersión

A veces nos interesa saber si existe alguna relación entre varias variables de una misma población. Por ejemplo, podemos estudiar el peso y la altura de una población y observar si están relacionados.

Un **diagrama de dispersión** o **nube de puntos** es un gráfico estadístico que se obtiene al representar, en unos ejes de coordenadas, los pares de datos que toman dos variables estadísticas para cada individuo de la muestra. Cada variable se representa en uno de los ejes coordenados.

Este gráfico nos permite estimar si existe relación entre las variables. Cuanto más se ajusten los puntos a una línea, mayor es la relación.

Solo podemos hacer un diagrama de dispersión cuando las variables representadas son cuantitativas.

EJEMPLOS

7. Se ha preguntado a un grupo de personas por su peso y su altura, expresados en kilos y centímetros, respectivamente.

(65, 152) (68, 170) (72, 165) (72, 173) (74, 174) (68, 172)
(59, 160) (77, 175) (71, 165) (69, 168) (71, 166) (73, 169)

Representa los datos con un diagrama de dispersión.

Marcamos los puntos en unos ejes coordenados. En el eje *X*, el peso; y en el eje *Y*, la altura.

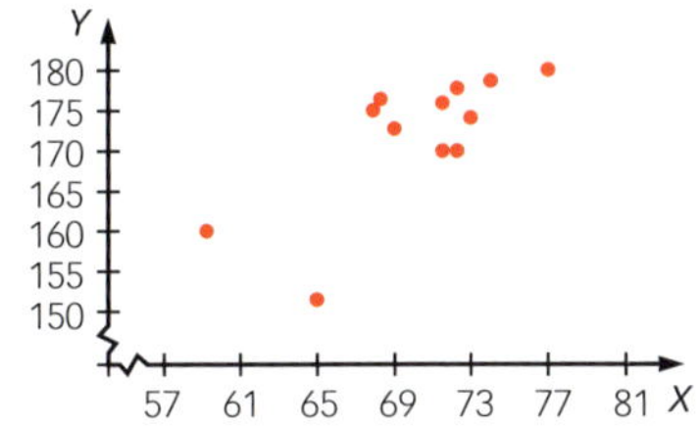

8. Decide si estas variables presentan algún tipo de relación.

a)
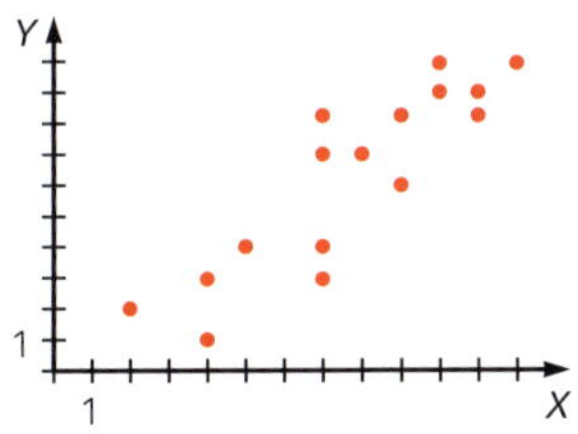

b)
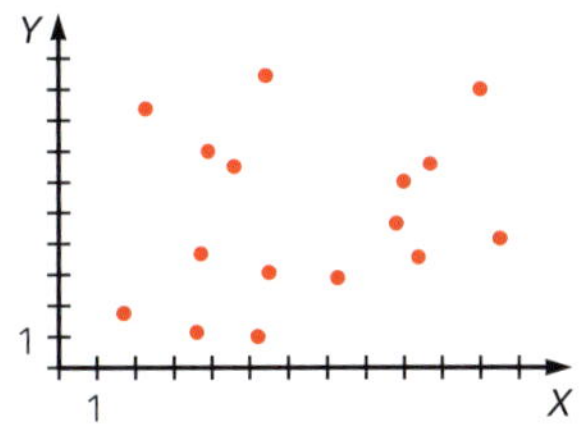

a) Los puntos siguen una línea recta: hay dependencia entre las variables.

b) En este caso, los puntos se distribuyen formando una nube: no apreciamos ningún tipo de dependencia entre las variables.

ACTIVIDADES

26 A partir de los diagramas de dispersión, decide si hay o no relación entre las variables.

a)
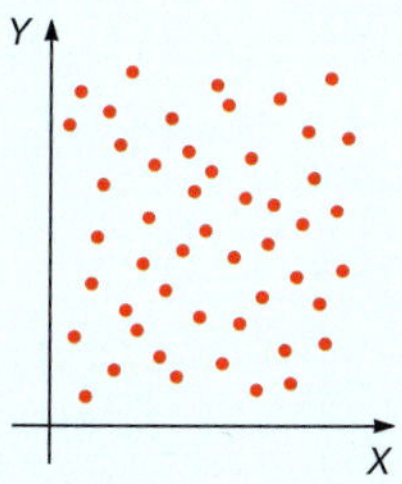

b)
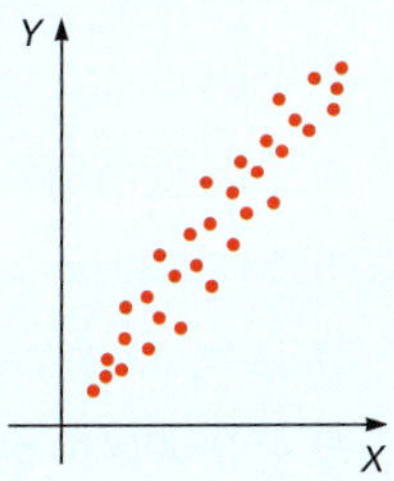

27 **REFLEXIONA.** Representa el diagrama de dispersión asociado a estas variables estadísticas, y decide si tienen dependencia a la vista del gráfico.

a)

X	1	2	2	4	4	5	6	7	5
Y	1	1	3	3	4	4	5	5	5

b)

X	3	3	3	4	4	5	5	4	5
Y	4	3	5	3	4	4	3	5	5

8. Correlación

La **correlación** mide la dependencia lineal entre dos variables estadísticas. Si a medida que crece una de las variables lo hace también la otra, decimos que la **correlación es positiva**. Si una crece y la otra decrece, la **correlación es negativa**.

Correlación positiva

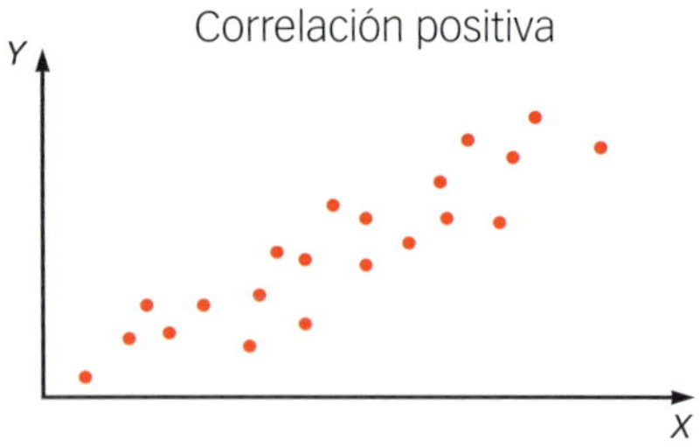

Correlación negativa

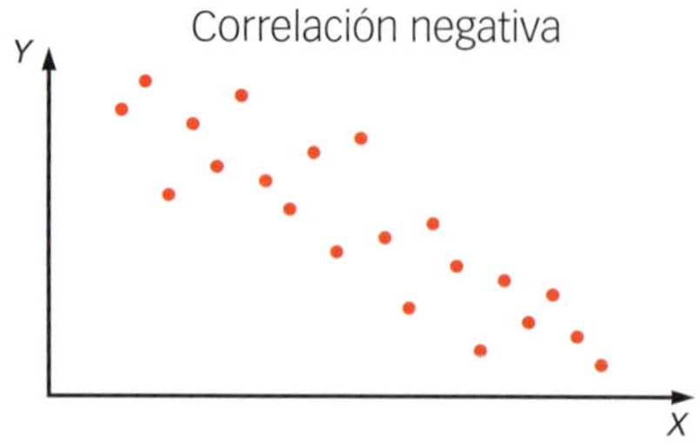

EJEMPLO

9. Observa los siguientes diagramas de dispersión y di en cuáles se aprecia una dependencia estadística entre las variables y en cuáles, además, existe correlación.

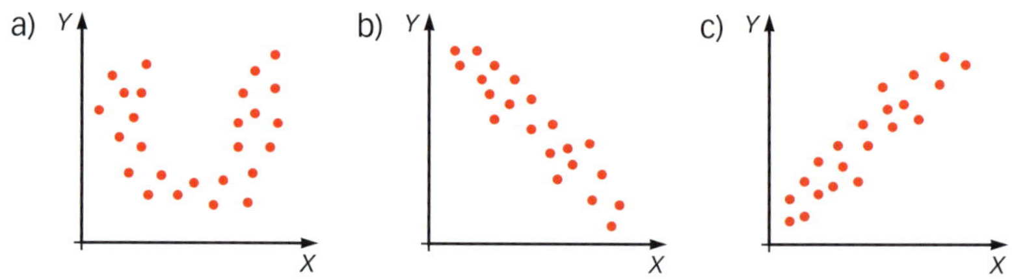

a) Los puntos parecen seguir una parábola. Existe dependencia entre las variables, pero no correlación, porque la curva no es recta.

b) Los puntos se agrupan alrededor de una recta. Existe dependencia lineal y, por tanto, correlación. A medida que crecen los valores de *x*, los valores de *y* decrecen. La correlación es negativa.

c) Los puntos también se agrupan alrededor de una recta. Existe dependencia lineal y, por tanto, correlación. A medida que crecen los valores de *x*, los valores de *y* también crecen. La correlación es positiva.

No hay correlación entre dos variables:

- *Si la dependencia entre ellas no es lineal.*
- *Si la nube de puntos no muestra ninguna tendencia.*

ACTIVIDADES

28 Indica el tipo de correlación.

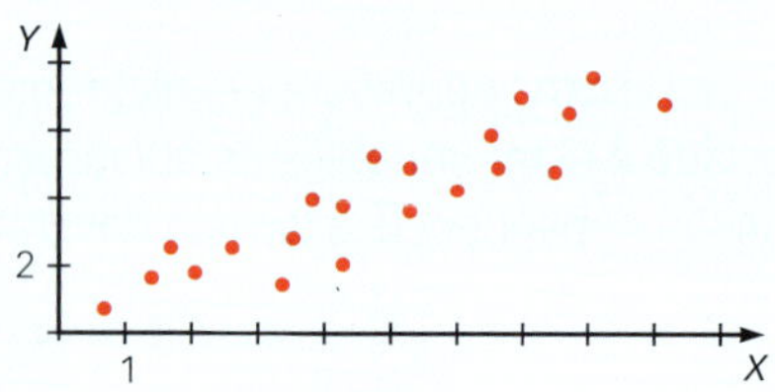

29 Di cuál es el tipo de correlación.

a) (4, 4), (4, 5), (5, 6), (6, 5), (5, 5), (7, 6)

b) (1, 6), (2, 4), (3, 3), (2, 4), (3, 2)

30 **REFLEXIONA.** Explica si existe correlación entre dos variables *X* e *Y*, y de qué tipo es si:

a) *Y* es el triple de la suma de *X* más dos.

b) *X* excede en dos a *Y*.

c) *Y* es cinco menos *X*.

d) *X* es la mitad de *Y* menos uno.

e) La suma de ambas es 8.

f) La resta de ambas es 5.

g) El producto de ambas es 8.

Cómo se representa y se interpreta una nube de puntos

GEOGEBRA

Si no existe relación entre los datos, no podemos sacar conclusiones a partir del diagrama de dispersión.

Esta tabla muestra los datos correspondientes al número de hermanos y hermanas, y la paga semanal, en euros, que reciben 10 estudiantes de una misma clase.

N.º de hermanos	2	0	3	2	3	4	1	0	2	1
Paga semanal (€)	7,50	10	7	5,50	6	5	7	8	6	8,50

Representa la nube de puntos correspondiente e interpreta el resultado.

① Representamos los puntos en unos ejes coordenados.

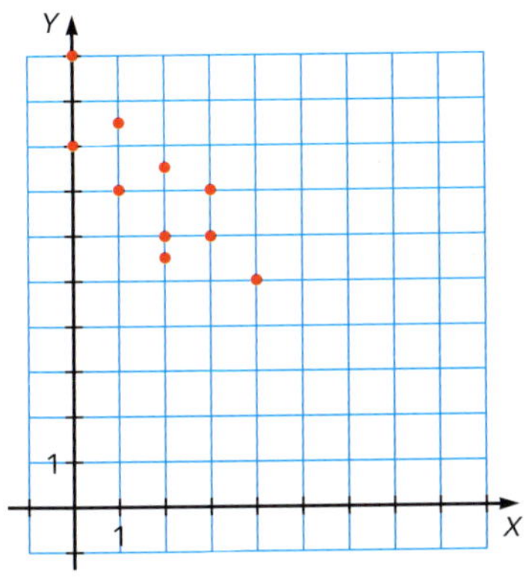

② Estudiamos la gráfica.

- Observamos entre qué valores, máximos y mínimos, están los puntos de la nube.
  - Eje vertical: toma valores entre 5 € y 10 €. Lo normal, si se pregunta a otro estudiante, es que su paga semanal esté entre 5 € y 10 €.
  - Eje horizontal: toma valores entre 0 y 4. Lo normal, si se pregunta a otro estudiante, es que su número de hermanos y hermanas esté entre 0 y 4.
- Analizamos la forma de la nube.
  - Los puntos de la nube parecen agruparse alrededor de una recta que, además, es decreciente. Deducimos que existe correlación negativa entre las variables estadísticas.

③ Interpretamos conjuntamente las medidas calculadas.

La relación entre las variables es una correlación negativa, es decir, a medida que aumenta el número de hermanos y hermanas, tiende a disminuir la paga semanal de cada uno de ellos. Por tanto, la cantidad que reciben los hijos e hijas de cada familia depende del número de hijos e hijas que tengan.

ACTIVIDADES

31 La tabla muestra el tiempo que 10 personas dedican al ejercicio físico y a utilizar el móvil, durante una semana. Representa e interpreta la nube de puntos.

Tiempo de ejercicio (h)	Tiempo de móvil (h)
5	8
8	5
9	6
8	5
12	4
15	3
3	10
5	8
2	11
4	7

32 La tabla refleja el peso de los dulces consumidos por 8 personas en un mes y el número de caries que se les han detectado.

Dulces (g)	N.º de caries
100	2
150	2
200	3
150	3
50	0
200	2
250	3
125	3

a) Representa el diagrama de dispersión.

b) ¿Existe correlación entre las variables?

1. Representa datos mediante tablas y gráficos estadísticos y los interpreta

Muestras y frecuencias

33 **JUEGO.** Cada participante, en su turno, debe describir una variable cuantitativa discreta, su población y dar una muestra. Pierde quien no diga ninguna en su turno o quien haya repetido alguna.

34 Las horas diarias de estudio de 30 estudiantes son:

3	4	3	5	5	1	1	1	1	2	3	4	5	0	2
0	3	2	2	1	2	1	3	2	0	1	2	1	4	3

a) Efectúa un recuento y organiza los resultados en una tabla de frecuencias.

b) ¿Qué significan las frecuencias acumuladas que has calculado?

35 **MATEMÁTICAS E... INCLUSIÓN.** La banca española avanza hacia la completa digitalización de sus servicios. Las sucursales bancarias pierden peso y en esta digitalización es prioritario acompañar a los mayores para no dejar atrás a nadie.

Se realiza una encuesta a 30 personas sobre el número de veces que acudieron a una sucursal en el último año.

3	4	7	4	8	5	0	4	1	0	4	4	1	0	5
2	0	3	1	2	1	0	1	3	4	6	5	8	4	4

a) Realiza el recuento y organiza los datos en una tabla de frecuencias.

b) ¿Qué porcentaje de esas personas no utilizaron la sucursal durante el último año?

c) ¿Qué porcentaje fueron más de tres veces pero menos de ocho?

d) ¿Qué porcentaje fueron cuatro o más veces a la sucursal el último año?

36 **INVENTA.** Haz una encuesta con 6 valores en la que $N = 25$, $f_1 = 2$, $f_2 = 3$, $f_3 = 6$, $F_4 = 18$ y $h_5 = 0{,}2$.

37 Completa la tabla de frecuencias para cinco valores de la que se conocen estos datos.

$f_1 = 3$ $f_3 = 6$ $f_5 = 5$ $F_2 = 12$ $h_4 = 0{,}08$ $h_5 = 0{,}2$

38 **INVESTIGA.** Explica cómo completarías una tabla de frecuencias conociendo solo las frecuencias absolutas acumuladas. ¿Podrías hacer lo mismo con las frecuencias relativas acumuladas?

39 De los 30 estudiantes de una clase, el 10 % aprobó todo, el 20 % suspendió una asignatura, el 50 % suspendió dos asignaturas y el resto más de dos.

a) Realiza la tabla de frecuencias correspondiente.

b) ¿Qué frecuencia responde a la pregunta de cuántos estudiantes suspendieron menos de dos asignaturas?

40 **RETO.** El 15 % de los estudiantes de una clase son zurdos y los demás son diestros. ¿Cuál es el menor número de estudiantes que puede tener la clase?

41 El número de canciones escuchadas, durante un fin de semana, por los estudiantes de 4.º de ESO ha sido:

34	4	48	56	64	47	23	43	44	54
78	79	56	46	34	24	14	54	39	61
47	86	57	95	67	78	34	55	66	75
58	27	53	15	12	34	59	29	71	35

Agrúpalos en una tabla de frecuencias con 8 clases.

42 Estos son los resultados de un test realizado a 28 personas. Agrupa los datos en una tabla de frecuencias con clases de amplitud 3.

4,2	5,3	6,75	2,9	7,35	8	5
9,1	5,6	7,4	6,5	6	5	4
7,5	9	5,7	8,3	2	4,6	1,9
4,8	5,5	7,2	8,8	5,7	9,3	9,9

43 Completa la tabla en tu cuaderno y responde.

Medida	f_i	F_i	h_i	H_i
[2, 10)		50		
[10, 18)	150			
[18, 26)			0,4	
[26, 34)		500		1

a) ¿Cuántas mediciones se han realizado?

b) ¿Qué intervalo tiene mayor frecuencia absoluta?

44 Se ha preguntado a un grupo de personas por el tiempo dedicado a ver la televisión.

Tiempo (minutos)	f_i	h_i	F_i	H_i
[0, 60)				0,125
[60, 120)			1075	
[120, 180)	510			
[180, 240)		0,07		
[240, 300)			2000	

a) ¿A cuántos individuos se les realizó la encuesta?

b) ¿Qué porcentaje ve la televisión menos de 2 horas?

Gráficos estadísticos

45 ●○○ **MATEMÁTICAS Y... TRANSPORTE PÚBLICO.** En España, existe una normativa que establece el derecho de los pasajeros a recibir una compensación económica en caso de retrasos en los trenes de alta velocidad (AVE). Así, por un retraso superior a 15 min, se devolverá el 50% del precio del billete y, con un retraso superior a 30 min, se devolverá el 100%.
En 2020, un temporal afectó a las infraestructuras ferroviarias de España, y varios trenes sufrieron retrasos. Esta tabla recoge el tiempo de retraso (en min) de un tren. Elabora un diagrama de barras con los datos. Indica a partir de qué altura de las barras la compañía tendrá que devolver dinero y cuánto.

Día	L	M	X	J	V	S	D
Tiempo	12	32	24	14	16	33	4

46 ●●○ Elige un gráfico adecuado y representa los 35 datos obtenidos en un estudio estadístico de una variable cuantitativa con cinco valores para los cuales se tiene que $f_1 = 7$, $f_2 = 5$, $f_3 = 9$ y $f_4 = 10$.

47 ●●○ Dibuja el diagrama de barras de un conjunto de datos tales que $f_1 = 2f_2$, $f_3 = 9 = 3f_4$, $f_5 = f_2 = 4$.

48 ●●○ El gráfico muestra la venta de coches durante un año.

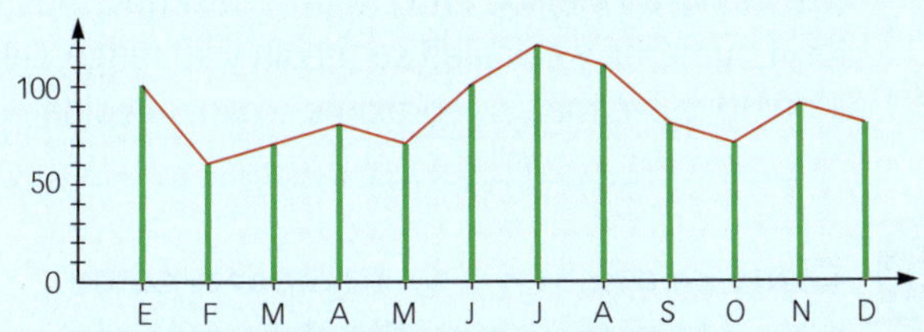

a) Halla las frecuencias absolutas y relativas.

b) Obtén las frecuencias acumuladas.

49 ●●○ Construye un diagrama de sectores para la tabla.

Comida preferida	Pasta	Legumbres	Verdura	Carne	Pescado
f_i	45	30	20	65	40

50 ●●○ En un diagrama de sectores, un sector tiene una amplitud de 120° y corresponde a un dato con frecuencia absoluta 28. Averigua cuál es la amplitud para los datos de frecuencias absolutas 6, 15 y 20.

51 ●●○ Elabora un histograma y su polígono de frecuencias absolutas y acumuladas para los datos de la tabla.

Clases	[0, 5)	[5, 10)	[10, 15)	[15, 20)	[20, 25)
f_i	3	5	6	4	2

52 ●●○ Las estaturas, en centímetros, de 27 jóvenes son:

155	178	170	165	173	168	160	166	176
169	158	170	179	161	164	156	170	171
167	151	163	158	164	174	176	164	154

Utiliza intervalos de amplitud 5, comenzando en [150, 155). Forma una tabla, efectúa el recuento y representa los datos en un histograma.

53 ●●○ A la vista del histograma, completa el crucigrama.

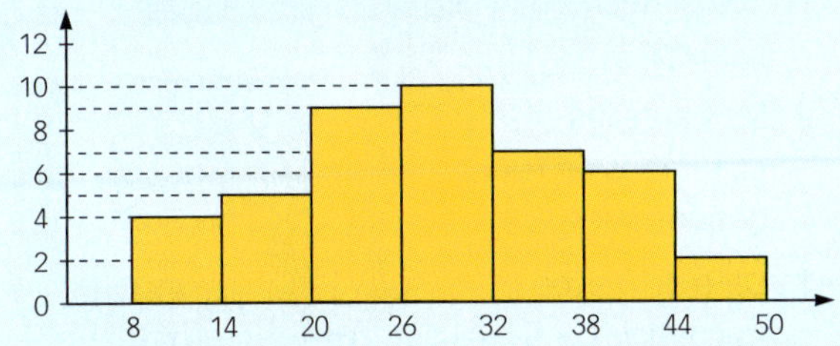

HORIZONTALES

1. Número de datos entre 26 y 44.
2. f_1; f_5.
3. Número de datos mayores que 14.

VERTICALES

A. Valor de N.
B. Número de datos mayores que 44; f_3.
C. Número de datos entre 14 y 44.

54 ●●○ Elabora la tabla de frecuencias asociada a este gráfico.

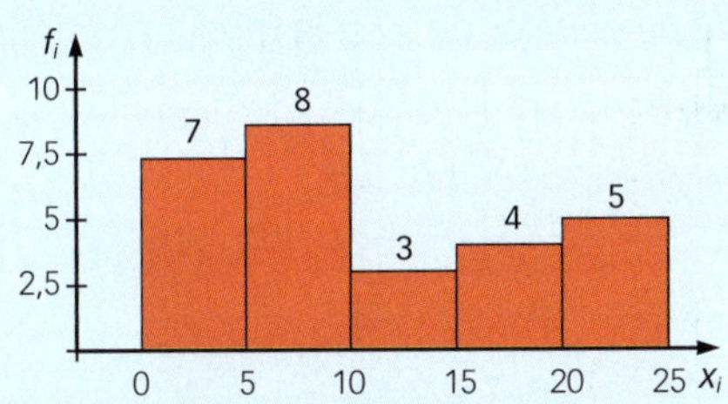

55 ●○○ Construye la tabla de frecuencias asociada.

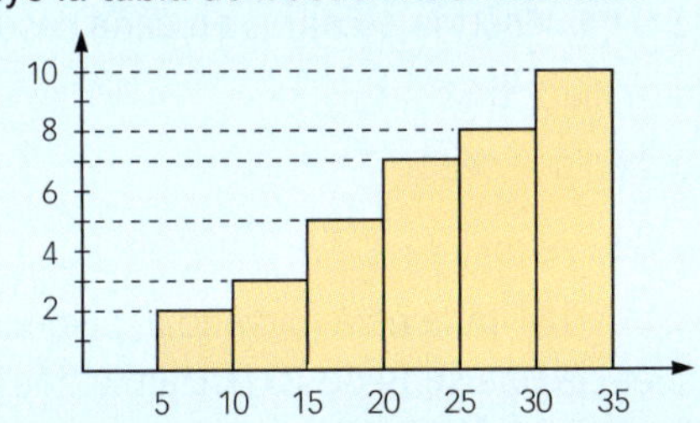

56 ●●● Sara ha representado la información sobre una variable estadística en un diagrama de sectores: un cuarto de círculo para el conjunto de datos del intervalo [0, 15); un quinto para [15, 30); un sexto para [30, 45); y el resto para [45, 60). Sabiendo que en total ha recogido 600 datos, elabora la tabla de frecuencias y el histograma.

2. Calcula e interpreta los parámetros estadísticos de un conjunto de datos

ACTIVIDADES FLASH

57 Resuelve el crucigrama.

1. Cada medida que divide el conjunto de datos en 100 partes iguales.
2. Media de los cuadrados de las desviaciones.
3. Dato de mayor frecuencia.
4. Cada medida que divide el conjunto de datos en 4 partes iguales.
5. Cociente de la suma de todos los datos entre el número total de datos.

58 Obtén, para cada grupo de valores, la media aritmética, la mediana y la moda.

a) 1, 0, 2, 3, 1, 2, 2, 0, 3, 4, 1, 5, 3, 1, 2, 4, 5, 3, 2, 2, 1, 0

b) 8, 4, 2, 6, 8, 4, 4, 2, 6, 6, 8, 8, 4, 6, 2

c) 100, 150, 300, 100, 250, 200, 250, 100, 200, 250

59 Averigua el valor de x_4 si la media aritmética es 5.

a)

x_i	1	4	6	x_4	9
f_i	5	2	6	4	1

b)

x_i	2	3	6	x_4
f_i	5	2	4	3

60 **INVENTA.** Escribe 10 datos en cada caso para que:

a) Su moda sea 3.

b) Su mediana sea 6.

c) Tengan como media aritmética 4.

61 **INVESTIGA.** Jana está jugando al baloncesto. Después de una serie de 20 lanzamientos ha encestado el 55 % de las veces. Cinco lanzamientos más tarde, su porcentaje ha subido al 56 %. De los últimos cinco lanzamientos, ¿cuántos ha anotado?

62 Calcula la media, la mediana y la moda de estos datos.

Clases	[0, 4)	[4, 8)	[8, 12)	[12, 16)	[16, 20)
f_i	15	12	9	10	7

63 Obtén las medidas de centralización de estos datos.

7 3 2 4 5	1 8 6 1 5	8 6 3 4 0	9 2 5 7 4
3 2 4 9 8	1 0 2 4 1	0 2 1 5 6	4 3 5 2 3

64 Calcula las medidas de centralización y de dispersión.

x_i	8	10	14	17	20	24	25
f_i	2	6	8	9	12	15	20

65 Obtén las medidas de centralización y de dispersión para los datos de la tabla.

Clases	[2, 8)	[8, 14)	[14, 20)	[20, 26)
F_i	8	13	16	22

66 Calcula las medidas de centralización y de dispersión.

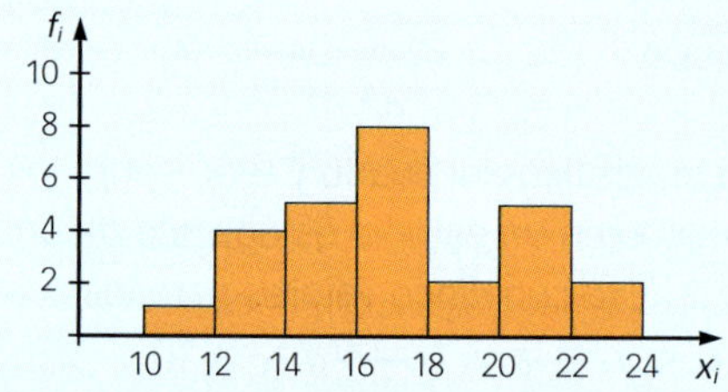

67 **JUEGO.** Formad grupos de 4 personas. Cada participante escribe un número del 0 al 10 y los que creen que serán la media y el rango de los 4 números que se hayan elegido entre todos. Después, mostrad los 4 números y calculad su media y su rango. Gana 1 punto quien más se aproxime a cada medida.

Cómo se añaden o se suprimen datos para obtener una media determinada

68 Añade un dato a este conjunto para que:

3 3 3 4 4 4 4 5 5 6 6 7 7 7 7

a) La media no varíe. b) La media sea 6.

PRIMERO. Se calcula la media de los datos.

$$N = 15 \rightarrow \overline{x} = \frac{75}{15} = 5$$

SEGUNDO. Se multiplica la media que se quiere obtener por el nuevo número de datos, $N + 1$.

a) $16 \cdot 5 = 80$ b) $16 \cdot 6 = 96$

TERCERO. Se resta $\sum_{i=1}^{n} f_i \cdot x_i$ a este resultado y se obtiene el nuevo resultado.

a) $80 - 75 = 5$. El dato que hay que añadir es 5.

b) $96 - 75 = 21$. El dato que hay que añadir es 21.

69 Considera este grupo de datos: 23, 17, y, 19, x, 16. Halla los valores de x e y para que la media sea 20 y la moda 23.

70 **INVESTIGA.** La puntuación promedio de 27 estudiantes en un test es 84. Cuando Ana se agrega al grupo, el promedio pasa a ser 83. ¿Cuál es la puntuación de Ana?

71 **RETO.** En una competición de tiro, la puntuación máxima por tirador es 10 puntos. Diez tiradores han obtenido como promedio 9,2 puntos, tirando una vez cada uno. Miguel obtuvo 8 puntos y Juan 9. Antonio fue el menos afortunado y no quiere decir cuántos puntos obtuvo. ¿Cuántos puntos, como mínimo, pudo tener?

Cómo se añaden o se suprimen datos para obtener una mediana determinada

72 Añade un dato a este conjunto para que la mediana no varíe.

3 3 3 4 4 4 5 5 5 6 6 7 7 7 7

PRIMERO. Se calcula la mediana: $Me = 5$.

SEGUNDO. Al añadir datos, la mediana se desplazará tantos lugares como la mitad de datos que se añadan.

Al añadir un dato, $N = 16$, la mediana será la media entre los datos colocados en el 8.º y 9.º lugares (5 y 5). Por tanto, se puede añadir cualquier dato y la mediana sigue siendo 5.

73 Añade dos datos a esta distribución para que:

8 8 8 8 8 9 9 10 10 10

a) $Me = 8{,}5$ b) $Me = 8$ c) $Me = 9$

74 Dados los datos 0, 1, x y 4, encuentra el valor de x y completa el sudoku.

a) La media de los datos es 2.
b) La moda de los datos es 4.
c) La mediana de los datos es 1.

2	b)		a)
	a)		b)
b)	c)	a)	
			c)

75 Calcula.

a) $\bar{X}$
b) Me
c) Mo
d) Q_1 y Q_3
e) P_{32}

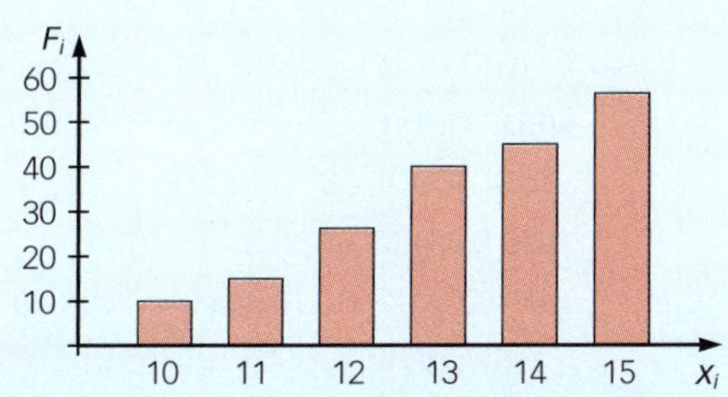

76 **INVESTIGA.** Contesta razonadamente a las siguientes cuestiones sobre medidas estadísticas.

a) ¿Es la media siempre mayor que la desviación típica?
b) ¿Es la media siempre menor que la moda?
c) ¿Pueden coincidir la media y la mediana?
d) En un estudio estadístico, ¿qué cantidad de datos es mayor que el cuartil primero, Q_1, y menor que el cuartil tercero, Q_3?
e) ¿Qué significa que el peso de un niño está situado en P_{90}?

77 **RETO.** La media de 100 números es 86. Se borran 20 de esos números y la media pasa a ser 84. ¿Cuál es la media de los 20 números que se han borrado?

Diagramas de dispersión y correlación

ACTIVIDADES FLASH

78 A partir de los diagramas de dispersión, decide si hay o no dependencia lineal y, en su caso, si es fuerte o débil y si es positiva o negativa.

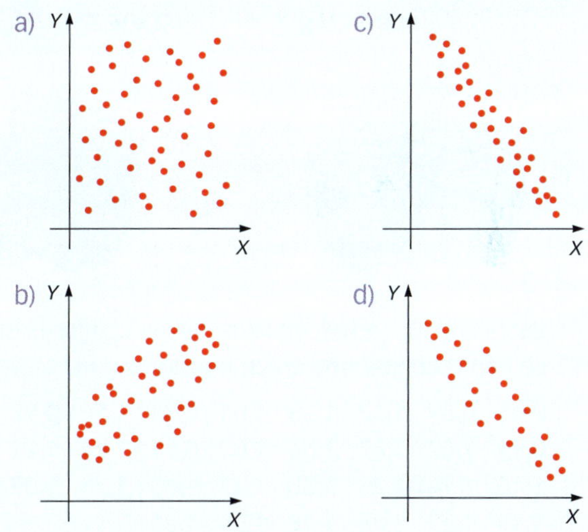

79 Representa el diagrama de dispersión asociado a estas variables estadísticas. Decide si tienen dependencia y de qué tipo es a la vista del gráfico.

a)

X	2	1	3	4	3	4	5	3	2
Y	6	7	5	3	6	4	3	4	5

b)

X	3	1	7	4	1	6	5	7	2
Y	3	7	6	2	6	5	3	7	5

c)

X	2	1	2	3	2	3	3	4	1
Y	0	0	2	2	1	1	3	2	1

3. Interpreta información estadística recogida de diferentes medios

80 **MATEMÁTICAS Y... FINANZAS.** El 1 de enero de 2018 invertí 12 000 € en el fondo de inversión Much Money Find. Estas fueron sus rentabilidades durante los 5 años siguientes.

2018	2019	2020	2021	2022
+2,57 %	−0,22 %	+3,48 %	−4,67 %	−1,08 %

a) ¿Cuál fue su rentabilidad media esos 5 años?

b) Si saqué el dinero el 1 de enero de 2023, ¿me dieron más dinero o menos? ¿Cuánto dinero obtuve?

81 **MATEMÁTICAS Y... AGRICULTURA.** Estos son los precios a 26/04/2023 de la coliflor en las lonjas.

Clasificación	Precio por kilo
Hasta 0,5 kg	1,20 €
De 0,51 a 1 kg	1,50 €
De 1,01 a 1,5 kg	1,80 €
De 1,51 a 2 kg	2,10 €
Más de 2 kg	2,40 €

Estos son los pesos, en kilos, de las coliflores que se han recogido hoy en un huerto:

0,45	0,89	1,12	1,23	1,01	0,78	1,56	0,92	1,34
0,99	1,67	1,87	1,56	1,05	0,91	1,74	1,22	1,15
1,46	1,14	1,23	1,33	1,47	1,65	1,78	1,09	0,85
1,19	1,22	1,08	1,18	1,29	1,36			

a) Agrúpalos por clases y calcula los ingresos por la venta de todas las coliflores.

b) ¿Cuánto dinero se recibirá de media por kilo?

c) El peso medio de una coliflor es de 1,2 kg. ¿Este huerto tiene las coliflores por encima o por debajo de la media?

d) ¿Cuál es la clasificación, en peso, en la clase con mayor número de coliflores? ¿Cómo se le llama a esa clase?

e) Se estima que las coliflores de ese huerto pueden aumentar su peso durante las dos próximas semanas a razón de 0,2 kg por semana. ¿Cuánto dinero obtendrá el agricultor si decide mantener sus coliflores dos semanas más? ¿Incrementará la media del precio por kilo?

82 **INVESTIGA.** En una clase de 25 estudiantes, la estatura media es 160 cm. Di si es verdadero o falso.

a) Si una de chica mide 162 cm, tiene que haber un estudiante que mida 158 cm.

b) La estatura de la mayoría es de 160 cm.

c) Si se ordenan los estudiantes del más bajo al más alto, la estatura del que ocupa la posición central es 160 cm.

d) La mitad de los estudiantes deben medir menos de 160 cm, y la otra mitad, más de 160 cm.

83 La venta de cafés en una cafetería a lo largo de un día viene representada por el siguiente gráfico.

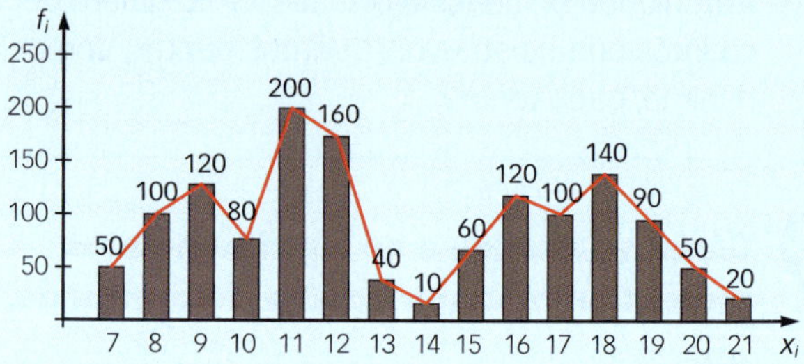

a) ¿Cuántos cafés se sirven a las 11 de la mañana?

b) ¿A qué hora se sirven menos cafés?

c) Representa los datos en un histograma, agrupando la venta de cafés cada dos horas, y halla e interpreta las medidas de centralización.

84 **MATEMÁTICAS Y... SANIDAD.** La Organización Mundial de la Salud recomienda beber agua cuyo contenido en sales minerales sea inferior a 50 mg por litro. En 2022 se analizío la cantidad de sales minerales que contenían 30 marcas de agua embotellada. Se midieron los miligramos que contenía 1 ℓ de agua y estos fueron los resultados.

24	48	31	37	92		20	26	21	27	23	47
74	37	26	21	18		39	54	47	38	51	62
26	54	59	74	27		23	14	20	51	45	31

a) ¿Qué porcentaje de estas marcas siguen las recomendaciones de la OMS? ¿En qué clases dividirías los datos para poderlo ver a simple vista?

b) ¿Cuántos miligramos de sales minerales tienen, por término medio, las marcas analizadas?

c) ¿En qué intervalo se mueve el número de miligramos por litro? ¿Cómo se llama esta medida estadística?

d) Si una determinada marca quiere tener un agua que esté entre el 40 % de las aguas con menor cantidad de sales minerales que se han analizado, ¿cuántos miligramos por litro como máximo debería tener? ¿Y si quisiera estar entre el 60 %?

85 **MATEMÁTICAS Y... OPOSICIONES.** El primer examen para la oposición de policía municipal del ayuntamiento de Pedrosotillo consta de dos pruebas, una física (prueba A) y otra teórica (prueba B). Estos son los resultados de las 15 personas que se presentaron en el año 2022.

A	1	3	3	5	5	6	2	7	6	6	5	3	4	4	6
B	1	3	4	4	5	7	1	8	9	8	7	2	4	5	6

a) Dibuja el diagrama de dispersión, ¿hay correlación?

b) ¿Qué crees que se les ha dado mejor a los opositores: la prueba física o la teórica?

c) ¿Cuántos estudiantes sacaron un 6 en la prueba teórica? ¿Y más de un 6?

d) Suponiendo que los resultados en la oposición de este año pueden ser similares, si saco un 4 en la prueba práctica, ¿qué nota obtendría más o menos en la parte teórica?

e) Si al segundo examen solo pasa el 20 % de las mejores notas, ¿qué nota debería sacar para pasar a la segunda ronda?

FAKE NEWS

Malos humos

El delegado del gobierno ha presentado una nueva campaña contra el tabaquismo. Basándose en los datos de la AECC (Asociación Española Contra el Cáncer) sobre el número total de fumadores habituales por provincia.

Provincias con más de 200 000 fumadores

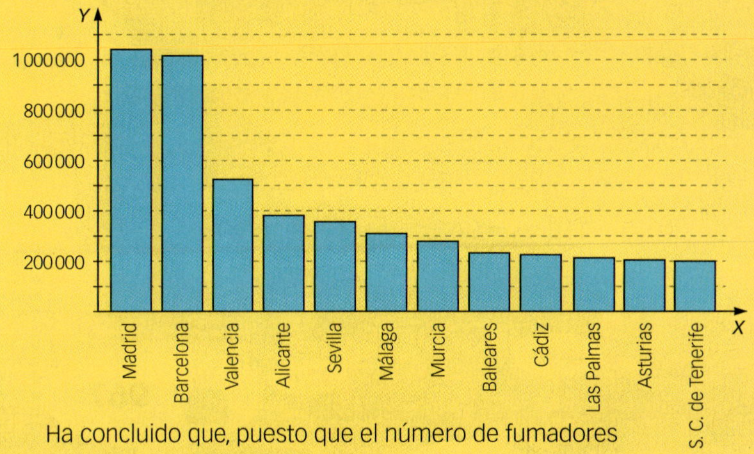

Ha concluido que, puesto que el número de fumadores se concentra en Madrid, Barcelona y Valencia, la campaña se centrará en estas tres provincias.

Y tú, ¿qué opinas?

PROBLEMAS APARENTEMENTE DISTINTOS

86 Observa la tabla y calcula.

x_i	1	2	3	4	5	6
f_i	10	8	15	8	4	5

a) La media.

b) La moda.

87 Observa la tabla y contesta.

N.º de vuelos	1	2	3	4	5	6
N.º de personas	10	8	15	8	4	5

a) ¿Cuántas veces viajó la gente de media?

b) ¿Cuántos viajes es más frecuente que hagan al año?

88 Dados los datos 2, 5, 5, 7, 3, x, halla x:

a) Para que la media no varíe.

b) Para que la mediana no cambie.

89 Una corredora recorre, de lunes a viernes 2, 5, 5, 7 y 3 km, respectivamente. ¿Qué distancia debe recorrer el sábado para mantener la media? ¿Y para que la mediana no varíe?

90 Ordena estos datos en una tabla de doble entrada.

(2, 3), (4, 1), (3, 2), (3, 3), (2, 1), (0, 1), (1, 0), (1, 3), (2, 1), (3, 1), (1, 3), (2, 3), (3, 2), (0, 2), (2, 0), (1, 2), (2, 3), (1, 1), (2, 3), (3, 2), (2, 1), (1, 1), (3, 0), (1, 2)

a) ¿Cuál es la frecuencia de (x, 0)?

b) ¿Cuál es la frecuencia de (1, y)? ¿Y la frecuencia de (1, 1)?

91 Un estudio analiza el número de veces que una persona cambia de trabajo, X, frente al número de veces que cambia de domicilio, Y.

(2, 3), (4, 1), (3, 2), (3, 3), (2, 1), (0, 1), (1, 0), (1, 3), (2, 1), (3, 1), (1, 3), (2, 3), (3, 2), (0, 2), (2, 0), (1, 2), (2, 3), (1, 1), (2, 3), (3, 2), (2, 1), (1, 1), (3, 0), (1, 2)

Haz una tabla de doble entrada con los datos y contesta.

a) ¿Cuántas personas no han cambiado de domicilio?

b) ¿Cuántas personas han cambiado una vez de trabajo? ¿Y cuántas de ellas cambiaron de domicilio una vez?

Enredos sociales

Las redes sociales nos permiten informarnos, entretenernos y publicar contenidos, pero..., ¡ojo!, no hay que dejarse absorber por el mundo virtual ni considerar cierta toda la información que encontremos.

¿A cuántas redes sociales perteneces? ¿Cuánto tiempo les dedicas? ¿Realmente conoces a las personas con las que te relacionas virtualmente?

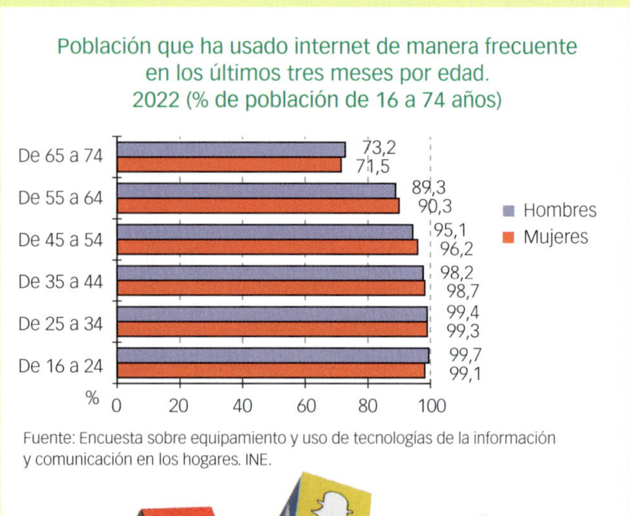

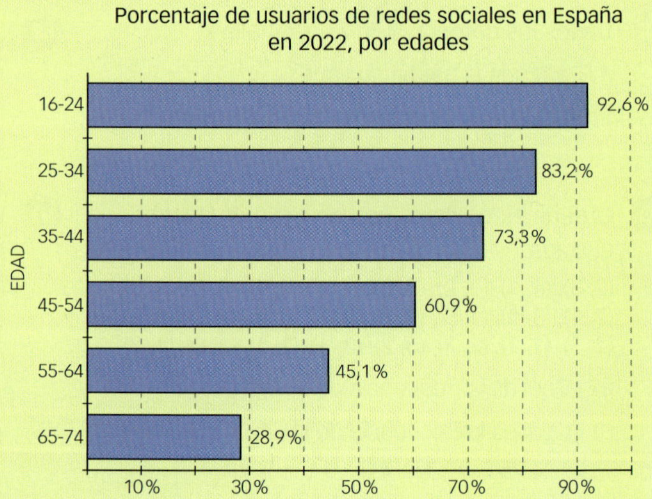

1 Estamos conectados

La población española en 2022 era de 47,33 millones de personas.

- Según los gráficos, calcula cuántas personas usaban internet de manera frecuente.
- ¿Qué porcentaje no utilizaba habitualmente internet?
- ¿Qué rango de edad es el más activo en redes sociales? ¿Y el menos activo?
- ¿Por qué crees que no se ha tenido en cuenta a los menores de 16 años ni a los mayores de 74?

2 Pero ¿cuántos somos?

A partir de la información de los gráficos y de la pirámide de población, analiza el uso de las redes sociales en función de la edad de los usuarios.

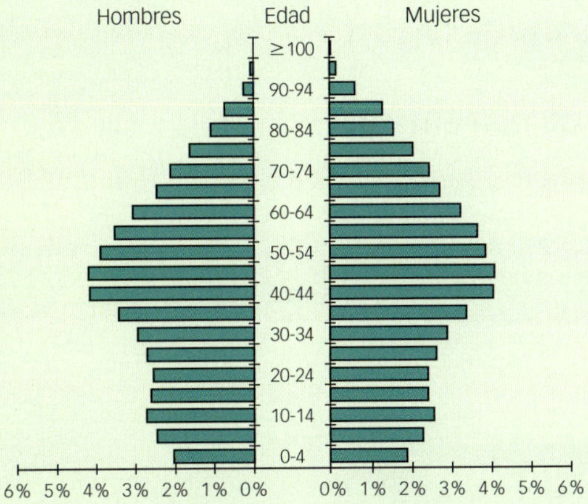

- Completa la tabla de frecuencias. ¿Qué representa cada dato?
- Calcula las medidas de centralización. ¿Qué significa cada una de ellas?
- Halla los cuartiles. ¿Qué utilidad tienen en este caso?
- Dibuja el correspondiente diagrama de caja y bigotes. Interprétalo.
- Analiza la desviación típica y el coeficiente de variación.

3 Usuarios por millones

Infórmate en internet sobre cuáles son las cinco principales redes sociales que se utilizan actualmente en el mundo y realiza un estudio estadístico con los estudiantes de tu clase.

- Elabora una tabla con el número de usuarios de cada red.
- Dibuja un gráfico que muestre esta información. ¿Qué tipo de gráfico crees que es el más adecuado?
- Calcula las medidas de centralización y de posición que consideres adecuadas e interprétalas.

RESUMEN DE UNIDAD

TABLA DE FRECUENCIAS

x_i	f_i	F_i	h_i	H_i
0	3	3	0,3	0,3
1	4	7	0,4	0,7
2	3	10	0,3	1
Total	10		1	

MEDIDAS DE CENTRALIZACIÓN

Media: $\overline{x} = \dfrac{\sum_{i=1}^{n} f_i \cdot x_i}{N} = \dfrac{3 \cdot 0 + 4 \cdot 1 + 3 \cdot 2}{10} = 1$

Mediana: $Me = 1$ Moda: $Mo = 1$

MEDIDAS DE POSICIÓN

Cuartiles: $Q_1 = 0$ $Q_2 = 1$ $Q_3 = 2$

Percentiles: $P_{10} = 0$ $P_{60} = 1$ $P_{90} = 2$

DIAGRAMAS DE DISPERSIÓN

x	2	6	3	4	1
y	3	1	2	2	4

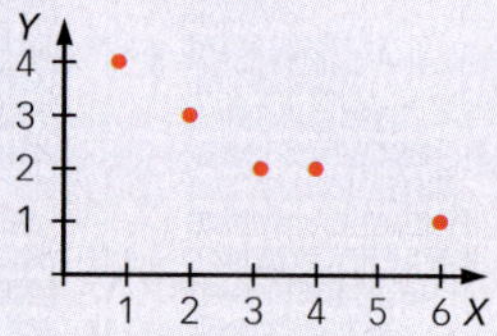

MEDIDAS DE DISPERSIÓN

Rango: $R = Máx. - Mín. = 2 - 0 = 2$

Desviación media:

$$DM = \frac{\sum_{i=1}^{n} f_i \cdot |x_i - \overline{x}|}{N} = \frac{3 \cdot 1 + 4 \cdot 0 + 3 \cdot 1}{10} = 0{,}6$$

Varianza:

$$\sigma^2 = \frac{\sum_{i=1}^{n} f_i \cdot (x_i - \overline{x})^2}{N} = \frac{3 \cdot 1 + 4 \cdot 0 + 3 \cdot 1}{10} = 0{,}6$$

Desviación típica: $\sigma = \sqrt{0{,}6} = 0{,}77$

Coeficiente de variación: $CV = \dfrac{\sigma}{\overline{x}} = \dfrac{0{,}77}{1} = 0{,}77$

CORRELACIÓN

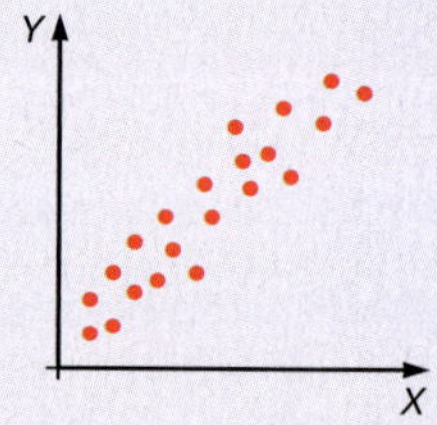

Correlación positiva

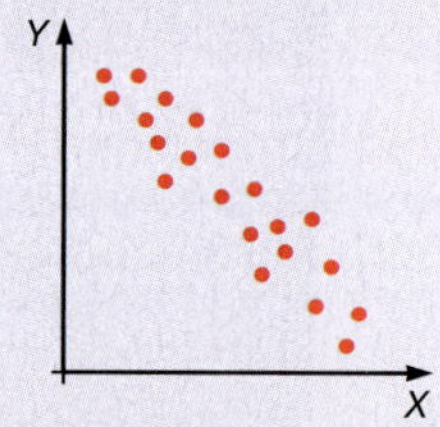

Correlación negativa

AUTOEVALUACIÓN

1. Representa datos mediante tablas y gráficos estadísticos y los interpreta

1 Completa la siguiente tabla de frecuencias.

x_i	f_i	F_i	Porcentaje
5	a	4	40
10	b	c	50
15	1	10	10

a) $a = 4, b = 5, c = 9$
b) $a = 4, b = 5, c = 8$
c) $a = 4, b = 5, c = 6$
d) $a = 4, b = 5, c = 5$

2. Calcula e interpreta los parámetros estadísticos de un conjunto de datos

2 Halla la media si los intervalos son de amplitud 5.

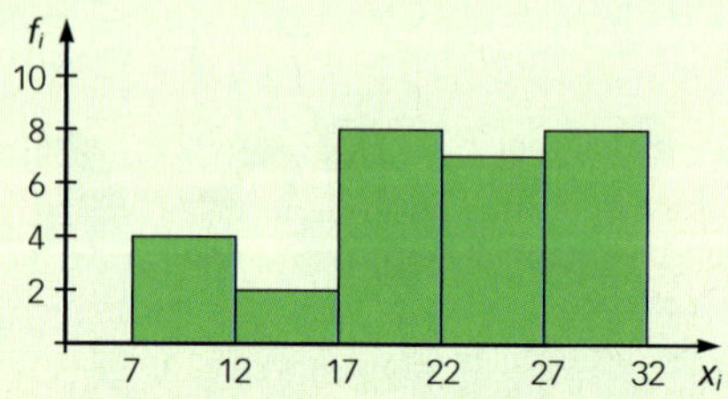

a) $\overline{x} = 21,74$
b) $\overline{x} = 25,83$
c) $\overline{x} = 23,74$
d) $\overline{x} = 22$

3 Indica la varianza de estos datos que representan los libros leídos este mes por 10 estudiantes.

0 2 3 4 2 1 1 0 0 3

a) 2,8 b) 1,84 c) 0,24 d) 1,2

4 Señala el coeficiente de variación de los datos anteriores.

a) 0,72 b) 0,75 c) 0,23 d) 0,85

3. Interpreta información estadística recogida de diferentes medios

5 En una encuesta a 50 personas, la mitad afirmó practicar dos deportes; 20, un deporte; y el resto, tres deportes. ¿Cuál es la media de deportes practicados?

a) 1 b) 1,7 c) 2 d) 2,5

VALORA TU APRENDIZAJE

- ¿Aprendes de tus propios errores?
- ¿Ayudas en la cohesión del grupo?

12 Probabilidad

DESAFÍO

La regla de las mil caras

Observa las siguientes caras.

Si la cara sonriente no puede estar en ningún extremo, ¿de cuántas maneras se pueden ordenar las caras?

¿Qué sabes ya?

Cómo se calculan frecuencias

La **frecuencia absoluta, f_i,** de un dato, x_i, es el número de veces que aparece ese dato en una muestra estadística. La **frecuencia relativa, h_i** es el cociente de su frecuencia absoluta, f_i, entre el número total de datos.

La frecuencia relativa es un número entre 0 y 1, y la suma de todas las frecuencias relativas es 1.

EJEMPLO

Se ha preguntado a un grupo de 20 personas cuántos hermanos tienen. Estos son los resultados:

0, 2, 1, 1, 2, 0, 0, 3, 1, 2, 2, 1, 3, 0, 1, 0, 2, 1, 2, 2

x_i	f_i	h_i
0	5	0,25
1	6	0,3
2	7	0,35
3	2	0,1
	20	1

ACTIVIDADES

1 Si en el ejemplo anterior añadimos una persona más con 3 hermanos, indica el valor h_3.

a) 0,15 b) 0,1 c) 0,14 d) 0,13

Cómo se comparan fracciones

Para comparar fracciones se reducen a común denominador y, después, se comparan los numeradores de las fracciones resultantes.

EJEMPLO

Comparamos las fracciones $\frac{2}{3}$, $\frac{4}{5}$ y $\frac{5}{6}$.

m.c.m.(3, 5, 6) = 30

$\frac{2}{3} = \frac{20}{30}$ $\frac{4}{5} = \frac{24}{30}$ $\frac{5}{6} = \frac{25}{30}$

Por tanto, resulta que: $\frac{20}{30} < \frac{24}{30} < \frac{25}{30} \rightarrow \frac{2}{3} < \frac{4}{5} < \frac{5}{6}$

ACTIVIDADES

2 Señala la afirmación correcta.

a) $\frac{2}{3} > \frac{3}{4}$

b) $\frac{24}{11} < \frac{36}{17}$

c) $\frac{14}{55} > \frac{28}{110}$

d) $\frac{13}{21} < \frac{14}{22}$

1. Métodos de conteo

Los **métodos de conteo** son estrategias utilizadas para determinar el número de posibles resultados que existen al realizar un experimento.

1.1. Método del producto

El método del producto es un método de conteo que consiste en descomponer el experimento en otros experimentos más simples y multiplicar el número de posibilidades de cada uno de ellos.

EJEMPLO

1. ¿Cuántos menús diferentes se pueden pedir?

   Descomponemos el experimento *Elegir una hamburguesa + patatas + bebida*:

   - Elegir hamburguesa → Puede ser de carne o vegana → 2 posibilidades.
   - Elegir patatas → Pueden ser normales o gajo → 2 posibilidades.
   - Elegir bebida → Puede ser refresco o agua → 2 posibilidades.

   Aplicando el método del producto: $2 \cdot 2 \cdot 2 = 8$

   Hay 8 posibles menús diferentes.

1.2. Diagrama de árbol

El diagrama de árbol es un método gráfico de conteo que consiste en marcar, como si fueran rutas o ramas de un árbol, las posibilidades que aparecen en cada experimento simple en los que se descompone el experimento. El número de posibilidades se obtiene contando las ramas finales.

EJEMPLO

2. Marta tiene en su armario 2 pantalones, uno azul y otro verde, y 3 jerséis, uno verde, uno azul y otro gris. Si escoge unos pantalones y un jersey para vestirse, de cuántas maneras diferentes puede hacerlo?

   Marta se puede vestir de 6 maneras diferentes.

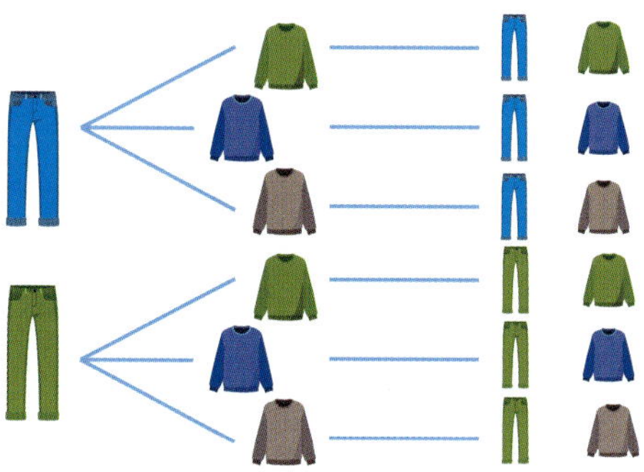

ACTIVIDADES

1. Un equipo de fútbol tiene 2 equipaciones, compuestas de camiseta, pantalón y medias, de diferentes colores, verde y azul. ¿Cuántas formas distintas tendrán para vestirse sin que se repita la indumentaria?

2. ¿De cuántas maneras diferentes se pueden colocar las 4 letras de la palabra PACO?

3. Mediante un diagrama de árbol, indica cuántas y cuáles son las distintas combinaciones de letras que podemos formar con las 4 letras de la palabra ROSA.

4. **REFLEXIONA.** ¿Cuántos números de 3 cifras, ninguna de ellas repetida, se pueden formar con los números impares del 1 al 9? ¿Cuáles son?

2. Números combinatorios

Dado un número natural n, el **factorial de n**, que escribimos como $n!$, es el producto de n por todos los números naturales menores que él.

$$n! = n \cdot (n-1) \cdot (n-2) \cdot \ldots \cdot 3 \cdot 2 \cdot 1$$

Se considera que $0! = 1$.

Podemos hallar factoriales con la calculadora científica usando las teclas [x!] o [n!].

EJEMPLO

3. Halla los factoriales de los 6 primeros números naturales.

$1! = 1$ $\quad$ $4! = 4 \cdot 3 \cdot 2 \cdot 1 = 24$

$2! = 2 \cdot 1 = 2$ $\quad$ $5! = 5 \cdot 4 \cdot 3 \cdot 2 \cdot 1 = 120$

$3! = 3 \cdot 2 \cdot 1 = 6$ $\quad$ $6! = 6 \cdot 5 \cdot 4 \cdot 3 \cdot 2 \cdot 1 = 720$

Dados dos números naturales n y m, tales que $n \geq m$, se define el **número combinatorio** n sobre m, y se escribe $\binom{n}{m}$, como:

$$\binom{n}{m} = \frac{n!}{m! \cdot (n-m)!}$$

Además, podemos calcular números combinatorios usando la tecla [nCr].

EJEMPLO

4. Calcula el valor de los siguientes números combinatorios.

a) $\binom{5}{3} = \frac{5!}{3! \cdot (5-3)!} = \frac{5!}{3! \cdot 2!} = \frac{5 \cdot 4 \cdot \cancel{3 \cdot 2 \cdot 1}}{\cancel{3 \cdot 2 \cdot 1} \cdot 2 \cdot 1} = \frac{60}{6} = 10$

b) $\binom{6}{3} = \frac{6!}{3! \cdot (6-3)!} = \frac{6!}{3! \cdot 3!} = \frac{6 \cdot 5 \cdot 4 \cdot \cancel{3 \cdot 2 \cdot 1}}{3 \cdot 2 \cdot 1 \cdot \cancel{3 \cdot 2 \cdot 1}} = \frac{120}{6} = 20$

c) $\binom{5}{2} = \frac{5!}{2! \cdot (5-2)!} = \frac{5!}{2! \cdot 3!} = \frac{5 \cdot 4 \cdot \cancel{3 \cdot 2 \cdot 1}}{2 \cdot 1 \cdot \cancel{3 \cdot 2 \cdot 1}} = \frac{20}{2} = 10$

d) $\binom{4}{1} = \frac{4!}{1! \cdot 3!} = \frac{4 \cdot \cancel{3 \cdot 2 \cdot 1}}{1 \cdot \cancel{3 \cdot 2 \cdot 1}} = 4$

e) $\binom{11}{11} = \frac{\cancel{11!}}{\cancel{11!} \cdot 1} = 1$

f) $\binom{6}{5} = \frac{6!}{5! \cdot 1} = \frac{6! \cdot \cancel{5!}}{\cancel{5!} \cdot 1} = 6$

ACTIVIDADES

5 Calcula el valor de los siguientes números combinatorios.

a) $\binom{7}{3}$ $\quad$ d) $\binom{3}{1}$

b) $\binom{5}{4}$ $\quad$ e) $\binom{10}{0}$

c) $\binom{8}{5}$ $\quad$ f) $\binom{6}{4}$

6 Calcula los números combinatorios y, después, resuelve las sumas.

a) $\binom{7}{3} + \binom{7}{4}$ $\quad$ b) $\binom{3}{2} + \binom{5}{3}$

7 **REFLEXIONA.** Simplifica estas expresiones.

a) $\frac{\binom{12}{3}}{3!}$ $\quad$ b) $\frac{\binom{4}{2}}{\binom{7}{5} \cdot 5!}$

3. Variaciones y permutaciones

Las **variaciones de n elementos tomados de m en m, $V_{n,m}$**, se utilizan para contar los diferentes grupos de m elementos que se pueden formar en un conjunto de n elementos ($m < n$). Los elementos no se pueden repetir e influye el orden en el que los colocamos.

$$V_{n,m} = \frac{n!}{(n-m)!}$$

Las **variaciones con repetición de n elementos tomados de m en m**, $VR_{n,m}$, son variaciones en las que los elementos se pueden repetir.

$$VR_{n,m} = n^m$$

Las **permutaciones, P_n**, son variaciones en las que $m = n$.

$$P_n = V_{n,n} = n!$$

Con dos elementos, A y B, existen dos variaciones distintas.

En una variación, AB y BA son diferentes.

EJEMPLOS

5. ¿Cuántas quinielas de fútbol diferentes se pueden hacer?

   Queremos saber cuántos grupos de 15 elementos podemos formar con 3 elementos distintos: 1, X, 2. En este caso, importa el orden y los elementos se pueden repetir: $VR_{3,15} = 3^{15} = 14\,348\,907$.

6. ¿De cuántas formas se puede formar el pódium de la final de 100 metros lisos en la que corren 8 atletas?

   Queremos saber cuántos grupos de 3 elementos (medalla de oro, medalla de plata y medalla de bronce) se pueden formar con 8 atletas. En este caso, influye el orden y los elementos no se pueden repetir.

   $$V_{8,3} = \frac{8!}{(8-3)!} = \frac{8 \cdot 7 \cdot 6 \cdot \cancel{5!}}{\cancel{5!}} = 336$$

7. ¿De cuántas formas distintas se pueden sentar 3 personas en el asiento trasero de un coche?

   Queremos saber cuántos grupos de 3 elementos (3 personas) se pueden formar, sin que haya ninguno repetido: $P_3 = 3! = 6$.

ACTIVIDADES

8 Lee y responde.

a) Para ver una obra de teatro, hemos alquilado un palco con 6 asientos. ¿De cuántas formas podemos sentarnos mis padres, mi hermana y yo?

b) Además de nosotros, vienen al palco dos amigos más. ¿Cuántas agrupaciones distintas podemos hacer?

9 Sandra tiene una caja con 5 bolas numeradas del 1 al 5. Quiere sacar dos bolas de la caja y escribir todas las posibles combinaciones de dos bolas que puede obtener. Calcúlalas.

10 ¿De cuántas maneras se pueden ordenar ocho personas candidatas para unas elecciones?

11 Si tenemos 4 plantas y 5 maceteros, determina de cuántas formas podemos colocar las plantas en los diferentes maceteros.

12 **REFLEXIONA.** Con 14 bolas rojas, 13 azules, 12 naranjas y 11 blancas, ¿cuántos collares diferentes de 10 bolas podemos hacer?

4. Combinaciones

Las **combinaciones de n elementos tomados de m en m, $C_{n,m}$,** se utilizan para contar el número de grupos diferentes que se pueden formar con m elementos, elegidos de un conjunto de n elementos ($m < n$). No influye el orden y ningún elemento puede estar repetido.

$$C_{n,m} = \binom{n}{m} = \frac{n!}{m! \cdot (n-m)!}$$

Con dos elementos solo existe una combinación.

En una combinación, AB y BA son iguales.

EJEMPLOS

8. En la Lotería Primitiva, el premio máximo se gana acertando 6 números de 49. ¿Cuántos boletos habría que rellenar para asegurarse un premio con 6 aciertos?

   Se trata de calcular cuántos grupos distintos de 6 números hay, de entre 49 números diferentes, es decir, debemos calcular las combinaciones de 49 elementos, tomados de 6 en 6.

   $$C_{49,6} = \binom{49}{6} = \frac{49!}{6! \cdot (49-6)!} = 13\,983\,816$$

   Tendríamos que gastar 13 983 816 € para asegurarnos el premio máximo.

9. ¿Cuántas combinaciones de 3 letras se pueden hacer con las letras de la palabra CARLOS? ¿Y si influyera el orden?

   El número de combinaciones de 6 elementos, tomados de 3 en 3, es:

   $$C_{6,3} = \binom{6}{3} = \frac{6!}{3! \cdot (6-3)!} = 20$$

   Hay 20 combinaciones distintas donde no importa el orden, es decir, la secuencia CAR es la misma que CRA, ACR, ARC, RCA y RAC.

   Si influyera el orden, serían variaciones de 6 elementos, tomados de 3 en 3:

   $$V_{6,3} = \frac{6!}{(6-3)!} = 120$$

10. ¿Cuántas diagonales tiene un pentágono?

    Definimos cada recta del pentágono por 2 de los 5 vértices que une. Así, tenemos $C_{5,2}$ rectas a las que hay que restar los lados del pentágono.

    $$C_{5,2} - 5 = \frac{5!}{2! \cdot (5-2)!} - 5 = 10 - 5 = 5$$

ACTIVIDADES

13. Con 4 botes de pintura: amarilla, azul, roja y blanca, ¿cuántas mezclas de dos colores puedes realizar?

14. En una clase de 25 estudiantes se elige una persona delegada y otra subdelegada. ¿Cuántas parejas se pueden formar para desempeñar estos cargos?

15. Tenemos 6 pesas de 1, 2, 3, 4, 5 y 6 kg. ¿De cuántas maneras diferentes podemos combinarlas?

16. **REFLEXIONA.** Calcula el número de alineaciones distintas que podremos hacer para jugar un partido de fútbol si tenemos 22 jugadores en la plantilla.

5. Experimentos aleatorios. Sucesos

Un **experimento aleatorio** es aquel del que no podemos predecir su resultado, es decir, que depende de la suerte o del azar.

Cuando conocemos el resultado del experimento antes de realizarlo, decimos que es un **experimento determinista**.

Sucesos

- Un **suceso elemental** es cada uno de los posibles resultados de un experimento aleatorio. El conjunto de todos los sucesos elementales se llama **espacio muestral**.
- Un **suceso seguro** es aquel que siempre ocurre, y un **suceso imposible** es el que nunca sucede.
- Un **suceso compuesto** es aquel que está formado por dos o más sucesos elementales.

EJEMPLO

11. Extraemos una bola de una urna que contiene 5 bolas numeradas del 1 al 5. Determina:

a) Todos sus sucesos elementales y su espacio muestral.

Este experimento aleatorio tiene 5 sucesos elementales:

Que salga bola 1, bola 2, bola 3…

El espacio muestral será $E = \{1, 2, 3, 4, 5\}$.

b) Dos sucesos seguros y dos imposibles.

Sucesos seguros:

A = «Que salga una bola con un número menor que 7»

B = «Que salga una bola con un número positivo»

Sucesos imposibles:

C = «Que salga una bola con un número mayor que 7»

D = «Que salga una bola con un número negativo»

c) Dos sucesos compuestos.

F = «Que salga una bola con un número menor que 3» $= \{1, 2\}$

G = «Que salga una bola con un número mayor que 2» $= \{3, 4, 5\}$

E → Espacio muestral

$\emptyset$ → Conjunto vacío

El conjunto vacío no tiene ningún elemento.

RETO

¿Cuántos sucesos diferentes tendrá un experimento aleatorio que solo tiene 2 sucesos elementales?

ACTIVIDADES

17. Di cuáles de los siguientes experimentos son aleatorios y cuáles son deterministas.

a) Pesar 1 dm^3 de agua.

b) Medir el lado de un cuadrado de 2 cm^2.

c) Preguntar un número de 2 cifras.

d) Lanzar un dado y anotar la puntuación.

18. Lanzamos una moneda y un dado. Calcula el espacio muestral mediante un diagrama de árbol.

19. **REFLEXIONA.** En el experimento *Elegir un número al azar y anotar su resto al dividir entre 3*:

a) ¿Cuál es su espacio muestral?

b) Pon un ejemplo de suceso compuesto.

c) Pon un ejemplo de suceso distinto al conjunto vacío.

6. Operaciones con sucesos

La **unión** de dos sucesos, A y B, es otro suceso formado por todos los sucesos elementales que hay en A o en B, y se escribe $\mathbf{A \cup B}$.

La **intersección** de dos sucesos, A y B, es otro suceso formado por todos los sucesos comunes de A y B, y se escribe $\mathbf{A \cap B}$.

Si $A \cap B \neq \emptyset$, los sucesos A y B pueden ocurrir simultáneamente, y decimos que son **compatibles**. En caso contrario son **incompatibles**.

El **suceso contrario** o **complementario** de un suceso A es otro suceso, que escribimos como $\overline{A}$, y que está formado por los sucesos elementales del espacio muestral que no están en A.

Siempre se cumple que:

$A \cup \overline{A} = E$ $\quad \overline{E} = \emptyset$

$A \cap \overline{A} = \emptyset$ $\quad \overline{\emptyset} = E$

$\overline{\overline{A}} = A$

RETO

Escribe el espacio muestral y los sucesos elementales de un experimento determinista.

EJEMPLO

12. En el experimento *Lanzar un dado y anotar su puntuación*, consideramos los siguientes sucesos:

$A =$ «Número par» $\quad B =$ «Múltiplo de 3» $\quad C =$ «Divisor de 5»

a) Calcula sus uniones e intersecciones.

$A = \{2, 4, 6\}$ $\quad B = \{3, 6\}$ $\quad C = \{1, 5\}$

$A \cup B = \{2, 3, 4, 6\}$ $\quad A \cup C = \{1, 2, 4, 5, 6\}$ $\quad B \cup C = \{1, 3, 5, 6\}$

$A \cap B = \{6\}$ $\quad A \cap C = \emptyset$ $\quad B \cap C = \emptyset$

b) ¿Qué parejas de sucesos son compatibles?

Los únicos sucesos compatibles son A y B porque $A \cap B = \{6\} \neq \emptyset$.

c) Calcula los sucesos contrarios de A y de B.

Espacio muestral → $E = \{1, 2, 3, 4, 5, 6\}$

$\overline{A} = \overline{\{2, 4, 6\}} = \{1, 3, 5\}$ $\qquad \overline{B} = \overline{\{3, 6\}} = \{1, 2, 4, 5\}$

d) Calcula $\overline{A \cap B}$ y $\overline{A \cap C}$.

$\overline{A \cap B} = \overline{\{6\}} = \{1, 2, 3, 4, 5\}$

$\overline{A \cap C} = \overline{\emptyset} = \{1, 2, 3, 4, 5, 6\} = E$

ACTIVIDADES

20. Se extrae una carta de la baraja española. Indica cómo son los siguientes sucesos.

a) $A =$ «Sacar espadas» y $B =$ «Sacar copas».

b) $A =$ «Sacar bastos» y $B =$ «Sacar un as».

21. En el experimento de sacar una carta de la baraja española, consideramos los sucesos $A =$ «Sacar una figura» y $B =$ «Sacar oros». Obtén estos sucesos.

a) $A \cup B$ $\quad$ b) $A \cap B$ $\quad$ c) $\overline{A}$ $\quad$ d) $\overline{B}$

22. **REFLEXIONA.** Tenemos una bolsa con 8 bolas numeradas del 1 al 8. Extraemos una bola y, si tiene un número impar, extraemos otra sin reemplazar la rimera. Si el número es par, extraemos dos bolas sin reemplazar la que ya hemos sacado.

a) Determina el espacio muestral.

b) Pon un ejemplo de dos sucesos compatibles.

c) Escribe dos sucesos incompatibles.

d) Halla la unión de los sucesos descritos en b).

7. Frecuencia y probabilidad

GEOGEBRA

La **probabilidad**, P, **de un suceso** es una función que a cada suceso de un experimento aleatorio le asocia un número entre 0 y 1, que indica la facilidad de que el suceso ocurra.

La probabilidad de que suceda el **suceso seguro** es 1: $P(E) = 1$.

La probabilidad de que suceda el **suceso imposible** es 0: $P(\varnothing) = 0$.

Si repetimos un experimento aleatorio un número muy grande de veces, la probabilidad de un suceso coincide con el número hacia el que se aproximan las frecuencias relativas de dicho suceso. Esta propiedad se conoce como **ley de los grandes números**.

La probabilidad de un suceso A está siempre entre 0 y 1.
$0 \leq P(A) \leq 1$

EJEMPLO

13. Tenemos una moneda que no está equilibrada, de manera que es más probable que salga cara que cruz.

a) ¿Cuál es la probabilidad de que salga cara?

b) ¿Y la probabilidad de que salga cruz?

Realizamos el experimento que consiste en lanzar la moneda al aire muchas veces y contamos el número de veces que sale cara.

Número de lanzamientos	Número de caras (f_i)	Frecuencia relativa (h_i)
10	7	0,7
100	62	0,62
1000	609	0,609
10000	6076	0,6076
100000	60410	0,60410
1000000	600952	0,600952

a) Parece que las frecuencias relativas se aproximan al valor 0,6. Es decir:
$P(«cara») = 0,6$

b) La probabilidad de que salga cruz es, por tanto:
$P(«cruz») = 1 - 0,6 = 0,4$.

RETO

Si al lanzar un dado 10 veces obtenemos un seis 9 veces, ¿podemos afirmar que el dado está trucado?

ACTIVIDADES

23. Se ha lanzado una moneda 75 veces obteniéndose 43 caras. ¿Cuál de estas opciones es la frecuencia relativa del suceso «Salir cruz»?

a) $\frac{32}{75}$

b) 32

c) $\frac{32}{100}$

d) 0,32

24. Una máquina hace arandelas para tornillos. Explica cómo calcularías la probabilidad de que, escogida una de las arandelas al azar, sea defectuosa.

25. **REFLEXIONA.** En una bolsa hay muchas bolas numeradas del 1 al 5. Se repite 5000 veces el experimento de extraer una bola, anotar el resultado y devolverla a la bolsa. Las frecuencias han sido:

Bola	1	2	3	4	5
f_i	1200	800	700	1300	1000

a) Calcula la probabilidad de que, al sacar una bola, se obtenga un múltiplo de 2.

b) Halla la probabilidad de obtener un número impar.

8. Regla de Laplace

Un **experimento** es **regular** cuando todos sus sucesos elementales tienen la misma probabilidad, es decir, son **sucesos equiprobables**.

La regla de Laplace nos permite calcular probabilidades de un suceso cuando el experimento aleatorio es regular.

GEOGEBRA

La **regla de Laplace** afirma que la probabilidad de un suceso es igual al número de sucesos elementales que contiene dividido entre el número total de sucesos elementales del espacio muestral.

$$P(A) = \frac{\text{n.º de casos favorables al suceso } A}{\text{n.º de casos posibles}}$$

RETO

Se saca una bola de una urna en la que solo hay bolas blancas y negras. Hay el doble de bolas blancas que de bolas negras. ¿Cuál es la probabilidad de cada suceso elemental?

EJEMPLO

14. Metemos en un tarro 5 tipos de caramelos: 1 de menta, 2 de limón y 2 de fresa. Si escogemos uno al azar, ¿cuál es la probabilidad de que sea de menta? ¿Y de limón? ¿Y de fresa?

Este es un experimento regular, porque hay igual probabilidad de coger cualquiera de los 5 caramelos. Si aplicamos la regla de Laplace, tenemos que:

$$P(\text{menta}) = \frac{\text{n.º de caramelos de menta}}{\text{n.º de caramelos}} = \frac{1}{5} = 0{,}2$$

$$P(\text{limón}) = \frac{\text{n.º de caramelos de limón}}{\text{n.º de caramelos}} = \frac{2}{5} = 0{,}4$$

$$P(\text{fresa}) = \frac{\text{n.º de caramelos de fresa}}{\text{n.º de caramelos}} = \frac{2}{5} = 0{,}4$$

ACTIVIDADES

26 En una bolsa hay 5 bolas rojas, 10 verdes y 5 azules, y se extrae una bola. Calcula la probabilidad de los sucesos.

a) «Sacar bola roja».

b) «Sacar bola verde».

c) «Sacar bola azul».

d) «Sacar una bola negra».

27 En un aula hay 17 chicos y 19 chicas. Se elige una persona al azar. Determina la probabilidad de estos sucesos.

a) «Ser un chico».

b) «Ser una chica».

28 Jorge tiene 5 camisas de manga larga, 8 de manga corta y 7 camisetas. Si elige una prenda al azar, calcula la probabilidad de que sea:

a) Una camisa de manga larga.

b) Una camiseta.

c) Una camisa de manga corta.

d) Una camisa.

29 **REFLEXIONA.** En un dado se suprime la cara 6 sustituyéndola por otra cara 1.

a) ¿Cuál es el espacio muestral?

b) ¿Son los sucesos elementales equiprobables?

c) ¿Puedes calcular su probabilidad?

9. Propiedades de la probabilidad

GEOGEBRA

- La probabilidad no puede ser menor que 0 ni mayor que 1.

$$0 \leq P(A) \leq 1$$

- La probabilidad del suceso seguro es 1 y la probabilidad del suceso imposible es 0.

$$P(E) = 1 \qquad P(\varnothing) = 0$$

- La probabilidad de cualquier suceso es igual a 1 menos la probabilidad de su suceso contrario.

$$P(A) = 1 - P(\overline{A})$$

- Cuando dos sucesos son incompatibles, la probabilidad de su unión es la suma de sus probabilidades.

$$P(A \cup B) = P(A) + P(B)$$

- Para dos sucesos cualesquiera, A y B, se verifica siempre que la probabilidad de la unión es igual a la suma de las probabilidades de cada suceso menos la probabilidad de la intersección.

$$P(A \cup B) = P(A) + P(B) - P(A \cap B)$$

«Si A y B son sucesos incompatibles, la probabilidad de su intersección es 0.

EJEMPLO

15. De los 25 estudiantes que hay en la clase de 4.º de ESO, 20 aprobaron la primera evaluación, 17 la segunda y 15 las dos. Calcula, aplicando la regla de Laplace y las propiedades, la probabilidad de elegir al azar un estudiante que:

a) No haya aprobado la primera evaluación.

A = «Aprobar la primera evaluación»

$\overline{A}$ = «Suspender la primera evaluación»

Por la regla de Laplace: $P(A) = \dfrac{20}{25} = 0{,}8$

Aplicando las propiedades:

$P(\overline{A}) = 1 - P(A) = 1 - 0{,}8 = 0{,}2$

b) Haya aprobado alguna evaluación.

A = «Aprobar la primera evaluación»

B = «Aprobar la segunda evaluación»

$A \cup B$ = «Aprobar alguna evaluación»

Aplicando las propiedades:

$$P(A \cup B) = P(A) + P(B) - P(A \cap B) = \frac{20}{25} + \frac{17}{25} - \frac{15}{25} = \frac{22}{25} = 0{,}88$$

ACTIVIDADES

30 Extraemos al azar una carta de una baraja española. Si consideramos los sucesos:

A = «Sacar as»

B = «Sacar bastos»

C = «Sacar caballo»

Describe y halla la unión y la intersección dos a dos de los sucesos A, B y C, y calcula su probabilidad.

31 **REFLEXIONA.** Tenemos dos sucesos, A y B y se verifica que la suma de sus probabilidades es igual a 1. Determina en qué casos es cierto o falso que son sucesos:

a) Compatibles.
b) Incompatibles.
c) Contrarios.
d) Poco probables.
e) Seguros.
f) Imposibles.

Cómo se calculan probabilidades utilizando sus propiedades

Los sucesos elementales son siempre incompatibles entre sí, luego la probabilidad de su unión es la suma de sus probabilidades.

Consideramos el experimento aleatorio *Lanzar un dado y anotar la puntuación de su cara superior*. Calcula las probabilidades de estos sucesos.

a) Obtener múltiplo de 2.

b) Obtener múltiplo de 3.

c) Obtener múltiplo de 2 y de 3.

d) Obtener un número que no sea múltiplo de 3.

① **Calculamos las probabilidades de los sucesos elementales.**

$E = \{1, 2, 3, 4, 5, 6\}$

$P(1) = \frac{1}{6}$ $P(2) = \frac{1}{6}$ $P(3) = \frac{1}{6}$ $P(4) = \frac{1}{6}$ $P(5) = \frac{1}{6}$ $P(6) = \frac{1}{6}$

② **Escribimos los sucesos que nos piden en función de sucesos conocidos mediante la unión, la intersección y el complementario de sucesos.**

a) A = «Obtener múltiplo de 2» $= \{2, 4, 6\} = \{2\} \cup \{4\} \cup \{6\}$ ← 2 o 4 o 6

b) B = «Obtener múltiplo de 3» $= \{3, 6\} = \{3\} \cup \{6\}$ ← 3 o 6

c) C = «Obtener múltiplo de 2 y de 3» $= A \cap B$ ← A y B

d) D = «Obtener un número no múltiplo de 3» $= \overline{B}$ ← No B

③ **Aplicamos las propiedades de la probabilidad y hallamos el valor buscado.**

a) $P(A) = P(\{2\} \cup \{4\} \cup \{6\}) = P(\{2\}) + P(\{4\}) + P(\{6\}) = \frac{1}{6} + \frac{1}{6} + \frac{1}{6} = \frac{3}{6} = 0{,}5$

b) $P(B) = P(\{3\} \cup \{6\}) = P(\{3\}) + P(\{6\}) = \frac{1}{6} + \frac{1}{6} = \frac{2}{6} = 0{,}33$

c) $P(C) = P(A \cap B) = P(A) + P(B) - P(A \cup B) = \frac{3}{6} + \frac{2}{6} - \frac{4}{6} = \frac{1}{6} = 0{,}17$ → $P(\{2\} \cup \{3\} \cup \{4\} \cup \{6\}) = \frac{4}{6}$

d) $P(D) = P(\overline{B}) = 1 - P(B) = 1 - \frac{2}{6} = \frac{4}{6} = 0{,}67$

ACTIVIDADES

32 Una urna contiene 4 bolas blancas, 1 roja y 5 negras. Se considera el experimento de sacar una bola al azar. Calcula las probabilidades de estos sucesos.

a) A = «Sacar bola blanca»

b) B = «Sacar bola roja»

c) C = «Sacar bola que no sea negra»

d) D = «Sacar bola blanca o negra»

33 Se lanzan dos dados y se suman los puntos obtenidos. Halla la probabilidad de que la suma:

a) Sea 3.

b) No sea 7.

c) Sea inferior a 11.

d) Sea 4 o 5.

34 Calcula la probabilidad de no sacar ni ases ni figuras al extraer una carta de la baraja española.

35 En un grupo de personas, al 70 % les gusta el fútbol o el baloncesto y al 12 % les gustan ambos deportes. Sabiendo que al 74 % no les gusta el fútbol, calcula la probabilidad de que, escogido al azar un componente del grupo, le guste solo el baloncesto.

36 Calcula la probabilidad de obtener cada una de las caras de un dado trucado de 6 caras con probabilidades dobles para los números primos. ¿Cuál es la probabilidad de obtener un número par?

10. Probabilidad condicionada

El cálculo de la probabilidad de un suceso B, cuando sabemos que ha ocurrido otro suceso A, se denomina **probabilidad condicionada**. Se escribe $P(B/A)$ y se lee «probabilidad de B condicionada a A».

EJEMPLO

GEOGEBRA

16. A una excursión van 10 chicos y 15 chicas. Llevan botas 8 chicos y 10 chicas. Elegimos una persona al azar. Halla la probabilidad de que:

a) Lleve botas y sea chico.

Organizamos los datos en una tabla de doble entrada, llamada **tabla de contingencia**, y la utilizamos para calcular las probabilidades.

	Botas	No botas	Total
Chico	8	2	10
Chica	10	5	15
Total	18	7	25

$P(\text{botas} \cap \text{chico}) = \frac{8}{25} = 0{,}32$

b) No lleve botas o sea chico.

$P(\text{no botas} \cup \text{chico}) = P(\text{no botas}) + P(\text{chico}) - P(\text{no botas} \cap \text{chico})$

$= \frac{7}{25} + \frac{10}{25} - \frac{2}{25} = \frac{15}{25} = 0{,}6$

c) Sea chica, sabiendo que lleva botas. $P(\text{chica/botas}) = \frac{10}{18} = 0{,}56$

Dos sucesos, A y B, son **independientes** cuando que ocurra uno de ellos no influye en que ocurra el otro. En caso contrario, decimos que los sucesos son **dependientes**.

A y B son independientes si $P(B/A) = P(B)$ y $P(A/B) = P(A)$.

La regla del producto se puede usar para hallar la probabilidad condicionada.

$$P(B/A) = \frac{P(B \cap A)}{P(A)}$$

$$P(A/B) = \frac{P(A \cap B)}{P(B)}$$

Regla del producto

La **regla del producto** es una forma de calcular la probabilidad de la intersección de sucesos.

$$P(A \cap B) = P(A) \cdot P(B/A) = P(B) \cdot P(A/B)$$

Si A y B son independientes, entonces $P(A \cap B) = P(A) \cdot P(B)$.

ACTIVIDADES

37 Observa la siguiente tabla.

	Pinzas grandes	Pinzas pequeñas
Madera	10	19
Plástico	18	23

Se elige una pinza al azar. Halla la probabilidad de que:

a) Sea grande y de plástico.

b) Sea grande sabiendo que es de plástico.

38 En una clase hay 20 niños y 16 niñas. La mitad de los niños y tres cuartas partes de las niñas tienen el pelo moreno y el resto lo tiene rubio. ¿Cuál es la probabilidad de que, al elegir al azar un niño, este tenga pelo rubio? ¿Y de que sea una persona rubia, sin importar el sexo?

39 **REFLEXIONA.** Propón un experimento y busca un ejemplo de sucesos independientes y otro de sucesos incompatibles.

Cómo se calculan probabilidades en experimentos compuestos

Para hacer el diagrama de árbol, se descompone el experimento compuesto en otros más simples.

En una clase hay 8 chicos y 12 chicas. De ellos, 5 chicos y 8 chicas van a clase en bicicleta, y el resto usa el transporte escolar. Eligiendo a un estudiante al azar, calcula la probabilidad de que sea chica y vaya en bicicleta.

① Construimos un diagrama de árbol en el que figuren todas las posibilidades.

② Hallamos las probabilidades de cada uno de los sucesos.

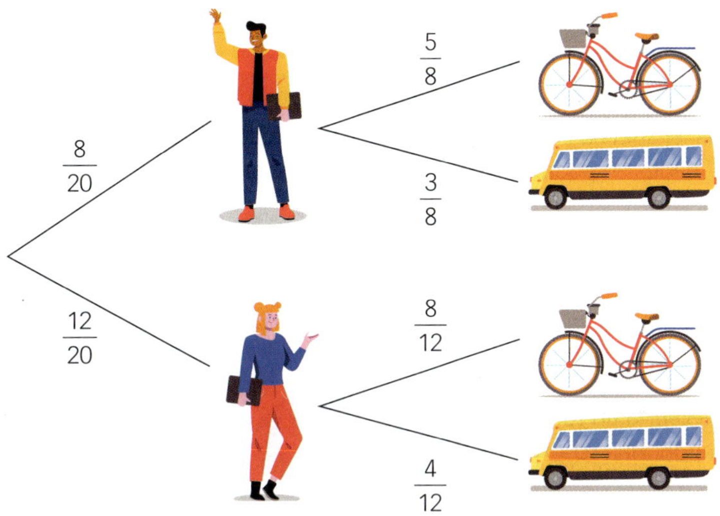

③ Aplicamos la regla del producto para calcular la probabilidad pedida.

$$P(«chica» \cap «bicicleta») = P(«chica») \cdot P(«bicicleta»/«chica») =$$
$$= \frac{12}{20} \cdot \frac{8}{12} = \frac{8}{20} = 0{,}4$$

ACTIVIDADES

40 En una urna hay 2 bolas blancas y 2 azules. Calcula la probabilidad de extraer primero una bola azul y después una blanca si:

a) No se devuelve la primera bola a la urna.

b) Se devuelve la primera bola a la urna.

41 Se lanzan 3 monedas al aire. Construye el diagrama de árbol y calcula las siguientes probabilidades.

a) P(«3 caras»)

b) P(«0 caras»)

c) P(«4 caras»)

d) P(«2 cruces y 1 cara»)

e) P(«2 caras y 1 cruz»)

f) P(«1 cruz»)

g) P(«Al menos 2 caras»)

h) P(«A lo sumo 1 cara»)

42 Halla la probabilidad de que, al extraer 4 cartas de una baraja española, se obtengan 4 caballos.

a) Con reemplazamiento.

b) Sin reemplazamiento.

¿Cuál es la probabilidad de obtener únicamente 3 caballos, en ambos casos?

43 Durante una campaña de vacunación de gripe, se vacuna al 60 % de la población. Pasado un mes, se realiza un estudio y se observa que enfermaron el 10 % de las personas vacunadas y el 60 % de las no vacunadas.

Calcula la probabilidad de que, elegida una persona al azar:

a) Se le pusiera la vacuna y no enfermara.

b) No estuviera vacunada y enfermara.

44 Una agencia de transportes tiene contratados a 3 mensajeros. Se sabe que:

- El primero reparte el doble de paquetes que sus compañeros, pero el 20 % llegan tarde.
- El 15 % de los paquetes del segundo llegan tarde.
- El tercero hace todas las entregas a tiempo, y reparte los mismos paquetes que el segundo.

Calcula la probabilidad de que un paquete haya sido entregado a tiempo por cada uno de los repartidores.

ACTIVIDADES FINALES

1. Aplica métodos de conteo en problemas contextualizados

45 En un restaurante, el menú del día tiene 3 primeros platos, 3 segundos y 4 postres para elegir. ¿Cuántos menús diferentes podemos confeccionar? Utiliza el método del producto y represéntalos con un diagrama de árbol.

46 En un jardín, se quieren plantar dos tipos de árboles. Si solo hay espacio para tres árboles, ¿qué posibilidades se podrían dar?

47 Con las cifras 1, 2, 3 y 4 se forman números de tres cifras. ¿Cuántos números hay que comiencen por una cifra par? ¿Cuántos empiezan y acaban por una cifra impar?

48 Tomás, Mercedes, Luis y Rosa van a asistir a un torneo de pimpón. Han reservado dos mesas y cada persona jugará una vez contra todas las demás. Completa en tu cuaderno la plantilla de partidas con los nombres de los jugadores.

	Mesa 1	Mesa 2
1.ª ronda	Tomás-Mercedes	Luis-Rosa
2.ª ronda	……-……	……-……
3.ª ronda	……-……	……-……

49 **RETO.** Utilizando solamente números enteros positivos, ¿cuántas sumas distintas dan como resultado 5? Dos posibles sumas serían:

$$2 + 2 + 1 = 5 \qquad 2 + 3 = 5$$

50 Calcula las siguientes variaciones.

a) $V_{4,2}$ b) $VR_{3,1}$ c) $V_{8,3}$ d) $VR_{5,3}$ e) $VR_{7,2}$ f) $V_{10,5}$ g) $VR_{6,4}$ h) $V_{10,9}$

51 Determina el valor de m para que las siguientes igualdades sean correctas.

a) $V_{m,2} = 12$ b) $VR_{3,m} = 81$ c) $V_{m,4} = 360$

52 Calcula las siguientes combinaciones.

a) $C_{4,2}$ b) $C_{3,1}$ c) $C_{7,2}$ d) $C_{10,5}$

53 Halla el valor de m para que sean ciertas estas igualdades.

a) $C_{27,m} = C_{27,2m}$ b) $C_{101,1} = C_{101,m^2}$ c) $C_{5,m+1} = 10$

54 Si 5 integrantes de un equipo de baloncesto se sitúan en fila para hacer un tiro a canasta, ¿de cuántas formas distintas pueden ponerse?

55 ¿Cuántas palabras de 4 letras se pueden formar con las letras de la palabra DECIMAL? Si las ordenásemos alfabéticamente, ¿cuál sería la posición de la palabra LEMA?

56 En el cumpleaños de mi hermano pequeño vamos a sortear juguetes diferentes entre sus amistades. Determina de cuántas formas se pueden repartir:

a) Si hay 5 juguetes para 5 personas.

b) Si hay 3 juguetes para 7 personas.

57 **MATEMÁTICAS Y... CIRCULACIÓN.** Las matrículas de los vehículos en España constan de 4 números y de 3 letras del alfabeto, excluyendo la Ñ, la Q y las vocales. Calcula cuántas matrículas diferentes se pueden formar.

58 A una reunión acuden 10 personas. ¿Cuántos apretones de mano habrá en la reunión si cada una saluda al resto una vez?

59 **MATEMÁTICAS Y... APUESTAS.** Para rellenar una quiniela hay que asignar un valor, 1, X o 2, a cada uno de los 14 partidos de futbol que figuran en ella. Cada apuesta vale 0,75 €, y el mayor premio que se ha repartido fueron 9,1 millones de euros en la jornada 6 de la temporada 2005-2006.

a) Calcula el número de apuestas distintas que se pueden hacer en una jornada.

b) ¿Cuánto costaría hacer todas esas apuestas?

c) ¿Compensaría hacer todas las posibles apuestas en una jornada con respecto al premio que se puede recibir?

60 **INVESTIGA.** Entre 8 estudiantes y 6 profesores tenemos que elegir un comité de 6 personas que contenga, al menos, 3 estudiantes y 2 profesores. ¿De cuántas formas podemos elegirlo?

61 **MATEMÁTICAS Y... JUEGOS.**
En el famoso juego de piedra, papel y tijera, los participantes deben seleccionar una herramienta y, según una regla de prioridad, se gana o se pierde.

- Piedra gana a tijera.
- Tijera gana a papel.
- Papel gana a piedra.

Si se sabe que se han jugado 4 rondas, ¿cuántas posibilidades hay de ganar?

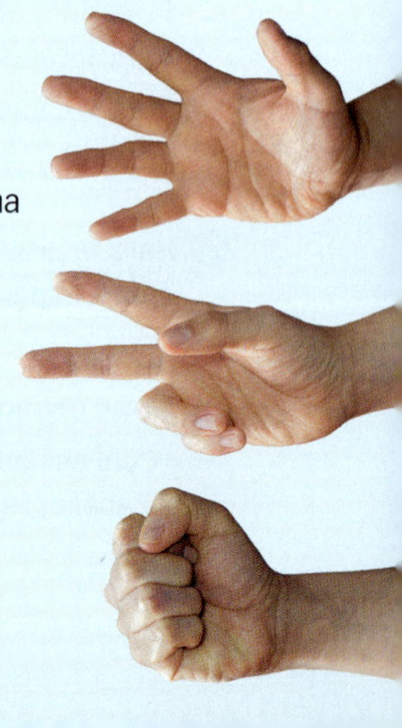

62 **RETO.** Con las letras de la palabra NADIE podemos formar palabras de 5 letras utilizando todas sus letras sin repetirlas. Si ordenamos esas palabras alfabéticamente, ¿qué lugar ocupará la palabra NADIE?

2. Identifica y describe situaciones de carácter aleatorio

Sucesos

ACTIVIDADES FLASH

63 Clasifica en deterministas o aleatorios.

a) Medir el tiempo empleado por un atleta en una carrera.

b) Repartir un número de caramelos entre 4 niñas.

c) Elegir un número menor que 12.

d) Número de personas en un autobús a una hora determinada.

e) Distancia recorrida por un vehículo que circula a 80 km/h.

f) Cantidad de caracteres recibidos en el próximo correo electrónico.

g) Número de monedas de 1 € que te cambian por 4 billetes de 5 €.

h) Número de monedas que te dan a cambio de 4 billetes de 5 €.

64 ¿Cómo clasificarías el experimento que consiste en contar los lunes que tiene un mes? ¿Y el de escoger una pieza de fruta de una caja de manzanas?

65 **INVENTA.** Escribe dos experimentos aleatorios y otros dos que no lo sean. Justifica tu respuesta.

66 Describe el espacio muestral del experimento aleatorio que consiste en lanzar 2 dados y anotar la resta de los números de las caras superiores.

67 Adela forma números de dos cifras distintas escogiendo al azar entre cuatro tarjetas que tienen rotulados los números 1, 2, 3 y 4, mientras que Jorge hace lo mismo pero permitiendo que las cifras se repitan.

a) Describe ambos espacios muestrales y calcula cuántos sucesos elementales tiene cada uno.

b) Indica un suceso que no sea elemental en cada uno de los experimentos.

c) Escribe un suceso de un experimento que no se pueda dar en el otro.

68 **INVESTIGA.** Indica un experimento donde todos los sucesos sean elementales.

69 En el experimento de extracción al azar de una bola de una bolsa con bolas de tamaño grande, mediano y pequeño y de colores blanco y negro, halla el espacio muestral cuando:

a) Nos fijamos solo en el tamaño.

b) Nos fijamos solo en el color.

c) Nos fijamos en el tamaño y el color.

70 Una caja contiene cinco tornillos, de los cuales dos son defectuosos. Escribe el espacio muestral asociado al experimento que consiste en escoger al azar un tornillo hasta encontrar uno defectuoso.

a) Si no se devuelven los tornillos a la caja.

b) Si se devuelven los tornillos a la caja.

Operaciones con sucesos

71 **MATEMÁTICAS Y… JUEGOS.** El juego del Virus consta de 68 cartas:

	Órganos	Virus	Medicinas	Especiales
Rojo	5	4	4	0
Verde	5	4	4	0
Azul	5	4	4	0
Amarillo	5	4	4	0
Multicolor	1	1	4	0
Otro	0	0	0	10
Total	21	17	20	10

La carta multicolor actúa con el color que el jugador elija.

Extraemos al azar una carta del mazo y consideramos:

A = «Sacar virus»

B = «Sacar órgano»

C = «Sacar carta azul»

D = «No sacar carta especial»

a) Describe y halla la unión y la intersección dos a dos de los sucesos A, B, C y D.

b) ¿Son compatibles dos a dos estos sucesos?

72 Consideramos las 28 fichas del dominó. Si cogemos una ficha y sumamos los puntos, calcula.

a) A = «Obtener múltiplo de 5»

b) B = «Obtener número par»

c) $A \cup B$ y $A \cap B$

d) $A \cup A$ y $B \cap B$

73 **MATEMÁTICAS Y… JUEGOS.** El juego del UNO se compone de 108 cartas.

	Amarilla	Verde	Azul	Roja	Otras
0	1	1	1	1	
1-9	18	18	18	18	
Especiales	6	6	6	6	8

Escogemos al azar una carta y consideramos los sucesos:

A = «Salir número»

B = «Salir carta especial»

C = «Salir verde»

D = «Salir 0»

Calcula:

a) $\overline{A}, \overline{B}, \overline{C}$

b) $A \cap C$

c) $A \cup B$

d) $A \cap C \cap D$

e) $(A \cup C) \cap D$

74 **INVESTIGA.** A y B son sucesos contrarios de un experimento aleatorio. Encuentra la igualdad falsa.

a) $\overline{A} \cap \overline{B} = \varnothing$

b) $\overline{A} \cup \overline{B} = \overline{B \cap A}$

c) $\overline{A} \cup B = E$

d) $A \cap \overline{B} = A$

e) $\overline{A} \cup \overline{B} = E$

f) $\overline{A} \cup B = \overline{A}$

75 **RETO.** Siendo A y B sucesos de un experimento aleatorio, escribe mediante operaciones con los sucesos A y B la expresión que corresponde a estos sucesos.

a) Suceso que ocurre solo cuando ocurre A y ocurre B.

b) Suceso que ocurre si no se verifica A.

c) Suceso que se verifica si pasa A o no pasa B.

d) Suceso que pasa si ocurre A o B, pero no a la vez.

3. Asigna probabilidades a sucesos en experimentos aleatorios

Cálculo de probabilidades

ACTIVIDADES FLASH

76 Expresa en términos de probabilidad.

a) El 65 % de la población tiene conexión a internet.

b) El 46 % de los jóvenes tiene el pelo moreno.

c) Uno de cada cinco disparos hace blanco.

d) Las cinco sextas partes de las preguntas obtienen respuesta afirmativa.

77 En un bombo hay 10 bolas numeradas del 0 al 9. Se repite 100 veces el experimento que consiste en extraer una bola, anotar su número y devolverla. Los resultados obtenidos son:

Bola	0	1	2	3	4	5	6	7	8	9
f_i	7	13	11	12	8	10	12	6	10	11

Si consideramos estos sucesos, calcula:

A = «Múltiplo de 3»

B = «Número impar»

C = «Divisor de 6»

a) La frecuencia relativa de $A, B, C, A \cup B, A \cap B, A \cup C$ y $A \cap C$.

b) La probabilidad de cada uno de los sucesos anteriores.

78 INTERNET Ruth colecciona monedas de 1 € de distintos países, y ya tiene 14 monedas diferentes. ¿Cuál es la probabilidad de que no tenga la moneda de Letonia?

79 Al lanzar una chincheta, esta puede caer con la punta hacia arriba o hacia abajo.

a) ¿Se trata de un experimento aleatorio?

b) ¿Cuáles son los sucesos elementales?

c) ¿Son estos sucesos equiprobables?

80 **MATEMÁTICAS Y… JUEGOS.** La baraja española consta de 40 cartas.

		Oros	Copas	Espadas	Bastos
As		1	1	1	1
2-7		6	6	6	6
Figura	Sota	1	1	1	1
	Caballo	1	1	1	1
	Rey	1	1	1	1

Escogemos al azar una carta del mazo. Calcula la probabilidad de que:

a) Sea un as.

b) Sea un oro.

c) Sea el rey de bastos.

d) Sea un as o una figura.

81 **INVESTIGA.** Si un espacio muestral tiene cuatro sucesos elementales, razona si esta afirmación puede ser cierta.

«La probabilidad de los sucesos elementales es, respectivamente, $\frac{1}{5}, \frac{2}{3}, \frac{1}{10}$ y $\frac{1}{20}$».

82 Escogemos al azar un número del 1 al 10 y consideramos los sucesos:

A = «Salir par» D = «Salir impar»

B = «Salir múltiplo de 3» F = «Salir 2»

C = «Salir mayor que 6» G = «Salir menor que 5»

Completa el cuadrado mágico, donde la suma de cada fila, columna y diagonal coincide, y comprueba que lo es.

$P(B)$	$P(C \cup D \cup F)$	$P(F)$
$P(C \cap D)$	$P(\overline{B \cup G})$	$P(\overline{C})$
$P(A \cup B)$	$P(A \cap D)$	$P(A)$

Cómo se calcula la probabilidad de algunos sucesos no equiprobables

83 En un dado trucado, las puntuaciones pares tienen el doble de probabilidad de salir que las puntuaciones impares. ¿Qué probabilidad hay de que salga 1? ¿Y 2?

PRIMERO. Se aplican las propiedades de la probabilidad.

Si se llama x a la probabilidad de que salga 1, 3 o 5, la probabilidad de que salga 2, 4 o 6 será $2x$.

$P(1) = x$ $P(3) = x$ $P(5) = x$

$P(2) = 2x$ $P(4) = 2x$ $P(6) = 2x$

La suma de todas las probabilidades de los sucesos elementales es 1.

$P(1) + P(2) + P(3) + P(4) + P(5) + P(6) = 1$

$x + 2x + x + 2x + x + 2x = 1$

SEGUNDO. Se resuelve la ecuación y se calcula la probabilidad pedida.

$x + 2x + x + 2x + x + 2x = 1 \rightarrow$

$\rightarrow 9x = 1 \rightarrow x = \frac{1}{9}$

La probabilidad de que salga 1 es $\frac{1}{9}$

y la probabilidad de que salga 2 es $\frac{2}{9}$.

84 En un dado tenemos que $P(1) = P(2) = P(3) = \frac{1}{7}$ y $P(4) = P(5) = P(6) = x$. ¿Cuál es el valor de x?

85 En un experimento aleatorio, el espacio muestral está formado por los sucesos A, B, C y D. Sabiendo que $P(A) = P(B) = P(C)$ y $P(D) = 2 \cdot P(A)$, calcula la probabilidad de cada suceso.

86 **RETO.** Elegimos al azar un punto (x, y) del rectángulo de vértices (0, 0), (4, 0), (4, 1) y (0, 1). ¿Cuál es la probabilidad de que x sea menor que y?

87 Se lanza un dado al aire y se suman los puntos de las caras visibles. Calcula la probabilidad de obtener:

a) Exactamente 15.
b) 17 o 19.
c) Un número mayor que 16.
d) Un número primo.

88 Se lanzan tres monedas al aire. Calcula la probabilidad de obtener:

a) Al menos dos cruces.
b) Al menos una cara.
c) A lo sumo dos cruces.
d) A lo sumo una cara.

89 **JUEGO.** Por turnos, cada participante elige 3 números consecutivos del 2 al 12, y tira dos dados. Si la suma de las puntuaciones de los dos dados es uno de esos números, gana 1 punto. ¿Qué 3 números elegirías tú?

Probabilidad condicionada

90 **MATEMÁTICAS Y... JUEGOS.** El juego del Hanabi tiene 50 cartas, cada una con un número y un color.

	Blanco	Amarillo	Verde	Azul	Rojo
1	3	3	3	3	3
2	2	2	2	2	2
3	2	2	2	2	2
4	2	2	2	2	2
5	1	1	1	1	1

Se coge una carta del mazo.

a) ¿Cuál es la probabilidad de que sea verde sabiendo que ha salido un 4?
b) ¿Cuál es la probabilidad de que sea azul sabiendo que no ha salido verde?

91 Rocío lanza dos dados y suma las puntuaciones. Calcula la probabilidad de que una de las puntuaciones sea un 3 si se sabe que la suma ha sido 5.

92 Daniel tenía en el bolsillo una moneda de 10 céntimos, cuatro de 20 céntimos, una de 50 céntimos y tres de 1 €. Ha escogido una moneda al azar. Calcula la probabilidad de que sea de 20 céntimos si ya sabía que su valor era menor de 1 €.

93 En una urna tenemos 4 bolas rojas y 6 bolas blancas. Si extraemos 2 bolas consecutivamente, calcula la probabilidad de los sucesos.

a) «Sacar dos bolas blancas».

b) «Sacar una bola blanca y otra roja».

c) «Sacar al menos una bola roja».

d) «No sacar ninguna bola roja».

94 En una guardería hay 10 niños y 12 niñas. Si 6 niños saben andar y 6 niñas no saben andar, calcula la probabilidad de que, elegido uno de ellos al azar, sea niño y no sepa andar.

95 Se extraen dos caramelos de una bolsa en la que hay 4 caramelos rojos, 3 azules, 6 blancos y 1 negro. Calcula la probabilidad de que:

a) Sean rojos.

b) Sean del mismo color.

c) Sean de distinto color.

d) El primer caramelo sea azul.

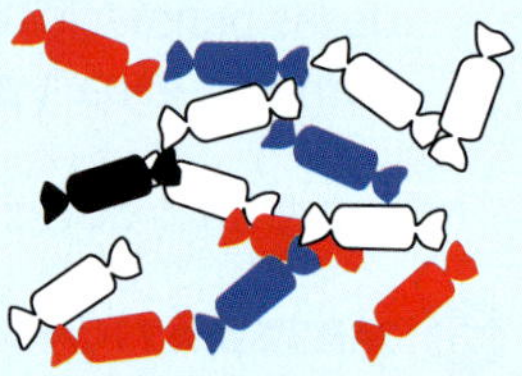

4. Aplica el cálculo de probabilidades en la resolución de problemas de la vida cotidiana

96 Se tiran tres dados y se multiplican los resultados. ¿Cuál es la probabilidad de que el producto sea 36?

97 Tomando un número del 20 al 79, ¿cuál es la probabilidad de que el producto de sus cifras sea 18?

98 En una peña, la probabilidad de que, elegida una persona al azar, sea un chico es 0,48.

a) Calcula la probabilidad de que sea una chica.

b) ¿Cuántos miembros tiene la peña si hay 13 chicas?

99 **MATEMÁTICAS Y... BIOLOGÍA.** Suponiendo que la probabilidad de nacer varón es la misma que la de nacer mujer, calcula la probabilidad de que una pareja que piensa tener dos hijos tenga:

a) Dos niños.

b) Dos niñas.

c) Un niño y una niña.

100 En un test, cada pregunta tiene cuatro posibles respuestas, de las cuales solo una es correcta. Si se contesta al azar y el test consta de 4 preguntas, calcula:

a) La probabilidad de acertar una.

b) La probabilidad de acertar cuatro.

c) La probabilidad de acertar al menos dos.

101 Marta tiene siete pinceles, cuatro son grandes y tres son pequeños, pero ella no lo sabe. Escoge al azar dos pinceles. Calcula la probabilidad de que al menos uno no sea pequeño.

102 **INVESTIGA.** Dos jugadores de baloncesto tienen un porcentaje de acierto del 50 % en tiros libres. Disputan un juego alternando los tiros hasta que uno de ellos anote. ¿Qué ventaja tiene el primero que lanza?

103 De las ocho piezas de fruta del frutero tres son naranjas. Si se escogen dos piezas al azar, calcula:

a) Probabilidad de que las dos piezas sean naranjas.

b) Probabilidad de que ninguna sea naranja.

c) Probabilidad de que al menos una sea naranja.

104 **RETO.** Partimos al azar una barra de 1 metro de longitud en 3 trozos. ¿Cuál es la probabilidad de que podamos formar un triángulo con los 3 trozos?

105 Mario solo ha estudiado 5 de los 7 temas de los que consta el examen. La profesora elige tres temas al azar de los 7 y cada estudiante elige uno de esos tres para examinarse. Calcula la probabilidad de que Mario pueda elegir uno de los que se sabe.

106 **MATEMÁTICAS Y... SOCIEDAD.** El total de estudiantes matriculados en el sistema universitario español durante el curso 2019-2020 fue de 1 633 358. La rama más demandada fue Ciencias Sociales y Jurídicas, le siguió Administración y Dirección de Empresas que contó con 130 405 estudiantes matriculados y, en tercer lugar, Derecho, con 107 815. La rama de Ingenierías reunió a un total de 131 673.

a) Escogido un estudiante universitario al azar, ¿cuál es la probabilidad de que estudiase Derecho?

b) ¿Cuál es la probabilidad de que estudiase una ingeniería sabiendo que no estudiaba ADE?

107 En una localidad, el 65 % de la población tiene mascota, el 60 % son varones y el 40 % son varones y tienen mascota. Se elige una persona al azar.

a) Sabiendo que tiene mascota, calcula la probabilidad de que sea mujer.

b) Sabiendo que es mujer, halla la probabilidad de que tenga mascota.

108 De 36 estudiantes, 20 son varones y 10 son morenos. De las chicas, 9 son rubias. Calcula la probabilidad de que un estudiante:

a) Sea chico.

b) Sea chico y moreno.

c) Si es chica, sea morena.

d) Sea chico o moreno.

e) Sea chica y rubia.

109 **INVESTIGA.** Sonia e Inés llegan tarde al examen por quedarse dormidas. Inventan que se les ha pinchado una rueda. La profesora duda y les hace la siguiente pregunta: ¿qué rueda y de quién se ha pinchado? ¿Cuál es la probabilidad de ser descubiertas?

110 **RETO.** Abraham va a un concurso de televisión. Tras ganar varias rondas, le ofrecen un premio. Tiene tres sobres, cada uno con un premio escrito. Si elige uno de ellos, ganará un viaje; si no, un bolígrafo. El presentador abre uno de los sobres restantes, revelando un bolígrafo. Abraham tiene la opción de cambiar de sobre para intentar ganar el viaje. ¿Qué debe hacer?

FAKE NEWS

Cien mil millones de poemas

En 1961 Raymond Queneau publicó un libro llamado *Cien mil millones de poemas*. El libro estaba formado por diez sonetos (poemas de 14 versos). En cada página hay escrito un soneto, pero las páginas están cortadas horizontalmente para separar los versos de cada poema. De este modo, se puede componer un nuevo soneto intercambiando los versos de distintos sonetos.

Queneau afirmaba que su libro era imposible de terminar de leer.

Y tú, ¿qué opinas?

PROBLEMAS APARENTEMENTE DISTINTOS

111 Los sucesos A, B y C son incompatibles. Si $P(A) = 0{,}15$; $P(B) = 0{,}45$ y $P(C) = 0{,}3$; calcula.

a) $P(\overline{A})$ b) $P(B \cup C)$ c) $P(\overline{A \cup B \cup C})$

112 El 15 % de los estudiantes de un colegio tienen los ojos azules, el 45 % marrones, el 30 % verdes, y el resto, grises. Elegido un estudiante al azar, calcula la probabilidad de que sus ojos sean:

a) No azules. b) Marrones o verdes. c) Grises.

113 Conociendo las probabilidades $P(A \cap B) = \dfrac{8}{40}$, $P(A \cap \overline{B}) = \dfrac{13}{40}$, $P(B \cap \overline{A}) = \dfrac{12}{40}$ y $P(\overline{A} \cap \overline{B}) = \dfrac{7}{40}$, halla.

a) $P(\overline{A}|B)$

b) $P(A|\overline{B})$

114 En un restaurante hay dos primeros y dos segundos a elegir. La tabla refleja lo que han elegido los comensales de hoy. Se elige una persona al azar. Calcula las probabilidades de que:

	Pollo	Tortilla
Pasta	8	13
Lentejas	12	7

a) Haya elegido lentejas sabiendo que ha elegido pollo.

b) Haya elegido pasta sabiendo que no ha elegido tortilla.

115 Conocidas las siguientes probabilidades: $P(A) = 0{,}65$; $P(B) = 0{,}8$ y $P(\overline{A} \cap \overline{B}) = 0{,}15$; determina.

a) $P(A \cap B)$

b) $P(B|A)$

116 Entre 100 estudiantes de 4.º de ESO de un centro educativo, 65 aprobaron Matemáticas y 80 Lengua. Si 15 personas suspendieron ambas asignaturas, calcula.

a) ¿Cuántas aprobaron las dos?

b) Elegida una persona al azar, se sabe que aprobó Matemáticas. ¿Cuál es la probabilidad de que aprobase también Lengua?

Televisión a la carta

En la actualidad contamos con numerosas plataformas que nos permiten acceder a multitud de películas, series y documentales. Cada una ofrece contenidos diferentes, pero algunos podemos encontrarlos en más de una plataforma.

A la hora de decidir qué plataforma contratamos, también debemos tener en cuenta el precio, la resolución, el número de perfiles y de dispositivos que podemos conectar a la vez, si tienen control parental, si permiten descargar contenidos para ver *offline*, etc.

En el año 2022, se estimaba que 7 de cada 10 hogares españoles tenían contratada al menos una plataforma de *streaming*.

Cuota de mercado de las plataformas de vídeo en *streaming* en España

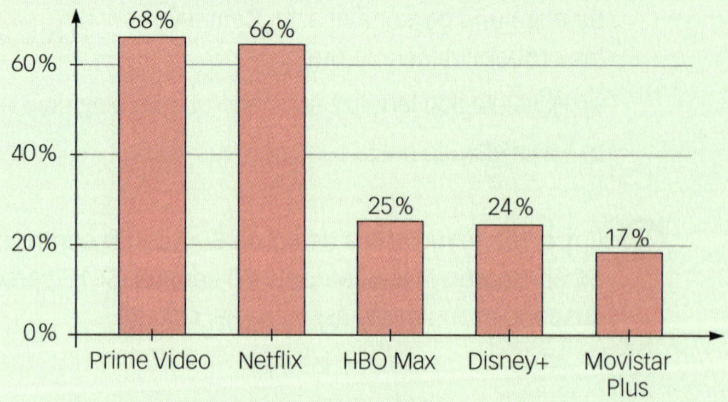

Estos porcentajes representan, respecto al total de hogares que usan plataformas de vídeo en *streaming*, cuántos disfrutan de cada servicio.

	Año 2022
Total de hogares	18 916 118
De 1 persona	5 066 940
De 2 personas	5 727 888
De 3 personas	3 834 147
De 4 personas	3 176 268
De 5 o más personas	1 110 875

1 La nueva forma de ver la televisión

Elegimos un hogar al azar.

- ¿Cuál es la probabilidad de que sea un hogar de una sola persona?
- ¿Cuál es la probabilidad de que esté suscrito a alguna plataforma?
- Si sabemos que una persona es usuaria de alguna plataforma, ¿cuál es la probabilidad de que esté suscrita a HBO Max?
- ¿Y a Prime Video?

2 ¡Los quiero todos!

Se ha realizado un sorteo entre todos los hogares españoles. El premio es una suscripción a HBO Max. Calcula las probabilidades de los siguientes sucesos, al elegir un hogar al azar.

- Que no esté suscrito a ninguna plataforma.
- Que esté suscrito a una plataforma, pero que no esté suscrito a HBO Max.
- Que no esté suscrito a HBO Max.

Si el premio es una suscripción a Disney+:

- ¿Cuál es la probabilidad de que no esté ya suscrito a Disney+?

Calcula la probabilidad de que el ganador del sorteo sea:

- Un hogar de 3 miembros.
- Un hogar de menos de 3 miembros.

3 Cuando quieras, donde quieras

Observa el gráfico que muestra el tiempo medio de visionado de Netflix por día de la semana de un usuario.

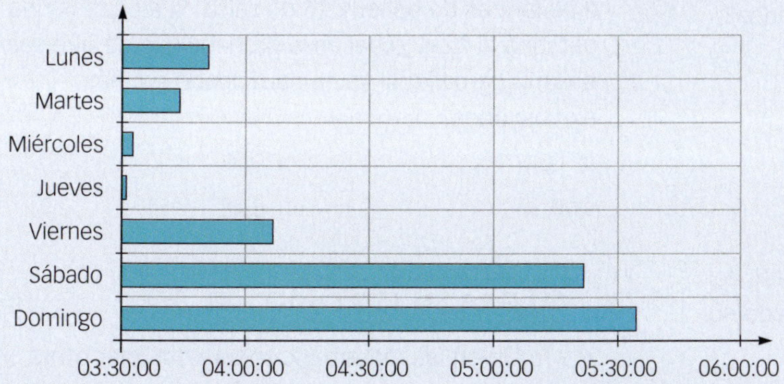

- Si este usuario recibe una llamada cada día en un momento elegido al azar, calcula la probabilidad de que en ese momento esté viendo Netflix.

RESUMEN DE UNIDAD

MÉTODOS DE CONTEO

Variaciones

$$V_{n,m} = \frac{n!}{(n-m)!}$$

Variaciones con repetición

$$VR_{n,m} = n^m$$

Permutaciones

$$P_n = V_{n,n} = n!$$

Combinaciones

$$C_{n,m} = \frac{n!}{m! \cdot (n-m)!}$$

REGLA DE LAPLACE

$$P(A) = \frac{\text{n.º de casos favorables a } A}{\text{n.º de casos posibles}}$$

OPERACIONES CON SUCESOS

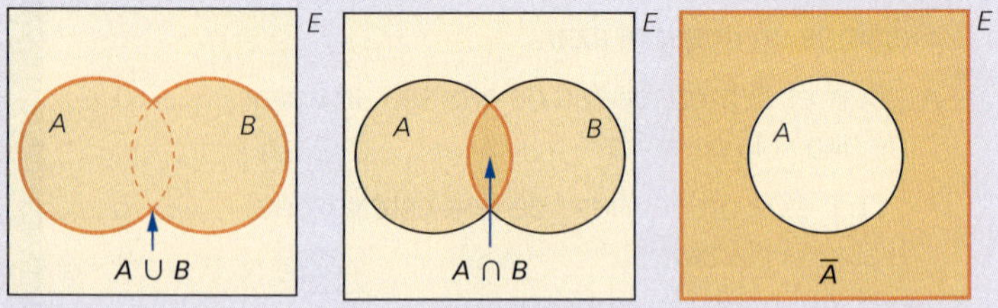

PROPIEDADES DE LA PROBABILIDAD

- $0 \leq P(A) \leq 1$
- $P(E) = 1$ y $P(\varnothing) = 0$
- $P(A) = 1 - P(\overline{A})$
- $P(A \cup B) = P(A) + P(B) - P(A \cap B)$

PROBABILIDAD CONDICIONADA

$$P(B/A) = \frac{P(B \cap A)}{P(A)}$$

$$P(A/B) = \frac{P(A \cap B)}{P(B)}$$

AUTOEVALUACIÓN

1. Aplica métodos de conteo en problemas contextualizados

1 Con los dígitos del 1 al 4, ¿cuántos números de 3 dígitos se pueden formar?

a) 24 b) 4 c) 12 d) 64

2. Identifica y describe situaciones de carácter aleatorio

2 Considera el experimento aleatorio que consiste en extraer una bola de una bolsa con los números 5, 6, 7, 8, 9 y 10. Si extraemos una bola y sabemos que no tiene un número primo, ¿cuáles son los posibles resultados?

a) {5, 7, 9}
c) {6, 8, 9, 10}
b) {7, 9}
d) {6, 8, 10}

3. Asigna probabilidades a sucesos en experimentos aleatorios

3 Se lanza un dado y se cuenta el número de divisores del resultado. Calcula la probabilidad de que el resultado no tenga solamente 2 divisores.

a) $\frac{1}{2}$
c) $\frac{2}{3}$
b) $\frac{1}{3}$
d) $\frac{3}{4}$

4 La probabilidad de que al lanzar una moneda trucada salga cara es de 0,6. Al lanzar dos veces esa moneda, ¿cuál es la probabilidad de que una vez salga cara y la otra salga cruz?

a) 0,36
c) 0,48
b) 0,24
d) 0,5

4. Aplica el cálculo de probabilidades en la resolución de problemas de la vida cotidiana

5 En una exhibición de baile hay 18 bailarines de ballet y 26 de salsa. Esta es la primera exhibición para 8 bailarines de ballet y 15 de salsa. Si elegimos una persona al azar, ¿cuál es la probabilidad de que sea bailarín de ballet si ya ha participado en más exhibiciones?

a) 0,43
c) 0,38
b) 0,52
d) 0,48

VALORA TU APRENDIZAJE

- ¿Te sirven las matemáticas para estudiar otras materias?
- ¿Disfrutas haciendo tus trabajos en el grupo?

SOLUCIONES
de las autoevaluaciones

UNIDAD 1

1. b)
2. c)
3. d)
4. b)
5. d)
6. a)

UNIDAD 2

1. b)
2. a)
3. d)
4. c)
5. c)
6. a)
7. c)

UNIDAD 3

1. b)
2. a)
3. b)
4. c)
5. b)
6. d)
7. b)

UNIDAD 4

1. b)
2. b)
3. d)
4. a)
5. c)
6. b)
7. d)

UNIDAD 5

1. d)
2. b)
3. d)
4. c)
5. d)
6. c)

UNIDAD 6

1. c)
2. d)
3. d)
4. c)
5. c)

UNIDAD 7

1. c)
2. b)
3. d)
4. d)
5. a)
6. b)
7. d)

UNIDAD 8

1. d)
2. c)
3. c)
4. b)
5. b)

UNIDAD 9

1. d)
2. b)
3. d)
4. a)
5. d)

UNIDAD 10

1. c)
2. c)
3. c)
4. d)
5. a)
6. d)
7. b)

UNIDAD 11

1. a)
2. a)
3. b)
4. d)
5. b)

UNIDAD 12

1. d)
2. c)
3. b)
4. c)
5. d)